U0207511

经济管理类·数学基础课教材系列

# 大 学 数 学

## （微积分部分）

姚天行 孔 敏
滕利邦 朱乃谦 编

科 学 出 版 社
北 京

## 内 容 简 介

本书是一套经济管理类各专业适用的数学基础(包括微积分、线性代数和概率论与数理统计三大部分)教材中的微积分部分，内容覆盖了教育部颁布的“全国工学、经济学硕士研究生入学考试《数学考试大纲》”中数学三、数学四大纲规定的全部内容.并在此基础上增加了经济管理类相关专业后续课程所需要的一些内容.本书配有具有一定难易层次，数量较大的习题.

本书强化了基础，突出了方法，结合了经济管理类的一定实际背景，丰富了时代发展需要的内涵.本书的主要部分已经过七八年的教学实践，并修改过若干次.本书叙述严谨，结构合理，深入浅出，富于启发，除适合做教材外，也可供经济管理类相关专业作为参考用书.

**图书在版编目(CIP)数据**

大学数学(微积分部分)/姚天行，孔敏，滕利邦，朱乃谦编.—北京：科学出版社，2002.8

经济管理类·数学基础课教材系列

ISBN 978-7-03-010716-9

Ⅰ.大… Ⅱ.①姚… ②孔… ③滕… ④朱… Ⅲ.高等数学-高等学校-教材 Ⅳ.O13

中国版本图书馆 CIP 数据核字(2002)第 057293 号

责任编辑：吕 虹 陈玉琢 赵 靖/责任校对：陈玉凤

责任印制：张 伟/封面设计：黄华斌 陈 敬

科学出版社出版

北京东黄城根北街 16 号

邮政编码：100717

http://www.sciencep.com

北京虎彩文化传播有限公司印刷

科学出版社发行 各地新华书店经销

*

2002 年 8 月第 一 版 开本：B5 (720×1000)

2022 年 8 月第十三次印刷 印张：24 1/2

字数：440 000

**定价：69.00 元**

(如有印装质量问题，我社负责调换)

# 前　　言

众所周知,数学在国民经济与企业管理中有着不可替代的重要作用.作为综合性大学经济管理类的本科生应该掌握哪些数学知识?受到怎样的数学思维方法的训练?其深度又应该达到什么程度呢?一般认为,教育部近年来执行的“全国硕士研究生经济管理类入学考试大纲”(即数学三和数学四)是该专业学生学习数学的基本要求.随着经济建设的蓬勃发展和科学技术的不断进步,从事经济领域研究和教学的专家学者一致认为,为了使学生在高年级,特别是到研究生阶段能顺利地进入后继课程的学习,阅读相关文献资料,并从事经济理论的研究,还需要补充很多大纲以外的数学知识.

本教材是根据南京大学商学院各专业对数学的要求编写的,内容包括微积分、线性代数与概率统计三部分.涵盖了全国硕士研究生经济管理类入学考试大纲的全部内容.此外还增加了向量及其运算,方向导数与梯度,线性空间与线性变换,最小二乘法等内容.全部教学时间(包括习题课在内)约需 320 学时,其中微积分 180 学时.线性代数与概率统计各 70 学时.

本教材在每一节后附有一定数量的习题:习题分为 A,B 两类,其中 A 类要求学生都能掌握,B 类习题一般较为困难,供部分学生选做.书后计算题附有答案,部分证明附有解答提示.供学生参考.某些习题是近几年研究生入学试题,这些习题富有新意,对学生掌握基本概念、基本方法,启发思维很有帮助.希望学生尽可能独立完成.

本教材在编写中力求系统性和严密性,这是数学教学自身的特点所要求的.定理的证明尽量采用较为简便的方法,努力避免概念错误和疏漏.本书可作为综合性大学经济管理类及相关专业的教材或教学参考书.

我们在编写过程中得到南京大学教务处、商学院、数学系的大力支持和帮助,先后得到姜东平、陈仲、王现、罗亚平、许绍溥先生的指教,孙文瑜、程崇庆、王崇祜、熊廷瑶、黄震宇、沈忠洪、顾其钧、华茂芬、邓卫兵、范克新、王芳贵等教师使用过本书教材,并提出很多宝贵的意见,朱燕女士为教材的打字和排版付出了辛勤劳动,在此一并表示衷心的感谢.

由于水平有限,本教材还有许多不当之处,恳切期望读者批评指正.

编者

2002 年于南京大学

# 前　言

# 目　录

# 第一章　函数与极限

首先介绍本书常用的逻辑符号:

1) ∃:表示"存在某个","至少有一个".例如,"$\exists\delta>0$",表示存在某正数 $\delta$,或表示至少存在一个正数 $\delta$.

2) ∀:表示"对任意给定的"(当用在符号"∃"之前或命题开始时),或表示"对任意一个","对所有的"(当用在命题之末时).例如"$\forall a>0,\exists c>0$ 使得 $0<c<a$"表示对任意给定的正数 $a$,存在正数 $c$,使得 $0<c<a$.再如"$x^2+y^2\geqslant 2xy,\forall x,y\in\mathbf{R}$"表示对所有的实数 $x,y$ 成立不等式 $x^2+y^2\geqslant 2xy$.

3) $P\Rightarrow Q$:表示命题 $P$ 的必要条件是 $Q$;或由 $P$ 可导出 $Q$.

4) $P\Leftarrow Q$:表示命题 $P$ 的充分条件是 $Q$.

5) $P\Leftrightarrow Q$:表示命题 $P$ 与 $Q$ 等价,或 $P$ 的充分必要条件是 $Q$.

6) $A\triangleq B$:表示用 $B$ 定义 $A$.例如

$$|a|\triangleq\begin{cases}a, & \text{当 } a\geqslant 0 \text{ 时},\\ -a, & \text{当 } a<0 \text{ 时}.\end{cases}$$

7) □:表示一个定理或命题证明完毕.

## 第一节　实 数 集

### §1.1.1　集合

人们在认识客观世界的过程中,常常根据研究对象的不同特性,将它们分门别类地进行研究.我们把具有某种性质的研究对象的全体称为具有该性质的**集合**.例如,"商学院一年级学生的集合","有理数集合","拥有某种股票的股民的集合"等等.

集合通常用大写字母 $A,B,C,S,S_1$ 等表示,集合中的每一个个别的对象称为集合的**元素**,通常用小写字母 $a,b,x,y$ 等表示.$a$ 是集合 $A$ 的元素,记为 $a\in A$,读作"$a$ 属于 $A$".$b$ 不是 $A$ 的元素,记为 $b\overline{\in}A$ 或 $b\notin A$,读作"$b$ 不属于 $A$".

只含有限多个元素的集合称为**有限集**.含无穷多个元素的集合称为**无限集**.

表示集合的方法主要有列举法和描述法两种.

用把集合中所有的元素一一列举出来表示集合的方法称为**列举法**.例如"某班学生的集合"要用学生登记册表示出来,所有正偶数的集合 $B$ 可表为

$$B=\{2,4,6,\cdots,2n,\cdots\}.$$

用描述集合中元素的特征而给出集合的方法称为**描述法**.例如正偶数集合 $B$ 可表为

$$B=\{2n \mid n \text{ 是正整数}\} \text{ 或 } B=\{2n : n \text{ 是正整数}\}.$$

一般说来,某集合 $S$ 是由具有性质 $P$ 的元素 $x$ 组成,则记为

$$S=\{x \mid x \text{ 具有性质} P\} \text{ 或 } S=\{x : x \text{ 具有性质} P\}.$$

不含任何元素的集合称为**空集**,记为 $\varnothing$,例如

$$\{x \mid x \neq x\}=\varnothing.$$

集合中的元素是不考虑它们的出现顺序的,在用列举法表示集合时,重复出现的元素只算一个.

若 $\forall x\in A\Leftrightarrow x\in B$,则称集合 $A$ 与 $B$ 是**相等集合**,记为 $A=B$,否则,称 $A$ 和 $B$ 不相等,记为 $A\neq B$,这时集合 $A$ 的元素与集合 $B$ 中的元素至少有一个不同.

若 $\forall x\in A\Rightarrow x\in B$,则称 $A$ 为 $B$ 的**子集**,也称 $A$ **包含于** $B$ 或 $B$ **包含** $A$,记为 $A\subset B$.我们约定空集 $\varnothing$ 是任何集合的子集.在说到子集时,习惯上也用"某一个集合"来代替,例如我们说"有理数的某一集合 $A$",是说 $A$ 是有理数集合的子集.

由所研究对象的全体构成的集合称为**全集**,全集是相对的,某一集合在一种场合下是全集,在另一种场合下可能不是全集.例如,若讨论的问题仅限于正整数,则正整数的集合就是全集.但若讨论的问题还涉及到负整数和零,则正整数集合就不是全集.

设 $A,B$ 是两个集合,下面我们定义几个重要集合.

集合 $A\cup B\triangleq\{x|x\in A \text{ 或 } x\in B\}$ 称为 $A$ 与 $B$ 的**并集**;

集合 $A\cap B\triangleq\{x|x\in A \text{ 且 } x\in B\}$ 称为 $A$ 与 $B$ 的**交集**;

集合 $A-B\triangleq\{x|x\in A \text{ 但 } x\overline{\in} B\}$ 称为 $A$ 与 $B$ 的**差集**;

集合 $\bar{A}\triangleq\{x|x\in U \text{ 但 } x\overline{\in} A\}$ 称为 $A$ 的**补集**,其中 $U$ 为全集.

以下一些事实是显而易见的:

$$A\cap\varnothing=\varnothing,\ A\cup\varnothing=A,\ A\cap\bar{A}=\varnothing,\ A\cup\bar{A}=U,$$

$A\cup B\supset A$, $A\cap B\subset A$, $A\subset B\Leftrightarrow A\cup B=B\Leftrightarrow A\cap B=A$.

集合具有下述运算规律:

1. 交换律:　$A\cup B=B\cup A$, $A\cap B=B\cap A$;
2. 结合律:　$(A\cup B)\cup C=A\cup(B\cup C)$,$(A\cap B)\cap C=A\cap(B\cap C)$;
3. 分配律:　$(A\cup B)\cap C=(A\cap C)\cup(B\cap C)$,
　　$(A\cap B)\cup C=(A\cup C)\cap(B\cup C)$;
4. 德-摩根(De-Morgan)律:　$\overline{A\cup B}=\bar{A}\cap\bar{B}$,　$\overline{A\cap B}=\bar{A}\cup\bar{B}$.

我们只证$\overline{A\cup B}=\bar{A}\cap\bar{B}$.事实上,

$$x\in\overline{A\cup B}\Leftrightarrow x\,\overline{\in}\,A\cup B\Leftrightarrow x\,\overline{\in}\,A\text{ 且 }x\,\overline{\in}\,B\Leftrightarrow x\in\bar{A}\text{ 且 }x\in\bar{B}\Leftrightarrow x\in\bar{A}\cap\bar{B}.$$

其余的规律类似可证.

### §1.1.2　实数集

微积分中研究的基本对象是定义在实数集上的函数,因此我们今后遇到的集合主要是由实数构成的集合.在中学数学课中,我们知道实数由有理数和无理数两部分组成.每一个有理数都可用分数形式$\frac{p}{q}$($p$, $q$ 为整数, $q\neq0$)表示,也可用有限十进小数或无限十进循环小数表示;而无限十进不循环小数则表示一个无理数.今后用 **R** 表示实数集合, **Q** 表示有理数集合, **Z** 表示整数集合, **N** 表示正整数集合.

实数具有如下一些主要特性:

1. 实数对加、减、乘、除(除数不为0)四则运算是封闭的,即任意两个实数在施行加、减、乘、除(除数不为0)任何一个运算之后,所得的和、差、积、商仍然是实数.

2. 实数是有序的,即$\forall a,b\in\mathbf{R}$,必满足下述关系之一:

$$a<b,\quad a=b,\quad a>b.$$

3. 实数具有阿基米德(Archimedes)性,即$\forall a,b\in\mathbf{R}$,若$b>a>0$,则存在数$n\in\mathbf{N}$,使得$na>b$.

4. 实数全体具有稠密性,即$\forall a,b\in\mathbf{R}$, $a<b$, $\exists c\in\mathbf{R}$,使$a<c<b$(且$c$既可是有理数,也可是无理数).

如果在一直线(通常画成水平直线)上确定一点0作为原点,指定一个方向为正向(通常把指向右方的方向规定为正向),并规定一个单位长度,则称此直线为**数轴**.于是任一实数都对应数轴上惟一的点;反之,数轴上每一点也都惟一地代表一个实数.正由于全体实数与整个数轴上的点有着一一对应关系,在今后的叙述中,我们可把"实数 $x$"说成"点 $x$",对这两个术语不加区别.

我们还可以把数轴上的点和实数 $x$ 的上述对应关系推广,在平面解析几何中,我们知道平面(称为**二维空间**)上的点可以和有序实数对 $(x_1,x_2)$ 之间建立一一对应关系,因此也称 $(x_1,x_2)$ 为**二维点**,于是平面上的点集合可由实数 $x_1$ 和 $x_2$ 表示.例如 $A=\{(x_1,x_2)\mid x_1^2+x_2^2=R^2\}$ 表示平面上以原点为圆心半径为 $R$ 的圆周上的点集合,$B=\{(x_1,x_2)\mid x_1>0,x_2>0\}$ 表示第一象限点的集合.类似地,$n$ 个实数的有序组 $(x_1,x_2,\cdots,x_n)$ 称为一个 ***n* 维点**(或 ***n* 维向量**),所有 $n$ 维点的集合称为 ***n* 维空间**,记为 $\mathbf{R}^n$.我们将于第四章介绍的空间解析几何就是研究 $\mathbf{R}^3$ 中的点集.

### §1.1.3 不等式

由于实数是有序的,因此,任意两个实数可以比较大小.不等式的运算具有下列性质:

1. $a>b,\quad b>c\Rightarrow a>c$.
2. $a>b\Rightarrow a+c>b+c$.
3. $a>b,c>0\Rightarrow ac>bc;a>b,c<0\Rightarrow ac<bc$.
4. $a>b,ab>0\Rightarrow \dfrac{1}{a}<\dfrac{1}{b}$.
5. $|a|-|b|\leqslant|a\pm b|\leqslant|a|+|b|$.

不等式在微积分中占有很重要的地位,很多定理是用等式表达的,却都是通过不等式加以证明的.熟悉基本不等式和掌握证明不等式的基本方法,在今后的学习中是十分重要的.作为例子,我们证明两个常用的不等式.

**例 1** 伯努利(Bernoulli)不等式:

$$(1+x)^n\geqslant 1+nx,\qquad \forall n\in\mathbf{N}\text{ 及 }x>-1.\tag{1.1}$$

**证** $n=1$ 时不等式(1.1)显然成立.设 $(1+x)^n\geqslant 1+nx$ 成立,则

$$\begin{aligned}(1+x)^{n+1}&=(1+x)^n(1+x)\geqslant(1+nx)(1+x)\\&=1+(n+1)x+nx^2\geqslant 1+(n+1)x.\end{aligned}$$

□

**例 2** $A$-$G$ 不等式:

$$A_n=\frac{a_1+a_2+\cdots+a_n}{n}\geqslant\sqrt[n]{a_1a_2\cdots a_n}=G_n,\qquad \forall a_1,a_2,\cdots,a_n>0.\tag{1.2}$$

**证** 这是一个古老的不等式,它有多种证明方法,下面的证明引自美国数学月刊83期(1976). $A_2 \geqslant G_2$ 显然成立,设 $A_{n-1} \geqslant G_{n-1}$ 成立,我们往证 $A_n \geqslant G_n$. 不妨设 $a_1 \leqslant a_2 \leqslant \cdots \leqslant a_n$(否则重新编号即可),于是有

$$a_1 \leqslant A_n \leqslant a_n \tag{1.3}$$

从而得到

$$A_n(a_1 + a_n - A_n) = a_1 a_n + (a_n - A_n)(A_n - a_1) \geqslant a_1 a_n \tag{1.4}$$

由归纳假设,对于 $a_2, a_3, \cdots, a_{n-1}, a_1 + a_n - A_n$ 这 $n-1$ 个正数有

$$A_n = \frac{nA_n - A_n}{n-1} = \frac{1}{n-1}[a_2 + a_3 + \cdots + a_{n-1} + (a_1 + a_n - A_n)]$$

$$\geqslant \sqrt[n-1]{a_2 a_3 \cdots a_{n-1}(a_1 + a_n - A_n)}$$

两端 $n-1$ 次乘方得

$$A_n^{n-1} \geqslant a_2 a_3 \cdots a_{n-1}(a_1 + a_n - A_n)$$

两边同乘 $A_n$,并注意(1.4)式便得

$$A_n^n \geqslant a_2 a_3 \cdots a_{n-1}(a_1 + a_n - A_n)A_n \geqslant a_1 a_2 \cdots a_{n-1} a_n$$

再开 $n$ 次方得

$$A_n \geqslant G_n.$$ □

在例2的证明中不难看出,不等式(1.3)及其后的不等式,当且仅当 $a_1 = a_2 = \cdots = a_n$ 时取等号. 于是我们可以断言:$n$ 个正数的几何平均数 $G_n$ 不超过它们的算术平均数 $A_n$,当且仅当它们全相等时才有 $G_n = A_n$.

### §1.1.4 区间·邻域·数集的界

我们把数轴上某一段中连续的点的集合称为**区间**,依据端点坐标的隶属关系及是否有限可分如下几种情形(下列各式中 $a<b$, $a,b$ 为实数):

1. 闭区间 $[a,b]=\{x \mid a \leqslant x \leqslant b\}$;
2. 开区间 $(a,b)=\{x \mid a<x<b\}$;
3. 半开区间 $[a,b)=\{x \mid a \leqslant x<b\}$, $(a,b]=\{x \mid a<x \leqslant b\}$;
4. 无穷区间 $(a,+\infty)=\{x \mid x>a\}$, $[a,+\infty)=\{x \mid x \geqslant a\}$,
   $(-\infty,b)=\{x \mid x<b\}$, $(-\infty,b]=\{x \mid x \leqslant b\}$,

$$(-\infty,+\infty)=\mathbf{R}.$$

上述前三种区间是有限区间,第四种区间称为无穷区间,其中符号“$+\infty$”读作“正无穷大”或“正无穷”,符号“$-\infty$”读作“负无穷大”或“负无穷”,它们仅是一种符号,并不是具体实数.当区间有限时,称 $b-a$ 为区间的长度.

有时用一个大写字母,例如 $I,X$ 等表示一个区间,在不加其它说明时,可理解为上述情形中的任一种.

设 $a\in\mathbf{R}$,$\delta$ 为某一正数,称开区间 $(a-\delta,a+\delta)=\{x\,|\,|x-a|<\delta\}$ 为**点 $a$ 的 $\delta$ 邻域**,简称 **$a$ 的邻域**,通常记作 $U(a,\delta)$,即 $U(a,\delta)=\{x\,|\,|x-a|<\delta\}$.称 $U(a,\delta)-\{a\}=\{x\,|\,0<|x-a|<\delta\}$ 为**点 $a$ 的 $\delta$ 去心邻域**,简称**去心邻域**.称开区间 $(a,a+\delta)$ 为**点 $a$ 的右邻域**,$(a-\delta,a)$ 为**点 $a$ 的左邻域**.

当 $M$ 为充分大正数时,如下一些数集

$$U(\infty)\triangleq\{x\,|\,|x|>M\},\ U(+\infty)\triangleq\{x\,|\,x>M\},$$

$$U(-\infty)\triangleq\{x\,|\,x<-M\}$$

分别称为$\infty$邻域,$+\infty$邻域,$-\infty$邻域.

下面给出关于数集“界”的概念.

**定义 1.1** 设 $S$ 为 $\mathbf{R}$ 中的一个数集,若存在实数 $M$(或 $m$)使得 $x\leqslant M$(或 $x\geqslant m$),$\forall x\in S$,则称 **$M$(或 $m$)为数集 $S$ 的上界(或下界)**,并称 **$S$ 为上有界(或下有界)集合**.若 $S$ 既上有界又下有界,则称 $S$ 为**有界集合**.若 $\forall M>0$,$\exists x\in S$ 使 $x>M$(或 $x<-M$),则称 $S$ 为**上无界(或下无界)集合**,上无界集合和下无界集合统称**无界集合**.

显然,$S$ 为有界集合$\Leftrightarrow\exists K>0$ 使 $|x|\leqslant K$,$\forall x\in S$.这时称 $K$ 为数集 $S$ 的**界**.

例如正整数集 $\mathbf{N}$ 是一个下有界但上无界集合,1 是 $\mathbf{N}$ 的一个下界,为证 $\mathbf{N}$ 上无界,可反证,倘若 $K$ 是 $\mathbf{N}$ 的上界,显然 $K>1$,由实数的阿基米德性,$\exists n\in\mathbf{N}$ 使 $n\cdot 1>K$,这与假设 $K$ 是 $\mathbf{N}$ 的上界相矛盾.

读者自行证明,任何有限区间都是有界集,无限区间都是无界集,由有限个数组成的数集都是有界集.

若一个数集 $S$ 上有界,则它就有无限多个上界,上界中最小者称为 $S$ 的**上确界**,记为 $\sup S$;若 $S$ 为下有界集合,则下界中最大者称为 $S$ 的**下确界**,记为 $\inf S$.

例如,若 $S=(0,1)$,则 $\sup S=1$,$\inf S=0$.对数集 $E=\{(-1)^n\dfrac{1}{n}\,|\,n\in\mathbf{N}\}$,有 $\sup E=\dfrac{1}{2}$,$\inf E=-1$.这两个例子说明 $\sup S$,$\inf S$ 可能属于 $S$,也可能

不属于 $S$.

我们知道无限多个实数组成的集合中不一定有最大数,也不一定有最小数.例如开区间(0,1)中既无最大数,也无最小数.因此,我们自然会问上有界集合是否必有上确界?下有界集合是否必有下确界?回答是肯定的,我们有下述定理:

**定理 1.1(确界定理)**　每一个非空上有界(或下有界)集合必有惟一的实数作为它的上确界(或下确界).

定理 1.1 是本书的理论基础,它的证明涉及到实数的严格数学定义,故略去.应注意,这条定理在有理数集合内就不成立.例如,由$\sqrt{2}$的精确到 $10^{-n}$($n\in\mathbf{N}$)的不足近似值所构成的有理数集 $A=\{1.4, 1.41, 1.414, \cdots\}$是有界集合,但它的上确界不是有理数,而是无理数$\sqrt{2}$.

## 习　题　1.1

**A 组**

1. 设 $A=\{0\}$, $B=\{0,1\}$,下列陈述是否正确?并说明理由.

(1) $A=\varnothing$;　(2) $A\subset B$;　(3) $0\in A$;

(4) $\{0\}\in A$;　(5) $0\subset A$;　(6) $A\cap B=0$;　(7) $A\cup B=B$.

2. 设由 1 至 10 的自然数作成的集合为全集合,它的三个子集 $A,B,C$ 为

$$A=\{\text{偶数}\},B=\{\text{奇数}\},C=\{3\text{ 的倍数}\}.$$

试求下列各集合的元素:

(1) $B\cap C$;　(2) $\bar{A}\cap\bar{C}$;　(3) $\overline{A\cap C}$.

3. 设全集 $U$ 为男女同班的全体学生组成的集合,其中 $A=\{$男学生$\}$, $B=\{$戴眼镜的学生$\}$,试写出下列各项所表示的集合:

(1) $A\cap B$;　(2) $\bar{A}\cap B$;

(3) $A\cap\bar{B}$;　(4) $A\cup B$;

(5) $\bar{A}\cup B$;　(6) $A\cup\bar{B}$;

(7) $\overline{A\cap B}$;　(8) $\overline{A\cup B}$.

4. 设 $A=\{(x,y)\mid x-y+2\geqslant 0\}$, $B=\{(x,y)\mid 2x+3y-6\geqslant 0\}$, $C=\{(x,y)\mid x-4\leqslant 0\}$,其中$(x,y)$表示坐标平面上点的坐标.在坐标平面上标出 $A\cap B\cap C$ 的区域.

5. 设 $A=\{x\mid x^3+2x^2-x-2>0\}$, $B=\{x\mid x^2+ax+b\leqslant 0\}$.试求能使 $A\cup B=\{x\mid x+2>0\}$, $A\cap B=\{x\mid 1<x\leqslant 3\}$的 $a,b$ 的值.

6. 设 $\sum\limits_{i=1}^{n}a_i=a_1+a_2+\cdots+a_n$,验证下列等式:

(1) $\sum\limits_{i=1}^{n}a_i=\sum\limits_{i=0}^{n-1}a_{i+1}=\sum\limits_{i=2}^{n+1}a_{i-1}=\sum\limits_{k=0}^{n-1}a_{n-k}$;

(2) $\sum_{i=1}^{n}(a_i + b_i) = \sum_{i=1}^{n}a_i + \sum_{i=1}^{n}b_i$;

(3) $\sum_{i=1}^{n}ca_i = c\sum_{i=1}^{n}a_i$;

(4) $\sum_{k=1}^{n}(a_k - a_{k-1}) = a_n - a_0$.

7. 证明伯努利不等式

$$(1+x_1)(1+x_2)\cdots(1+x_n) \geqslant 1 + x_1 + x_2 + \cdots + x_n.$$

式中 $x_1, x_2, \cdots, x_n$ 同号且大于 $-1$.

8. 利用上题证明:若 $x > -1$ 且 $n > 1$,则

(1) $(1+x)^n \geqslant 1 + nx$,当且仅当 $x = 0$ 时等号成立;

(2) $1 + \frac{x}{n} \geqslant (1+x)^{\frac{1}{n}}$.

9. 分别利用伯努利不等式和 $A$-$G$ 不等式证明不等式

$$\left(1+\frac{1}{n}\right)^n < \left(1+\frac{1}{n+1}\right)^{n+1}, \quad \forall n \in \mathbf{N}.$$

10. 证明对任何 $x \in \mathbf{R}$ 有

(1) $|x-1| + |x-2| \geqslant 1$; (2) $|x-1| + |x-2| + |x-3| \geqslant 2$.

11. 下列数集是否有上(下)确界?若有的话,写出其上(或下)确界.

(1) $S_1 = \left\{1 - \frac{1}{2^n} \mid n \in \mathbf{N}\right\}$; (2) $S_2 = \{n^{(-1)^n} \mid n \in \mathbf{N}\}$.

**B组**

1. 设 $A, B, C$ 是任意集合,求证:

(1) $A \cap (B \cup C) = (A \cap B) \cup (A \cap C)$; (2) $A \cup (B \cap C) = (A \cup B) \cap (A \cup C)$.

2. 证明当 $n > 1$ 时,$\left(\frac{n+1}{3}\right)^n < n! < \left(\frac{n+1}{2}\right)^n$.

3. (1) 设 $y = ax^2 + bx + c\,(a > 0)$ 为实系数二次三项式,求证:$\forall x \in \mathbf{R}$ 均有 $y \geqslant 0$(或 $y > 0$)成立的充要条件是 $b^2 - 4ac \leqslant 0$(或 $b^2 - 4ac < 0$);

(2) 利用(1)的结果证明柯西(Cauchy)不等式

$$\left(\sum_{i=1}^{n}x_iy_i\right)^2 \leqslant \left(\sum_{i=1}^{n}x_i^2\right)\left(\sum_{i=1}^{n}y_i^2\right), \quad \forall x_1, x_2, \cdots, x_n, y_1, y_2, \cdots, y_n \in \mathbf{R}.$$

4. 设 $a, b, c, d$ 均为实数,求证:

(1) $\left|\sqrt{a^2+b^2} - \sqrt{b^2+c^2}\right| \leqslant |a - c|$;

(2) $\left|\sqrt{a^2+b^2} - \sqrt{c^2+d^2}\right| \leqslant |a - c| + |b - d|$.

5. 证明:(1) $\sum_{k=0}^{n}\frac{1}{(a+k)(a+k+1)}=\frac{1}{a}-\frac{1}{a+n+1}$;

(2) $\sum_{k=1}^{n}\frac{1}{k(k+1)(k+2)}=\frac{1}{4}-\frac{1}{2(n+1)(n+2)}$.

# 第二节　一元函数

## §1.2.1　一元函数概念

**定义 1.2**　设 $A,B$ 为两个非空集合,若 $\forall x\in A$,按某对应法则 $\varphi$ 有惟一的 $y\in B$ 与之对应,则称 $\varphi$ 为由 $A$ 到 $B$ 的**映射**,记为

$$\varphi:A\to B\qquad \text{或 } \varphi:\begin{matrix}A\to B\\ x\mapsto y\end{matrix},$$

符号 $x\mapsto y$ 表示映射 $\varphi$ 将 $A$ 的元素 $x$ 映到 $B$ 的元素 $y$. 若记 $y=\varphi(x)$,则映射 $\varphi$ 也记为

$$\varphi:\begin{matrix}A\to B\\ x\mapsto\varphi(x)\end{matrix},$$

称 $y$ 为 $x$ 关于映射 $\varphi$ 的**像**,称 $x$ 为 $y$ 的**原像**,$A$ 称为映射 $\varphi$ 的**定义域**,记为 $D(\varphi)$,$A$ 中元素的像 $\varphi(x)$ 的集合称为映射 $\varphi$ 的**像域**,记为 $\varphi(A)$.

有几类特殊的映射如下:

1. 若 $\varphi(A)=B$,则称 $\varphi:A\to B$ 为**满映射**.

2. 若 $\forall x_1,x_2\in A,x_1\neq x_2\Rightarrow\varphi(x_1)\neq\varphi(x_2)$,则称 $\varphi:A\to B$ 为**单映射**.

3. 若 $\varphi:A\to B$ 既是单映射又是满映射,则称 $\varphi:A\to B$ 为 **1-1 映射**或**双映射**.

**例 1**　设 $A$ 是平面上多边形集合,$\forall x\in A$,$y=\varphi(x)$ 表多边形顶点个数,则 $\varphi:\begin{matrix}A\to\mathbf{N}\\ x\mapsto\varphi(x)\end{matrix}$ 不是满映射(因无顶点个数是 1 或 2 的多边形),也不是单映射(因平面上有无穷多个三角形).

**例 2**　设 $A$ 表某大学大学生集合,$\forall x\in A$,$y=\varphi(x)$ 表该大学生 $x$ 的学号数,则 $\varphi:\begin{matrix}A\to\mathbf{N}\\ x\mapsto\varphi(x)\end{matrix}$ 是单映射.

**例 3**　$y=\sin x:\mathbf{R}\to\mathbf{R}$ 既不是单映射也不是满映射;$y=\sin x:\mathbf{R}\to[-1,1]$ 是满映射但不是单映射;$y=\sin x:\left[-\frac{\pi}{2},\frac{\pi}{2}\right]\to[-1,1]$ 是双映射.

**定义 1.3** 设 $X \subset \mathbf{R}(X \neq \varnothing)$，则称映射 $f: \begin{matrix} X \to \mathbf{R} \\ x \mapsto y \end{matrix}$ 为**一元函数**，简称**函数**，习惯上把函数 $f: \begin{matrix} X \to \mathbf{R} \\ x \mapsto y \end{matrix}$ 记为 $y = f(x), x \in X$. 称 $x$ 为自变量，称 $y$ 为**因变量或自变量 $x$ 的函数**. 称 $x$ 的像 $f(x)$ 为**函数值**，称函数值的集合 $f(X) \triangleq \{f(x) \mid x \in X\}$ 为函数 $y = f(x)$ 的**值域**.

我们还可以把一元函数的概念推广. 设 $X \subset \mathbf{R}^n$ 为 $n$ 维空间 $\mathbf{R}^n$ 的点集，称映射 $f: \begin{matrix} X \to R \\ (x_1, x_2, \cdots, x_n) \mapsto z \end{matrix}$ 为 **$n$ 元函数**，习惯上把 $n$ 元函数表为

$$z = f(x_1, x_2, \cdots, x_n), \quad (x_1, x_2, \cdots, x_n) \in X.$$

称 $x_1, x_2, \cdots, x_n$ 为**自变量**，称 $z$ 为**因变量**.

$n$ 元函数微积分将于第四章详细介绍.

要确定一个函数，必须指出两点：第一，定义域；第二，对应法则. 函数的值域通常不必指明，因为定义域和对应法则确定之后，值域也就随之确定了.

函数的表示法有三种：图示法，表格法和解析法. 在平面直角坐标系中，点集合 $\{(x, y) \mid y = f(x), x \in X\}$ 所构成的图形称为 $y = f(x)$ 的**图像或图形**，图示法就是在坐标平面上用函数的图形表示函数，这种表示法的优点是直观醒目，其缺点是用手工逐点描图时常常不能把握函数的特性，在函数变化剧烈之处可能会“失实”，不过，图示法在计算机上已大显身手，并发展成一门新学科——计算机图形学. 在 §2.4.3 我们将利用导数讨论函数的作图. 表格法就是用表格的形式给出自变量 $x$ 和函数值 $f(x)$ 之间的关系，例如，常用的对数函数表，三角函数表及火车运行的里程与票价表，工厂里的各种生产进度表等等. 用电子计算器给出某些函数值也属于用表格法表示函数的例子. 解析法就是用数学式子(称为解析表达式)表示自变量和因变量的值之间的对应关系. 例如 $y = \frac{1}{2}\sin^2 x$, $y = \lg x + \frac{1}{\sqrt{2-x}}$ 都给了因变量 $y$ 与自变量 $x$ 之间的函数关系. 对用解析式给出的函数关系，如果没有标明定义域，我们通常把定义域理解为使该解析式有意义(在实数范围内)的一切自变量的全体，称之为**自然定义域**. 如 $y = \lg x + \frac{1}{\sqrt{2-x}}$ 的后面未标定义域，则它的定义域是指开区间 $(0, 2)$. 在解决实际问题时，则要根据变量的实际变化范围来确定函数的定义域，例如，正方形的面积 $A$ 和边长 $x$ 之间有函数关系 $A = x^2$，它的定义 域为一切正实数.

在本书中，我们主要通过函数的解析表达式来研究函数的性质.

有些函数关系，对于其定义域内自变量 $x$ 不同的值不能用统一的数学表达式来表示，需要把函数的定义域分成若干部分，在不同部分用不同的式子表示函数关系，这样的函数称为**分段函数**.我们来看几个例子.

**例 4**　$\forall x\in\mathbf{R}$，我们把不超过 $x$ 的最大整数记为 $[x]$，称函数 $y=[x]:\begin{array}{l}\mathbf{R}\to\mathbf{Z}\\ x\mapsto[x]\end{array}$ 为**取整函数**，它也可以写成

$$y=[x]=n,\qquad n\leqslant x<n+1,n\in\mathbf{Z},$$

取整函数的图形见图 1.1，图中小圆圈表示该点不在函数图形上.

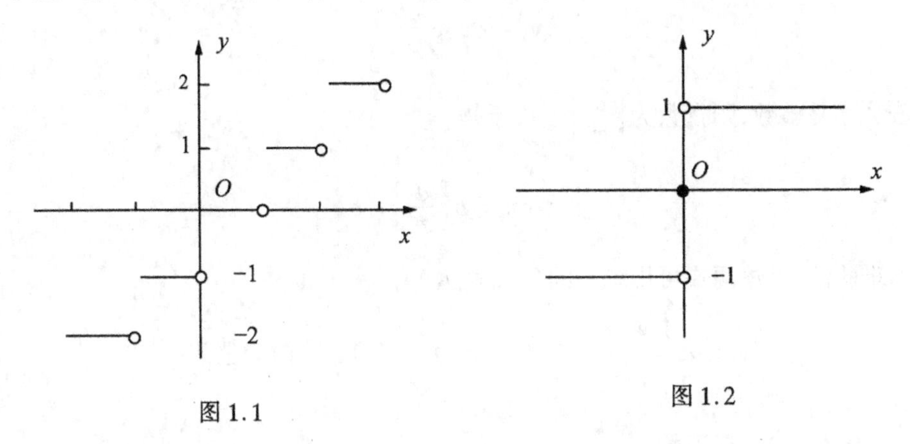


图 1.1　　图 1.2

**例 5**　函数

$$y=\operatorname{sgn}x\triangleq\begin{cases}1, & x>0,\\ 0, & x=0,\\ -1, & x<0.\end{cases}$$

称为**符号函数**，其图形见图 1.2.

**例 6**　某运输公司规定吨公里（每吨货物每公里）运价在 $a$ 公里以内 $k$ 元，超过 $a$ 公里部分八折优惠.求每吨货物运价 $m$（元）和路程 $s$（公里）之间的函数关系.

**解**　根据题意，当 $0<s\leqslant a$ 时，$m=ks$；当 $s>a$ 时，$m=ka+0.8k(s-a)=0.2ka+0.8ks$，于是 $m$ 与 $s$ 的关系如下：

$$m=\begin{cases}ks, & 0<s\leqslant a,\\ 0.2ka+0.8ks, & s>a.\end{cases}$$

上述函数关系是用分段函数表示的,其定义域是$(0,+\infty)$.

**例 7**　某工厂生产电冰箱,年产量为 $a$ 台,分若干批进行生产,每批生产准备费为 $b$ 元,设产品均匀投放市场,且上一批售完后下一批即可完工进入仓库.电冰箱每年库存费为 $cx$ 元(式中 $c$ 为常数,$x$ 为最大库存量,即最大批量).显然批量大则库存费高,批量少则批数多,因而生产准备费高.为选择最优批量,试求一年中库存费、生产准备费的总和 $y$ 与批量 $x$ 的函数关系.

**解**　若$\frac{a}{x}$为整数,则生产准备费为$\frac{ab}{x}$,而库存费为 $cx$,由此得

$$y = cx + \frac{ab}{x}.$$

若$\frac{a}{x}$不是整数,则批数为$\left[\frac{a}{x}\right]+1$,于是

$$y = cx + b\left[\frac{a}{x}\right] + b.$$

不难验证,上述两式可用统一的公式表达

$$y = cx - b\left[-\frac{a}{x}\right],\quad x \text{ 为区间}[1,a]\text{内的整数}.$$

### §1.2.2　反函数

**定义 1.4**　设函数 $y=f(x):X\subset\mathbf{R}\to Y\subset\mathbf{R}$ 为双映射,则 $\forall y\in Y$,存在惟一的 $x\in X$ 使得$f(x)=y$,这个由 $Y$ 到 $X$ 的映射称为$y=f(x)$的**反函数**,记为

$$f^{-1}:\begin{array}{c}Y\to X\\ y\mapsto x\end{array}\qquad \text{或}\qquad x=f^{-1}(y),\ y\in Y.$$

反函数 $x=f^{-1}(y)$的定义域即函数 $y=f(x)$的值域,$\forall y\in Y$,$x=f^{-1}(y)$即 $y$(关于映射 $f$)的原像.由反函数的定义可知

$$f(x)=y\Leftrightarrow f^{-1}(y)=x,\quad \forall x\in X,\ y\in Y,$$

从而有

$$f^{-1}(f(x))=x,\ \forall x\in X;$$

$$f(f^{-1}(y))=y,\ \forall y\in Y.$$

在直角坐标系中,函数 $y=f(x)$与其反函数 $x=f^{-1}(y)$的图像完全重

合.习惯上,仍用 $x$ 表自变量,而将 $y=f(x)$ 的反函数写为 $y=f^{-1}(x)$,这时 $y=f(x)(x\in X)$ 与 $y=f^{-1}(x)(x\in Y)$ 的图象关于直线 $y=x$ 对称.

从映射的定义可知函数和反函数都是单值的,即对自变量的每一个值,对应的函数值是惟一的,因此,并不是任何函数都有反函数.例如,由 $y=x^2$ 可解得 $x=\pm\sqrt{y}$,对 $y$ 的每一值,对应有 $x$ 的两值,故不能说 $x=\pm\sqrt{y}$ 为 $y=x^2$ 的反函数,因为它不是单值的.我们把 $x=\pm\sqrt{y}$ 这样的函数称为**多值函数**.一般地,若函数 $y=f(x):X\to Y$ 不是单映射,则对每一个 $y\in Y$,其原像 $\{f^{-1}(y)\}$ 就不惟一,从而由 $y=f(x)$ 解出的 $x$ 就不是单值的,通常是多值函数,这时,为研究 $y=f(x)$ 的反函数,习惯上都是把 $y=f(x)$ 的定义域限制于 $X_1\subset X$,使得 $y=f(x):X_1\to Y$ 为双映射,从而它有反函数 $x=f^{-1}(y)$.

**例**　函数 $y=\sin x:\mathbf{R}\to[-1,1]$ 不是单映射,如 $y=\dfrac{1}{2}$ 的原像为 $\left\{\dfrac{\pi}{6}+2k\pi,k\in\mathbf{Z}\right\}$.若将 $x$ 限制于 $\left[-\dfrac{\pi}{2},\dfrac{\pi}{2}\right]$ 内取值,则 $y=\sin x:\left[-\dfrac{\pi}{2},\dfrac{\pi}{2}\right]\to[-1,1]$ 就是双映射,故有反函数,称为**反正弦函数**,记为 $y=\arcsin x$,它的定义域为 $[-1,1]$,值域为 $\left[-\dfrac{\pi}{2},\dfrac{\pi}{2}\right]$,即

$$y=\arcsin x:[-1,1]\to\left[-\frac{\pi}{2},\frac{\pi}{2}\right].$$

它的图形由图 1.3 的实线给出.

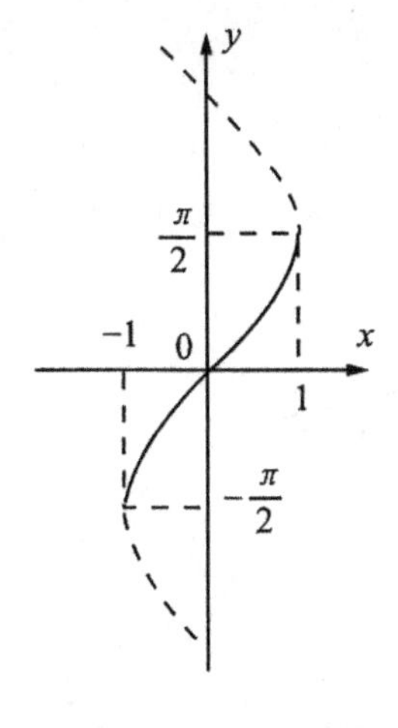


图 1.3

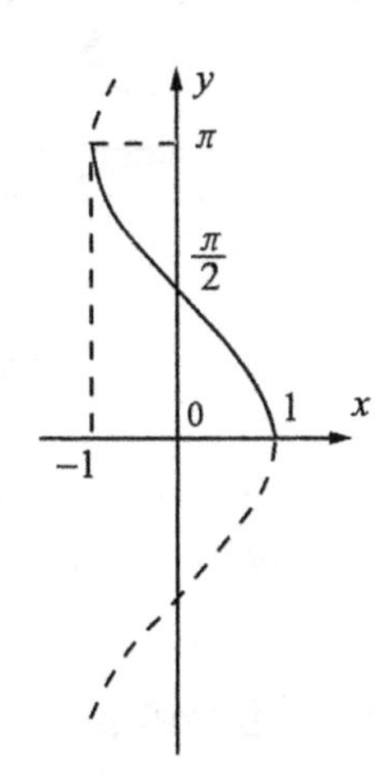


图 1.4

类似地定义余弦函数 $y=\cos x$ 的反函数为

$$y = \arccos x : [-1,1] \to [0,\pi]$$

称之为**反余弦函数**,其图形由图 1.4 中的实线部分给出.

定义正切函数 $y=\tan x$ 的反函数为

$$y = \arctan x : (-\infty, +\infty) \to \left(-\frac{\pi}{2}, \frac{\pi}{2}\right),$$

称之为**反正切函数**,见图 1.5.

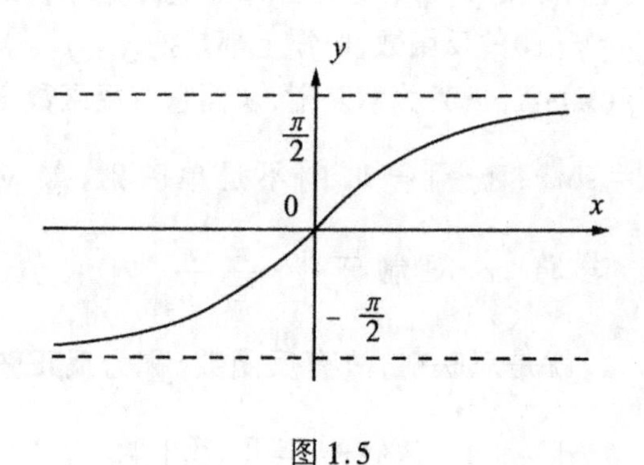


图 1.5

定义余切函数 $y=\cot x$ 的反函数为

$$y = \text{arccot}\, x : (-\infty, +\infty) \to (0,\pi)$$

称之为**反余切函数**,见图 1.6.

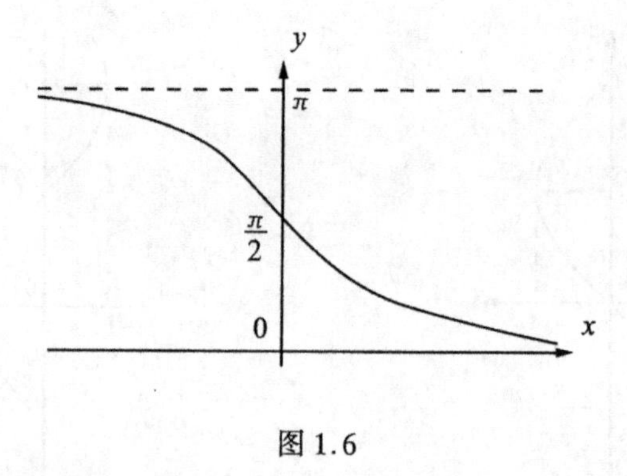


图 1.6

### §1.2.3 复合函数

**定义 1.5** 设有两个函数

$$y = f(u), \qquad u \in U,$$

$$u=\varphi(x),\qquad x\in X.$$

若 $\varphi(X)\subset U$,则对每一个 $x\in X$,通过函数 $\varphi$ 对应有惟一的 $u=\varphi(x)\in U$,而 $u$ 又通过函数 $f$ 对应惟一的一个值 $y$.这样就确定了一个定义在 $X$ 上的以 $x$ 为自变量,$y$ 为因变量的函数,称为由函数 $f$ 和 $\varphi$ 经过复合运算而得到的**复合函数**,记为

$$y=f(\varphi(x)),\qquad x\in X,$$

或

$$y=(f\circ\varphi)(x),\qquad x\in X.$$

称 $u$ 为**中间变量**. $\forall x\in X$,通过 $u$ 的值 $\varphi(x)$ 有惟一的值 $y=f(\varphi(x))$ 与之对应,故也称 $y$ 为通过中间变量 $u$ 关于 $x$ 的复合函数.

例如,函数 $y=\arcsin\frac{1}{x}$ 是由函数 $y=\arcsin u$ 与 $u=\frac{1}{x}$ 复合而成,其定义域为 $(-\infty,-1]\cup[1,+\infty)$.应注意对函数 $u=\frac{1}{x}$ 来说,它的定义域为 $(-\infty,0)\cup(0,+\infty)$,但它作为上述复合函数的组成部分时,为了使其值域包含在函数 $\arcsin u$ 的定义域 $[-1,1]$ 内,其定义域必须限制在 $(-\infty,-1]\cup[1,+\infty)$ 上.

复合函数也可以由多个函数相继复合而成.例如函数 $y=\log_2\cos\left(1+\frac{1}{x^2}\right)$ 是由 $y=\log_2 u$, $u=\cos v$, $v=1+w$, $w=\frac{1}{x^2}$ 复合而成.

利用复合函数的概念,可以把一个较为复杂的函数表示成几个简单函数的复合形式,便于对函数进行研究.

### §1.2.4　具有某些特殊性质的函数

本段我们介绍今后常用到的几类具有某些特殊性质的函数.

1. 单调性

**定义 1.6(单调函数)**　若对区间 $I$ 上的任意两点 $x_1$ 和 $x_2$,当 $x_1<x_2$ 时,总有

$$f(x_1)\leqslant f(x_2)\quad(\text{或 } f(x_1)\geqslant f(x_2))\tag{1.5}$$

则称 $y=f(x)$ 为在区间 $I$ 上的**增函数(或减函数)**.也称 $f(x)$ 在 $I$ 上**单调上升(或单调下降)**.若(1.5)式为严格不等式

$$f(x_1) < f(x_2) \quad (\text{或 } f(x_1) > f(x_2)),$$

则称 $y=f(x)$为在 $I$ 上的**严格增函数(或严格减函数)**.也称 $f(x)$在 $I$ 上**严格单调上升(或严格单调下降)**.

若(1.5)式在 $f(x)$的整个定义域上成立,则称 $f(x)$为**增函数(或减函数)**.类似可给出严格增函数和严格减函数的定义.

增函数与减函数统称为**单调函数**,严格增函数与严格减函数统称为**严格单调函数**.

例如,$y=x^2$ 当 $x\geqslant 0$ 时为严格增函数,当 $x\leqslant 0$ 时为严格减函数,但 $y=x^2$ 不是单调函数,$y=x^3$ 在整个数轴上为严格增函数,$y=[x]$和 $y=\operatorname{sgn}x$ 都是增函数,但不是严格增函数.

2. 有界性

**定义 1.7(有界函数)** 设 $I$ 为某区间,若存在数 $M$,使得

$$f(x) \leqslant M \quad (\text{或 } f(x) \geqslant M), \qquad \forall x \in I, \tag{1.6}$$

则称 $f(x)$在 $I$ 上是上有界(或下有界)的,$M$ 为 $f(x)$在 $I$ 上的上界(或下界).若 $f(x)$在 $I$ 上既是上有界又是下有界的,则称 $f(x)$在 $I$ 上是有界函数.

当(1.6)式中的 $I$ 为 $f(x)$的定义域时,则称 $f(x)$是**上有界(或下有界)**的.既是上有界又是下有界的函数称为**有界函数**,或称该函数**有界**.

若 $f(x)$的定义域为 $X$,则有

$$f(x)\text{ 有界} \Leftrightarrow \exists M > 0 \text{ 使得 } |f(x)| \leqslant M, \quad \forall x \in X.$$

称 $M$ 为$f(x)$的**界**.在几何上,这表示 $y=f(x)$的图形介于平行线 $y=\pm M$ 之间.

若 $f(x)$不是有界函数,便称为**无界函数**.类似地,若 $f(x)$在区间 $I$ 上不是上有界(或不是下有界)的,则称 $f(x)$在区间 $I$ 上为上无界(或下无界)函数.我们也可以正面陈述这些定义,例如:

若$\forall M>0$(不论多么大),$\exists x_0\in I$,使得

$$f(x_0) > M,$$

则称 $f(x)$在 $I$ 上为上无界函数.

**例 1** 证明 $f(x)=\dfrac{1}{x}$在$(0,1]$上为上无界函数.

**证**　$\forall M>0$,由实数稠密性,在$(0,1]$上存在点 $x_0=\frac{1}{M+1}$,于是有

$$f(x_0)=\frac{1}{x_0}=M+1>M.$$

故 $f(x)$为$(0,1]$上的上无界函数. □

类似可证 $y=\tan x$ 在$\left(-\frac{\pi}{2},\frac{\pi}{2}\right)$上是无界函数,但它在闭区间$\left[-\frac{\pi}{2}+\delta,\frac{\pi}{2}-\delta\right]$上是有界函数,其中 $\delta$ 是小于$\frac{\pi}{2}$的正常数.

3. 奇偶性

**定义 1.8(奇偶函数)**　设 $f(x)$的定义域 $X$ 为对称于原点的数集,若$\forall x\in X$,有

$$f(-x)=f(x)\qquad(\text{或 } f(-x)=-f(x)),$$

则称 $f(x)$为**偶函数(或奇函数)**.

偶函数的图形关于 $y$ 轴对称,奇函数的图形关于原点对称.

我们熟悉的函数 $y=\sin x$, $y=\tan x$, $y=ax^3$ 都是奇函数;$y=\cos x$, $y=ax^2+b$, $y=\sin^2x$ 则是偶函数.

**例 2**　设 $y=f(x)$的定义域是关于原点对称的点集 $X$,讨论函数

$$\varphi(x)=f(x)+f(-x)\quad\text{与}\quad\psi(x)=f(x)-f(-x)$$

的奇偶性.

**解**　我们有

$$\varphi(-x)=f(-x)+f(-(-x))=f(-x)+f(x)=\varphi(x),$$

$$\psi(-x)=f(-x)-f(-(-x))=f(-x)-f(x)=-\psi(x),$$

故 $\varphi(x)$与 $\psi(x)$分别是 $X$ 上的偶函数与奇函数.

由于 $f(x)=\frac{1}{2}\varphi(x)+\frac{1}{2}\psi(x)$. 例 2 说明在关于原点对称的点集 $X$ 上定义的函数,必可表为偶函数与奇函数之和的形式.

4. 周期性

**定义 1.9(周期函数)**　设 $f(x)$的定义域为 $X$,若存在正常数 $T$,使得

$$f(x\pm T)=f(x),\qquad\forall x\in X\tag{1.7}$$

则称 $f(x)$为**周期函数**,称 $T$ 为**周期**.若 $t$ 是使(1.7)式成立的最小正数 $T$,则称 $t$ 为**最小周期**.

显然,若 $T$ 为周期,则 $nT$ 也为周期,这里 $n\in N$.

**例 3** 求证:若 $t$ 为$f(x)$的最小周期,$T$ 为周期,则存在正整数 $k$,使得 $T=kt$.

**证** 若不然,命$\left[\dfrac{T}{t}\right]=n$,则 $0<T-nt<t$,由于 $nt$ 与 $T$ 均为周期,故有

$$f(x+T-nt)=f(x+T)=f(x)$$

即 $T-nt$ 也是周期,与 $t$ 的最小性矛盾. □

**例 4** 证明 $f(x)=x-[x]$是以 1 为最小周期的周期函数(见图 1.7).

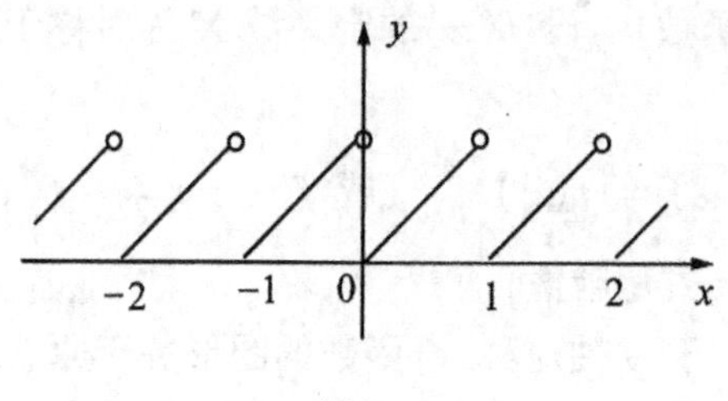


图 1.7

**证** 先证 $f(x)$以 1 为周期,事实上

$$f(x\pm 1)=x\pm 1-[x\pm 1]=x\pm 1-[x]\mp 1=x-[x]=f(x),$$

$$\forall x\in \mathbf{R}.$$

其次,设 $0<t<1$,取 $x=0$,则有

$$f(0+t)=f(t)=t-[t]=t\neq 0=f(0)$$

故 $t$ 不为周期,所以 1 为最小周期. □

### §1.2.5 初等函数

设 $c$ 为任意实数,称函数

$$y=c$$

为**常数函数**.常数函数的表达式中不含自变量 $x$,这就是说无论自变量 $x$ 取何值,函数 $y$ 恒取同一数值$c$,常数函数的图形是一条平行于 $x$ 轴的直线,见图 1.8.

我们把函数 $y=a^x\ (a>0, a\neq 1)$ 称为**指数函数**，它的反函数 $y=\log_a x$ 称为**对数函数**. 函数

$$y = e^x$$

称为**自然指数函数**，式中 e=2.7182…是一个重要常数，将在§1.3.5中详细讨论它，自然指数函数的反函数

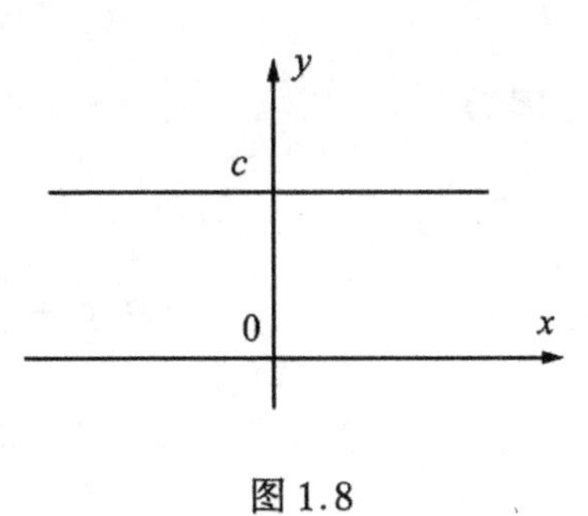

图 1.8

$$y = \ln x$$

称为**自然对数函数**，这里 $\ln x$ 是 $\log_e x$ 的缩写.

函数 $y=x^\mu$ ($\mu$ 为常数)称为**幂函数**. 当 $x>0$ 时，幂函数可表示成指数函数与对数函数的复合函数

$$x^\mu = e^{\mu \ln x}$$

因此，对任意实数 $\mu$，当 $x>0$ 时 $x^\mu$ 总是有定义的. 当 $\mu$ 取某些特殊值时，$x^\mu$ 的定义域将会扩大. 现讨论如下：

(i) 当 $\mu=\frac{m}{n}$，其中 $m\in\mathbf{N}$，$n$ 为奇数(可正可负)，规定

$$(-x)^{\frac{m}{n}} = (-1)^m x^{\frac{m}{n}}, \qquad x > 0;$$

(ii) 当 $\mu>0$ 时，规定

$$0^\mu = 0;$$

(iii) 当 $\mu=0$ 时，规定

$$x^0 \equiv 1, \quad \forall x \in \mathbf{R}.$$

我们把下述五种函数称为**基本初等函数**：

(1) 幂函数 $y=x^\mu$；

(2) 自然指数函数 $y=e^x$；

(3) 自然对数函数 $y=\ln x$；

(4) 正弦函数 $y=\sin x$；

(5) 反正弦函数 $y=\arcsin x$.

基本初等函数的属性，如它们的定义域，值域，单调性，有界性等，读者必须掌握，并应熟悉它们的图形.

**定义 1.10(初等函数)** 由五种基本初等函数及常数经过有限次加减乘除四则运算与有限次复合而得到并用一个式子表达的一类函数称为**初等函

数.

因为

$$a^x = e^{x\ln a},$$

$$\log_a x = \frac{\ln x}{\ln a},$$

$$\cos x = \sin\left(\frac{\pi}{2} - x\right),$$

$$\tan x = \frac{\sin x}{\cos x},$$

$$\arccos x = \frac{\pi}{2} - \arcsin x,$$

$$\arctan x = \arcsin\frac{x}{\sqrt{1+x^2}},$$

所以指数函数,对数函数,三角函数及反三角函数都是初等函数(在某些教科书中把它们也称为基本初等函数).

由定义1.10可知函数 $y=\frac{1+x+x^2}{1-x}$, $y=\tan[1+2\log_3(1+x)]$, $y=2^{\sin^2\frac{1}{x}}$, $y=\arcsin(1+\sqrt[3]{x})$等等都是初等函数.

初等函数总是用统一的解析式给出的,故分段函数不是初等函数.如符号函数、取整函数等都不是初等函数,而是由初等函数分段给出的函数.

初等函数是最常见、应用最广泛的一类函数,它是微积分的主要研究对象.

从初等函数的"生成"方式可见,函数 $y=\sin x$ 与 $y=e^x$ 有着特别重要的意义.函数 $y=\arcsin x$ 与 $y=\ln x$ 分别是它们的反函数,而函数 $y=x^\mu$ 可由 $y=e^u$ 与 $u=\ln x$ 复合而成(定义域可能有变化).我们把 $y=\sin x$ 与 $y=e^x$ 这两个函数称为初等函数的**生成函数**.在§1.3.5中我们将介绍两个基本极限,它们分别是为研究这两个函数而建立的.在这两个基本极限的基础上,利用复合函数、反函数及函数四则运算的极限公式,就可导出许多初等函数的极限公式.

## 习 题 1.2

**A组**

1. 下列各题中,函数 $f(x)$和 $g(x)$是否相同?为什么?

(1) $f(x)=\frac{x^2-1}{x+1}, g(x)=x-1$;

(2) $f(x)=\ln x^2$, $g(x)=2\ln x$;

(3) $f(x)=\sin x$, $g(x)=\sqrt{1-\cos^2 x}$;

(4) $f(x)=\sqrt[3]{x^4-x^3}$, $g(x)=x\sqrt[3]{x-1}$.

2. 求下列函数的定义域和值域：

(1) $y=\frac{x^2}{1+x}$;　　(2) $y=\sqrt{2+x-x^2}$;

(3) $y=\ln(1-2\cos x)$;　　(4) $y=\arccos\frac{1-x}{3}$.

3. 设 $f(x)=x^2-3x+2$,求 $f(0), f(-x), f\left(\frac{1}{x}\right), f(x+1)$.

4. 设 $f(x)=\sin x$,画出 $f(2x), f\left(\frac{x}{2}\right), 2f(x), \frac{1}{2}f(x), f\left(x+\frac{\pi}{4}\right)$及 $f(x)+1$ 的图形.

5. 画出由下列方程确定的多值函数的图形：

(1) $x=y+|1-y|$;　　(2) $|x|+|y|=1$;　　(3) $x^2+y^2-2x=0$.

6. 求函数 $y=f(x)$,已知

(1) $f(x+1)=x^2+2x-1$;　　(2) $f\left(x+\frac{1}{x}\right)=x^2+\frac{1}{x^2}$;

(3) $2f(\sin x)+3f(-\sin x)=4\sin x\cos x$, $|x|\leqslant\frac{\pi}{2}$;　　(4) $f\left(\sin\frac{x}{2}\right)=1+\cos x$.

7. 设函数

$$y=f(x)=\begin{cases}-x, & x\leqslant 0,\\ x, & 0<x<1,\\ x^2-4x+4, & 1\leqslant x<4.\end{cases}$$

试求 $f(-1), f(0), f\left(\frac{1}{2}\right), f(1), f(2)$;指出函数的定义域并作出函数的图形.

8. 用解析式表示下列由图形表示的函数：

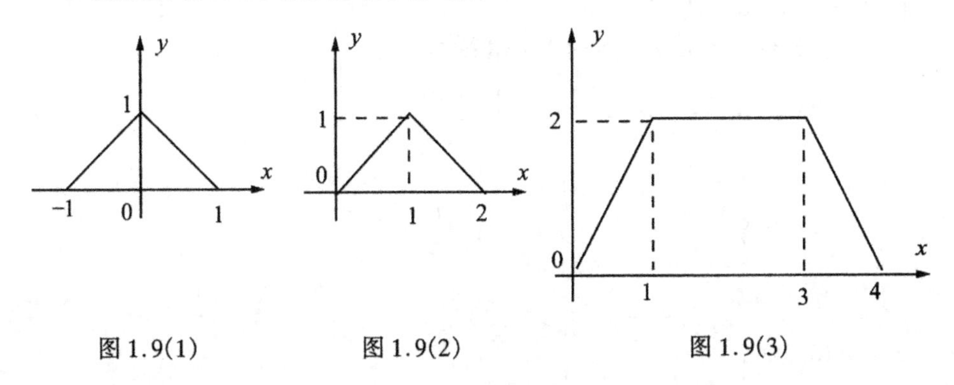


图 1.9(1)　　图 1.9(2)　　图 1.9(3)

9. 设 $x,y$ 为任意实数,求证

(1) $[x+y]\geqslant[x]+[y]$;　　(2) $[x-y]\leqslant[x]-[y]$;

(3) $\operatorname{sgn}(xy)=\operatorname{sgn}x\cdot\operatorname{sgn}y$;　　(4) $|x|=x\cdot\operatorname{sgn}x$.

10. 某直角三角形周长为 $2p$,一条直角边长为 $x$,试将该三角形面积表示成 $x$ 的函数,并讨论其定义域.

11. 有一工厂 $A$ 离河道的垂直距离为 $h$(千米),垂足为 $B$,见图 1.10,工厂要在河岸建一码头 $D$,将产品用汽车运到码头,再用船运到下游 $C$ 处,已知汽车的运费每吨千米是 $a$ 元,船的运费是 $b$ 元,设码头 $D$ 距 $B$ 点 $x$ 千米,试将总运费 $y$ 表示为距离 $x$ 的函数.

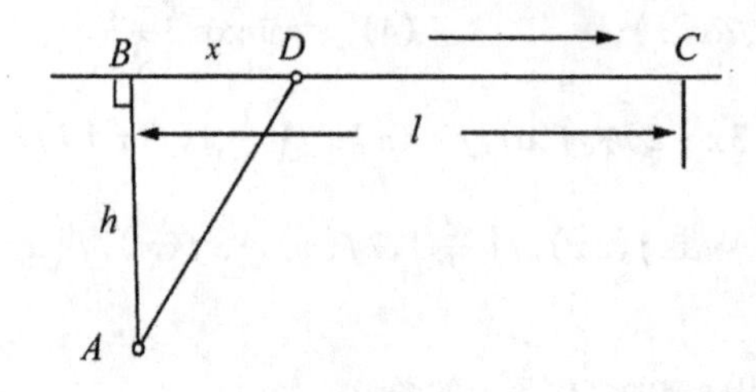


图 1.10

12. 某化肥厂生产尿素能力为 15000 吨,固定成本为 30 万元,产量在 5000 吨以内时每吨可变成本为 450 元,超过 5000 吨部分每吨可变成本为 400 元,试将总成本 $C$ 与平均每吨成本 $\bar{C}$ 表示成产量 $Q$ 的函数.

13. 设生产与销售某产品的总收益 $R$ 是产量 $x$ 的二次函数,已知当 $x$ 分别为 0,2,4 时,$R$ 分别为 0,6,8,试确定 $R$ 与 $x$ 的函数关系.

14. 一商家销售某种商品的价格满足关系 $p=7-0.2x$(万元/吨),$x$ 为销售量,商品的成本函数为 $C=3x+1$(万元).若每销售一吨商品,政府要征税 $t$(万元),试将该商家的税后利润 $L$ 表为 $x$ 的函数.

15. 游客乘电梯从底层到电视塔顶层观光,电梯于每个整点的第 5 分钟、25 分钟和 55 分钟从底层起行.假设一游客在早八点的第 $x$ 分钟到达底层候梯处,试将该游客的等待时间 $T$ 表为 $x$ 的分段函数.

16. 求下列函数的反函数,并讨论反函数的定义域:

(1) $y=\dfrac{ax+b}{cx+d},\ ad\neq bc$;

(2) $y=\begin{cases}\dfrac{4}{\pi}\arctan x, & |x|>1,\\ \sin\dfrac{\pi x}{2}, & |x|\leqslant 1;\end{cases}$

(3) $y=\begin{cases}2-\sqrt{4-x^2}, & 0\leqslant x\leqslant 2,\\ 2x-2, & 2<x\leqslant 3.\end{cases}$

17. 复合下列各题中的函数：

(1) $f(u)=\sqrt{1+u^2}$，$\varphi(v)=2\sin v$，$g(x)=\log_a x$，求 $f(\varphi(g(x)))$；

(2) $y=2^u$，$u=v^2$，$v=\sin w$，$w=\dfrac{1}{x}$，将 $y$ 表为 $x$ 的函数；

(3) $f(x)=\begin{cases}1+x, & x<0,\\ 1, & x\geqslant 0,\end{cases}$ 求 $f(f(x))$.

18. 设 $\varphi(x)=\dfrac{x}{x-1}$，求 $\varphi(\varphi(x))$，$\varphi(\varphi(\varphi(x)))$与 $\varphi\left(\dfrac{1}{\varphi(x)}\right)$，并求它们的定义域.

19. 用几个基本初等函数及其四则运算表示下列函数的复合关系：

(1) $y=\log_a\sin\sqrt{x}$；　(2) $y=\cos\sqrt{1+x^2}$；

(3) $y=e^{1+\log_3(x^2+1)}$.

20. 设 $f(x)$，$g(x)$均为单调上升函数，且 $f(x)\leqslant g(x)$. 证明 $f(f(x))\leqslant g(g(x))$.

21. 试讨论复合函数 $y=f(g(x))$的单调性：

(1) 当 $f(x)$与 $g(x)$均严格上升时；

(2) 当 $f(x)$严格上升，$g(x)$严格下降时.

22. 利用上题讨论幂函数 $y=x^\mu$ 当 $x>0$ 时的单调性.

23. 研究下列函数的有界性、奇偶性，若是周期函数，并求其最小周期：

(1) $f(x)=\dfrac{x^2}{1+x^2}$；　(2) $f(x)=\sin\dfrac{1}{x}$；

(3) $f(x)=\dfrac{1}{x}\sin\dfrac{1}{x}$；　(4) $f(x)=\sin x^2$；

(5) $f(x)=\ln\dfrac{1-x}{1+x}$；

(6) $f(x)=A\sin\omega x+B\cos\omega x$（$A,B$ 是不全为零的常数，$\omega>0$）；

(7) $f(x)=\log_a(x+\sqrt{1+x^2})$　$(a>0, a\neq 1)$.

**B 组**

1. 已知 $f(x)$的定义域为$[0,1]$，求 $f(x+a)+f(x-a)$的定义域.

2. 设 $f(x)=\dfrac{1}{2}(x+|x|)$，$g(x)=\begin{cases}x, & x<0,\\ x^2, & x\geqslant 0,\end{cases}$ 求 $f(g(x))$和 $g(g(x))$.

3. 设 $f(x)=\begin{cases}x^2+x, & \text{当 } x\leqslant 1,\\ x+5, & \text{当 } x>1,\end{cases}$ 求 $f(x+a)$，$a$ 为常数.

4. 试给出函数 $y=f(x)$的图象(1)关于直线 $x=a$ 对称的充要条件；(2)关于点$(a,b)$对称的充要条件，并证明你的结论.

5. 设 $y=f(x)$是偶函数且其图象对称于直线 $x=a(a>0)$，证明 $f(x)$是周期函数.

6. 设 $y=f(x)$ 的图象关于直线 $x=a, x=b(a\neq b)$ 均对称，证明 $f(x)$ 为周期函数.

7. 设 $\mathrm{sh}x \triangleq \dfrac{1}{2}(\mathrm{e}^{x}-\mathrm{e}^{-x})$，$\mathrm{ch}x \triangleq \dfrac{1}{2}(\mathrm{e}^{x}+\mathrm{e}^{-x})$，称 $\mathrm{sh}x$ 为**双曲正弦**，$\mathrm{ch}x$ 为**双曲余弦**，验证下列公式：

(1) $\mathrm{ch}^2 x-\mathrm{sh}^2 x=1$；　　(2) $\mathrm{ch}2x=\mathrm{ch}^2 x+\mathrm{sh}^2 x$；

(3) $\mathrm{sh}2x=2\mathrm{sh}x\mathrm{ch}x$；　　(4) $\mathrm{sh}(x\pm y)=\mathrm{ch}y\mathrm{sh}x\pm\mathrm{ch}x\mathrm{sh}y$；

(5) $\mathrm{ch}(x\pm y)=\mathrm{ch}x\mathrm{ch}y\pm\mathrm{sh}x\mathrm{sh}y$.

# 第三节　极　　限

极限是微积分学中最基本的概念之一.以后我们学到的微分、积分、级数等都是不同的求极限过程.极限概念贯穿整个微积分学，并且在数学的其它领域也起着重要作用.因此学好本节内容是掌握微积分基本方法的关键.

## §1.3.1　数列的极限与基本性质

**定义 1.11(数列)**　无穷多个实数，按一定次序排成一列

$$x_1, x_2, \cdots, x_n, \cdots,$$

我们称它为**无穷数列**，简称**数列**，常简记为 $\{x_n\}$.

$x_n$ 称为数列的一般项或通项，$n$ 为它的下标或足码.下标通常取相继的自然数(即连续的自然数).若数列的第一项下标为 1，那么通项的下标恰为它的项数.有时数列的下标也可以从零开始，或从某个自然数开始.例如数列

$$a_0, a_1, a_2, \cdots, a_n, \cdots$$

及

$$b_k, b_{k+1}, \cdots, b_{k+n}, \cdots.$$

更一般的，下标还可以取自然数的某个子集.例如取正偶数集，相应有数列 $\{x_{2n}\}$：

$$x_2, x_4, \cdots, x_{2n}, \cdots.$$

我们也可以把数列 $\{x_n\}$ 看做是定义在自然数集合 $\mathbf{N}$ 上的函数，即

$$x_n = f(n): \mathbf{N}\to\mathbf{R}.$$

这里要说明的是，在函数的定义中并不涉及自变量取值的顺序，但数列与各项

的顺序有关,只有对应项相等的数列才认为是相同 数列.如果把数列看做是定义在自然数集合上的函数,总规定它的各项是按自变量 $n$ 递增的顺序排列的.

下面是一些数列的例子:

$$1,2,\cdots,n,\cdots; \tag{1.8}$$

$$1,-1,1,-1,\cdots,(-1)^{n-1},\cdots; \tag{1.9}$$

$$1,-\frac{1}{2},\frac{1}{3},\cdots,(-1)^{n-1}\frac{1}{n},\cdots; \tag{1.10}$$

$$3,\frac{1}{2},\frac{3}{3},\frac{1}{4},\cdots,\frac{2-(-1)^n}{n},\cdots; \tag{1.11}$$

$$\frac{3}{2},\frac{5}{4},\cdots,1+\left(\frac{1}{2}\right)^n,\cdots; \tag{1.12}$$

$$a,a,\cdots,a,\cdots; \tag{1.13}$$

$$1.4,1.41,1.414,1.4142,\cdots. \tag{1.14}$$

前六个例子的通项已在数列中给出了,最后一个例子的通项是$\sqrt{2}$精确到 $10^{-n}$ 的不足近似值.

我们观察这些数列当 $n$ 无限增大时的变化趋势.数列(1.8)称为**自然数列**,它的通项随着 $n$ 的增大越来越大.数列(1.9)交错地取 $\pm1$ 两个数值.数列(1.10)与(1.11)随着 $n$ 的增大可以任意地接近于零.数列(1.12)随着 $n$ 的增大可以任意地接近于 1.数列(1.13)的各项恒等于某一常数 $a$(这种数列称为**常数列**).最后一个数列的通项随着 $n$ 的增大越来越接近于$\sqrt{2}$.

我们感兴趣的是这样一些数列,当下标 $n$ 无限增大时,它的通项 $x_n$ 能无限接近某个常数$A$(如上述后五个数列),称这样的数列为收敛数列,称 $A$ 为数列$\{x_n\}$的极限.但这只是一种描述性的定义,不适宜用之进行论证.为建立严密的微积分学体系,我们必须用数学语言给出收敛数列的严格定义.所谓当 $n$ 无限增大时,$x_n$ 无限接近某常数$A$,就是说:"$|x_n-A|$可任意小,只要 $n$ 足够大",怎样具体刻画"$n$ 足够大","$|x_n-A|$可任意小"呢? 用数量化的语言就是"$|x_n-A|$可小于任意给定的无论多么小的正数 $\varepsilon$,只要 $n$ 大于某个整数 $N$".例如,对数列$\{x_n\}=\left\{1+\frac{1}{2^n}\right\}$来说,要使

$$|x_n - 1| = \left|1 + \frac{1}{2^n} - 1\right| = \frac{1}{2^n} < \varepsilon = 10^{-2},$$

只要 $n > N = [\log_2 100]$便可.要使$|x_n - 1| < \varepsilon = 10^{-4}$,只要 $n > N = [\log_2 10^4]$便可,一般说,要使$|x_n - 1| = \frac{1}{2^n}$小于任给的无论多么小的正数$\varepsilon$,只要 $n > N = \left[\log_2 \frac{1}{\varepsilon}\right]$便可.

下面我们给出数列收敛及其极限的概念.

**定义 1.12(数列极限)**　设$\{x_n\}$为一数列,若存在常数 $A$,对任意给定的$\varepsilon > 0$,总能找到自然数 $N$,当 $n > N$ 时就有

$$|x_n - A| < \varepsilon,$$

则称数列$\{x_n\}$当 $n$ 趋于$\infty$时的**极限为** $A$**,**记为

$$\lim_{n \to \infty} x_n = A (\text{或简记为 } x_n \to A)$$

并称数列$\{x_n\}$为**收敛数列**,称$\{x_n\}$**收敛于** $A$.不以任何实数为极限的数列称为**发散数列**.

定义 1.12 简称为**数列极限的 $\varepsilon$-$N$ 定义**.它是在牛顿和莱布尼兹 17 世纪创立微积分以后大约 150 年间才建立起来的.现在被世界各国数学家所采用.关于数列极限的 $\varepsilon$-$N$ 定义,读者应注意下面几点:

1. **$\varepsilon$ 的任意性**　$\varepsilon$ 的作用是衡量$x_n$ 和$A$ 的接近程度,$\varepsilon$ 愈小,表示接近得愈好.然而,尽管$\varepsilon$ 有它的任意性,但当它一经给出,就应暂看做是固定不变的,以便根据它来求 $N$.另外,$\varepsilon$ 既然可是任何正数,那末 $2\varepsilon$,$\frac{1}{2}\varepsilon$ 或$\varepsilon^2$ 等同样也是任何正数.因此定义中不等式右边的$\varepsilon$ 也可以用 $2\varepsilon$,$\frac{1}{2}\varepsilon$ 或$\varepsilon^2$ 来代替.同样可知,把不等式中的"$<$"号换成"$\leqslant$"号,也不影响定义所蕴含的意义.

2. 一般地说,$N$ 是随着$\varepsilon$ 的变化而变化的,$\varepsilon$ 越小,$N$ 就越大,但 $N$ 不是由$\varepsilon$ 惟一确定的,因为对已给的 $\varepsilon$,若 $N = 100$ 能满足要求,则 $N = 101$ 或 1000 或 10000 自然更能满足要求.其实 $N$ 也不必限于自然数,只要它是正数就行了.

3. 定义中"当 $n > N$ 时,就有$|x_n - A| < \varepsilon$"这句话从几何上讲,就是所有下标大于 $N$ 的$x_n$,都落在数轴上点 $A$ 的$\varepsilon$ 邻域内,而在这邻域之外,至多有 $N$(有限)个项.换句话说,若$\{x_n\}$收敛于 $A$,则在 $A$ 的任何邻域内含有$\{x_n\}$的几乎全体的项.

我们举例说明怎样用 $\varepsilon$-$N$ 定义来验证数列的极限.

**例 1** 用极限定义证明当 $0<|q|<1$ 时, $\lim\limits_{n\to\infty}q^n=0$.

**证** $\forall\varepsilon>0$(不妨设 $\varepsilon<1$),要 $|q^n-0|=|q|^n<\varepsilon$,只要 $n\lg|q|<\lg\varepsilon$,即只要 $n>\dfrac{\lg\varepsilon}{\lg|q|}$,因此取 $N=\left[\dfrac{\lg\varepsilon}{\lg|q|}\right]$,则当 $n>N$ 时就有

$$|q^n-0|<\varepsilon,$$

所以

$$\lim_{n\to\infty}q^n=0. \qquad \square$$

**例 2** 求证:当 $n\to\infty$ 时, $\sqrt[n]{n}\to1$.

**证** 因为 $\sqrt[n]{n}>1$,故可设 $\sqrt[n]{n}=1+a_n$, $a_n>0$,于是

$$n=(1+a_n)^n=1+na_n+\frac{1}{2}n(n-1)a_n^2+\cdots+a_n^n>\frac{1}{2}n(n-1)a_n^2$$

从而 $a_n<\sqrt{\dfrac{2}{n-1}}$,即 $0<a_n=\sqrt[n]{n}-1<\sqrt{\dfrac{2}{n-1}}$.

$\forall\varepsilon>0$,要 $|\sqrt[n]{n}-1|<\varepsilon$,只要 $\sqrt{\dfrac{2}{n-1}}<\varepsilon$,即 $n>\dfrac{2}{\varepsilon^2}+1$,取 $N=\left[\dfrac{2}{\varepsilon^2}+1\right]$,则当 $n>N$ 时就成立

$$|\sqrt[n]{n}-1|<\varepsilon.$$

所以 $n\to\infty$ 时, $\sqrt[n]{n}\to1$. $\square$

在上面的证明中得到的 $N=\left[\dfrac{2}{\varepsilon^2}+1\right]$,并非是使 $|\sqrt[n]{n}-1|<\varepsilon$ 成立的最小的 $N$,只是这一表达式比较简单.要找使 $|\sqrt[n]{n}-1|<\varepsilon$ 成立的最小的 $N$ 是一件十分麻烦的事,而且也没有这个必要.

在发散的数列中,若随着 $n$ 的增大,通项 $x_n$ 任意地增大(或减小),就称 $\{x_n\}$ 的极限是 $+\infty$(或 $-\infty$).用所谓"$M$-$N$"语言给出其严格定义如下:

**定义 1.13** 若 $\forall M>0$,总存在自然数 $N$,当 $n>N$ 时就有

$$x_n>M(\text{或 } x_n<-M),$$

则称 $\{x_n\}$ 的**极限**等于 $+\infty$(或 $-\infty$),也称 $\{x_n\}$ **发散于** $+\infty$(或 $-\infty$)①.

① 我们不说"$\{x_n\}$ 收敛于 $+\infty$(或 $-\infty$)",而说"$\{x_n\}$ 发散于 $+\infty$(或 $-\infty$)".

记为

$$\lim_{n\to\infty}x_n=+\infty\qquad(\text{或}\lim_{n\to\infty}x_n=-\infty).$$

也可简记为

$$x_n\to+\infty(\text{或 }x_n\to-\infty).$$

若$\lim\limits_{n\to\infty}|x_n|=+\infty$,则称$\{x_n\}$**的极限为∞,或**$\{x_n\}$**发散于∞**,记为

$$\lim_{n\to\infty}x_n=\infty(\text{或 }x_n\to\infty).$$

显然,$x_n\to+\infty$(或$-\infty$)$\Rightarrow x_n\to\infty$.例如,自然数列$\{n\}$以$+\infty$为极限,也可以说它以$\infty$为极限.若$n$取自然数值,符号$n\to+\infty$与符号$n\to\infty$是完全一样的.因此数列极限可以记成$\lim\limits_{n\to\infty}x_n$,不须记成$\lim\limits_{n\to+\infty}x_n$.我们约定,当某数列以$+\infty$(或$-\infty$)为极限时,一般情形下谈到它的极限总应指明是$+\infty$(或$-\infty$),而不用$\infty$代替.符号$x_n\to\pm\infty$是指$x_n\to+\infty$与$x_n\to-\infty$中的任何一种.

**例 3**　证明当$|q|>1$时,$\lim\limits_{n\to\infty}q^n=\infty$.

**证**　$\forall M>0$(不妨设$M>1$),要$|q^n|=|q|^n>M$,只要$n>\dfrac{\lg M}{\lg|q|}$,取$N=\left[\dfrac{\lg M}{\lg|q|}\right]$,则当$n>N$时就成立$|q^n|>M$,故$\lim\limits_{n\to\infty}q^n=\infty$. □

收敛数列具有一些重要性质,我们以定理的形式给出.对数列$\{x_n\}$,若存在常数$M$,使得

$$|x_n|\leqslant M,\qquad\forall n\in\mathbf{N},$$

则称数列$\{x_n\}$为有界数列.

**定理 1.2**　收敛数列必为有界数列.

**证**　设$x_n\to A$.由极限定义对$\varepsilon=1$,$\exists N$,当$n>N$时,$|x_n-A|<1$.从而

$$|x_n|=|(x_n-A)+A|\leqslant|x_n-A|+|A|<1+|A|,\qquad\forall n>N.$$

命

$$M=\max\{|x_1|,|x_2|,\cdots,|x_N|,1+|A|\},$$

则$|x_n|\leqslant M$,$\forall n\in\mathbf{N}$.故$\{x_n\}$为有界数列. □

定理 1.2 也说明收敛数列不会以$\pm\infty$或$\infty$为它的极限.那么收敛数列能否有两个不同的极限呢?下面的定理回答了这个问题.

**定理 1.3**　收敛数列的极限是惟一的.

**证** 由定理 1.2,只要证收敛数列不可能有两个有限极限就可以了.我们用反证法,设 $x_n \to A$,又 $x_n \to B$,$A \neq B$.对 $\varepsilon = \frac{1}{2}|A-B|$,因 $x_n \to A$,$\exists N_1$,当 $n > N_1$ 时,$|x_n - A| < \varepsilon$.又因 $x_n \to B$,$\exists N_2$,当 $n > N_2$ 时,$|x_n - B| < \varepsilon$.命 $N = \max\{N_1, N_2\}$,则当 $n > N$ 时有

$$2\varepsilon = |A - B| = |(x_n - B) - (x_n - A)|$$
$$\leqslant |x_n - B| + |x_n - A| < \varepsilon + \varepsilon = 2\varepsilon.$$

这是不可能的,故 $\{x_n\}$ 不可能有两个不相等的极限. □

**定义 1.14(子数列)** 从数列 $\{x_n\}$ 中任意选出无穷多项,按原有次序排成一个新的数列,称为 $\{x_n\}$ 的**子数列或部分数列**,通常记为

$$\{x_{n_k}\}: x_{n_1}, x_{n_2}, \cdots, x_{n_k}, \cdots.$$

子数列 $\{x_{n_k}\}$ 的通项 $x_{n_k}$ 的下标为 $n_k$(易见 $n_k \geqslant k$),由 $n_k$ 组成的数列 $\{n_k\}$ 为自然数列 $\{n\}$ 的子数列.例如,若取 $n_k = 2k$,则数列

$$\{x_{n_k}\}: x_2, x_4, x_6, \cdots, x_{2k}, \cdots$$

为从数列 $\{x_n\}$ 中选出其中偶数项排成的子数列.

关于子数列有下述定理:

**定理 1.4** 设 $\lim\limits_{n \to \infty} x_n = A$,$\{x_{n_k}\}$ 为 $\{x_n\}$ 的任意一个子数列,则 $\lim\limits_{k \to \infty} x_{n_k} = A$,这里 $A$ 为有限数或 $\pm\infty$.

**证** 我们只对 $A$ 为有限数的情形证明,当 $A = \pm\infty$ 时留给读者证明.

因 $x_n \to A$,$\forall \varepsilon > 0$,$\exists N$,当 $n > N$ 时有

$$|x_n - A| < \varepsilon,$$

又因 $n_k \geqslant k$,故当 $k > N$ 时 $n_k > N$,从而有

$$|x_{n_k} - A| < \varepsilon$$

所以 $\lim\limits_{k \to \infty} x_{n_k} = A$. □

由定理 1.3 与 1.4,显然有下述推论:

**推论 1.5** 若某数列有两个取不同极限的子数列,那么该数列必发散.

根据这一推论,若要证明某一数列的极限不存在,设法挑选出它的两个子数列,使它们有不同的极限就可以了.例如数列 $\{(-1)^{n-1}\}$,它的奇数项构成

的子数列有极限 1,偶数项构成的子数列有极限 −1,故该数列发散.

### §1.3.2 函数的极限

设函数 $y=f(x)$在点 $a$ 的某邻域内(可能不包含点 $a$)有定义.现在讨论当 $x$ 充分接近$a$,或者说 $x$ 趋于$a$(记成 $x\to a$)时函数值的变化趋势,先考察几个例子.

**例 1** $f(x)=x^2,a=2$.易见当 $x\to 2$ 时,$f(x)$越来越接近于 4.

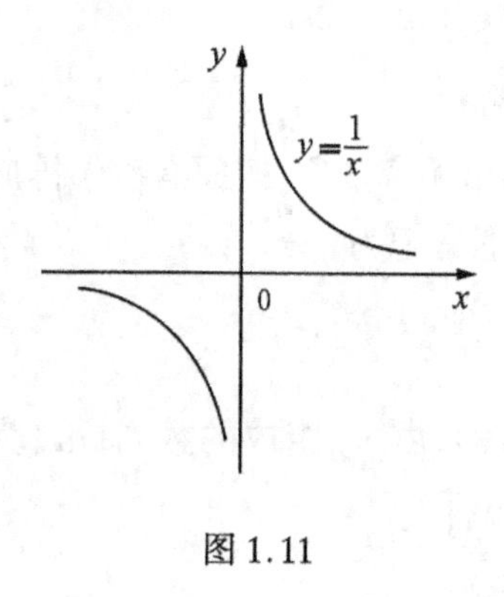


图 1.11

**例 2** $f(x)=\mathrm{sgn}x,a=0$.从符号函数的图形(图 1.2)可见,当 $x$ 大于零而趋于零时,$\mathrm{sgn}x$ 总是等于 1 的;当 $x$ 小于零而趋于零时,$\mathrm{sgn}x$ 总是等于 −1 的.

**例 3** $f(x)=\dfrac{1}{x},a=0$.当 $x$ 大于零趋于零时,$f(x)$将无限地增大;$x$ 小于零趋于零时,$f(x)$将无限地减小,这不难从它的图形看出来(图 1.11).

**例 4** $f(x)=\sin\dfrac{1}{x},a=0$.该函数图形如图 1.12 所示.它在原点附近无限振荡,当 $x\to 0$ 时,$f(x)$在 $\pm 1$ 之间变化,不趋于任何实数.

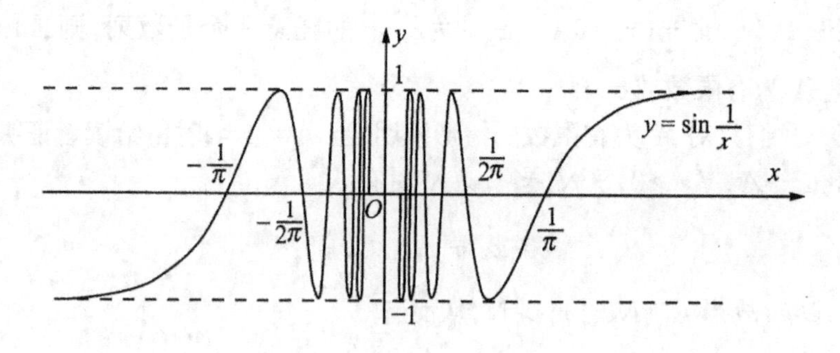


图 1.12

从上面几个例子我们可以看到在某点附近函数的性态各种各样,我们首先感兴趣的是当自变量 $x$ 趋于某一数$a$ 时,相应的函数值也趋于某一实数的情形.简单地说,若存在常数 $A$,只要$|x-a|$充分小,就有$|f(x)-A|$充分小,则称 $x$ 趋于$a$ 时,$f(x)$以 $A$ 为极限.用所谓“$\varepsilon$-$\delta$”语言,我们给出如下的严格定义.

**定义 1.15(函数的极限)** 设函数 $f(x)$在点 $a$ 的某去心邻域内有定义，$A$ 为某实数.若$\forall\varepsilon>0$,总存在 $\delta>0$,使得当$0<|x-a|<\delta$ 时,都有

$$|f(x)-A|<\varepsilon, \tag{1.15}$$

则称 $f(x)$**当** $x$ **趋于**$a$ **时的极限为**$A$,记成

$$\lim_{x\to a}f(x)=A \quad 或 \quad “当 x\to a 时,f(x)\to A”.$$

定义 1.15 中的 $\varepsilon$ 是事先任意给定的正数,它刻画了 $f(x)$与常数 $A$ 的接近程度,$\delta$ 描述$x$ 与$a$ 的接近程度.$\delta$ 依赖于$\varepsilon$ 的取值,一般说来,$\varepsilon$ 越小,$\delta$ 也越小.如果找到使(1.15)式成立的一个 $\delta$,那么任何小于它的正数都可以作为$\delta$.因此 $\delta$ 与$\varepsilon$ 并不是函数关系.用定义 1.15 证明函数的极限时,重要的是指明这种 $\delta$ 的存在性.

读者必须注意,在定义 1.15 中,我们不考虑 $f(a)$等于多少,甚至 $f(x)$在$x=a$ 可能没有定义,因此使(1.15)式成立的条件为$0<|x-a|<\delta$,不考虑$x=a$ 时(1.15)是否成立,这一规定在今后的讨论中,例如导数的定义,未定式的求极限等,会有很多方便之处.

我们用定义 1.15 来证明例 1 中的极限:

$$\lim_{x\to 2}x^2=4.$$

先进行分析,$\forall\varepsilon>0$,我们的目的是要找一个正数 $\delta$,使当$0<|x-2|<\delta$ 时就有

$$|x^2-4|=|x+2||x-2|<\varepsilon.$$

可先限制$|x-2|<1$,即$1<x<3$,于是$|x+2|<5$,上式成为$|x^2-4|<5|x-2|$.若再假设$|x-2|<\frac{\varepsilon}{5}$,则必成立$|x^2-4|<\varepsilon$.所以可取 $\delta$ 为 1 和$\frac{\varepsilon}{5}$中的较小者.总结上述讨论,我们可以把证明写成下述较简洁的形式:

$\forall\varepsilon>0$,取 $\delta=\min\left\{1,\frac{\varepsilon}{5}\right\}$,则当 $0<|x-2|<\delta$ 时,有 $1<x<3$ 及$|x+2|<5$成立,于是

$$|x^2-4|=|x-2||x+2|<5\delta\leqslant 5\cdot\frac{\varepsilon}{5}=\varepsilon.$$

由定义 1.15,　$\lim\limits_{x\to 2}x^2=4$.

我们再看一个例子.

**例 5** 求证$\lim\limits_{x\to 0}a^x=1$,这里 $a$ 为正常数.

**证** 先设 $a>1$,$\forall\varepsilon>0$(不妨设 $\varepsilon<1$),要$|a^x-1|<\varepsilon$,只要$1-\varepsilon<a^x<$

$1+\varepsilon$,即只要 $\log_a(1-\varepsilon)<x<\log_a(1+\varepsilon)$,今取 $\delta=\min\{\log_a(1+\varepsilon),-\log_a(1-\varepsilon)\}=\log_a(1+\varepsilon)$(因 $1+\varepsilon<\frac{1}{1-\varepsilon}$),则当 $0<|x-0|<\delta$ 时就有 $|a^x-1|<\varepsilon$.故 $a>1$ 时,$\lim\limits_{x\to0}a^x=1$.

次设 $0<a<1$,令 $a=\frac{1}{b}$,则 $b>1$.由上面的证明知:$\forall\varepsilon>0$(不妨设 $\varepsilon<\frac{1}{2}$),$\exists\delta>0$,当 $0<|x-0|<\delta$,就有 $|b^x-1|<\varepsilon$ 及 $b^x>\frac{1}{2}$,从而这时也有

$$|a^x-1|=\left|\frac{1}{b^x}-1\right|=\frac{|b^x-1|}{b^x}<2\varepsilon.$$

这就证明了 $0<a<1$ 时,$\lim\limits_{x\to0}a^x=1$.若 $a=1$,结论显然成立. □

由例2可见,当 $x$ 大于0而趋于0与小于0而趋于0时 $\mathrm{sgn}x$ 的极限是不同的,这种例子不胜枚举,因此有必要引入所谓单侧极限的定义.

**定义 1.16**　设 $f(x)$在点 $a$ 的右邻域(或左邻域)内有定义,$A$ 为某一实数,若 $\forall\varepsilon>0$,$\exists\delta>0$,当 $0<x-a<\delta$(或 $0<a-x<\delta$)时总有

$$|f(x)-A|<\varepsilon.$$

则称 $f(x)$当 $x$ 趋于$a_+$(或 $a_-$)时的**右极限(或左极限)**为 $A$,记为

$$\lim_{x\to a_+}f(x)=A,\text{简记成 }f(a_+)=A,\text{①}$$

$$(\text{或}\lim_{x\to a_-}f(x)=A,\text{简记成 }f(a_-)=A).$$

例如符号函数在原点的单侧极限为

$$\mathrm{sgn}(0_+)=\lim_{x\to0_+}\mathrm{sgn}x=1,\mathrm{sgn}(0_-)=\lim_{x\to0_-}\mathrm{sgn}x=-1.$$

**定理 1.6**　$\lim\limits_{x\to a}f(x)=A$ 的充分必要条件是$f(a_+)=f(a_-)=A$.

**证**　必要性是显然的,现证充分性.

$\forall\varepsilon>0$,因 $f(a_+)=A$,$\exists\delta_1>0$,当 $0<x-a<\delta_1$ 时有

$$|f(x)-A|<\varepsilon.$$

又因 $f(a_-)=A$,对上述 $\varepsilon$,$\exists\delta_2>0$,当 $0<a-x<\delta_2$ 时也有

① 某些教科书上把左、右极限分别记成 $f(a-0)$与 $f(a+0)$.

$$|f(x)-A|<\varepsilon.$$

命 $\delta=\min\{\delta_1,\delta_2\}$，则当 $0<|x-a|<\delta$ 时总有

$$|f(x)-A|<\varepsilon,$$

所以 $\lim\limits_{x\to a}f(x)=A$. □

若 $x\to a$（或 $a_\pm$）时，$f(x)$ 不趋于任何有限数，则可能发生两种情形；一种情形是 $f(x)$ 在点 $a$ 附近振荡，如 $f(x)=\sin\dfrac{1}{x}$ 在 $x=0$ 邻近（见图 1.12）；另一种情形是 $f(x)$ 无限增大（或减小）. 对后一种情形，我们给出如下定义.

**定义 1.17** 设函数 $f(x)$ 在点 $a$ 的某去心邻域内有定义，若 $\forall M>0$（无论有多么大），$\exists\delta>0$，当 $0<|x-a|<\delta$ 时总有

$$f(x)>M（或 f(x)<-M），$$

**则称当 $x\to a$ 时，$f(x)$ 的极限为 $+\infty$（或 $-\infty$）**，记成

$$\lim_{x\to a}f(x)=+\infty（或 -\infty）.$$

若 $\lim\limits_{x\to a}|f(x)|=+\infty$，则简记成 $\lim\limits_{x\to a}f(x)=\infty$.

作为练习，读者自己写出 $\lim\limits_{x\to a_+}f(x)=\pm\infty$，$\lim\limits_{x\to a_-}f(x)=\pm\infty$ 的定义.

由上述定义，例 3 的极限可写成

$$\lim_{x\to 0_+}\frac{1}{x}=+\infty,\quad \lim_{x\to 0_-}\frac{1}{x}=-\infty,\quad \lim_{x\to 0}\frac{1}{x}=\infty.$$

下面研究当 $x$ 无限增大（记成 $x\to+\infty$）或当 $x$ 无限减小（记成 $x\to-\infty$）时，函数 $f(x)$ 的变化趋势，同 $x\to a$ 时一样，这时 $f(x)$ 的变化趋势也是各式各样的，归纳有三种情形：第一种情形是当 $x\to\pm\infty$（指 $x\to+\infty$ 或 $x\to-\infty$）时，$f(x)$ 不趋于任何常数，也不无限增大和不无限减小，如 $f(x)=\sin x$ 当 $x\to\pm\infty$ 时在 $\pm1$ 之间振动而不趋于任何常数，$f(x)=x\sin x$ 当 $x\to\pm\infty$ 时，也无限次振动且振动的幅度越来越大. 第二种情形是 $x\to+\infty$ 时，$f(x)$ 无限增大（或无限减小），这时称当 $x\to+\infty$ 时，$f(x)$ 的极限为正无穷大（或负无穷大），记为 $\lim\limits_{x\to+\infty}f(x)=+\infty$（或 $\lim\limits_{x\to+\infty}f(x)=-\infty$）. 若 $x\to-\infty$ 时，$f(x)$ 无限增大（或无限减小），则记成 $\lim\limits_{x\to-\infty}f(x)=+\infty$（或 $\lim\limits_{x\to-\infty}f(x)=-\infty$）. 如我们有 $\lim\limits_{x\to+\infty}\log_2 x=+\infty$，$\lim\limits_{x\to+\infty}\log_{\frac{1}{2}}x=-\infty$，$\lim\limits_{x\to-\infty}\left(\dfrac{1}{2}\right)^x=+\infty$. 第三种情形是 $x\to+\infty$（或 $-\infty$）时，$f(x)$ 无限接近一个常数 $A$，这时称当 $x\to+\infty$（或 $-\infty$）时 $f(x)$ 的极限为 $A$.

上述定义都是描述性的,我们只对第三种情形用所谓 $\varepsilon$-$G$ 语言给出其严格定义.

**定义 1.18** 设 $f(x)$在$+\infty$邻域 $U(+\infty)$(或$-\infty$邻域 $U(-\infty)$)内有定义,$A$ 为一常数,若$\forall\varepsilon>0$,$\exists G>0$,当 $x>G$(或 $x<-G$)时恒有

$$|f(x)-A|<\varepsilon,$$

则称 $x\to+\infty$(或$-\infty$)时 $f(x)$**的极限为** $A$,记为

$$\lim_{x\to+\infty}f(x)=A(\text{或}\lim_{x\to-\infty}f(x)=A).$$

若 $\lim\limits_{x\to+\infty}f(x)=\lim\limits_{x\to-\infty}f(x)=A$,则记成$\lim\limits_{x\to\infty}f(x)=A$.

例如,我们有 $\lim\limits_{x\to\infty}\dfrac{1}{x}=0$, $\lim\limits_{x\to+\infty}\arctan x=\dfrac{\pi}{2}$, $\lim\limits_{x\to-\infty}\arctan x=-\dfrac{\pi}{2}$(见图 1.5).

对照定理 1.3 和定理 1.4,关于函数的极限,有如下两个定理:

**定理 1.7(惟一性)** 当 $x\to a$(或$\pm\infty$)时,若函数 $f(x)$有有限极限,则必惟一.

**证** 我们只对 $x\to a$ 的情形证明,当 $x\to\pm\infty$时,读者可仿照定理 1.3 的方法完成它的证明.设$\lim\limits_{x\to a}f(x)=A$,又有$\lim\limits_{x\to a}f(x)=B$,$A\neq B$,对 $\varepsilon=\dfrac{1}{2}|A-B|$,$\exists\delta>0$,使得当$0<|x-a|<\delta$ 时,同时有

$$|f(x)-A|<\varepsilon \quad \text{与} \quad |f(x)-B|<\varepsilon,$$

从而

$$\begin{aligned}2\varepsilon=|A-B|&=|(f(x)-B)-(f(x)-A)|\\&\leqslant|f(x)-B|+|f(x)-A|<\varepsilon+\varepsilon=2\varepsilon.\end{aligned}$$

这是不可能的,故 $x\to a$ 时,$f(x)$的极限是惟一的. □

**定理 1.8** 若$\lim\limits_{x\to a}f(x)=A$($a$ 有限或为$\pm\infty$),则对任何数列$\{x_n\}$,只要 $x_n\to a(x_n\neq a)$且 $f(x_n)$有意义,都有$\lim\limits_{n\to\infty}f(x_n)=A$.

**证** 仅就 $a$ 有限时给出证明.由于$\lim\limits_{x\to a}f(x)=A$,故$\forall\varepsilon>0$,$\exists\delta>0$,当$0<|x-a|<\delta$ 时,恒有$|f(x)-A|<\varepsilon$.

又由于 $x_n\to a$,故对上述的 $\delta>0$,$\exists N$,当 $n>N$ 时,总有$0<|x_n-a|<\delta$,从而也有

$$|f(x_n)-A|<\varepsilon.$$

这就证明了数列$\{f(x_n)\}$的极限为 $A$,即$\lim\limits_{n\to\infty}f(x_n)=A$. □

定理 1.8 常用于判定某些函数极限的不存在性.

**例 6** 证明极限$\lim\limits_{x\to 0}\sin\dfrac{1}{x}$不存在.

**证** 设 $x'_n=\dfrac{1}{n\pi}(n=1,2,\cdots)$,显然 $x'_n\to 0(n\to\infty)$,因为 $f(x'_n)=\sin\dfrac{1}{x'_n}=\sin n\pi=0$,所以

$$\lim_{n\to\infty}f(x'_n)=0.$$

设 $x''_n=\dfrac{1}{2n\pi+\dfrac{\pi}{2}}(n=1,2,\cdots)$,则 $x''_n\to 0$ 且 $f(x''_n)=\sin\left(2n\pi+\dfrac{\pi}{2}\right)=1$,所以

$$\lim_{n\to\infty}f(x''_n)=1.$$

从而由定理 1.8 推知 $\lim\limits_{x\to 0}\sin\dfrac{1}{x}$不存在. □

定理 1.8 还可用来求数列的极限,例如,由例 5 知$\lim\limits_{x\to 0}a^x=1(a>0)$,由此可得$\lim\limits_{n\to\infty}a^{\frac{1}{n}}=\lim\limits_{n\to\infty}\sqrt[n]{a}=1(a>0)$.当数列$\{f(x_n)\}$(其中 $x_n\to a$)的极限不易求出,而$\lim\limits_{x\to a}f(x)$易于求出时,常用这种方法求$\lim\limits_{n\to\infty}f(x_n)$.

### §1.3.3 无穷小量

在一个极限过程中,以零为极限的变量具有特别重要的意义(定理 1.9 可说明这一点),本段我们专门予以讨论.

为了便于统一处理,我们以 $\alpha,\beta,u$ 等表示因变量.它可以是数列的通项 $x_n$,也可以是函数 $f(x)$,前者的自变量为 $n$,后者自变量为 $x$,符号"$\lim\alpha$"表示变量 $\alpha$ 的极限,其极限过程可以是 $n\to\infty,x\to a,x\to a_{\pm},x\to\pm\infty,x\to\infty$ 中的任何一种,但在同一问题中总是指相同的极限过程.

我们还常常使用"极限过程的某一时刻之后"这种语言.若极限过程是 $n\to\infty$,是指 $n$ 充分大,若是 $x\to a$,是指$|x-a|$充分小.其余极限过程可类似解释.

**定义 1.19(无穷小)** 若 $\lim\alpha=0$,则称 $\alpha$ 为这一极限过程中的**无穷小量**,简称**无穷小**.

简言之,以零为极限的变量称为该极限过程中的无穷小量或无穷小.

无穷小不是一个具体的数,也不是绝对值很小的数,它是一个变量,以零为极限.在说到某个变量是无穷小时,必须明确其极限过程.

例如 $x_n=\frac{(-1)^n}{n}$,当 $n\to\infty$时它是无穷小.又如 $f(x)=\frac{x-1}{x^2+1}$,当 $x\to1$ 时它是无穷小,当 $x\to+\infty$或 $x\to-\infty$时它也是无穷小,但当 $x\to0$ 时,它就不是无穷小.

有一个特例,恒等于零的变量是无穷小.

由读者自己用"$\varepsilon$-$\delta$"或"$\varepsilon$-$N$"等语言就不同的极限过程给出无穷小的定义.

无穷小有下述运算性质:

**性质 1**　有限多个无穷小的和仍是无穷小.

**证**　我们就 $\alpha_i=\alpha_i(x),i=1,2,\cdots,k,x\to a$ 的情形证明,其余情形类似讨论.

设$\lim\limits_{x\to a}\alpha_i=0,\forall\varepsilon>0,\exists\delta_i>0$,当$0<|x-a|<\delta_i$ 时,有$|\alpha_i|<\frac{\varepsilon}{k}(i=1,2,\cdots,k)$,命 $\delta=\min\{\delta_1,\delta_2,\cdots,\delta_k\}$,则当$0<|x-a|<\delta$ 时,就有

$$\left|\sum_{i=1}^{k}\alpha_i(x)\right|\leqslant|\alpha_1|+|\alpha_2|+\cdots+|\alpha_k|<k\frac{\varepsilon}{k}=\varepsilon,$$

即$\lim\limits_{x\to a}\sum\limits_{i=1}^{n}\alpha_i(x)=0$.　□

**性质 2**　无穷小与有界变量的乘积仍为无穷小.

**证**　我们就 $\alpha=x_n,\lim\limits_{n\to\infty}x_n=0,\beta=y_n,|y_n|\leqslant K(K>0)$的情形证明,其余类似讨论.

$\forall\varepsilon>0,\exists N$,当 $n>N$ 时恒有$|x_n|<\frac{\varepsilon}{K}$,于是当 $n>N$ 时,就有

$$|\alpha\beta|=|x_ny_n|<\frac{\varepsilon}{K}K=\varepsilon,$$

故$\lim\limits_{n\to\infty}\alpha\beta=0$.　□

由性质 2 可知常量与无穷小的乘积仍为无穷小.

因为无穷小是以 0 为极限的,因此在该极限过程中它是有界变量,故由性质 2 及数学归纳法可证下述性质:

**性质 3**　有限多个无穷小的乘积仍为无穷小.

下面的定理指出了具有极限 $A$(有限)的变量与无穷小之间的关系.

**定理 1.9**　$\lim u=A$ 的充要条件是$u=A+\alpha$,这里 $A$ 为常数,$\alpha$ 为无穷小.

**证** $\lim u=A\Leftrightarrow\lim(u-A)=0\Leftrightarrow u-A$ 为无穷小.命 $\alpha=u-A$,则 $u=A+\alpha,\alpha$ 为无穷小. □

定理 1.9 表明可把研究极限 $\lim u=A$ 的问题转化为研究无穷小.这一点在下一段证明极限的运算法则时可体现出来.在此我们首先用定理 1.9 证明如下定理:

**定理 1.10(保向性)** 设 $\lim u=A,\lim v=B$,且 $u\geqslant v$,则 $A\geqslant B$.

**证** 用反证法证之.设 $A<B$,由定理 1.9 知 $u=A+\alpha,v=B+\beta,\alpha,\beta$ 均为无穷小.由无穷小定义知,在极限过程的某一时刻之后,不等式

$$|\alpha|<\frac{1}{2}(B-A)\text{ 与 }|\beta|<\frac{1}{2}(B-A)$$

同时成立.于是在该时刻之后有

$$\begin{aligned}u-v&=A-B+\alpha-\beta\leqslant A-B+|\alpha|+|\beta|\\&<A-B+\frac{1}{2}(B-A)+\frac{1}{2}(B-A)=0.\end{aligned}$$

这与假设 $u\geqslant v$ 相违. □

在定理 1.10 中取 $v\equiv0$,即得推论:

**推论 1.11** 若 $\lim u=A,u\geqslant0$,则 $A\geqslant0$.

与推论 1.11 相逆,有下述定理:

**定理 1.12(保号性)** 若 $\lim u=A>0$(或$<0$),则在极限过程的某时刻之后 $u>0$(或$<0$).

**证** 设 $A>0$,由 $\lim u=A>0$,对 $\varepsilon=\frac{A}{2}$,总存在某个时刻,在其之后恒有$|u-A|<\varepsilon=\frac{A}{2}$,即

$$-\frac{A}{2}<u-A<\frac{A}{2}$$

由左边不等式知,在上述时刻之后恒有 $u>A-\frac{A}{2}=\frac{A}{2}>0$.类似地,可证 $A<0$的情形. □

与无穷小相对立并有密切联系的另一个概念是无穷大量.

**定义 1.20(无穷大量)** 若 $\lim\frac{1}{u}=0$,则称 $u$ 为该极限过程中的**无穷大量**.

显然,无穷大量的极限为$\pm\infty$或$\infty$.

读者必须注意,无穷大量是一个变量,它与“$\infty$”不同,后者仅是一个符号.

例如,$x_n=(-1)^n n$,当$n\to\infty$时是无穷大量.$f(x)=\dfrac{x^2+1}{x-1}$当$x\to 1$或$x\to\pm\infty$时均为无穷大量.

读者不难证明下述定理:

**定理 1.13** 若$\alpha$为无穷小且$\alpha\neq 0$,则$\dfrac{1}{\alpha}$为无穷大量.

### §1.3.4 极限的运算法则

用极限的定义求极限一般说来是十分繁琐的工作.但这一方法在推导极限公式与理论证明中极为重要,对初学者来说应重视这一基本训练,以便为后行课程和今后从事研究工作打下坚实的基础.

现在我们推导极限的运算法则,利用这些法则,将求极限的过程大为简化.为了统一进行处理,下面讨论中涉及的$u,v,w$及$\alpha,\beta$等都是变量$n(n\in\mathbf{N})$或连续变量$x$的函数;$A,B$等为常数,极限号“lim”的含意同§1.3.3的说明.

**定理 1.14** 设$\lim u=A,\lim v=B$,则

(1) $\lim(u\pm v)=A\pm B$.

(2) $\lim uv=AB$.

(3) $\lim\dfrac{u}{v}=\dfrac{A}{B}$,其中$B\neq 0$.

**证** 设$u=A+\alpha,v=B+\beta$,其中$\alpha,\beta$为无穷小.

(1) 因$u\pm v=(A\pm B)+(\alpha\pm\beta)$,由§1.3.3性质1知$\alpha\pm\beta$是无穷小.再由定理1.9知

$$\lim(u\pm v)=A\pm B.$$

(2) 因$uv=(A+\alpha)(B+\beta)=AB+(A\beta+B\alpha+\alpha\beta)$,由无穷小的性质知右端括号内为无穷小,故

$$\lim uv=AB.$$

(3) 我们有

$$\frac{u}{v}-\frac{A}{B}=\frac{A+\alpha}{B+\beta}-\frac{A}{B}=\frac{B\alpha-A\beta}{(B+\beta)B}=\frac{1}{vB}(B\alpha-A\beta).$$

因 $\lim v=B\neq 0$，因此在极限过程的某一时刻之后有 $|v|>\frac{|B|}{2}$（见定理1.12)，即 $\frac{1}{|vB|}<\frac{2}{B^2}$. 故在该时刻之后 $\frac{1}{vB}$ 为有界变量，而 $B\alpha-A\beta$ 为无穷小，由无穷小运算性质2知，$\lim\frac{1}{vB}(B\alpha-A\beta)=0$. 所以

$$\lim\frac{u}{v}=\frac{A}{B}.$$ □

若在(2)中取 $v=c$（常数），则有

$$\lim cu = c\lim u = cA,$$

即常数因子可以提到极限号外面来.

用归纳法可将定理1.14推广到有限多个变量的代数和与积的极限运算中，该定理的三条运算规律也可写成下述形式：

(1) $\lim(u+v+\cdots+w)=\lim u+\lim v+\cdots+\lim w$;

(2) $\lim(uv\cdots w)=\lim u\lim v\cdots\lim w$;

(3) $\lim\frac{u}{v}=\frac{\lim u}{\lim v}$.

这里必须假定上式右端的极限均存在、有限且分母的极限不为0. 还应注意，若上述等式左端极限存在，不能保证右端各项（或各因子）极限存在，见下例.

设 $x_n=(-1)^n$，$y_n=1-(-1)^n$，则

$$\lim_{n\to\infty}(x_n+y_n)=1.$$

但 $\lim\limits_{n\to\infty}x_n$ 与 $\lim\limits_{n\to\infty}y_n$ 均不存在.

下面的例题要求读者理解每一步的理由.

**例1** 求下列极限：

(1) $\lim\limits_{x\to 2}\frac{x^2+1}{x-1}$;  (2) $\lim\limits_{x\to 1}\frac{x^3-1}{x-1}$;

(3) $\lim\limits_{x\to 1}\frac{4x}{x^2-1}$;  (4) $\lim\limits_{x\to 1_+}\frac{4x}{x^2-1}$.

**解** (1) $\lim\limits_{x\to 2}\frac{x^2+1}{x-1}=\frac{\lim\limits_{x\to 2}(x^2+1)}{\lim\limits_{x\to 2}(x-1)}=\frac{\lim\limits_{x\to 2}x^2+\lim\limits_{x\to 2}1}{\lim\limits_{x\to 2}x-\lim\limits_{x\to 2}1}=\frac{(\lim\limits_{x\to 2}x)^2+1}{2-1}=5.$

(2) $\lim\limits_{x\to1}\frac{x^3-1}{x-1}=\lim\limits_{x\to1}\frac{(x-1)(x^2+x+1)}{x-1}=\lim\limits_{x\to1}(x^2+x+1)=3.$

由这两个求极限过程可见对多项式或有理分式的极限,当分母极限不为零时,可用自变量的极限(有限数)直接代入计算.当分母的极限为零时,若分子分母有公因子,可将公因子约去后再进行计算(在求极限(2)时,虽然 $x\to1$,但 $x\neq1$,故约去一个非零因子$(x-1)$是合理的).

(3) 因为分母的极限为零,分子的极限为 4,无法用定理 1.14,但由于 $\lim\limits_{x\to1}\frac{x^2-1}{4x}=0$,据定理 1.13,$\lim\limits_{x\to1}\frac{4x}{x^2-1}=\infty$.

(4) 由于极限过程是限制 $x$ 大于 1 而趋于 1,即分母大于零而趋于零,且分子的极限为正数,故$\frac{4x}{x^2-1}$恒取正值,所以 $\lim\limits_{x\to1_+}\frac{4x}{x^2-1}=+\infty$.

**例 2** 求$\lim\limits_{x\to\infty}\frac{\sin x}{x}$.

**解** 当 $x\to\infty$时,$\sin x$ 为有界变量,$\frac{1}{x}$为无穷小量,由性质 2, $\lim\limits_{x\to\infty}\frac{\sin x}{x}=0$.

在定理 1.14 中,假定了 $A,B$ 均为有限数,当 $A,B$ 中有一个或两个为 $\pm\infty$时,例如,设

$$\lim u=+\infty,\ \lim v=-\infty,\ \lim w=A(\text{非零实数}).$$

可以证明如下结论:

$$\lim(u\pm w)=+\infty,$$

$$\lim(v\pm w)=-\infty,$$

$$\lim(u-v)=+\infty,$$

$$\lim uv=-\infty,$$

$$\lim uw=\begin{cases}+\infty, & \text{当}A>0,\\ -\infty, & \text{当}A<0,\end{cases}$$

$$\lim vw=\begin{cases}-\infty, & \text{当}A>0,\\ +\infty, & \text{当}A<0\end{cases}$$

等等.我们举例说明.

设 $u=\frac{1}{(x-1)^2}$, $v=\frac{1}{1-x}$, $w=1-2x$.则 $\lim\limits_{x\to1_+}u=+\infty$, $\lim\limits_{x\to1_+}v=-\infty$,

$\lim\limits_{x\to 1_+} w=-1$. 于是有

$$\lim_{x\to 1_+}(u-v)=+\infty,\quad \lim_{x\to 1_+}(v-u)=-\infty,$$

$$\lim_{x\to 1_+}uw=-\infty,\quad \lim_{x\to 1_+}vw=+\infty,\quad \lim_{x\to 1_+}uv=-\infty.$$

要注意对 $\lim \dfrac{u}{v}$,我们就不能如上述那样得到一个十分确定的结论,其结果随具体题目的不同而异. 试看下例.

**例 3** 求 $\lim\limits_{x\to\infty}\dfrac{a_0x^m+a_1x^{m-1}+\cdots+a_m}{b_0x^n+b_1x^{n-1}+\cdots+b_n}$,其中 $a_0b_0\neq 0, m,n\in\mathbf{N}$.

**解**

$$\lim_{x\to\infty}\frac{a_0x^m+a_1x^{m-1}+\cdots+a_m}{b_0x^n+b_1x^{n-1}+\cdots+b_n}=\lim_{x\to\infty}x^{m-n}\frac{a_0+\dfrac{a_1}{x}+\cdots+\dfrac{a_m}{x^m}}{b_0+\dfrac{b_1}{x}+\cdots+\dfrac{b_n}{x^n}}$$

$$=\begin{cases}\infty, & \text{当 } m>n,\\ \dfrac{a_0}{b_0}, & \text{当 } m=n,\\ 0, & \text{当 } m<n.\end{cases}$$

可见其极限随 $m,n$ 的不同情况而异.

因此,若 $\lim u=\infty, \lim v=\infty$,我们把极限 $\lim\dfrac{u}{v}$ 称为 $\dfrac{\infty}{\infty}$ 型**未定式**. 若令 $u_1=\dfrac{1}{u}, v_1=\dfrac{1}{v}$,则 $\lim u_1=0, \lim v_1=0$,于是有

$$\lim\frac{v_1}{u_1}=\lim\frac{\dfrac{1}{v}}{\dfrac{1}{u}}=\lim\frac{u}{v},$$

上式右端为 $\dfrac{\infty}{\infty}$ 型未定式,故左端也是未定式,称为 $\dfrac{0}{0}$ 型未定式. 类似可知,若 $\lim u=\infty$, $\lim v=\infty$,则 $\lim u\cdot\dfrac{1}{v}$, $\lim(u-v)$(后者 $u,v$ 为同号无穷大)也都是未定式,分别称为 $\infty\cdot 0$ 型, $\infty-\infty$ 型未定式. 关于未定式的极限将在§2.3.2中专门讨论.

### §1.3.5 极限的存在准则·两个基本极限

这一段将要建立两个判定极限存在的准则,并利用这些准则求两个基本极限.

如同§1.3.3的约定,$u$,$v$,$w$ 表示 $n$ 或 $x$ 的函数,lim 表示 $n\to\infty$,$x\to\infty$,$x\to a$,$x\to a_{\pm}$,$x\to\pm\infty$等极限过程.

**准则Ⅰ(夹逼定理)** 若 $u\leqslant v\leqslant w$ 且 $\lim u=\lim w=A$(或$\pm\infty$),则 $\lim v=A$(或$\pm\infty$).

**证** 仅就 $u=x_n$,$v=y_n$,$w=z_n$,$A$ 为实数时给予证明,其它情形的证明类似.

$\forall\varepsilon>0$,由于 $x_n\to A$,$z_n\to A$ 知存在$N$,当 $n>N$ 时,恒有

$$|x_n-A|<\varepsilon,\qquad |z_n-A|<\varepsilon.$$

故有

$$A-\varepsilon<x_n\leqslant y_n\leqslant z_n<A+\varepsilon.$$

于是 $n>N$ 时也有$|y_n-A|<\varepsilon$,所以 $y_n\to A$. □

实际上对准则Ⅰ来说,只要在极限过程的某一时刻之后不等式 $u\leqslant v\leqslant w$ 成立就可以了.例如数列的情形,只要 $n$ 适当大时 $x_n\leqslant y_n\leqslant z_n$ 成立就行了.

另一个准则是针对所谓"单调数列"的极限.设有数列$\{x_n\}$,若

$$x_n\leqslant x_{n+1}(\text{或 } x_n\geqslant x_{n+1}),\quad \forall n\in\mathbf{N},$$

则称$\{x_n\}$为**增数列(或减数列)**.增数列与减数列统称**单调数列**.

对单调数列有下述准则:

**准则Ⅱ** 上有界的增数列与下有界的减数列均收敛(即单调有界数列必收敛).

**证** 我们只对增数列证明,减数列类似可证.设$\{x_n\}$为增数列.若将$\{x_n\}$看成实数集合,则它是有界集合,由定理1.1知它必有惟一的上确界 $A$,我们来证明 $x_n\to A$. $\forall\varepsilon>0$,$\exists N$,使得 $x_N>A-\varepsilon$(否则 $A-\varepsilon$ 便是$\{x_n\}$的上确界,与 $A$ 是上确界矛盾).因$\{x_n\}$为增数列,当 $n>N$ 时必有$x_n\geqslant x_N>A-\varepsilon$.另一方面,因 $A$ 为$\{x_n\}$的上确界,有 $x_n\leqslant A$.从而$|x_n-A|<\varepsilon$.由极限定义知 $x_n\to A$. □

若$\{x_n\}$为收敛的增数列(或减数列),则$\{x_n\}$必为有界数列.由准则Ⅱ的

证明知它的上确界(或下确界)就是$\{x_n\}$的极限.故下述推论成立.

**推论 1.15**　设$\{x_n\}$为收敛于 $A$ 的增数列(或减数列),则对所有的 $n$ 有 $x_n \leqslant A$(或 $x_n \geqslant A$).

很明显,单调无界数列一定是发散的数列,我们来证明它必定以 $+\infty$ 或 $-\infty$ 为极限.

设$\{x_n\}$为无界增数列,$\forall M>0$,因$\{x_n\}$上无界,必存在 $x_N>M$,由于$\{x_n\}$单调增加,当$n>N$时,$x_n \geqslant x_N>M$,故 $x_n \to +\infty$.同样可证无界减数列的极限为 $-\infty$.

综上可得

**准则Ⅱ′**　单调数列必有极限:在数列有界时极限有限,数列上无界时极限为 $+\infty$,下无界时极限为 $-\infty$.

**例 1**　求 $\lim\limits_{n\to\infty}\dfrac{1+\sqrt[n]{2}+\sqrt[n]{3}+\cdots+\sqrt[n]{n}}{n}$.

**解**　我们有

$$1=\frac{1+1+\cdots+1}{n}<\frac{1+\sqrt[n]{2}+\cdots+\sqrt[n]{n}}{n}<\frac{n\sqrt[n]{n}}{n}=\sqrt[n]{n}.$$

由于 $\lim\limits_{n\to\infty}\sqrt[n]{n}=1$,由夹逼准则知 $\lim\limits_{n\to\infty}\dfrac{1+\sqrt[n]{2}+\cdots+\sqrt[n]{n}}{n}=1$.

**例 2**　用准则 II 建立半径为 $r$ 的圆的面积$A$ 及周长$L$ 的公式.

设有半径为 1 的圆 $O$,其外切正 $2^n$ 边形的面积为 $a_n(n=2,3,\cdots)$,由平面几何知,外切正 $2^{n+1}$ 边形包含在外切正 $2^n$ 边形内(参见图 1.13),于是 $a_{n+1}<a_n$.又 $a_n>0$,所以$\{a_n\}$为单调下降有界数列.由准则 II 知它必收敛.我们把它的极限定义为单位圆的面积,并用字母 $\pi$ 表示,即

$$\lim_{n\to\infty}a_n=\pi.$$

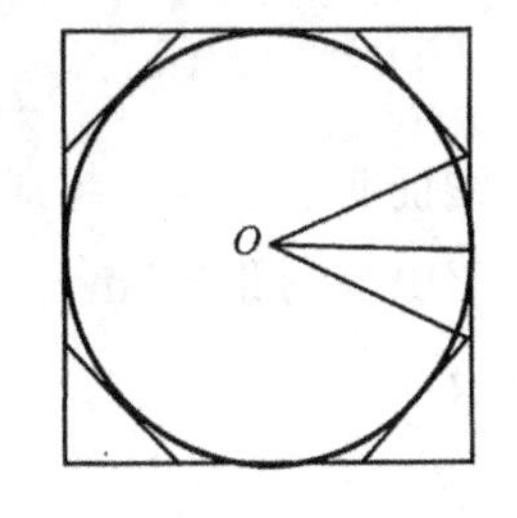

图 1.13

$\pi$ 就是众所周知的圆周率.但现在我们只知道它的存在性,以后将给出它的计算方法.

对于半径为 $r$ 的圆,由平面几何知它的外切正 $2^n$ 边形的面积为 $a_n r^2$,于是半径为 $r$ 的圆的面积公式为

$$A=\lim_{n\to\infty}a_n r^2=\pi r^2.$$

设半径为 $r$ 的圆的外切正 $2^n$ 边形周长为 $l_n$，由正 $2^n$ 边形面积公式知 $a_n r^2 = \frac{1}{2} r l_n$，于是

$$l_n = 2a_n r.$$

我们定义圆的周长 $L$ 为当 $n\to\infty$ 时 $l_n$ 的极限，所以

$$L = \lim_{n\to\infty} l_n = \lim_{n\to\infty} 2a_n r = 2\pi r.$$

当 $r=1$ 时，得到单位圆的周长为 $2\pi$.

在微积分学教程中，若无特别声明，角度均采用弧度制. 我们定义周角为 $2\pi$，这样在单位圆中，圆心角与它所对的弧的长度有相同的值. 由此不难推知，单位圆中顶角为 $x$ 的扇形面积为 $\frac{x}{2}$.

**例 3** 设 $x_1=\sqrt{2}$，$x_{n+1}=\sqrt{2+x_n}$，$n=1,2,\cdots$，求证：$\lim\limits_{n\to\infty} x_n$ 存在有限，并求其值.

**解** 显然 $x_1=\sqrt{2}<\sqrt{2+\sqrt{2}}=x_2$. 设 $x_{n-1}<x_n$，则

$$x_n = \sqrt{2+x_{n-1}} < \sqrt{2+x_n} = x_{n+1}.$$

这样归纳得证 $x_n<x_{n+1}$ 恒成立，即 $\{x_n\}$ 是增数列.

另一方面，显然有 $x_1=\sqrt{2}<2$，设 $x_{n-1}<2$，则

$$x_n = \sqrt{2+x_{n-1}} < \sqrt{2+2} = 2,$$

归纳证明了 $x_n<2$ 恒成立，即 $\{x_n\}$ 有界.

由准则Ⅱ知 $\lim\limits_{n\to\infty} x_n$ 存在有限，设 $\lim x_n = A$，在 $x_{n+1}^2=2+x_n$ 两边取 $n\to\infty$ 的极限得

$$A^2 = 2 + A,$$

解之得 $A=2, A=-1$. 因 $x_n>0$，故 $A\geqslant 0$，最后得

$$\lim_{n\to\infty} x_n = 2.$$

在上例中，我们必须先证明极限存在有限，才能在 $x_{n+1}^2=2+x_n$ 两边取极限. 否则有时会导出错误的结论，试看下例.

设 $x_n=(-1)^n$，求数列 $\{x_n\}$ 的极限，因

$$x_{n+1} = -x_n.$$

若我们不讨论 $\lim\limits_{n\to\infty} x_n$ 的存在性，在上式两边求极限，并设 $x_n \to A$，得 $A = -A$，于是 $A=0$，即 $\lim\limits_{n\to\infty} x_n = \lim\limits_{n\to\infty}(-1)^n = 0$. 这显然是错误的，我们早已知道该数列极限不存在. 读者可从这个例子中看出讨论极限存在性的重要性.

现在我们利用极限存在准则建立在微积分中占有重要地位的两个基本极限.

1. 第一个基本极限

$$\lim_{x\to 0}\frac{\sin x}{x} = 1 \tag{1.16}$$

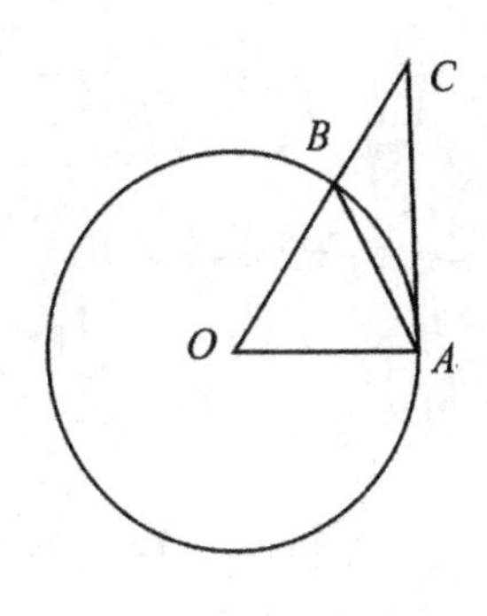


图 1.14

证 因 $\frac{\sin x}{x}$ 是偶函数，故只讨论 $x\to 0_+$ 就够了，于是可以限制 $0<x<\frac{\pi}{2}$. 在图 1.14 中，$\angle AOB = x$ 为单位圆的圆心角，$AC$ 与圆 $O$ 相切于 $A$，$OC$ 与圆相交于 $B$，于是 $\overset{\frown}{AB} = x$，$AC = \tan x$. 易见，有 $\triangle AOB$ 的面积 < 扇形 $AOB$ 的面积 < $\triangle AOC$ 的面积，即

$$\frac{1}{2}\sin x < \frac{x}{2} < \frac{1}{2}\tan x.$$

将上式各项除以 $\frac{1}{2}\sin x$，得 $1<\frac{x}{\sin x}<\frac{1}{\cos x}$，即

$$\cos x < \frac{\sin x}{x} < 1. \tag{1.17}$$

首先由上式右边不等式，知

$$\sin x < x \text{ 与 } \sin\frac{x}{2} < \frac{x}{2}$$

成立. 其次由(1.17)式可得

$$0 < 1 - \frac{\sin x}{x} < 1 - \cos x = 2\sin^2\frac{x}{2} < 2\left(\frac{x}{2}\right)^2 = \frac{x^2}{2}. \tag{1.18}$$

因为 $x\to 0$ 时，上式两端均以零为极限，于是由准则 Ⅰ 知

$$\lim_{x\to 0}\left(1 - \frac{\sin x}{x}\right) = 0.$$

所以(1.16)式成立. □

在证(1.16)式时,我们顺便得到$\lim\limits_{x\to 0}\cos x=1$, $\lim\limits_{x\to 0}\sin x=0$.

由第一个基本极限我们可计算大量的与三角函数有关的极限.例如,

$$\lim_{x\to 0}\frac{1-\cos x}{x^2}=\lim_{x\to 0}\frac{2\sin^2\frac{x}{2}}{x^2}=\frac{1}{2}\lim_{x\to 0}\left(\frac{\sin\frac{x}{2}}{\frac{x}{2}}\right)^2=\frac{1}{2}\cdot 1^2=\frac{1}{2},$$

$$\lim_{x\to 0}\frac{\tan x}{x}=\lim_{x\to 0}\frac{\sin x}{x}\frac{1}{\cos x}=1\cdot 1=1,$$

$$\lim_{x\to 0}\frac{\arcsin x}{x}\xlongequal{x=\sin t}\lim_{t\to 0}\frac{t}{\sin t}=1.$$

2. 第二个基本极限

$$\lim_{x\to\infty}\left(1+\frac{1}{x}\right)^x=\mathrm{e} \tag{1.19}$$

**证** 先讨论$x$取正整数的情形,命$y_n=\left(1+\dfrac{1}{n}\right)^{n+1}$.由$A$-$G$不等式,我们有

$$\sqrt[n+1]{1\cdot\left(\frac{n-1}{n}\right)^n}<\frac{1}{n+1}\left(1+n\frac{n-1}{n}\right)=\frac{n}{n+1},$$

两端$n+1$次方得

$$y_n=\left(\frac{n+1}{n}\right)^{n+1}<\left(\frac{n}{n-1}\right)^n=\left(1+\frac{1}{n-1}\right)^n=y_{n-1},$$

这表示数列$\{y_n\}$单调下降.显然$y_n>0$.由准则Ⅱ知数列$\{y_n\}$收敛.用字母e表示这个极限值,则

$$\lim_{n\to\infty}\left(1+\frac{1}{n}\right)^n=\lim_{n\to\infty}y_n/\lim_{n\to\infty}\left(1+\frac{1}{n}\right)=\frac{\mathrm{e}}{1}=\mathrm{e}. \tag{1.20}$$

极限值e=2.718281828…是一个无理数,称为**自然对数的底**.以后我们将给出计算它的有效方法.

其次证明$\lim\limits_{x\to+\infty}\left(1+\dfrac{1}{x}\right)^x=\mathrm{e}$.记$n=[x]$,当$x\to+\infty$时,$n\to+\infty$.显然$x\geqslant 1$时有不等式

$$\left(1+\frac{1}{n+1}\right)^{n}<\left(1+\frac{1}{x}\right)^{x}<\left(1+\frac{1}{n}\right)^{n+1},$$

我们已知$\lim\limits_{n\to\infty}\left(1+\frac{1}{n}\right)^{n+1}=\mathrm{e}$,又由(1.20)式得

$$\lim_{n\to\infty}\left(1+\frac{1}{n+1}\right)^{n}=\lim_{n\to\infty}\left(1+\frac{1}{n+1}\right)^{n+1}\cdot\frac{n+1}{n+2}=\mathrm{e}\cdot 1=\mathrm{e},$$

由夹逼定理知$\lim\limits_{x\to+\infty}\left(1+\frac{1}{x}\right)^{x}=\mathrm{e}$.

最后证明$\lim\limits_{x\to-\infty}\left(1+\frac{1}{x}\right)^{x}=\mathrm{e}$.引进新变量$t=-(x+1)$,当$x\to-\infty$时,$t\to+\infty$.因此

$$\lim_{x\to-\infty}\left(1+\frac{1}{x}\right)^{x}=\lim_{t\to+\infty}\left(1-\frac{1}{t+1}\right)^{-t-1}=\lim_{t\to+\infty}\left(1+\frac{1}{t}\right)^{t+1}$$

$$=\lim_{t\to+\infty}\left(1+\frac{1}{t}\right)^{t}\cdot\left(1+\frac{1}{t}\right)=\mathrm{e}\cdot 1=\mathrm{e}.$$

综上所述,我们证明了基本极限$\lim\limits_{x\to\infty}\left(1+\frac{1}{x}\right)^{x}=\mathrm{e}$. □

第二个基本极限还可表为另一种形式:

$$\lim_{x\to 0}(1+x)^{\frac{1}{x}}=\mathrm{e}. \tag{1.21}$$

更一般地,若$\alpha(x)$为某极限过程中的无穷小量,则

$$\lim(1+\alpha(x))^{\frac{1}{\alpha(x)}}=\mathrm{e}.$$

例如

$$\lim_{x\to 0}(1+\sin x)^{\frac{1}{\sin x}}=\mathrm{e},$$

$$\lim_{x\to\infty}\left(1+\frac{1}{x^{2}+1}\right)^{x^{2}+1}=\mathrm{e}.$$

**例4**　复利问题.

资金的价值是有时间性的,银行存款、借贷资金都要付利息.如果计算利息时,利息又产生利息,称为**复利**.在复利问题中,设本金为$A_0$,年利率为$r$,每年年末结算一次,则逐年的本利总额为

$$A_0(1+r),\ A_0(1+r)^2,\cdots,A_0(1+r)^n,\cdots.$$

这是一个以$(1+r)$为公比的等比数列.

如果每半年结算一次,即每年结算两次,则半年末的本利总额为$A_0\left(1+\frac{r}{2}\right)$,一年末的总额为$A_0\left(1+\frac{r}{2}\right)^2$,$t$年末的总额为$A_0\left(1+\frac{r}{2}\right)^{2t}$.如果每年结算$n$次,$t$年末的本利总额为$A_0\left(1+\frac{r}{n}\right)^{nt}$.进而,如果每时每刻都计算利息,就是立即产生,立即结算(称为**连续复利**,国外有些银行实行连续复利),相当于$n\to\infty$,这就涉及极限

$$\lim_{n\to\infty}A_0\left(1+\frac{r}{n}\right)^{nt},$$

据函数$e^x$的连续性(见下节)易知,$\lim\limits_{n\to\infty}A_0\left(1+\frac{r}{n}\right)^{nt}=A_0e^{rt}$,因此,对连续复利问题,$t$年末的本利总额为$A_0e^{rt}$.

此外,在生物学的细菌繁殖,社会学中人口的增长,物理学中的物体冷却、放射性物质的衰变,经济学中固定资产的折旧等都要用到(1.19)式的极限.因此,(1.19)式不仅有重要的理论价值,而且有广泛的应用.

### §1.3.6 无穷小量的比较

我们已经认识到研究变量的极限是与无穷小的研究密切相关的.在数学分析中,我们会遇到各种不同的无穷小,它们趋于零的速度常是不同的,有快有慢,从而在所讨论的问题中,不同的无穷小起的作用也大不相同,有些起主要的决定性的作用,有些比较起来可以忽略不及.因此,如何比较无穷小的"大小",分析它们的作用,就是极限论中一个重要的问题.首先我们用无穷小的"阶"来刻画它们之间的差异.

**定义 1.21** 设$\alpha,\beta$为同一极限过程中的无穷小.极限号 lim 的含义参见§1.3.3,则

1) 若$\lim\frac{\alpha}{\beta}=0$,称$\alpha$为$\beta$的**高阶无穷小**,或称$\beta$为$\alpha$的**低阶无穷小**,记为$\alpha=o(\beta)$.

2) 若$\lim\frac{\alpha}{\beta^k}=c$,其中$c$为非零常数,$k$为正常数,则称$\alpha$为$\beta$的$k$**阶无穷小**.特别地,当$k=1$时,称$\alpha$与$\beta$为**同阶无穷小**;当$k=c=1$时称$\alpha$与$\beta$为**等价无穷小**,并将等价无穷小记为$\alpha\sim\beta$.

等价无穷小具有下述三条性质：

i) 自反性：$\alpha \sim \alpha$；

ii) 对称性：若 $\alpha \sim \beta$，则 $\beta \sim \alpha$；

iii) 传递性：若 $\alpha \sim \beta, \beta \sim \gamma$，则 $\alpha \sim \gamma$.

因此，可按无穷小的等价关系将无穷小进行分类. 每一类中的无穷小是互相等价的，不同类中的无穷小均不等价.

**例 1** 当 $x \to 0$ 时，有下述无穷小的等价关系：

$$x \sim \sin x \sim \tan x \sim \arcsin x \sim \arctan x.$$

**例 2** 当 $x \to 0$ 时，讨论 $1-\cos x$ 与 $\tan x - \sin x$ 关于 $x$ 的无穷小的阶数.

**解** 由 §1.3.5 知 $\lim\limits_{x \to 0} \dfrac{1-\cos x}{x^2} = \dfrac{1}{2}$. 所以，$1-\cos x$ 关于 $x$ 为二阶无穷小. 又因

$$\lim_{x \to 0} \frac{\tan x - \sin x}{x^3} = \lim_{x \to 0} \frac{\sin x}{x} \frac{1}{\cos x} \cdot \frac{1-\cos x}{x^2} = \frac{1}{2},$$

所以 $\tan x - \sin x$ 关于 $x$ 为三阶无穷小.

由例 2，我们可以记

$$1-\cos x = o(x), \qquad \tan x - \sin x = o(x).$$

我们能否由上两式导出 $1-\cos x = \tan x - \sin x$ 呢？这显然是荒谬的. 那么应如何理解符号 $o(x)$ 或者 $o(\beta)$ 的含义呢？我们可把 $o(\beta)$ 看做是由 $\beta$ 的高阶无穷小所组成的集合，若用集合中的记号，记号 $\alpha = o(\beta)$ 应记成 $\alpha \in o(\beta)$，但我们总习惯记作 $\alpha = o(\beta)$，这种记法便于计算，因此为数学界所普遍采用.

**例 3** 设 $\alpha$ 与 $\beta$ 均为无穷小，$\alpha \neq 0$. 证明 $\alpha \sim \beta \Leftrightarrow \beta - \alpha = o(\alpha)$.

**证** $\alpha \sim \beta \Leftrightarrow \lim \dfrac{\beta}{\alpha} = 1 \Leftrightarrow \lim \left(\dfrac{\beta}{\alpha} - 1\right) = 0 \Leftrightarrow \lim \dfrac{\beta - \alpha}{\alpha} = 0 \Leftrightarrow \beta - \alpha = o(\alpha)$.

□

由例 2 及例 3 我们可写

$$1-\cos x = \frac{1}{2}x^2 + o(x^2), \ \tan x - \sin x = \frac{1}{2}x^3 + o(x^3).$$

例 3 表明若 $\alpha \sim \beta$，则它们相差一个比 $\alpha$（或比 $\beta$）高阶的无穷小. 正因为如此，在求极限的过程中，在一定条件下，我们可用等价无穷小进行替换，而忽略相差的高阶无穷小. 具体说有如下定理.

**定理 1.16(等价无穷小因子替换)** 设 $\alpha\sim\alpha'$,$\beta\sim\beta'$,$u$,$v$ 为已知函数,则

$$\lim\frac{\alpha u}{\beta v}=\lim\frac{\alpha' u}{\beta' v},\quad \lim\alpha u=\lim\alpha' u.$$

**证**

$$\lim\frac{\alpha u}{\beta v}=\lim\frac{\alpha\beta'}{\beta\alpha'}\frac{\alpha' u}{\beta' v}=\lim\frac{\alpha}{\alpha'}\lim\frac{\beta'}{\beta}\lim\frac{\alpha' u}{\beta' v}=\lim\frac{\alpha' u}{\beta' v}.$$

$$\lim\alpha u=\lim\frac{\alpha}{\alpha'}\alpha' u=\lim\frac{\alpha}{\alpha'}\lim\alpha' u=\lim\alpha' u.$$ □

**特例** $\lim\dfrac{\beta}{\alpha}=\lim\dfrac{\beta'}{\alpha'}$.

据定理 1.16,我们有

$$\lim_{x\to0}\frac{\sin2x(1-\cos x)}{x\sin x^2}=\lim_{x\to0}\frac{2x\cdot\frac{1}{2}x^2}{x\cdot x^2}=1,$$

$$\lim_{x\to0}\frac{x^2\arcsin x}{\tan x-\sin x}=\lim_{x\to0}\frac{x^2\cdot x}{\frac{1}{2}x^3}=2.$$

必须注意,在采用等价无穷小替换求极限时,被替换的无穷小 $\alpha$ 若是分子或分母的某一项,则不能任意替换,否则可能导致错误. 例如,已知有

$$\lim_{x\to0}\frac{\tan x-\sin x}{x^3}=\frac{1}{2},$$

若将分子的两项用它们的等价无穷小替换,得

$$\lim_{x\to0}\frac{\tan x-\sin x}{x^3}=\lim_{x\to0}\frac{x-x}{x^3}=0,$$

这显然是错误的.

由例 3 可知,一个无穷小 $\beta$ 可分解成两部分之和:一部分是与之等价的无穷小 $\alpha$,这是起决定性作用的主要部分;另一部分是高阶无穷小 $o(\alpha)$. 这样,在求极限过程中,我们可以用 $\alpha$ 来近似替换 $\beta$,从而简化极限运算. 例如,$x\to0$ 时 $\sin x=x+o(x)$,$1-\cos x=\dfrac{1}{2}x^2+o(x^2)$,$\tan x-\sin x=\dfrac{1}{2}x^3+o(x^3)$等,它们的主要部分分别是 $x$,$\dfrac{1}{2}x^2$,$\dfrac{1}{2}x^3$,都是 $x$ 的单项式. 在因子的等价无穷小替换中,我们就是用这些简单的无穷小来替换与之等价的复杂无穷小(忽略

高阶无穷小!).这种分出主要部分的思想贯穿在整个微积分学中,因此有必要引进下述定义.

**定义 1.22(无穷小的主部)** 在某极限过程中,选定 $\alpha$ 为基准无穷小,若 $\beta\sim c\alpha^k$,其中 $c$,$k$ 均为非零常数,$k>0$,则称 $c\alpha^k$ 为无穷小 $\beta$ 的**主要部分**,简称 $\beta$ 的**主部**.

例如 $x\to0$ 时,若取 $x$ 为基准无穷小,则 $x$ 是 $\sin x$ 的主部,$\frac{1}{2}x^2$ 是 $1-\cos x$ 的主部,$\frac{1}{2}x^3$ 是 $\tan x-\sin x$ 的主部,$\frac{1}{8}x^3$ 是 $\left(\frac{1}{2}x+x^2\right)^3$ 的主部.

**例 4** 设 $x\to0$ 时,$\sin2x-2\sin x$ 与 $x^k$ 为同阶无穷小,求 $k$,若取 $x$ 为基准无穷小,求 $\sin2x-2\sin x$ 的主部.

**解** $x\to0$ 时,$\sin2x-2\sin x=2\sin x\cos x-2\sin x=2\sin x(\cos x-1)\sim2x\cdot\left(-\frac{1}{2}x^2\right)=-x^3$,故 $k=3$,$\sin2x-2\sin x$ 的主部为 $-x^3$.

关于无穷大量也有类似的比较.设 $u$,$v$ 在某一极限过程中均为无穷大量.若

(1) $\lim\frac{u}{v}=c$($c$ 为非零常数),则称在此极限过程中,$u$,$v$ 为**同阶无穷大量**.

(2) $\lim\frac{u}{v}=\infty$,则称在此极限过程中,$u$ 为 $v$ 的**高阶无穷大量,** 或称 $v$ 为 $u$ 的**低阶无穷大量**.

## 习 题 1.3

**A 组**

1. 写出数列的前五项,已知通项为

(1) $x_n=\sin\frac{n\pi}{2}$;

(2) $x_n=(-1)^n\frac{n-1}{2n}$;

(3) $x_n=1+\frac{1}{2}+\frac{1}{3}+\cdots+\frac{1}{n}$;

(4) $x_n=\frac{1}{n!}m(m-1)(m-2)\cdots(m-n+1)$.

2. 下述说法是否正确?为什么?

(1) 若 $\lim\limits_{n\to\infty}x_n=A$,则存在 $N$,当 $n>N$ 时恒有 $|x_{n+1}-A|<|x_n-A|$;

(2) 对任意 $\varepsilon>0$,存在无穷多个 $x_n$,使得 $|x_n-A|<\varepsilon$,则 $\lim\limits_{n\to\infty}x_n=A$;

(3) 对无穷多个 $\varepsilon>0$,存在 $N$,当 $n>N$ 时,$|x_n-A|<\varepsilon$,则 $\lim\limits_{n\to\infty}x_n=A$;

(4) 若 $x_1<x_2<\cdots<x_n<x_{n+1}<\cdots<A$,则 $\lim\limits_{n\to\infty}x_n=A$.

3. 用极限定义证明：

(1) $\lim\limits_{n\to\infty}\dfrac{\sin n}{\sqrt{n}}=0$；　　(2) $\lim\limits_{n\to\infty}\dfrac{2n+1}{n-1}=2$；

(3) $\lim\limits_{n\to\infty}\ln\left(1+\dfrac{1}{n}\right)=0$；　　(4) $\lim\limits_{n\to\infty}e^{n}=+\infty$.

4. 求下列极限：

(1) $\lim\limits_{n\to\infty}\left(\dfrac{1}{1\cdot 4}+\dfrac{1}{4.7}+\cdots+\dfrac{1}{(3n-2)(3n+1)}\right)$；

(2) $\lim\limits_{n\to\infty}\dfrac{(-1)^{n}n+n^{2}}{1+n^{2}}$；

(3) $\lim\limits_{n\to\infty}\dfrac{2n-\sin n}{3n+\cos n}$；

(4) $\lim\limits_{n\to\infty}\dfrac{a^{n}}{1+a^{n}}(a\neq-1)$；

(5) $\lim\limits_{n\to\infty}\dfrac{1+a+a^{2}+\cdots+a^{n}}{1+b+b^{2}+\cdots+b^{n}}$ $(|a|<1,\ |b|<1)$.

5. 证明：$\lim\limits_{n\to\infty}a_{n}=A$ 的充要条件是 $\lim\limits_{n\to\infty}a_{2n}=\lim\limits_{n\to\infty}a_{2n+1}=A$.

6. 设 $x_{n}\to A, y_{n}\to B$ 且 $x_{n}<y_{n}, \forall n\in\mathbf{N}$. 试问是否必有 $A<B$ 成立？为什么？

7. 下述论断是否正确？为什么？

(1) $\lim\limits_{n\to\infty}x_{n}=0$ 的充要条件是 $\lim\limits_{n\to\infty}|x_{n}|=0$；

(2) $\lim\limits_{n\to\infty}x_{n}=A$ 的充要条件是 $\lim\limits_{x\to\infty}|x_{n}|=|A|$；

(3) $\lim\limits_{n\to\infty}x_{n}=A$ 的充要条件是 $\lim\limits_{n\to\infty}|x_{n}-A|=0$.

8. 下列命题是否正确？为什么？

(1) $\lim\limits_{n\to\infty}(x_{n}-y_{n})=0\Rightarrow\lim\limits_{n\to\infty}x_{n}=\lim\limits_{n\to\infty}y_{n}$；

(2) $\lim\limits_{n\to\infty}x_{n}y_{n}=0\Rightarrow\lim\limits_{n\to\infty}x_{n}=0$ 或 $\lim\limits_{n\to\infty}y_{n}=0$；

(3) $\{x_{n}\}$收敛，$\{y_{n}\}$发散$\Rightarrow\{x_{n}+y_{n}\}$发散.

9. 下列极限运算是否正确？为什么？

(1) $\lim\limits_{x\to 0}x\sin\dfrac{1}{x}=\lim\limits_{x\to 0}x\lim\limits_{x\to 0}\sin\dfrac{1}{x}=0\cdot\lim\limits_{x\to 0}\sin\dfrac{1}{x}=0$；

(2) $\lim\limits_{x\to\infty}x\sin\dfrac{1}{x}=\lim\limits_{x\to\infty}x\lim\limits_{x\to\infty}\sin\dfrac{1}{x}=\infty\cdot 0$；

(3) $\lim\limits_{n\to\infty}\left(\dfrac{1}{\sqrt{n^{2}+1}}+\dfrac{1}{\sqrt{n^{2}+2}}+\cdots+\dfrac{1}{\sqrt{n^{2}+n}}\right)=\lim\limits_{n\to\infty}\dfrac{1}{\sqrt{n^{2}+1}}+\lim\limits_{n\to\infty}\dfrac{1}{\sqrt{n^{2}+2}}+\cdots+$
$\lim\limits_{n\to\infty}\dfrac{1}{\sqrt{n^{2}+n}}=0+0+\cdots+0=0$.

10. 在单位圆内作内接正三角形,在该三角形内作内切圆,在该内切圆内作正三角形,……,以至无穷,试求上述所有圆面积之和与三角形面积之和.

11. 利用极限存在准则,求下列极限:

(1) $\lim\limits_{n\to\infty}\dfrac{a^n}{n!}(a>0)$;

(2) $\lim\limits_{n\to\infty}\sqrt[n]{n^3+3^n}$;

(3) $\lim\limits_{n\to\infty}\left(\dfrac{1}{\sqrt{n^2+1}}+\dfrac{1}{\sqrt{n^2+2}}+\cdots+\dfrac{1}{\sqrt{n^2+n}}\right)$;

(4) $\lim\limits_{n\to\infty}x_n$,其中 $x_0=1,x_{n+1}=\sqrt{2x_n}$, $n=0,1,2,\cdots$.

12. 设 $a_i\geqslant 0$, $i=1,2,\cdots,k$,求证

$$\lim_{n\to\infty}\sqrt[n]{a_1^n+a_2^n+\cdots+a_k^n}=\max\{a_1,a_2,\cdots,a_k\}.$$

13. 设 $x_1,a$ 均为正数,$x_{n+1}=\dfrac{1}{2}\left(x_n+\dfrac{a}{x_n}\right)$,求证数列$\{x_n\}$收敛,并求其极限.

14. 求$\lim\limits_{n\to\infty}x_n$,设

(1) $x_n=\sum\limits_{k=1}^{n}\dfrac{1}{1+2+\cdots+k}$;  (2) $x_n=\dfrac{n^2}{n+1}-\left[\dfrac{n^2}{n+1}\right]$.

15. 设 $x_n=\sin\dfrac{n\pi}{2}$.写出数列$\{x_n\}$的子数列$\{x_{2n}\}$,$\{x_{2n+1}\}$,$\{x_{4n+1}\}$.它们是否收敛?若收敛,极限是什么?$\{x_n\}$是否收敛?

16. 用极限定义证明:

(1) $\lim\limits_{x\to 2}x^3=8$;  (2) $\lim\limits_{x\to 3}\sqrt{1+x}=2$;

(3) $\lim\limits_{x\to 0_+}\ln x=-\infty$;  (4) $\lim\limits_{x\to+\infty}a^x=0\ (0<a<1)$.

17. 计算下列极限:

(1) $\lim\limits_{x\to 1}\dfrac{x^2-2x+1}{x^3-1}$;  (2) $\lim\limits_{x\to\infty}\left(\dfrac{x+1}{x+2}\right)^{x+1}$;

(3) $\lim\limits_{x\to 16}\dfrac{\sqrt[4]{x}-2}{\sqrt{x}-4}$;  (4) $\lim\limits_{x\to 1}\dfrac{x^m-1}{x^n-1}$, $m,n\in\mathbf{N}$;

(5) $\lim\limits_{x\to\infty}\dfrac{(2x-3)^{20}(3x+2)^{30}}{(2x+1)^{50}}$;  (6) $\lim\limits_{x\to 0_+}\dfrac{\ln x+\sin\dfrac{1}{x}}{\ln x+\cos\dfrac{1}{x}}$;

(7) $\lim\limits_{x\to\pi}\dfrac{\sin mx}{\sin nx}$, $m,n$ 为整数,$n\neq 0$;

(8) $\lim\limits_{x\to 0}\dfrac{\cos mx-\cos nx}{x^2}$；　(9) $\lim\limits_{x\to 0}\dfrac{x^4\sin\dfrac{1}{x}}{(1-\cos x)\tan x}$；

(10) $\lim\limits_{x\to 0}(\cos x)^{\frac{1}{\cos x-1}}$；

18. 设$\lim\limits_{x\to\infty}\dfrac{(a+1)x^3+bx^2+2}{2x^2+x-1}=-2$，求 $a,b$ 之值.

19. 下述变量中，哪些是无穷小量？哪些是无穷大量？哪些两者都不是？

(1) $x_n=(-1)^n, n\to+\infty$；　(2) $x_n=q^n, n\to+\infty$，$q$ 为常数；

(3) $f(x)=x\sin\dfrac{1}{x}, x\to\infty$；　(4) $f(x)=\sin x\sin\dfrac{1}{x}, x\to\infty$；

(5) $f(x)=e^x\sin x, x\to 0$；　(6) $f(x)=x\sin x, x\to+\infty$；

(7) $f(x)=e^x\sin x, x\to-\infty$；　(8) $f(x)=x(2+\sin x)$，$x\to+\infty$.

20. 设 $x\to 0_+$，求下述无穷小关于 $x$ 的阶：

(1) $(2x+x^2)^3$；　(2) $x\sin\sqrt{x}$；

(3) $\sqrt{x+\sqrt{x+\sqrt{x}}}$；　(4) $(1+x)^{\frac{1}{n}}-1$；

(5) $\tan^2 x-\sin^2 x$；　(6) $\sqrt{1+x}-\sqrt{1-x}$.

21. 设 $x$ 为基准无穷小，试给出下列无穷小的主部：

(1) $1-\cos^3 x$；　(2) $(x+\sin x^2)^2$；

(3) $\sqrt[3]{\arctan x^2}$；　(4) $\sin\left(\dfrac{\pi}{6}+x\right)-\dfrac{1}{2}$；

(5) $\pi-3\arccos\left(x+\dfrac{1}{2}\right)$；　(6) $\sqrt{1+\tan^2 x}-\sqrt{1+\sin^2 x}$.

**B 组**

1. 设 $a_1=a_2=1, a_{n+1}=a_n+a_{n-1}, n=2,3,\cdots$. 令 $x_n=\dfrac{a_n}{a_{n+1}}$，求证数列$\{x_n\}$收敛于 $\dfrac{1}{2}(\sqrt{5}-1)$.

2. 设$\lim\limits_{n\to\infty}x_n=A$(有限或$\pm\infty$)，求证：

$$\lim_{n\to\infty}\frac{1}{n}(x_1+x_2+\cdots+x_n)=A.$$

3. 设 $a_n>0$，$\lim\limits_{n\to\infty}a_n=A$. 证明：$\lim\limits_{n\to\infty}\sqrt[n]{a_1a_2\cdots a_n}=A$.

4. 设 $a_n>0$,且 $\lim\limits_{n\to\infty}\frac{a_{n+1}}{a_n}=A$,证明:$\lim\limits_{n\to\infty}\sqrt[n]{a_n}=A$.

5. 若 $f(x)$ 在 $x=a$ 的任何邻域内均无界,能否断定 $\lim\limits_{x\to a}f(x)=\infty$? 为什么?

6. 求 $\lim\limits_{x\to 0}x\left[\frac{1}{x}\right]$.

7. 设 $y_n=\left(1+\frac{1}{n}\right)^n$,求证 $\{y_n\}$ 为有界增数列(从而为收敛数列).

# 第四节 连续函数

客观世界处在不断变化中,这种变化有的是"渐变",有的是"突变",反映到数学上就产生了函数的连续与间断的概念.本节讨论连续函数概念及其基本性质.

## §1.4.1 连续函数概念

从几何图形看,如果函数 $y=f(x)$ 在区间 $I$ 上的图象是一条连绵不断的曲线,则说该函数在区间 $I$ 上是连续的.当然我们不能满足于这种直观的认识,需要给出它的精确定义.

**定义 1.23(连续)** 设函数 $f(x)$ 在点 $a$ 的某一邻域上有定义.若

$$\lim_{x\to a}f(x)=f(a), \tag{1.22}$$

则称**函数 $f(x)$ 在点 $a$ 连续**.

由于函数的连续性是用极限来定义的,因而也可用 $\varepsilon$-$\delta$ 语言来叙述,这就是

若 $\forall\varepsilon>0$, $\exists\delta>0$,当 $|x-a|<\delta$ 时,恒有 $|f(x)-f(a)|<\varepsilon$,则称 $f(x)$ 在点 $a$ 连续.

应当注意,函数 $f(x)$ 在已知点 $a$ 连续,不仅要求 $f(x)$ 在 $x=a$ 有定义,而且要求 $x\to a$ 时,$f(x)$ 的极限等于 $f(a)$.因此,在用 $\varepsilon$-$\delta$ 语言描述时,由于总有 $|f(a)-f(a)|=0<\varepsilon$,所以只需把极限 $\lim\limits_{x\to a}f(x)=f(a)$ 的定义中的"$0<|x-a|<\delta$"换成"$|x-a|<\delta$",就得到连续的定义.

若已知 $f(x)$ 在 $x=a$ 连续,在求 $\lim\limits_{x\to a}f(x)$ 时,只要将 $x=a$ 代入 $f(x)$ 中就得极限值.此外,(1.22)式还可写作

$$\lim_{x\to a}f(x)=f(\lim_{x\to a}x), \tag{1.23}$$

由此可见,若 $f(x)$ 在 $x=a$ 连续,那么极限运算 $\lim\limits_{x\to a}$ 与对应法则 $f$ 可以交换次

序(通俗地说,极限符号和函数符号可以交换次序),了解这一点,对今后的极限运算是很有用处的.

**例 1** 证明 $y=\sin x$ 和 $y=\cos x$ 在 $\mathbf{R}$ 上每点都连续.

**证** 在证明基本极限 $\lim\limits_{x\to 0}\dfrac{\sin x}{x}=1$ 时我们已顺便得到 $\lim\limits_{x\to 0}\sin x=0=\sin 0$, $\lim\limits_{x\to 0}\cos x=1=\cos 0$, 即 $\sin x$ 和 $\cos x$ 在 $x=0$ 都是连续的.

$\forall x_0\in\mathbf{R}, x_0\neq 0$, 我们有

$$
\begin{aligned}
\lim_{x\to x_0}\sin x &= \lim_{h\to 0}\sin(x_0+h)=\lim_{h\to 0}(\sin x_0\cosh+\cos x_0\sin h)\\
&=(\sin x_0)\lim_{h\to 0}\cos h+\cos x_0\lim_{h\to 0}\sin h\\
&=\sin x_0\cdot 1+\cos x_0\cdot 0=\sin x_0,\\
\lim_{x\to x_0}\cos x &= \lim_{h\to 0}\cos(x_0+h)=\lim_{h\to 0}\cos x_0\cos h-\lim_{h\to 0}\sin x_0\sin h\\
&=\cos x_0\cdot 1+\sin x_0\cdot 0=\cos x_0,
\end{aligned}
$$

以上两式表示 $y=\sin x$ 和 $y=\cos x$ 在 $\mathbf{R}$ 上每一点 $x_0$ 都连续. □

**例 2** 证明 $y=a^x(a>0)$ 在 $\mathbf{R}$ 上任一点都连续.

**证** 由§1.3.2 中例 5 可知 $\lim\limits_{h\to 0}a^h=1=a^0$, 即 $y=a^x$ 在 $x=0$ 是连续的. $\forall x_0\in\mathbf{R}, x_0\neq 0$, 我们有

$$
\lim_{x\to x_0}a^x=\lim_{h\to 0}a^{x_0+h}=a^{x_0}\lim_{h\to 0}a^h=a^{x_0},
$$

故 $y=a^x$ 在 $\mathbf{R}$ 上任一点都连续. □

由左极限和右极限的概念,可引伸出左连续与右连续的概念.

**定义 1.24(左连续,右连续)** 设 $f(x)$ 在点 $a$ 的右邻域(或左邻域)及点 $a$ 有定义.若

$$
f(a_+)=\lim_{x\to a_+}f(x)=f(a)\qquad(\text{或 } f(a_-)=f(a)),
$$

则称 $f(x)$ 在点 $a$ **右连续(或左连续)**.

由定理 1.6,可得下述结论:

$f(x)$ 在点 $a$ 连续的充要条件是 $f(x)$ 在点 $a$ 左连续且右连续.

**例 3** 设

$$
f(x)=\begin{cases}2\cos x, & \text{当 } x\leqslant 0,\\ ax+b, & \text{当 } x>0.\end{cases}
$$

讨论 $f(x)$在 $x=0$ 的连续性.

**解** $f(0_-)=\lim\limits_{x\to 0_-}2\cos x=2=f(0)$,即 $f(x)$在 $x=0$ 左连续. $f(0_+)=\lim\limits_{x\to 0_+}(ax+b)=b$,若 $b\neq 2$,则 $f(x)$在 $x=0$ 右不连续. 当 $b=2$ 时,$f(0_-)=f(0_+)=2=f(0)$,这时 $f(x)$在 $x=0$ 连续. 从 $f(x)$的图形上看这是显而易见的.

**定义 1.25(连续函数)** 若 $f(x)$在区间 $I$ 的每一点都连续,则称 $f(x)$为**区间 $I$ 上的连续函数**,或称 **$f(x)$在区间 $I$ 上连续**. 在闭区间端点上的连续性是指在左端点右连续,在右端点左连续.

从例 1 和例 2 可知 $y=\sin x$, $y=\cos x$ 和 $y=a^x$ 都是 $\mathbf{R}$ 上的连续函数. 当 $b\neq 2$ 时,例 3 中的函数分别在$(-\infty,0)$和$(0,+\infty)$上连续.

下面介绍连续性的另一个等价定义. 设 $f(x)$在点 $a$ 的某邻域 $I$ 内有定义, $\forall x\in I$,记 $\Delta x=x-a$,称 $\Delta x$ 为**自变量**($x$ 在 $a$ 的)**增量**,当自变量在 $x=a$ 有增量 $\Delta x$,即 $x$ 从 $a$ 变到 $a+\Delta x$,相应的函数值由 $f(a)$变到 $f(a+\Delta x)$,称 $\Delta y=f(a+\Delta x)-f(a)$为**函数**($f(x)$在 $a$ 的)**增量**. 增量也称为**改变量**,它可以是正数,也可以是零或负数. 显然,$x\to a\Leftrightarrow\Delta x\to 0$,故有

$$\lim_{x\to a}f(x)=f(a)\Leftrightarrow\lim_{\Delta x\to 0}\Delta y=\lim_{\Delta x\to 0}[f(a+\Delta x)-f(a)]=0.$$

就是说,$f(x)$在点 $a$ 连续$\Leftrightarrow\lim\limits_{\Delta x\to 0}\Delta y=0$.

从几何上看, $\lim\limits_{\Delta x\to 0}\Delta y=0$ 说明 $y=f(x)$的图形上的两点(其中一点固定)的横坐标之差接近于零时,相应的纵坐标之差也接近于零(见图 1.15). 因此在区间 $I$ 上连续的函数的图象是一条连绵不断的曲线.

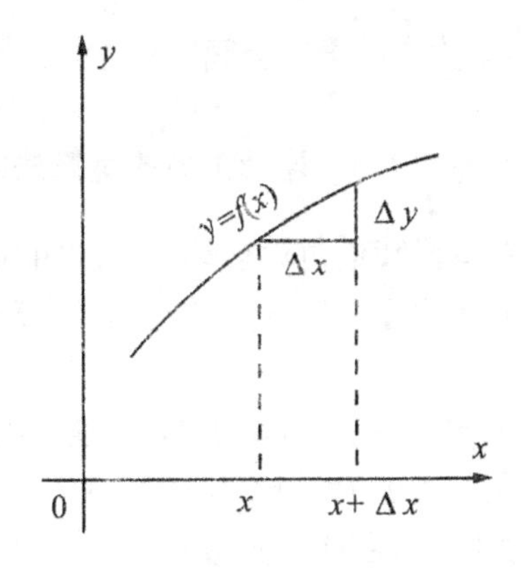


图 1.15

### §1.4.2 函数的间断点

若函数 $f(x)$在点 $a$ 的某去心邻域内有定义或在点 $a$ 的某单侧邻域内有定义(在点 $a$ 可能有定义,也可能无定义),但在点 $a$ 不连续,则称 $f(x)$在点 $a$ **间断**,称 $a$ 为 $f(x)$的**间断点**.

若 $f(x)$在点 $a$ 间断,则必出现下列情形之一:

(i) $f(a_+)$与 $f(a_-)$均存在有限,但至少有一个不等于 $f(a)$或 $f(x)$在

$x=a$ 无定义.这时称点 $a$ 为**第一类间断点**.

(ii) $f(a_+)$与 $f(a_-)$至少有一个不存在或等于 $\pm\infty$.这时称点 $a$ 为**第二类间断点**.

**例 1** $f(x)=\dfrac{\sin x}{x}$,当 $x=0$ 时函数无定义,但 $f(0_+)=f(0_-)=1$,故 $x=0$ 为第一类间断点.若补充定义 $f(0)=1$,$f(x)$将在 $x=0$ 处连续.

**例 2** $f(x)=\begin{cases}1, & x\neq 1,\\ 2, & x=1.\end{cases}$因 $f(1_+)=f(1_-)=1\neq f(1)$,故 $x=1$ 为 $f(x)$的第一类间断点.若重新定义 $f(1)=1$,则 $f(x)$将在 $x=1$ 处连续.

**例 3** $f(x)=\mathrm{sgn}x$.因 $\mathrm{sgn}(0_+)=1$,$\mathrm{sgn}(0_-)=-1$,左右极限均存在但不相等,故 $x=0$ 为 $\mathrm{sgn}x$ 的第一类间断点.

在第一类间断点中,若 $f(a_+)=f(a_-)$,又称 $a$ 为**可去间断点**(这是因为在这种情形可改变或补充 $f(x)$在点 $a$ 的值,使 $f(x)$在点 $a$ 连续);若 $f(a_+)\neq f(a_-)$,又称 $a$ 为**跳跃间断点**.

**例 4** $f(x)=\sin\dfrac{1}{x}$.在§1.3.2 的例 6 中,我们已证明$\lim\limits_{x\to 0}\sin\dfrac{1}{x}$不存在.故 $x=0$ 为 $f(x)$的第二类间断点.

**例 5** $f(x)=\dfrac{1}{x}$,因为 $f(0_+)=\lim\limits_{x\to 0_+}\dfrac{1}{x}=+\infty$,$f(0_-)=\lim\limits_{x\to 0_-}\dfrac{1}{x}=-\infty$,故 $x=0$ 为$\dfrac{1}{x}$的第二类间断点.

### §1.4.3 连续函数的运算法则

本段我们讨论连续函数的四则运算及复合函数与反函数的连续性,在此基础上建立初等函数的连续性定理,最后利用函数的连续性推导一些重要极限.

首先,利用定理 1.14 不难证明如下定理:

**定理 1.17** 设 $f(x)$与 $g(x)$均在点 $a$ 连续,则它们的和、差、积、商(分母不为零)也在点 $a$ 连续.

由此定理得下述论断:

在同一区间上连续的两个函数,其和、差、积、商(分母在该区间上恒不为零)仍为该区间上的连续函数.

为研究复合函数的连续性,我们先介绍下述定理:

**定理 1.18** 设 $f(x)$在点 $a$ 连续,$x=\varphi(t)$.若$\lim\limits_{t\to b}\varphi(t)=a$($b$ 有限或

$\pm\infty$),则

$$\lim_{t\to b}f(\varphi(t)) = f(\lim_{t\to b}\varphi(t)) = f(a) \tag{1.24}$$

**证**　只证 $b$ 为有限的情形,当 $b=\pm\infty$时,留给读者去证明.

由于 $f(x)$在 $x=a$ 连续,$\forall\varepsilon>0,\exists\delta>0$,当$|x-a|<\delta$ 时,恒有$|f(x)-f(a)|<\varepsilon$.对上述 $\delta>0$,因$\lim\limits_{t\to b}\varphi(t)=a$,必存在 $\eta>0$,当$0<|t-b|<\eta$时,成立$|\varphi(t)-a|=|x-a|<\delta$.从而当$0<|t-b|<\eta$ 时,恒有

$$|f(\varphi(t))-f(a)|=|f(x)-f(a)|<\varepsilon.$$

故(1.24)式成立. □

在定理1.18的条件下,极限号可以移到函数号里面.依据这一性质,我们可进行许多极限运算.例如,$f(x)=\sin x$ 在$x=\mathrm{e}$是连续的,$\lim\limits_{t\to\infty}\left(1+\dfrac{1}{t}\right)^t=\mathrm{e}$,故有$\lim\limits_{t\to\infty}\sin\left(1+\dfrac{1}{t}\right)^t=\sin\left(\lim\limits_{t\to\infty}\left(1+\dfrac{1}{t}\right)^t\right)=\sin\mathrm{e}$.

若 $f(x)$在 $x=a$ 连续,$x=\varphi(t)$在 $t=b$ 连续,且 $\varphi(b)=a$,则由定理1.18,得

$$\lim_{t\to b}f(\varphi(t)) = f(\lim_{t\to b}\varphi(t)) = f(\varphi(b)),$$

这表明复合函数 $f(\varphi(t))$在 $t=b$ 也连续.于是我们得到关于复合函数连续性定理:

**定理 1.19**　设函数 $\varphi(t)$在区间 $T$ 上连续,函数 $f(x)$在 $\varphi(t)$的值域$\varphi(T)$上连续,则复合函数 $f(\varphi(t))$在区间 $T$ 上连续.

关于反函数的连续性,我们不加证明的介绍下述定理:

**定理 1.20**　严格单调上升(或下降)的连续函数,其反函数仍为严格单调上升(或下降)的连续函数.

现在转到讨论初等函数的连续性.我们已知 $y=\mathrm{e}^x$,$y=\sin x$ 及$y=\cos x$分别在区间$(-\infty,+\infty)$,$\left[-\dfrac{\pi}{2},\dfrac{\pi}{2}\right]$及$[0,\pi]$上是严格单调的连续函数,故它们的反函数 $y=\ln x$,$y=\arcsin x$ 及$y=\arccos x$ 在其定义域上也都是严格单调的连续函数.对幂函数 $y=x^\mu$,当 $x>0$ 时有 $x^\mu=\mathrm{e}^{\mu\ln x}$,由定理1.19,$x^\mu$ 当$x>0$时连续.若当 $x=0$ 或 $x<0$ 时 $x^\mu$ 仍有定义,可以证明这时 $x^\mu$ 也连续(证明略).就是说 $y=x^\mu$ 在其定义域上的每一点都连续.至此我们已证明了基本初等函数都是连续函数.常数函数 $y=c$ 显然是连续的.由初等函数的构造及定理1.17~1.20,易得下述定理:

**定理 1.21** 初等函数在其定义域上的每一点都是连续的.

**例 1** 求正切函数 $y=\tan x$ 的连续区间.

**解** 正切函数 $y=\tan x$ 为初等函数,由初等函数的连续性定理知该函数在其定义域的每一点上都是连续的.因 $\tan x$ 的定义域为 $x\neq k\pi+\frac{\pi}{2}, k\in\mathbf{Z}$,于是其连续区间为$\left(k\pi-\frac{\pi}{2}, k\pi+\frac{\pi}{2}\right)$,$x=k\pi\pm\frac{\pi}{2}(k\in\mathbf{Z})$为其第二类间断点.

利用初等函数连续性,就可进行大量的极限运算.首先利用这一性质推导一些重要的极限公式.这些公式包含在下述两个例子中.

**例 2** 证明:当 $x\to 0$ 时,有下述无穷小的等价关系

$$x \sim \ln(1+x) \sim \mathrm{e}^x - 1.$$

**证** 1) 由对数函数的连续性及定理 1.18 可知

$$\lim_{x\to 0}\frac{\ln(1+x)}{x} = \lim_{x\to 0}\ln(1+x)^{\frac{1}{x}} = \ln\lim_{x\to 0}(1+x)^{\frac{1}{x}} = \ln\mathrm{e} = 1,$$

即 $x\sim\ln(1+x)$.

2) $\lim\limits_{x\to 0}\frac{\mathrm{e}^x-1}{x}=\lim\limits_{t\to 0}\frac{t}{\ln(1+t)}=1$,即 $x\sim\mathrm{e}^x-1$. □

**例 3** 设在某极限过程中,变量 $\alpha$ 为无穷小,$\beta$ 为有界变量,$\alpha\beta\neq 0$.证明:

$$(1+\alpha)^{\beta}-1 \sim \alpha\beta.$$

**证** 显然在此极限过程中,$(1+\alpha)^{\beta}-1$ 与 $\alpha\beta$ 均为无穷小.命 $x=(1+\alpha)^{\beta}-1$,则在此极限过程中有

$$(1+\alpha)^{\beta}-1 = x \sim \ln(1+x) = \ln(1+\alpha)^{\beta} = \beta\ln(1+\alpha) \sim \alpha\beta. \quad \square$$

特别,在例 3 中取 $\alpha=x$,取 $\beta$ 为非零常数 $\mu$,则当 $x\to 0$ 时,有

$$x \sim \frac{(1+x)^{\mu}-1}{\mu}.$$

由§1.3.6 例 1 中的无穷小等价关系,再由例 2 及例 3,当 $x\to 0$ 时,我们有

$$x \sim \sin x \sim \tan x \sim \arcsin x \sim \arctan x \sim \ln(1+x)$$
$$\sim \mathrm{e}^x - 1 \sim \frac{(1+x)^{\mu}-1}{\mu}.$$

这些等价关系在求极限时经常用到.

**例 4** 求$\lim\limits_{x\to 0}\dfrac{\sqrt{1+x^3}-1}{(2^x-1)\ln(1+2x^2)}$.

**解** 因 $x\to 0$ 时$\sqrt{1+x^3}-1\sim\dfrac{1}{2}x^3$, $2^x-1=e^{x\ln 2}-1\sim x\ln 2$, $\ln(1+2x^2)\sim 2x^2$,利用等价无穷小替换得

$$\text{原式}=\lim_{x\to 0}\frac{\frac{1}{2}x^3}{(x\ln 2)2x^2}=\frac{1}{4\ln 2}.$$

现在我们专门讨论一下幂指函数的极限.称函数 $u(x)^{v(x)}$ **为幂指函数**,其中 $u(x)>0$. 在§3 中我们已多次遇到这种函数了.若在某极限过程中 $\lim u(x)=a>0,\lim v(x)=b$,则由定理 1.18 有

$$\lim u(x)^{v(x)}=\lim \mathrm{e}^{v(x)\ln u(x)}=\mathrm{e}^{\lim v(x)\ln u(x)}=\mathrm{e}^{b\ln a}=a^b.$$

由上式可见,若 $\lim v(x)\ln u(x)$是未定式,则 $\lim u(x)^{v(x)}$也是未定式.这只可能发生于下述三种情形:

1) $\lim u(x)=1,\lim v(x)=\infty$,这时称 $\lim u(x)^{v(x)}$为 $1^\infty$ 型未定式;

2) $\lim u(x)=0$, $\lim v(x)=0$,这时称 $\lim u(x)^{v(x)}$为 $0^0$ 型未定式;

3) $\lim u(x)=+\infty,\lim v(x)=0$, 这时称 $\lim u(x)^{v(x)}$为$\infty^0$ 型未定式.

**例 5** 设在某极限过程中 $\alpha,\beta$ 为无穷小,且 $\lim\dfrac{\alpha}{\beta}=c$. 证明 $\lim(1+\alpha)^{\frac{1}{\beta}}=\mathrm{e}^c$.

**证** $\lim(1+\alpha)^{\frac{1}{\beta}}=\mathrm{e}^{\lim\frac{1}{\beta}\ln(1+\alpha)}=\mathrm{e}^{\lim\frac{\alpha}{\beta}}=\mathrm{e}^c$. □

许多 $1^\infty$ 型未定式都可化为例 5 的形式. 例如, 由 $\lim\limits_{x\to 0}\dfrac{\cos x-1}{\tan^2 x}=\lim\limits_{x\to 0}\dfrac{-\frac{1}{2}x^2}{x^2}=-\dfrac{1}{2}$,我们可得

$$\lim_{x\to 0}(\cos x)^{\cot^2 x}=\lim_{x\to 0}(1+(\cos x-1))^{\frac{1}{\tan^2 x}}=\mathrm{e}^{-\frac{1}{2}}.$$

### §1.4.4 闭区间上连续函数的性质

在闭区间上连续的函数具有一些整体的性质,这些性质是我们今后深入学习的理论基础,故用定理 1.22~1.25 的形式表述.

**定理 1.22(零点定理)** 设函数 $f(x)$在闭区间$[a,b]$上连续,且 $f(a)\cdot f(b)<0$,则至少存在一个 $\xi\in(a,b)$,使得 $f(\xi)=0$.

*证 不妨设 $f(a)<0<f(b)$. 等分 $[a,b]$ 成两个闭区间,其中必有一个,记为 $[a_1,b_1]$,使得 $f(a_1)\leqslant 0\leqslant f(b_1)$.

设已得到闭区间 $[a_n,b_n]$,有 $f(a_n)\leqslant 0\leqslant f(b_n)$. 等分 $[a_n,b_n]$ 成两个闭区间,其中必有一个,记为 $[a_{n+1},b_{n+1}]$,使得 $f(a_{n+1})\leqslant 0\leqslant f(b_{n+1})$. 如此下去我们得到两个单调有界数列

$$a,a_1,a_2,\cdots,a_n,\cdots,$$

$$b,b_1,b_2,\cdots,b_n,\cdots,$$

其中 $\{a_n\}$ 单调上升,$\{b_n\}$ 单调下降,由准则Ⅱ它们均收敛. 设 $a_n\to\xi$, $b_n\to\eta$. 因 $a_n<b_n$,由极限的保向性知 $\xi\leqslant\eta$. 若 $\xi<\eta$,则 $a_n\leqslant\xi<\eta\leqslant b_n$. 于是每一个区间的长 $b_n-a_n\geqslant\eta-\xi>0$,而由我们的作法知 $b_n-a_n=\dfrac{b-a}{2^n}\to 0$(当 $n\to\infty$),这是一个矛盾,故必有 $\xi=\eta$,即 $\lim\limits_{n\to\infty}a_n=\lim\limits_{n\to\infty}b_n=\xi$. 由定理 1.18 及 $f(x)$ 的连续性有

$$\lim_{n\to\infty}f(a_n)=\lim_{n\to\infty}f(b_n)=f(\xi).$$

由 $f(a_n)\leqslant 0$ 知 $f(\xi)\leqslant 0$,由 $f(b_n)\geqslant 0$ 知 $f(\xi)\geqslant 0$. 所以 $f(\xi)=0$. 又因 $f(a)\cdot f(b)<0$,必 $\xi\in(a,b)$. □

**定理 1.23(介值定理)** 设 $f(x)$ 在闭区间 $[a,b]$ 上连续,$f(a)\neq f(b)$. $\mu$ 为满足不等式 $f(a)<\mu<f(b)$ 或 $f(a)>\mu>f(b)$ 的任何实数,则存在 $\xi\in(a,b)$,使得 $f(\xi)=\mu$.

**证** 命 $F(x)=f(x)-\mu$. 显然 $F(a)F(b)<0$,由零点定理知存在 $\xi\in(a,b)$,使 $F(\xi)=0$,即 $f(\xi)=\mu$. □

由介值定理及关于区间的定义,易知在某区间上不恒等于常数的连续函数其值域必是一个区间.

为节省篇幅,下述两条定理我们略去其证明.

**定理 1.24(有界性定理)** 设函数 $f(x)$ 在闭区间 $[a,b]$ 上连续,则 $f(x)$ 在该区间上有界.

**定理 1.25(最值定理)** 设函数 $f(x)$ 在闭区间 $[a,b]$ 上连续,则 $f(x)$ 在该区间上取得最大值与最小值.

必须注意,若不是闭区间而是开区间,上述两条定理的结论就不正确了. 例如 $y=\tan x$ 在 $\left(-\dfrac{\pi}{2},\dfrac{\pi}{2}\right)$ 上连续,但它在该区间上无界,也取不到最大值与最小值.

**例1**　设 $a,b$ 均为正数,证明方程 $x=a\ \sin x+b$ 至少有一个不超过 $a+b$ 的正根.

**证**　命 $f(x)=x-a\ \sin x-b$,则 $f(x)$ 在 $[0,a+b]$ 上连续,$f(0)=-b<0$,$f(a+b)=a[1-\sin(a+b)]\geqslant 0$. 如果 $f(a+b)=0$,则 $a+b$ 就是方程 $x=a\ \sin x+b$ 的正根. 如果 $f(a+b)>0$,则 $f(0)f(a+b)<0$,由零点定理,至少存在一个 $\xi\in(0,a+b)$,使得 $f(\xi)=0$,即方程 $x=a\sin x+b$ 至少有一个不超过 $a+b$ 的正根. □

**例2**　设函数 $f(x)$ 在开区间 $(a,b)$ 内连续,且 $x_1,x_2,\cdots,x_n\in(a,b)$,试证 $\exists\,\xi\in(a,b)$,使

$$f(\xi)=\frac{1}{n}[f(x_1)+f(x_2)+\cdots+f(x_n)].$$

**证**　不妨设 $x_1\leqslant x_2\leqslant\cdots\leqslant x_n$,且 $x_1<x_n$. 由于 $f(x)$ 在闭区间 $[x_1,x_n]$ 上连续,由最值定理 $f(x)$ 在 $[x_1,x_n]$ 上取到最大值 $M$ 和最小值 $m$,即有 $m\leqslant f(x)\leqslant M$, $\forall\,x\in[x_1,x_n]$. 于是有

$$m\leqslant f(x_i)\leqslant M,\ i=1,2,\cdots,n,$$

$$nm\leqslant f(x_1)+f(x_2)+\cdots+f(x_n)\leqslant nM,$$

$$m\leqslant\frac{f(x_1)+f(x_2)+\cdots+f(x_n)}{n}\leqslant M.$$

再由介值定理,$\exists\,\xi\in(x_1,x_n)\subset(a,b)$,使得

$$f(\xi)=\frac{f(x_1)+f(x_2)+\cdots+f(x_n)}{n}.$$ □

## 习　题　1.4

**A 组**

1. 试确定 $a$ 与 $b$,使函数 $f(x)$ 在 $\mathbf{R}$ 上连续:

(1) $f(x)=\begin{cases}2\cos x, & x\leqslant 0,\\ ax^2+b, & x>0;\end{cases}$　　(2) $f(x)=\begin{cases}2x-2, & x<-1,\\ ax+b, & -1\leqslant x\leqslant 1,\\ 5x+7, & x>1.\end{cases}$

2. 在下列函数中,补充定义 $f(0)$ 为何值时,$f(x)$ 在原点连续?

(1) $f(x)=\dfrac{\sqrt{1+x}-\sqrt{1-x}}{x}$； (2) $f(x)=\sin x\cos\dfrac{1}{x}$；

(3) $f(x)=(1+ax)^{\frac{1}{x}}$； (4) $f(x)=e^{-\frac{1}{x^2}}$.

3. 求下列函数的间断点,并说明是哪种间断点:

(1) $f(x)=\dfrac{1}{x^2-x-2}$； (2) $f(x)=\dfrac{x}{\sin x}$；

(3) $f(x)=\arctan\dfrac{1}{x}$； (4) $f(x)=\dfrac{\sqrt{1+x}-1}{\sqrt[3]{1+x}-1}$；

(5) $f(x)=\dfrac{1}{e-e^{\frac{1}{x}}}$； (6) $f(x)=\dfrac{1}{\ln|x|}$.

4. 求下列极限:

(1) $\lim\limits_{x\to0}\dfrac{\cos x-\cos x^2}{x^2}$； (2) $\lim\limits_{x\to0}\dfrac{1}{x}\log_a(1+x)$；

(3) $\lim\limits_{x\to+\infty}x(\ln(x+1)-\ln x)$； (4) $\lim\limits_{x\to0}\dfrac{\ln(1+2x+3x^2)}{e^{\sin3x}-1}$；

(5) $\lim\limits_{x\to0}\dfrac{\ln\cos\alpha x}{\ln\cos\beta x}$； (6) $\lim\limits_{x\to+\infty}\dfrac{\sqrt{x+\sqrt{x+\sqrt{x}}}}{\sqrt{x+1}}$；

(7) $\lim\limits_{n\to\infty}n(e^{\frac{a}{n}}-e^{\frac{b}{n}})$； (8) $\lim\limits_{n\to\infty}\cos^n\dfrac{x}{\sqrt{n}}$；

(9) $\lim\limits_{x\to\frac{\pi}{2}}(\sin x)^{\tan x}$； (10) $\lim\limits_{x\to0}\dfrac{e^x-e^{\sin x}}{x-\sin x}$；

(11) $\lim\limits_{x\to-\infty}(\sqrt{1+x+x^2}-\sqrt{1-x+x^2})$；

(12) $\lim\limits_{x\to0}(x+e^x)^{\frac{1}{x}}$； (13) $\lim\limits_{x\to0}\dfrac{\sqrt[m]{1+\alpha x}-\sqrt[n]{1+\beta x}}{x}$.

5. 证明方程 $x^4-3x+1=0$ 在区间(1,2)内至少有一个实根.

6. 设 $f(x),g(x)$ 均在 $[a,b]$ 上连续,且 $f(a)\geqslant g(a),f(b)\leqslant g(b)$. 证明存在 $\xi\in[a,b]$,使得 $f(\xi)=g(\xi)$.

7. 填空

(1) 设 $x\to0$ 时,$(1+ax^2)^{\frac{1}{3}}-1\sim\cos x-1$,则 $a=$____；

(2) 设 $\lim\limits_{x\to\infty}\left(\dfrac{x+2a}{x-a}\right)^x=8$,则 $a=$____；

(3) 设 $\lim\limits_{x\to+\infty}(\sqrt[5]{x^5+ax^4+x}-x)=1$,则 $a=$____；

(4) 设 $\lim\limits_{x\to\infty}(\sqrt[3]{1-x^3}-ax-b)=0$,则 $a=$____,$b=$____；

(5) 设 $f(x)=\begin{cases}a+x^2, & x<-1,\\ 1, & x=-1,\\ \ln(b+x+x^2), & x>-1,\end{cases}$ $f(x)$在 $x=-1$ 处连续,则 $a=$____, $b=$____.

**B组**

1. 设在某极限过程中,$\alpha$ 与 $\beta$ 均为无穷小.若 $\lim\frac{\alpha}{\beta}=+\infty$(或 $-\infty$),证明 $\lim(1+\alpha)^{\frac{1}{\beta}}=+\infty$(或 0).

2. 设函数 $f(x)$在$[a,b]$上连续.证明对任何正实数 $\alpha$ 和$\beta$,存在 $\xi\in[a,b]$,使得

$$\alpha f(a)+\beta f(b)=(\alpha+\beta)f(\xi).$$

3. 设函数 $f(x)$满足条件 i) $a\leqslant f(x)\leqslant b$, $\forall x\in[a,b]$;ii) 存在常数 $k$,使得$|f(x)-f(y)|\leqslant k|x-y|$, $\forall x,y\in[a,b]$.证明:

1) $f(x)$在$[a,b]$上连续;

2) 存在 $\xi\in[a,b]$,使得 $f(\xi)=\xi$;

3) 若 $0\leqslant k<1$,定义数列$\{x_n\}$: $x_1\in[a,b]$, $x_{n+1}=f(x_n)$, $n=1,2,\cdots$,则 $\lim\limits_{n\to\infty}x_n=\xi$.

4. 若 $f(x)=\lim\limits_{n\to\infty}\frac{x^{2n-1}+ax^2+bx}{x^{2n}+1}$是连续函数,试求 $a,b$ 的值.

5. 设$\lim\limits_{n\to\infty}\frac{n^{1999}}{n^k-(n-1)^k}=A(\neq 0,\neq\infty)$,试求 $k$ 与 $A$ 之值.

# 第二章　导数与微分

## 第一节　导　数

### §2.1.1　导数的定义

我们先考察两个例子.

设有某质点 $M$ 在重力作用下，从 $O$ 点由静止开始作自由落体运动，我们已知它的运动方程为 $s=\frac{1}{2}gt^2$. 这里 $g$ 为重力加速度，$t$ 为下落的时间，$s$ 为下落的距离. 设在 $t$ 时刻质点 $M$ 位于 $A$ 点. 为清楚起见，我们取时间 $t$ 作为横坐标，路程 $s$ 作为纵坐标. 坐标为 $(t, s)$ 的点表示在时刻 $t$ 时质点 $M$ 下落距离为 $s$. 将该点标记为 $A$. 见图 2.1. 当时间 $t$ 变化时，相应 $A$ 点将描绘出一条二次抛物线.

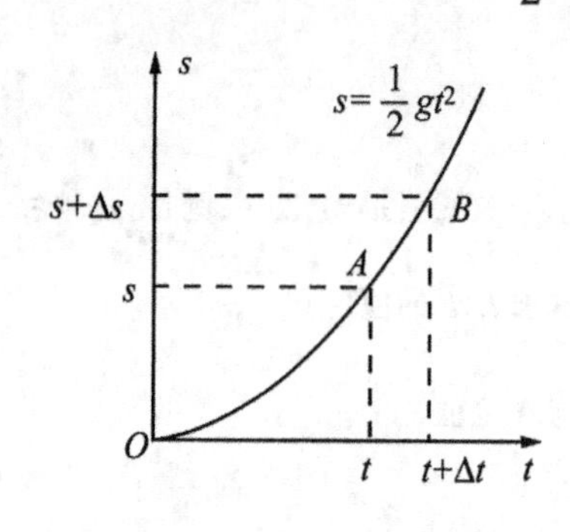


图 2.1

现在我们讨论如何给出在时刻 $t$ 时质点 $M$ 的速度 $v$. 给时间 $t$ 以增量 $\Delta t$，在时刻 $t+\Delta t$ 时质点 $M$ 位于 $B$ 点. 那么在 $\Delta t$ 的时间间隔内质点下落的距离为

$$\Delta s = \frac{1}{2}g(t+\Delta t)^2 - \frac{1}{2}gt^2 = gt\Delta t + \frac{1}{2}g\Delta t^2.$$

因此在 $\Delta t$ 时间内质点的平均速度

$$\bar{v} = \frac{\Delta s}{\Delta t} = gt + \frac{1}{2}g\Delta t.$$

该速度与 $\Delta t$ 的取值有关，它一般不等于质点在 $A$ 点的速度 $v$. 但 $|\Delta t|$ 愈小，$\bar{v}$ 愈接近于 $v$. 这就是说我们可用极限

$$\lim_{\Delta t\to 0}\frac{\Delta s}{\Delta t} = \lim_{\Delta t\to 0}(gt + \frac{1}{2}g\Delta t) = gt$$

来定义质点 $M$ 在时刻 $t$ 的速度.

设函数 $y=f(x)$ 在某区间 $I$ 上定义且连续，其图形为 $xOy$ 平面上一条曲线. 见图 2.2. 设 $A(x, y)$ 为曲线上一点. 我们来讨论过该点曲线的切线与它的斜率 $k$.

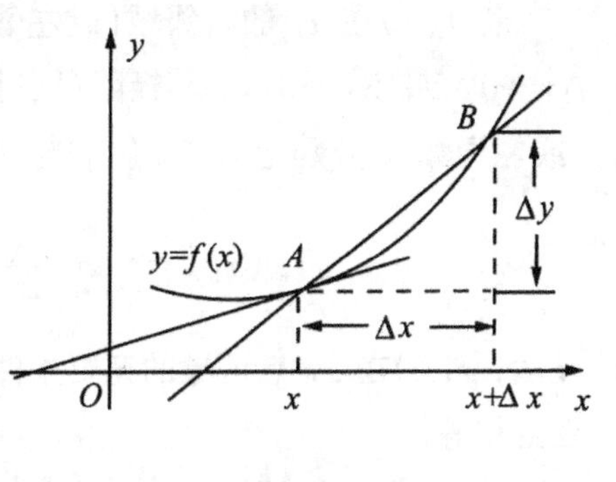


图 2.2

在曲线上 $A$ 点附近取一动点 $B$, 作割线 $AB$. 设 $B$ 点的坐标为 $(x+\Delta x, y+\Delta y)$, 则 $AB$ 的斜率为 $\frac{\Delta y}{\Delta x}$. 让 $B$ 点沿着曲线愈来愈接近 $A$ 点, 则割线 $AB$ 将绕着 $A$ 点转动. 割线 $AB$ 的极限位置如果存在, 便称为**曲线在 $A$ 点的切线**. 所谓 $B$ 点愈来愈接近 $A$ 点, 就是 $\Delta x \to 0$. 因此位于上述极限位置的直线(即切线)的斜率为

$$k = \lim_{\Delta x \to 0} \frac{\Delta y}{\Delta x} = \lim_{\Delta x \to 0} \frac{f(x+\Delta x) - f(x)}{\Delta x}.$$

反之,若上式右端极限存在, 则该曲线在 $A$ 点的切线必存在, 且它的斜率为 $k$.

上述列举的两个例子, 第一个是力学中已知质点运动方程求质点的速度; 第二个是几何学中已知曲线的方程求曲线切线的斜率. 我们还可以举出其它学科中的例子, 这些问题的解决都归结为求函数的增量与自变量增量之比的极限问题. 从数学观点看来, 它们的本质是一样的, 都是所谓求函数的导数问题. 下面我们给出关于导数的定义.

**定义 2.1(导数)** 设函数 $y=f(x)$ 在 $x=x_0$ 的某邻域 $X$ 上定义. 给自变量 $x$ 以增量 $\Delta x$($\Delta x$ 为非零实数, 使得 $x_0+\Delta x \in X$), 相应函数的增量为

$$\Delta y = f(x_0+\Delta x) - f(x_0).$$

若极限

$$\lim_{\Delta x \to 0} \frac{\Delta y}{\Delta x} = \lim_{\Delta x \to 0} \frac{f(x_0+\Delta x) - f(x_0)}{\Delta x} = k \tag{2.1}$$

存在有限, 则称 $f(x)$ 在 $x_0$ 点**可导**, $k$ 称为 $f(x)$ 在 $x_0$ 点关于 $x$ 的**导数**(或**微商**). 记为

$$f'(x_0), \frac{\mathrm{d}f}{\mathrm{d}x}(x_0), y'\Big|_{x=x_0}, \frac{\mathrm{d}y}{\mathrm{d}x}\Big|_{x=x_0}$$

等等.

若 $f(x)$ 在 $x_0$ 的右邻域(或左邻域)包括 $x_0$ 点有定义，限定(2.1)式中 $\Delta x\to 0_+$(或 $\Delta x\to 0_-$)，其极限存在有限，我们便得到 $f(x)$ 在 $x_0$ 点的**右导数**(或**左导数**)，分别记为 $f'_+(x_0)$ 与 $f'_-(x_0)$：

$$f'_+(x_0)=\lim_{\Delta x\to 0_+}\frac{\Delta y}{\Delta x},\ f'_-(x_0)=\lim_{\Delta x\to 0_-}\frac{\Delta y}{\Delta x}.$$

显然，$f(x)$ 在 $x_0$ 点可导的充要条件是 $f(x)$ 在 $x_0$ 点的左导数、右导数均存在且相等.

若 $x_0$ 为 $f(x)$ 定义域的左(或右)端点，称 $f(x)$ 在 $x_0$ 点可导是指在该点右导数(或左导数)存在.

导数的几何意义是十分明确的. 若 $y=f(x)$ 在 $x=x_0$ 处可导，那么 $f'(x_0)$ 为曲线 $y=f(x)$ 在点 $(x_0,\ f(x_0))$ 处切线的斜率，且该切线不与 $x$ 轴垂直.

设函数 $y=f(x)$ 在定义域 $I$ 上的每一点均可导，则称 $f(x)$ 为**可导函数**. 这时对应于 $I$ 上每一点 $x$ 有导数值 $f'(x)$，我们便得到一个定义在 $I$ 上新的函数 $y=f'(x)$，称之为 $f(x)$ 的**导函数**，简称**导数**. $y=f(x)$ 的导数还可记成

$$\frac{\mathrm{d}f}{\mathrm{d}x}(x),\ \frac{\mathrm{d}}{\mathrm{d}x}f(x),\ \frac{\mathrm{d}y}{\mathrm{d}x},\ y',y'_x$$

等等形式.

若令 $x=x_0+\Delta x$，当 $\Delta x\to 0$ 时，$x\to x_0$. 反之亦然. 故(2.1)式可写成

$$f'(x_0)=\lim_{x\to x_0}\frac{f(x)-f(x_0)}{x-x_0}.$$

这是导数的另一种定义式.

设 $f(x)$ 在 $x=x_0$ 可导，则

$$\begin{aligned}\lim_{x\to x_0}(f(x)-f(x_0))&=\lim_{x\to x_0}\frac{f(x)-f(x_0)}{x-x_0}\cdot(x-x_0)\\&=f'(x_0)\cdot 0=0.\end{aligned}$$

故 $f(x)$ 在 $x_0$ 点连续，所以我们有下述定理：

**定理 2.1**　若 $f(x)$ 在 $x_0$ 点可导，则 $f(x)$ 在 $x_0$ 点连续.

该定理表明，连续是可导的必要条件，但其逆命题不能成立. 例如 $f(x)=|x|$，该函数在 $R$ 上是连续函数，但 $f'(0)$ 不存在. 事实上

$$f'_{+}(0)=\lim_{x\to 0_+}\frac{f(\Delta x)-f(0)}{\Delta x}=\lim_{x\to 0_+}\frac{|\Delta x|}{\Delta x}=1.$$

$$f'_{-}(0)=\lim_{x\to 0_-}\frac{f(\Delta x)-f(0)}{\Delta x}=\lim_{x\to 0_-}\frac{|\Delta x|}{\Delta x}=-1.$$

因 $f'_{+}(0)\neq f'_{-}(0)$,故 $f(x)=|x|$在 $x=0$ 处不可导 .

下述几个例子均求$\frac{\mathrm{d}y}{\mathrm{d}x}$.

**例 1**　$y=c$,$c$ 为常数.

显然对自变量 $x$ 的任意增量 $\Delta x$，函数的增量 $\Delta y$ 恒等于零. 于是

$$\frac{\mathrm{d}y}{\mathrm{d}x}=\lim_{\Delta x\to 0}\frac{\Delta y}{\Delta x}=0.$$

即常数的导数恒等于零.

**例 2**　$y=x^{\mu}$($\mu$ 为实常数).

分别就 $x\neq 0$ 与 $x=0$ 两种情况讨论.

1)　当 $x\neq 0$ 时,

$$\frac{\Delta y}{\Delta x}=\frac{(x+\Delta x)^{\mu}-x^{\mu}}{\Delta x}=x^{\mu-1}\frac{\left(1+\frac{\Delta x}{x}\right)^{\mu}-1}{\frac{\Delta x}{x}},$$

由§1.4.3 例 3 知，当 $\Delta x\to 0$ 时上式右端第二个因子的极限等于 $\mu$. 故

$$\frac{\mathrm{d}y}{\mathrm{d}x}=\frac{\mathrm{d}}{\mathrm{d}x}x^{\mu}=\mu x^{\mu-1}.\tag{2.2}$$

2)　当 $x=0$ 时，我们证明(2.2)式当 $\mu\geqslant 1$ 时仍然成立. 事实上，我们有

$$\frac{\Delta y}{\Delta x}=\frac{\Delta x^{\mu}-0}{\Delta x}=\Delta x^{\mu-1},$$

于是

$$\lim_{\Delta x\to 0_+}\frac{\Delta y}{\Delta x}=\lim_{\Delta x\to 0_+}\Delta x^{\mu-1}=\begin{cases}0, & \mu>1,\\ 1, & \mu=1.\end{cases}$$

若当 $\Delta x<0$ 时，$\Delta x^{\mu-1}$有意义，仍有

$$\lim_{\Delta x\to 0_-}\frac{\Delta y}{\Delta x}=\lim_{\Delta x\to 0_-}\Delta x^{\mu-1}=\begin{cases}0, & \mu>1,\\ 1, & \mu=1.\end{cases}$$

综上所述，(2.2)式对使得 $x^{\mu-1}$有意义的 $x$ 值均成立.

**例 3** $y=a^x(a>0,a\neq1)$.

我们有

$$\frac{\Delta y}{\Delta x}=\frac{a^{x+\Delta x}-a^x}{\Delta x}=a^x\frac{a^{\Delta x}-1}{\Delta x}=a^x\frac{e^{\Delta x\ln a}-1}{\Delta x\cdot\ln a}\ln a.$$

上式右端第二个因子当 $\Delta x\to0$ 时的极限为 1. 故

$$\frac{dy}{dx}=\frac{d}{dx}a^x=a^x\ln a.$$

特别当 $a=e$ 时，上式变得十分简单：

$$\frac{d}{dx}e^x=e^x.$$

**例 4** $y=\log_a x(a>0,a\neq1)$.

我们有

$$\frac{\Delta y}{\Delta x}=\frac{\log_a(x+\Delta x)-\log_a x}{\Delta x}=\frac{1}{x}\cdot\frac{\log_a\left(1+\dfrac{\Delta x}{x}\right)}{\dfrac{\Delta x}{x}}=\frac{1}{x\ln a}\cdot\frac{\ln\left(1+\dfrac{\Delta x}{x}\right)}{\dfrac{\Delta x}{x}}.$$

上式右端第二个因子当 $\Delta x\to0$ 时的极限为 1. 故

$$\frac{dy}{dx}=\frac{d}{dx}\log_a x=\frac{1}{x\ln a}.$$

特别当 $a=e$ 时，上式变得十分简单：

$$\frac{d}{dx}\ln x=\frac{1}{x}.$$

由于 $e^x$ 与 $\ln x$ 关于 $x$ 的导数具有特别简单的形式，因此在微积分学中常采用以 e 为底的指数函数与对数函数.

**例 5** $y=\sin x$.

我们有

$$\frac{\Delta y}{\Delta x}=\frac{\sin(x+\Delta x)-\sin x}{\Delta x}=\frac{2\sin\dfrac{\Delta x}{2}\cos\left(x+\dfrac{\Delta x}{2}\right)}{\Delta x}$$

因

$$\lim_{\Delta x\to 0}\frac{2\sin\frac{\Delta x}{2}}{\Delta x}=1,\ \lim_{\Delta x\to 0}\cos\left(x+\frac{\Delta x}{2}\right)=\cos x,$$

所以

$$\frac{\mathrm{d}}{\mathrm{d}x}\sin x=\cos x.$$

**例 6** $y=\cos x$.

因为

$$\Delta y=\cos(x+\Delta x)-\cos x=-2\sin\frac{\Delta x}{2}\sin\left(x+\frac{\Delta x}{2}\right),$$

所以有

$$\frac{\mathrm{d}}{\mathrm{d}x}\cos x=\lim_{\Delta x\to 0}\left(\frac{-2}{\Delta x}\sin\frac{\Delta x}{2}\sin\left(x+\frac{\Delta x}{2}\right)\right)=-\sin x.$$

**例 7** 设

$$f(x)=\begin{cases}x^2\sin\dfrac{1}{x}, & x\neq 0,\\ 0, & x=0,\end{cases}$$

求 $f'(0)$.

**解**

$$f'(0)=\lim_{x\to 0}\frac{f(x)-f(0)}{x-0}=\lim_{x\to 0}\frac{x^2\sin\frac{1}{x}}{x}=\lim_{x\to 0}x\sin\frac{1}{x}=0.$$

### §2.1.2 求导法则·基本导数公式

直接从导数定义求某函数的导数是比较麻烦的. 我们先讨论函数的和、差、积、商的导数公式，然后讨论反函数的导数公式，从而推导出初等函数的基本导数表.

**定理 2.2** 设 $u=u(x)$，$v=v(x)$均为某区间上 $x$ 的可导函数，$u'=u'(x)$，$v'=v'(x)$，则

1) $(u\pm v)'=u'\pm v'$.

2) $(uv)'=u'v+uv'$.

3) $\left(\dfrac{u}{v}\right)'=\dfrac{u'v-uv'}{v^2}$ $(v\neq 0)$.

**证**　1) 设 $y=u+v$. 给 $x$ 以增量 $\Delta x$, 相应 $u$, $v$, $y$ 的增量分别为 $\Delta u$, $\Delta v$, $\Delta y$, 则

$$y+\Delta y=(u+\Delta u)+(v+\Delta v), \qquad \Delta y=\Delta u+\Delta v.$$

所以

$$(u+v)'=\lim_{\Delta x\to 0}\frac{\Delta y}{\Delta x}=\lim_{\Delta x\to 0}\left(\frac{\Delta u}{\Delta x}+\frac{\Delta v}{\Delta x}\right)=\lim_{\Delta x\to 0}\frac{\Delta u}{\Delta x}+\lim_{\Delta x\to 0}\frac{\Delta v}{\Delta x}=u'+v'.$$

同样可证

$$(u-v)'=u'-v'.$$

2) 设 $y=uv$, 其余同 1)所设. 则有

$$y+\Delta y=(u+\Delta u)(v+\Delta v)=uv+\Delta u\cdot v+u\cdot\Delta v+\Delta u\cdot\Delta v,$$

$$\Delta y=\Delta u\cdot v+u\cdot\Delta v+\Delta u\cdot\Delta v.$$

于是在上式两端除以 $\Delta x$, 取极限得

$$\lim_{\Delta x\to 0}\frac{\Delta y}{\Delta x}=\lim_{\Delta x\to 0}\frac{\Delta u}{\Delta x}v+\lim_{\Delta x\to 0}u\frac{\Delta v}{\Delta x}+\lim_{\Delta x\to 0}\frac{\Delta u}{\Delta x}\Delta v.$$

因为当 $\Delta x\to 0$ 时 $\Delta v\to 0$, $\frac{\Delta u}{\Delta x}\to u'$, 故上式右端第三项趋于零.

所以

$$(uv)'=\lim_{\Delta x\to 0}\frac{\Delta y}{\Delta x}=u'v+uv'.$$

3) 设 $y=\frac{u}{v}$,其余同 1)所设 . 则有

$$\Delta y=\frac{u+\Delta u}{v+\Delta v}-\frac{u}{v}=\frac{\Delta u\cdot v-u\cdot\Delta v}{v(v+\Delta v)}.$$

所以

$$\left(\frac{u}{v}\right)'=\lim_{\Delta x\to 0}\frac{\Delta y}{\Delta x}=\lim_{\Delta x\to 0}\frac{\frac{\Delta u}{\Delta x}v-u\frac{\Delta v}{\Delta x}}{v(v+\Delta v)}=\frac{u'v-uv'}{v^2}. \qquad \square$$

**例 1**　求 $\frac{\mathrm{d}}{\mathrm{d}x}\tan x$.

**解**

$$\frac{\mathrm{d}}{\mathrm{d}x}\tan x=\frac{\mathrm{d}}{\mathrm{d}x}\frac{\sin x}{\cos x}=\frac{(\sin x)'\cos x-\sin x(\cos x)'}{\cos^2 x}$$
$$=\frac{\cos^2 x+\sin^2 x}{\cos^2 x}=\frac{1}{\cos^2 x}=\sec^2 x.$$

**例 2** 求$\frac{\mathrm{d}}{\mathrm{d}x}\cot x$.

**解**

$$\frac{\mathrm{d}}{\mathrm{d}x}\cot x=\frac{\mathrm{d}}{\mathrm{d}x}\frac{\cos x}{\sin x}=\frac{(\cos x)'\sin x-\cos x(\sin x)'}{\sin^2 x}$$
$$=\frac{-\sin^2 x-\cos^2 x}{\sin^2 x}=-\frac{1}{\sin^2 x}=-\csc^2 x.$$

下面我们讨论反函数的导数.

**定理 2.3** 设 $y=f(x)$为定义在某区间上的严格单调函数. 若 $f(x)$在 $x=x_0$ 处存在非零导数 $f'(x_0)$, 则其反函数 $x=f^{-1}(y)$在对应点 $y_0=f(x_0)$处可导, 且$\left.\frac{\mathrm{d}x}{\mathrm{d}y}\right|_{y=y_0}=\frac{1}{f'(x_0)}$. 一般情形,若$\frac{\mathrm{d}y}{\mathrm{d}x}\neq0$,则

$$\frac{\mathrm{d}x}{\mathrm{d}y}=\frac{1}{\frac{\mathrm{d}y}{\mathrm{d}x}}. \tag{2.3}$$

**证** 因 $y=f(x)$严格单调, 故存在单值反函数 $x=f^{-1}(y)$. 在 $y=y_0$ 处给函数 $x=f^{-1}(y)$的自变量 $y$ 以增量 $\Delta y$, 相应 $x$ 的增量为 $\Delta x$. 显然当 $\Delta y\neq0$ 时, $\Delta x\neq0$. 故有

$$\frac{\Delta x}{\Delta y}=\frac{1}{\frac{\Delta y}{\Delta x}}.$$

令 $\Delta y\to0$, 由 $f^{-1}(y)$的连续性知必有 $\Delta x\to0$. 上式右端分母的极限为 $f'(x_0)\neq0$. 因此有

$$\left.\frac{\mathrm{d}x}{\mathrm{d}y}\right|_{y=y_0}=\frac{1}{f'(x_0)}.$$

一般情形,若$\frac{\mathrm{d}y}{\mathrm{d}x}\neq0$, (2.3)式显然成立. □

(2.3)式有时也可写成

$$x'_y = \frac{1}{y'_x}.$$

我们利用定理2.3来推导反三角函数的导数公式.

**例3** $y=\arcsin x$，求$\frac{dy}{dx}$.

**解**

$$\frac{dy}{dx} = \frac{1}{\frac{dx}{dy}} = \frac{1}{\frac{d}{dy}\sin y} = \frac{1}{\cos y} = \frac{1}{\sqrt{1-\sin^2 y}} = \frac{1}{\sqrt{1-x^2}}.$$

上式中$|x|<1, |y|<\pi/2$，故$\cos y>0$. 于是根号前取正号.

**例4** $y=\arccos x$，求$\frac{dy}{dx}$.

**解**

$$\frac{dy}{dx} = \frac{1}{\frac{dx}{dy}} = \frac{1}{\frac{d}{dy}\cos y} = \frac{-1}{\sin y} = \frac{-1}{\sqrt{1-\cos^2 y}} = \frac{-1}{\sqrt{1-x^2}}$$

上式中$|x|<1, 0<y<\pi$，故$\sin y>0$，于是根号前取正号 .

**例5** 设$y=\arctan x$，求$\frac{dy}{dx}$.

**解**

$$\frac{dy}{dx} = \frac{1}{\frac{d}{dy}\tan y} = \frac{1}{\sec^2 y} = \frac{1}{1+\tan^2 y} = \frac{1}{1+x^2}.$$

**例6** 设$y=\operatorname{arccot} x$，求$\frac{dy}{dx}$.

**解**

$$\frac{dy}{dx} = \frac{1}{\frac{d}{dy}\cot y} = \frac{-1}{\csc^2 y} = \frac{-1}{1+\cot^2 y} = \frac{-1}{1+x^2}.$$

我们把初等函数的**基本导数公式**汇集如下:(其中$c, \mu$为常数，$a$为不等于1的正常数.)

(1) $y=c$， $y'=0$.

(2) $y=x^\mu$, $y'=\mu x^{\mu-1}$.

(3) $y=a^x$, $y'=a^x\ln a$;

$y=\mathrm{e}^x$, $y'=\mathrm{e}^x$.

(4) $y=\log_a x$, $y'=\dfrac{1}{x\ln a}$;

$y=\ln x$, $y'=\dfrac{1}{x}$.

(5) $y=\sin x$, $y'=\cos x$.

(6) $y=\cos x$, $y'=-\sin x$.

(7) $y=\tan x$, $y'=\sec^2 x=\dfrac{1}{\cos^2 x}$.

(8) $y=\cot x$, $y'=-\csc^2 x=\dfrac{-1}{\sin^2 x}$.

(9) $y=\arcsin x$, $y'=\dfrac{1}{\sqrt{1-x^2}}$.

(10) $y=\arccos x$, $y'=\dfrac{-1}{\sqrt{1-x^2}}$.

(11) $y=\arctan x$, $y'=\dfrac{1}{1+x^2}$.

(12) $y=\mathrm{arccot}\, x$, $y'=\dfrac{-1}{1+x^2}$.

为了能利用上表求出初等函数的导数，我们还要推导复合函数的导数公式.

**定理 2.4** 设函数 $y=f(u)$，$u=\varphi(x)$适合函数复合条件，且均为可导函数,则复合函数 $y=f(\varphi(x))$关于 $x$ 的导数为

$$\frac{\mathrm{d}}{\mathrm{d}x}f(\varphi(x))=f'(u)\varphi'(x)=f'(\varphi(x))\varphi'(x). \tag{2.4}$$

**证** 给自变量 $x$ 以增量 $\Delta x\neq 0$，相应得到函数 $u=\varphi(x)$的增量 $\Delta u$. 这里 $\Delta u$ 可能等于零. 又设由 $\Delta u$ 引起的函数 $y=f(u)$的增量为 $\Delta y$. 因此 $\Delta y$ 也可看作是由 $\Delta x$ 引起的函数 $y=f(\varphi(x))$的增量.

因 $\lim\limits_{\Delta u\to 0}\dfrac{\Delta y}{\Delta u}=f'(u)$,故由定理 1.9 有

$$\frac{\Delta y}{\Delta u}=f'(u)+\alpha,$$

这里当 $\Delta u\to 0$ 时,$\alpha\to 0$. 在上式两端乘以 $\Delta u$ 得

$$\Delta y=f'(u)\cdot\Delta u+\alpha\cdot\Delta u.$$

上式当 $\Delta u=0$ 时显然也成立 . 两边除以 $\Delta x$ 得

$$\frac{\Delta y}{\Delta x}=f'(u)\cdot\frac{\Delta u}{\Delta x}+\alpha\cdot\frac{\Delta u}{\Delta x}.$$

当 $\Delta x\to 0$ 时, $\Delta u\to 0$, 因此 $\alpha\to 0$. 在上式两边令 $\Delta x\to 0$ 就得到(2.4)式. □

(2.4)式也可写成下述形式

$$\frac{\mathrm{d}y}{\mathrm{d}x}=\frac{\mathrm{d}y}{\mathrm{d}u}\cdot\frac{\mathrm{d}u}{\mathrm{d}x}. \tag{2.5}$$

在(2.5)式中, 左端 $y$ 看做 $x$ 的函数对 $x$ 求导. 右端第一个因子中 $y$ 看做 $u$ 的函数对 $u$ 求导, 第二个因子为 $u$ 对 $x$ 导数. 在§2.2.1 中我们还将对(2.5)式作新的解释.

公式(2.5)可推广到多个函数的复合,例如,对于由 $y=f(u)$, $u=g(v)$, $v=h(x)$三个函数复合而得的函数 $y=f(g(h(x)))$有公式

$$\frac{\mathrm{d}y}{\mathrm{d}x}=\frac{\mathrm{d}y}{\mathrm{d}u}\cdot\frac{\mathrm{d}u}{\mathrm{d}v}\cdot\frac{\mathrm{d}v}{\mathrm{d}x}=f'(u)g'(v)h'(x).$$

**例 7** 设 $y=\ln\sin x$, 求$\dfrac{\mathrm{d}y}{\mathrm{d}x}$.

**解** 令 $u=\sin x$,则 $y=\ln u$. 由定理 2.4 有

$$\frac{\mathrm{d}y}{\mathrm{d}x}=\frac{\mathrm{d}y}{\mathrm{d}u}\cdot\frac{\mathrm{d}u}{\mathrm{d}x}=\frac{1}{u}\cdot\cos x=\frac{\cos x}{\sin x}=\cot x.$$

**例 8** $y=\mathrm{sh}x=\dfrac{\mathrm{e}^x-\mathrm{e}^{-x}}{2}$,求 $y'$.

**解** $y'=\left(\dfrac{\mathrm{e}^x-\mathrm{e}^{-x}}{2}\right)'=\dfrac{1}{2}(\mathrm{e}^x)'-\dfrac{1}{2}(\mathrm{e}^{-x})'=\dfrac{1}{2}\mathrm{e}^x-\dfrac{1}{2}\mathrm{e}^{-x}\cdot(-x)'$

$$=\frac{1}{2}e^{x}+\frac{1}{2}e^{-x}=\mathrm{ch}x.$$

同上例可求得

$$\frac{d}{dx}\mathrm{ch}x=\frac{d}{dx}\left(\frac{e^{x}+e^{-x}}{2}\right)=\mathrm{sh}x.$$

**例 9** $y=\ln(x+\sqrt{x^{2}\pm1})$,求$\frac{dy}{dx}$.

**解** $\frac{dy}{dx}=\frac{1}{x+\sqrt{x^{2}\pm1}}(x+\sqrt{x^{2}\pm1})'=\frac{1}{x+\sqrt{x^{2}\pm1}}\left(1+\frac{2x}{2\sqrt{x^{2}\pm1}}\right)=\frac{1}{\sqrt{x^{2}\pm1}}$.

**例 10** 设 $f(x)$为可导函数,$y=\ln|f(x)|$.求$\frac{dy}{dx}$.

**解** 当 $f(x)>0$ 时,由复合函数求导公式

$$\frac{dy}{dx}=\frac{d}{dx}\ln f(x)=\frac{f'(x)}{f(x)}.$$

当 $f(x)<0$ 时,

$$\frac{dy}{dx}=\frac{d}{dx}\ln(-f(x))=\frac{-f'(x)}{-f(x)}=\frac{f'(x)}{f(x)}$$

于是 ,

$$\frac{dy}{dx}=\frac{d}{dx}\ln|f(x)|=\frac{f'(x)}{f(x)}.$$

**例 11** $y=\tan^{2}\frac{1}{x}$,求$\frac{dy}{dx}$.

**解** $y=\tan^{2}\frac{1}{x}$是$y=u^{2}$,$u=\tan v$ 和 $v=\frac{1}{x}$三个函数的复合,故有

$$\frac{dy}{dx}=(u^{2})'(\tan v)'\left(\frac{1}{x}\right)'=2u(\sec^{2}v)\frac{-1}{x^{2}}=-\frac{2}{x^{2}}\tan\frac{1}{x}\sec^{2}\frac{1}{x}.$$

下面我们讨论所谓“隐函数”求导问题.

若自变量 $x$ 与函数$y$ 的关系式表示成$y=f(x)$的形式,我们把这样的函数称为**显函数**.若 $x$ 与$y$ 的函数关系是由方程

$$F(x,y)=0\tag{2.6}$$

给出的，称 $y$ 为 $x$ 的**隐函数**. 确切地说，就是对实数的某一个集合 $X$ 中的每一个 $x$，由方程(2.6)能解出一个(或多个) $y$ 值与之对应，于是由(2.6)式确定了一个 $X$ 上的单值(或多值)函数 $y=f(x)$. 该函数称为由方程(2.6)给出的隐函数. 例如，圆的方程

$$x^2+y^2=R^2 \tag{2.7}$$

及方程

$$e^x+e^y-xy=0 \tag{2.8}$$

等等，所表示的 $x$ 与 $y$ 的函数关系为隐函数关系. 对某些隐函数方程，我们能方便地解得变量间的显函数关系. 例如，由(2.7)式可得

$$y=\pm\sqrt{R^2-x^2}.$$

这是显函数表达式. 若在根号前分别取正号或负号，将得到两个单值分支 $y=\sqrt{R^2-x^2}$ 与 $y=-\sqrt{R^2-x^2}$.

但在一般情形，从方程(2.6)解出 $x$ 与 $y$ 的函数关系是十分困难的. 哪怕是一些很简单的方程所确定的函数关系也可能不再是初等函数关系了. 例如方程(2.8)就是这种情形.

我们来讨论如何求由方程(2.6)所确定的隐函数的导数. 我们可以避开解出显函数关系这一困难的问题，直接从函数方程(2.6)出发，对自变量求导. 下面举例说明.

**例 12** 求由方程(2.7)确定的隐函数导数 $\frac{dy}{dx}$.

**解** 我们把(2.7)式中的 $y$ 看成 $x$ 的函数，$y^2$ 便是 $x$ 的复合函数. 由复合函数求导公式知

$$\frac{d}{dx}(y^2)=2yy'.$$

于是在(2.7)式两边对 $x$ 求导即得

$$2x+2yy'=0.$$

解之得 $y'=-\frac{x}{y}$.

上例中，若从(2.7)式解得 $y=\pm\sqrt{R^2-x^2}$，求导得 $y'=\frac{-x}{\pm\sqrt{R^2-x^2}}$.

再将分母以 $y$ 代入，也得到 $y'=\frac{-x}{y}$.

**例 13** 求由方程(2.8)确定的隐函数导数$\frac{\mathrm{d}y}{\mathrm{d}x}$.

**解** 在(2.8)式两边对 $x$ 求导，得

$$\mathrm{e}^x+\mathrm{e}^y y'-y-xy'=0,$$

解之得 $y'=\frac{\mathrm{e}^x-y}{x-\mathrm{e}^y}$.

通常求得的隐函数导数表达式中既含自变量 $x$ 又含函数 $y$，对一般情形要给出只含自变量的导数表达式是很困难的.

若要计算隐函数在某点的导数值，只要把该点坐标代入导数表达式就可以了. 例如，在例 12 中求在点$\left(\frac{3}{5}R,\frac{4}{5}R\right)$处的导数，有

$$y'\Big|_{\substack{x=3R/5\\ y=4R/5}}=\frac{-\frac{3}{5}R}{\frac{4}{5}R}=-\frac{3}{4}.$$

设 $u$，$v$ 均为某区间上 $x$ 的可导函数，$u>0$. 我们如何求幂指函数 $y=u^v$ 关于 $x$ 的导数呢？这里我们介绍所谓**对数求导法**.

在 $y=u^v$ 两边取自然对数得

$$\ln y=v\ln u.$$

上式中 $u,v,y$ 均为 $x$ 的函数. 利用复合函数求导法则，在上式两边求导得

$$\frac{1}{y}\cdot y'=v'\ln u+v(\ln u)'=v'\ln u+\frac{v}{u}u'.$$

所以

$$y'=y\left(v'\ln u+\frac{v}{u}u'\right)=v'u^v\ln u+vu^{v-1}u'. \tag{2.9}$$

(2.9)式就是所要推导的幂指函数 $y=u^v$ 的导数公式. 在计算时可以将 $u$ 与 $v$ 的表达式代入(2.9)式. 但在很多情形下，按照(2.9)式的推导过程去计算也是很方便的.

**例 14** 设 $y=x^{\sin x}$，求 $y'$.

**解** 取对数得

$$\ln y = \sin x \ln x .$$

两边对 $x$ 求导数，得 $\frac{1}{y} \cdot y' = \cos x \ln x + \frac{\sin x}{x}$. 故

$$y' = y\left(\cos x \ln x + \frac{\sin x}{x}\right) = x^{\sin x} \cos x \ln x + x^{\sin x - 1} \sin x .$$

上例也可将 $u = x, v = \sin x$ 代入(2.9)式计算．我们有 $u' = 1, v' = \cos x$，于是

$$y' = \cos x \cdot x^{\sin x} \cdot \ln x + \sin x \cdot x^{\sin x - 1}.$$

在某些情形下，利用对数求导法计算导数可使计算简化．我们举例说明．

**例 15** 设 $y = \sqrt[3]{\frac{(x-1)(x-2)}{x(x+1)}}$，求 $y'$.

**解** 先取绝对值，再取对数得

$$\ln|y| = \frac{1}{3}(\ln|x-1| + \ln|x-2| - \ln|x| - \ln|x+1|).$$

两边求关于 $x$ 的导数，由例 10 有

$$\frac{y'}{y} = \frac{1}{3}\left(\frac{1}{x-1} + \frac{1}{x-2} - \frac{1}{x} - \frac{1}{x+1}\right).$$

所以

$$y' = \frac{1}{3}\left(\frac{1}{x-1} + \frac{1}{x-2} - \frac{1}{x} - \frac{1}{x+1}\right) \cdot \sqrt[3]{\frac{(x-1)(x-2)}{x(x+1)}}.$$

### §2.1.3 高阶导数

**定义 2.2(高阶导数)** 设函数 $y = f(x)$ 在某区间 $X$ 上可导，若导函数 $f'(x)$ 也在 $X$ 上可导，则称 $\frac{\mathrm{d}}{\mathrm{d}x}f'(x)$ 为 $X$ 上 $f(x)$ 的**二阶导数**(**或二阶微商**)，记成

$$f''(x),\ \frac{\mathrm{d}^2 f}{\mathrm{d}x^2}(x),\ \frac{\mathrm{d}^2}{\mathrm{d}x^2}f(x),\ y'' \text{ 或 } \frac{\mathrm{d}^2 y}{\mathrm{d}x^2}.$$

一般地,若函数 $f^{(n-1)}(x)$在 $X$ 上可导,则称 $f(x)$在 $X$ 上 $n$ **阶可导**,称 $\frac{\mathrm{d}}{\mathrm{d}x}f^{(n-1)}(x)$为 $f(x)$的 $n$ **阶导数**(或 $n$ **阶微商**),记成

$$f^{(n)}(x),\ \frac{\mathrm{d}^n f}{\mathrm{d}x^n}(x),\ \frac{\mathrm{d}^n}{\mathrm{d}x^n}f(x),\ y^{(n)} \quad 或 \quad \frac{\mathrm{d}^n y}{\mathrm{d}x^n}.$$

当 $n>1$ 时,$n$ 阶导数均称为**高阶导数**.

**例 1** 设 $y=\mathrm{e}^x$,则 $y'=y''=\cdots=y^{(n)}=\mathrm{e}^x$.

**例 2** 设 $y=x^n, n\in\mathbf{N}$,则

$$y^{(k)}=\begin{cases}\dfrac{n!}{(n-k)!}x^{n-k}, & 1\leqslant k\leqslant n,\\ 0, & k>n.\end{cases}$$

**例 3** 设 $y=\sin x$,则

$$y'=\cos x=\sin\left(x+\frac{\pi}{2}\right),$$

$$y''=\cos\left(x+\frac{\pi}{2}\right)=\sin\left(x+2\cdot\frac{\pi}{2}\right),$$

一般地有

$$y^{(n)}=\sin\left(x+n\cdot\frac{\pi}{2}\right).$$

*__例 4__ 设 $u,v$ 均为区间$X$ 上$x$ 的$n$ 阶可导函数. 求证 $y=uv$ 在$X$ 上$n$ 阶可导,且

$$(uv)^{(n)}=\sum_{k=0}^{n}\binom{n}{k}u^{(k)}v^{(n-k)}, \tag{2.10}$$

式中$\binom{n}{k}=C_n^k$ 为$n$ 个元素任取$k$ 个元素的组合数:

$$\binom{n}{k}=\frac{n!}{k!(n-k)!},\quad k=0,1,2,\cdots,n,$$

并规定**零阶导数** $u^{(0)}\equiv u$.

**证** 我们用数学归纳法证明. 因

$$(uv)'=u'v+uv',$$

故当 $n=1$ 时(2.10)式成立.

设(2.10)成立. 两边关于 $x$ 求导, 有

$$\begin{aligned}(uv)^{(n+1)} &= \sum_{k=0}^{n}\binom{n}{k}\left(u^{(k+1)}v^{(n-k)}+u^{(k)}v^{(n-k+1)}\right)\\ &= \sum_{k=0}^{n}\binom{n}{k}u^{(k+1)}v^{(n-k)}+\sum_{k=0}^{n}\binom{n}{k}u^{(k)}v^{(n-k+1)},\end{aligned} \tag{2.11}$$

(2.11)式右端第一项等于

$$\sum_{k=0}^{n-1}\binom{n}{k}u^{(k+1)}v^{(n-k)}+u^{(n+1)}v=\sum_{k=1}^{n}\binom{n}{k-1}u^{(k)}v^{(n-k+1)}+u^{(n+1)}v.$$

(2.11)式右端第二项等于

$$\sum_{k=1}^{n}\binom{n}{k}u^{(k)}v^{(n-k+1)}+uv^{(n+1)}.$$

因 $\binom{n}{k-1}+\binom{n}{k}=\binom{n+1}{k}$,将上两式相加便得到

$$\begin{aligned}(uv)^{(n+1)} &= \sum_{k=1}^{n}\binom{n+1}{k}u^{(k)}v^{(n-k+1)}+u^{(n+1)}v+uv^{(n+1)}\\ &= \sum_{k=0}^{n+1}\binom{n+1}{k}u^{(k)}v^{(n-k+1)}.\end{aligned}$$

故(2.10)式对任意正整数 $n$ 成立. □

公式(2.10)称为**莱布尼兹**(Leibniz)**公式**.

### §2.1.4 极坐标系

在平面解析几何中除了直角坐标系外, 最常用的还有一种所谓“极坐标系”. 现在我们来建立这种坐标系.

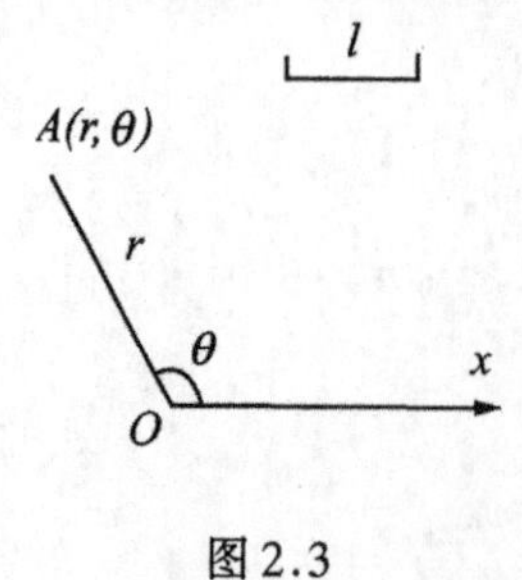


图2.3

在平面上取一定点 $O$, 称为**极点**. 从 $O$ 点作射线 $Ox$(习惯上 $Ox$ 指向右), 称为**极轴**. 再取一定长 $l$ 作为单位长. 这就构成了**极坐标系**, 参见图2.3. 设 $A$ 为平面上除极点 $O$ 外的任一点. $A$ 点到极点的距离为 $r$, 又设 $Ox$ 与 $OA$ 的夹角为 $\theta$($0\leqslant\theta<2\pi$, $\theta$ 的单位为弧度, 它是由 $Ox$ 轴按反时针方向绕 $O$ 点旋转得到), 则记 $A$

点的**极坐标**为$(r,\theta)$，称 $r$ 为**极径**，$\theta$ 为**极角**.除了极点外，平面上任一点均有唯一的极坐标. 此外,规定当 $r=0$ 时 $A$ 点就是极点，此时 $\theta$ 不定. 因此对任意给定的一对有序实数$(r,\theta)$，其中 $r\geqslant 0$，$0\leqslant\theta<2\pi$，在极坐标系下均有唯一的一点与之对应，该点的极坐标为$(r,\theta)$.

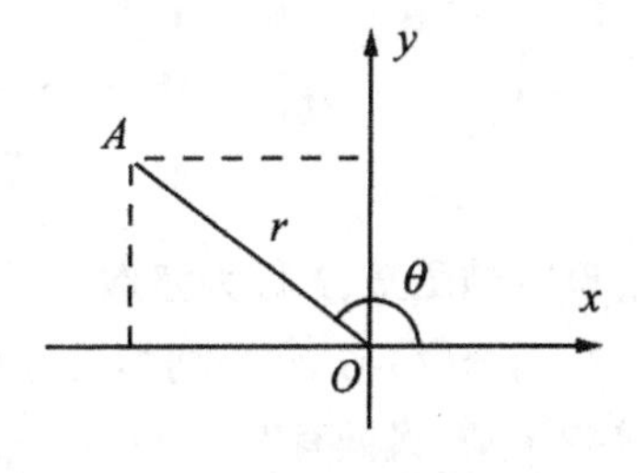


图 2.4

下面我们来建立从极坐标到直角坐标的转换公式.

在平面上同时建立直角坐标系与极坐标系，使得原点与极点重合(均用字母 $O$ 表示)，$x$ 轴正向与极轴方向一致，均用 $x$ 表示. 设 $A$ 为平面上任意一点，$A$ 点的直角坐标为$(x,y)$，极坐标为$(r,\theta)$. 由平面解析几何知(见图 2.4)

$$\begin{cases} x = r\cos\theta, \\ y = r\sin\theta. \end{cases}$$

这就是从极坐标$(r,\theta)$到直角坐标$(x,y)$的转换公式.

例如,方程 $x^2+y^2=R^2$ 在直角坐标系中是以原点为圆心,$R$ 为半径的圆的方程. 以 $x=r\cos\theta, y=r\sin\theta$ 代入得

$$(r\cos\theta)^2+(r\sin\theta)^2=R^2,$$

即 $r^2=R^2$,开方后得

$$r=R.$$

上式就是在极坐标系中,以极点为圆心,$R$ 为半径的圆的方程.

有时我们也用字母 $\rho$ 代替 $r$,在平面解析几何中 $\rho$ 与 $r$ 有相同的含义.

### §2.1.5 参数方程所确定的函数的导数

设有两个函数

$$x=\varphi(t), \qquad y=\psi(t),$$

它们有相同的定义域 $T$. 对 $T$ 中每一个 $t$,依上述函数关系有唯一的一对实数$(x,y)$与之对应. 若把 $x$ 与 $y$ 分别看做直角坐标系 $xOy$ 下的横坐标与纵坐标,$T$ 中每一个 $t$ 都有坐标平面上唯一的点 $A(x,y)$与之对应. 若 $\varphi(t),\psi(t)$ 均为连续函数,当 $t$ 连续变化,对应的 $A$ 点也连续移动,通常描绘出一条连续曲线.

设 $x=\varphi(t)$的反函数为 $t=\varphi^{-1}(x)$,将它代入第二个方程:

$$y = \psi(\varphi^{-1}(x))$$

便得到 $y$ 为 $x$ 的函数. 我们把这个函数称为由**参数方程**

$$\begin{cases} x = \varphi(t), \\ y = \psi(t), \end{cases} \quad t \in T \tag{2.12}$$

**所确定的函数**, $t$ **称为参数**.

当 $\varphi(t)$ 与 $\psi(t)$ 均为可导函数, 且 $\varphi'(t) \neq 0$ 时, 由复合函数与反函数求导法则,我们有

$$\frac{\mathrm{d}y}{\mathrm{d}x} = \frac{\mathrm{d}y}{\mathrm{d}t} \cdot \frac{\mathrm{d}t}{\mathrm{d}x} = \frac{\mathrm{d}y}{\mathrm{d}t} \cdot \frac{1}{\frac{\mathrm{d}x}{\mathrm{d}t}} = \frac{\psi'(t)}{\varphi'(t)} = \frac{\psi'}{\varphi'}. \tag{2.13}$$

若 $\varphi'' = \varphi''(t)$, $\psi'' = \psi''(t)$ 均存在有限, 依复合函数求导法则, 在(2.13)式两边对 $x$ 求导, 有

$$\frac{\mathrm{d}^2 y}{\mathrm{d}x^2} = \frac{\mathrm{d}}{\mathrm{d}x} \frac{\psi'}{\varphi'} = \frac{\mathrm{d}}{\mathrm{d}t} \frac{\psi'}{\varphi'} \cdot \frac{\mathrm{d}t}{\mathrm{d}x} = \frac{\varphi'\psi'' - \varphi''\psi'}{\varphi'^3}. \tag{2.14}$$

$y$ 关于 $x$ 的三阶或更高阶导数公式较复杂, 不在这里介绍了. 实际计算时往往逐次求导比用公式计算还会方便一些.

若 $\varphi(t) \equiv t$, 则 $\varphi'(t) = 1$. 公式(2.13)与(2.14)就是通常的一阶与二阶导数. 所以参数方程确定的函数的导数是 §2.1.1 中导数概念的推广.

**例 1** 求由参数方程

$$\begin{cases} x = r\cos t, \\ y = r\sin t, \end{cases} \quad 0 \leqslant t < 2\pi, \quad r \text{ 为正常数}$$

所确定的函数的导数 $\frac{\mathrm{d}y}{\mathrm{d}x}$.

**解** 由(2.13)式有

$$\frac{\mathrm{d}y}{\mathrm{d}x} = \frac{(r\sin t)'}{(r\cos t)'} = \frac{r\cos t}{-r\sin t} = -\cot t.$$

在平面解析几何课程中, 我们学到曲线的极坐标方程:

$$r = r(\theta),$$

这里 $\theta$ 为极角, $r$ 为极径. 曲线上某点 $A$ 在极坐标系下的坐标为 $(r, \theta)$, 对应于直角坐标系下的坐标为 $(x, y)$. 若取 $\theta$ 为参数, 它们之间有下述关系:

$$\begin{cases} x = r(\theta)\cos\theta, \\ y = r(\theta)\sin\theta. \end{cases}$$

或简记为

$$\begin{cases} x = r\cos\theta, \\ y = r\sin\theta, \end{cases}$$

这里 $r=r(\theta)$.

由公式(2.13),我们有

$$\frac{\mathrm{d}y}{\mathrm{d}x} = \frac{\frac{\mathrm{d}y}{\mathrm{d}\theta}}{\frac{\mathrm{d}x}{\mathrm{d}\theta}} = \frac{r'\sin\theta + r\cos\theta}{r'\cos\theta - r\sin\theta} = \frac{r'\tan\theta + r}{r' - r\tan\theta}. \tag{2.15}$$

这就是在极坐标下取 $\theta$ 为参数时函数的导数公式.

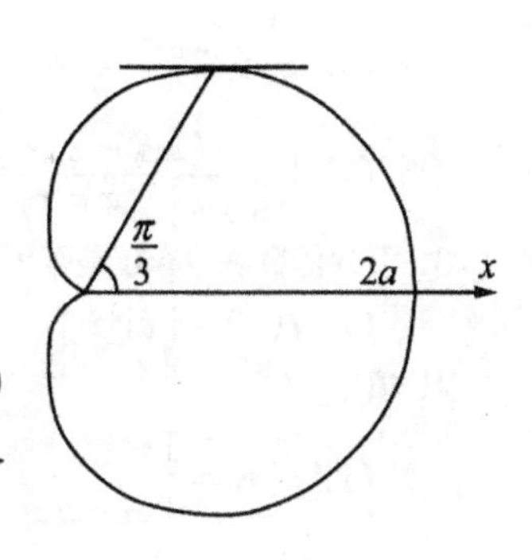


图 2.5

**例 2** 已知心脏线的极坐标方程为 $\rho=a(1+\cos\theta)$. 求它在 $\theta=\frac{\pi}{3}$ 处的切线对极轴的斜率(见图 2.5).

**解** 因 $\rho'=-a\sin\theta$,由(2.15)式有

$$\begin{aligned}\frac{\mathrm{d}y}{\mathrm{d}x} &= \frac{\rho'\tan\theta + \rho}{\rho' - \rho\tan\theta} \\ &= \frac{-\sin\theta\tan\theta + \cos\theta + 1}{-\sin\theta - \cos\theta\tan\theta - \tan\theta} = -\cot\frac{3}{2}\theta.\end{aligned}$$

在 $\theta=\frac{\pi}{3}$ 处切线的斜率 $k$ 为

$$k = \left.\frac{\mathrm{d}y}{\mathrm{d}x}\right|_{\theta=\frac{\pi}{3}} = -\cot\frac{3}{2}\theta\Big|_{\theta=\frac{\pi}{3}} = 0,$$

即切线平行于极轴.

## 习 题 2.1

**A 组**

1. 自由落体的运动方程为 $s=\frac{1}{2}gt^2$, $g=9.8$ 米/秒$^2$.

(1) 分别令 $\Delta t=\pm 1$ 秒, $\pm 0.1$ 秒, $\pm 0.001$ 秒,求从 $t=3$ 到 $t+\Delta t$ 这一段时间内运动的平均速度.

(2) 求 $t=3$ 秒时的瞬时速度.

2. 设 $f(x)$在 $x=x_0$ 可导,则

(1) $\lim\limits_{n\to\infty} n\left[f\left(x_0+\frac{1}{n}\right)-f(x_0)\right]=$______;

(2) $\lim\limits_{\Delta x\to 0}\frac{f(x_0+3\Delta x)-f(x_0)}{\Delta x}=$______;

(3) $\lim\limits_{h\to 0}\frac{f(x_0-h)-f(x_0)}{h}=$______;

(4) $\lim\limits_{x\to x_0}\frac{f(2x_0-x)-f(x_0)}{x-x_0}=$______.

3. 下列函数在 $x=0$ 是否可导?若可导,并求 $f'(0)$:

(1) $f(x)=|x|^3$; (2) $f(x)=|\sin x|$.

4. 填空

(1) $f(x)=\begin{cases}x^2, & x\geqslant 3,\\ ax+b, & x<3\end{cases}$ 在 $x=3$ 可导,则 $a=$______, $b=$______;

(2) 若 $y=x^2+ax+b$ 与 $2y=xy^3-1$ 在点$(1,-1)$相切,则 $a=$______, $b=$______;

(3) 若 $y=kx$ 是曲线 $y=\ln x$ 的切线,则 $k=$______.

5. 求下列函数的导数:

(1) $y=x+2\sqrt{x}+\sqrt[3]{2x^4}$; (2) $y=\frac{1}{x}+\frac{1}{x^3}+\frac{1}{\sqrt[3]{x^2}}$;

(3) $y=e^x\arccos x$; (4) $y=a^x x^a\ (a>0)$;

(5) $y=\frac{x}{1-\cos x}$; (6) $y=\frac{1+\ln x}{1-\ln x}$;

(7) $y=x^3\log_3 x$; (8) $y=\frac{\tan x}{x}$;

(9) $y=e^{2x+1}$; (10) $y=\sin^3 x$.

6. 求下列函数的导数:

(1) $y=\frac{\sin x^2}{\sin^2 x}$; (2) $y=\ln|\cos 3x|$;

(3) $y=\sqrt{x+\sqrt{x}}$; (4) $y=a^{\tan x}\ (a>0)$;

(5) $y=\left(\frac{1+x^2}{1-x}\right)^3$; (6) $y=\ln(x+\sqrt{x^2+1})$;

(7) $y=a^{a^x}+x^{a^a}+a^{x^a}$; (8) $y=\cos^2(\tan^3 x)$;

(9) $y=2^{\sin^2\frac{1}{x}}$; (10) $y=(\arctan x^3)^2$;

(11) $y=\operatorname{arccot}\frac{1+x}{1-x}$; (12) $y=\sqrt[x]{x}$;

(13) $y=|x|+|x-1|$; (14) $y=x^{a^x}+a^{x^x}+x^{x^a}$.

7. 设

$$f(x)=\begin{cases}x^n\sin\dfrac{1}{x}, & x\neq 0,\\ 0, & x=0,\end{cases}$$

试对自然数 $n$,讨论在什么条件下 $f(x)$在 $x=0$ 处

(1) 连续, (2) 可导, (3) 导数连续.

8. 设 $g(x)$在 $x=a$ 处连续,证明 $f(x)=(x^n-a^n)g(x)$在点 $a$ 可导,并求 $f'(a)$,其中 $n\in\mathbf{N}$.

9. 设 $f(x)$可导,求下列函数关于 $x$ 的导数:

(1) $y=f(x^\mu)$; (2) $y=f(f(f(x)))$;

(3) $y=f(e^x)e^{f(x)}$; (4) $y=f^n(\ln x)$.

10. 设 $f(x)$在 $x=1$ 处有连续的导数,$f'(1)=-2$,求 $\lim\limits_{x\to0_+}\dfrac{d}{dx}f(\cos\sqrt{x})$.

11. 求下列隐函数的导数:

(1) $x+\sqrt{xy}=y$; (2) $y^3+y^2x-3x^2y-x^3=0$;

(3) $y\sin x=\cos(x-y)$; (4) $x^y=y^x$.

12. 求下列曲线在指定点处的切线和法线方程:

(1) $xy+\ln y=1$ 在点$(1,1)$; (2) $e^y=xy$ 在点$\left(\dfrac{e^2}{2},2\right)$;

(3) $\begin{cases}x=1+t^2,\\ y=t^3\end{cases}$在 $t=2$ 处; (4) $r=ae^\theta$ 在$\theta=\dfrac{\pi}{2}$处.

13. 用对数求导法计算下列函数的导数:

(1) $y=\dfrac{x}{x-1}\sqrt[3]{\dfrac{x+1}{x^2+x+1}}$; (2) $y=\sqrt[x]{\dfrac{1-x}{1+x}}$;

(3) $y=(x-\beta_1)^{\alpha_1}(x-\beta_2)^{\alpha_2}\cdots(x-\beta_n)^{\alpha_n}$;

(4) $y=\dfrac{\sqrt{x}\cos x}{(x^2+1)\sqrt[3]{x+2}}$; (5) $y=\sqrt[4]{x\sqrt[3]{e^x\cdot\sqrt{\sin\dfrac{1}{x}}}}$.

14. 设 $f(x)=x(x-1)(x-2)\cdots(x-100)$,试用三种方法求 $f'(0)$.

15. 求下列由参数方程或极坐标方程确定的函数的导数$\dfrac{dy}{dx}$:

(1) $\begin{cases}x=a\cos^3t,\\ y=a\sin^3t;\end{cases}$ (2) $\begin{cases}x=a(t-\sin t),\\ y=a(1-\cos t);\end{cases}$

(3) $\begin{cases}x=\arctan t,\\ 2y-ty^2+e^t=5;\end{cases}$ (4) $r=a\cos\theta$.

16. 求下列方程确定的函数 $y=y(x)$的二阶导数$\dfrac{d^2y}{dx^2}$.

(1) $y=x\ln x$; (2) $y=x^2e^{x^2}$;

(3) $\sqrt{x^2+y^2}=\mathrm{e}^{\arctan\frac{y}{x}}$;　　(4) $y=\sin(x+y)$;

(5) $\begin{cases}x=\ln(1+t^2),\\ y=t-\arctan t;\end{cases}$　　(6) $\begin{cases}x=f'(t),\\ y=tf'(t)-f(t),\end{cases}$ $f''(t)\neq 0$.

17. 求下列函数的 $n$ 阶导数 $y^{(n)}$:

(1) $y=a^x$;　　(2) $y=x\mathrm{e}^x$;

(3) $y=\sin^3 x$;　　(4) $y=\dfrac{1}{x^2-3x+2}$;

(5) $y=\dfrac{1}{ax+b}$.

18. (选择)已知 $f(x)$具有任意阶导数,且 $f'(x)=[f(x)]^2$,则当 $n$ 为大于 2 的整数时,$f^{(n)}(x)=$______.

(A) $n!\ [f(x)]^{n+1}$　　(B) $n[f(x)]^{n+1}$

(C) $[f(x)]^{2n}$　　(D) $n!\ [f(x)]^{2n}$

**B组**

1. 设 $f(x)$在点 $x_0$ 可导,$\alpha,\beta$ 为常数,则$\lim\limits_{\Delta x\to 0}\dfrac{f(x_0+\alpha\Delta x)-f(x_0+\beta\Delta x)}{\Delta x}=$______.

2. 设 $f(x)$在点 $x_0$ 可导,$\{a_n\}$与$\{b_n\}$均为趋于零的正数列,证明

$$\lim_{n\to\infty}\frac{f(x_0+a_n)-f(x_0-b_n)}{a_n+b_n}=f'(x_0).$$

3. 内径为 $R$(米)的半球形贮水池,现以每秒 $Q$(升)的速度将水注入池内,试确定水面上升的瞬时速度,以及当高度为 $0.5R$(米)时,其值是多少?

4. 已知 $f(x)$在 $x=a$ 可导,且 $f(x)>0$,$n$ 为自然数,求$\lim\limits_{n\to\infty}\left[\dfrac{f\left(a+\frac{1}{n}\right)}{f(a)}\right]^n$.

5. 填空:

(1) 已知$\dfrac{\mathrm{d}}{\mathrm{d}x}\left[f\left(\dfrac{1}{x^2}\right)\right]=\dfrac{1}{x}$,则 $f'\left(\dfrac{1}{2}\right)=$______;

(2) 已知 $x=1$ 时,$\dfrac{\mathrm{d}}{\mathrm{d}x}f(x^2)=\dfrac{\mathrm{d}}{\mathrm{d}x}f^2(x)$,则$[f(1)-1]f'(1)=$______;

(3) 已知 $f(x)$在 $x=2$ 处连续,且$\lim\limits_{x\to 2}\dfrac{f(x)}{x-2}=3$,则 $f'(2)=$______.

6. 证明可导的奇函数(或偶函数)的导数为偶函数(或奇函数).

7. 求证可导的周期函数的导数仍为周期函数,且周期不变.

8. 设 $y=y(x)$由方程 $x\mathrm{e}^{f(y)}=\mathrm{e}^y$ 确定,其中 $f$ 具有二阶导数,且 $f'\neq 1$. 求$\dfrac{\mathrm{d}^2y}{\mathrm{d}x^2}$.

9. 求曲线 $y=x^2$ 和 $y=\dfrac{1}{x}$的公切线方程.

# 第二节　微　分

## §2.2.1　微分概念

对函数 $y=f(x)$，给自变量 $x$ 以增量 $\Delta x$，相应函数有增量 $\Delta y=f(x+\Delta x)-f(x)$，将 $x$ 固定，则 $\Delta y$ 为 $\Delta x$ 的函数. 在实际问题中，我们经常要计算由于自变量的变化而引起的因变量的改变量 $\Delta y$，例如，价格的变化而导致的供需关系的变化，温度的变化而引起的人体生理指标的变化以及金属的各种物理特性的变化等等. 我们来看一个简单例子，用直径 $D$ 来计算球体体积 $V$ 时，由于测量 $D$ 不可避免会有误差 $\Delta D$，从而引起体积有误差

$$\Delta V=\frac{\pi}{6}(D+\Delta D)^3-\frac{\pi}{6}D^3=\frac{\pi}{2}D^2\Delta D+\frac{\pi}{2}D(\Delta D)^2+\frac{\pi}{6}(\Delta D)^3,$$

这是 $\Delta D$ 的较为复杂的非线性函数. 如果 $\Delta D$ 充分小，那么忽略较 $\Delta D$ 高阶的无穷小，则有 $\Delta V\approx\frac{\pi}{2}D^2\Delta D$，后者仅是(简单的)$\Delta D$ 的线性函数. 对一般的函数 $y=f(x)$，$\Delta y$ 与 $\Delta x$ 的函数关系要比这个例子复杂得多. 因此能否将无穷小 $\Delta y$ 的主部表为 $\Delta x$ 的线性函数是十分重要的问题.

**定义 2.3(微分)**　若函数 $y=f(x)$ 在点 $x$ 的增量 $\Delta y=f(x+\Delta x)-f(x)$ 能表为

$$\Delta y=A(x)\Delta x+o(\Delta x) \tag{2.16}$$

则称 $f(x)$ 在点 $x$ **可微**，称 $A(x)\Delta x$ 为 $f(x)$ 在点 $x$ 的**微分**，记为

$$\mathrm{d}y=A(x)\Delta x.$$

$f(x)$ 在点 $x$ 可微与 $f(x)$ 在点 $x$ 可导有什么关系呢? 我们有

**定理 2.5**　$f(x)$ 在点 $x$ 可微$\Leftrightarrow f(x)$ 在点 $x$ 可导，且 $A(x)=f'(x)$，即

$$\mathrm{d}y=f'(x)\Delta x.$$

**证**　设 $f(x)$ 在点 $x$ 可微，则 $\Delta y=A(x)\Delta x+o(\Delta x)$，两边除以 $\Delta x$ 得

$$\frac{\Delta y}{\Delta x}=A(x)+\frac{o(\Delta x)}{\Delta x},$$

令 $\Delta x\to 0$ 取极限得

$$f'(x)=\lim_{\Delta x\to 0}\frac{\Delta y}{\Delta x}=A(x).$$

反之，若 $f(x)$ 在点 $x$ 可导，即有 $\lim\limits_{\Delta x\to 0}\dfrac{\Delta y}{\Delta x}=f'(x)$，于是

$$\frac{\Delta y}{\Delta x} = f'(x) + \alpha, \qquad \lim_{\Delta x\to 0}\alpha = 0,$$

两边乘以 $\Delta x$ 得

$$\Delta y = f'(x)\Delta x + \alpha\Delta x = f'(x)\Delta x + o(\Delta x),$$

即 $f(x)$ 在点 $x$ 可微. □

设 $y=\varphi(x)=x$，则 $\varphi'(x)=1$，所以 $\mathrm{d}y=\mathrm{d}x=\varphi'(x)\Delta x=\Delta x$，由此可知自变量的增量与自变量的微分是相同的. 习惯上将函数的微分写作

$$\mathrm{d}y = f'(x)\mathrm{d}x. \tag{2.17}$$

若以 $\mathrm{d}x$ 除上式两端得 $\dfrac{\mathrm{d}y}{\mathrm{d}x}=f'(x)$. 因此函数的导数等于函数的微分与自变量微分之比. 这就是导数又称为微商的缘故. 在引进微分概念后，导数符号 $\dfrac{\mathrm{d}y}{\mathrm{d}x}$ 中的分子与分母都有了它的含义. 而在§2.1.1导数定义中，$\dfrac{\mathrm{d}y}{\mathrm{d}x}$ 是作为整体符号定义的.

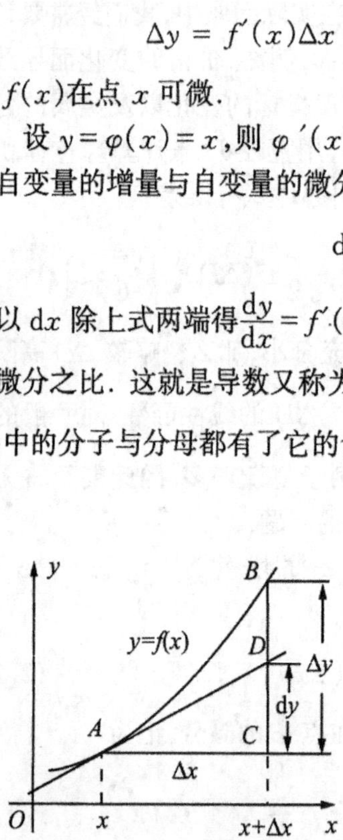

微分的几何意义由图2.6所示. 图中曲线 $y=f(x)$ 在 $A$ 点的切线为 $AD$，$\Delta x=AC$（这里 $\Delta x$ 的正负号依 $C$ 点在 $A$ 点的右还是左而定），$\Delta y=CB$（这里 $\Delta y$ 的正负号依 $B$ 点在 $C$ 点之上还是之下而定），那么 $\mathrm{d}y=CD$（$\mathrm{d}y$ 的符号同法确定）.

图2.6

因 $\Delta y=\mathrm{d}y+o(\Delta x)$，当 $\Delta x$ 充分小且 $f'(x)\neq 0$ 时，略去高阶无穷小 $o(\Delta x)$，得

$$\Delta y \approx \mathrm{d}y = f'(x)\Delta x. \tag{2.18}$$

在这个公式中，以 $\Delta y=f(x+\Delta x)-f(x)$ 代入，也可写成

$$f(x+\Delta x) \approx f(x) + f'(x)\Delta x. \tag{2.19}$$

上述两式在近似计算与误差估计中有很多应用. 我们将在§2.2.2中讨论它.

设 $u,v$ 均为 $x$ 的可导函数，那么我们有

(1) $\mathrm{d}(u\pm v)=\mathrm{d}u\pm\mathrm{d}v$，

(2) $\mathrm{d}(uv)=u\mathrm{d}v+v\mathrm{d}u$，

(3) $\mathrm{d}\frac{u}{v}=\frac{v\mathrm{d}u-u\mathrm{d}v}{v^2}$.

上述法则很容易从导数的对应法则中得到. 例如，我们证明公式(3)：

$$\mathrm{d}\frac{u}{v}=\left(\frac{u}{v}\right)'\mathrm{d}x=\frac{u'v-uv'}{v^2}\mathrm{d}x=\frac{vu'\mathrm{d}x-uv'\mathrm{d}x}{v^2}=\frac{v\mathrm{d}u-u\mathrm{d}v}{v^2}.$$

我们在§2.1.2中得到了复合函数 $y=f(\varphi(x))$的导数公式

$$\frac{\mathrm{d}y}{\mathrm{d}x}=f'(u)\varphi'(x),\tag{2.20}$$

这里 $y=f(u)$, $u=\varphi(x)$. 将 $y$ 看做 $x$ 的函数，则它的微分

$$\mathrm{d}y=f'(u)\varphi'(x)\mathrm{d}x.$$

因 $\mathrm{d}u=\varphi'(x)\mathrm{d}x$，代入上式得

$$\mathrm{d}y=f'(u)\mathrm{d}u.$$

此式恰是将 $y$ 看做 $u$ 的函数的微分形式. 这就是说，无论把 $x$ 作为自变量，还是把 $u$ 作为自变量，$\mathrm{d}y$ 的形式保持不变. 不同的只是当 $x$ 为自变量时，$\mathrm{d}u$ 不是任意的增量 $\Delta u$，而是函数 $\varphi(x)$的微分. 这一性质称为**一阶微分形式不变性**，简称**微分形式不变性**.

(2.20)式可表成下述形式：

$$\frac{\mathrm{d}y}{\mathrm{d}x}=\frac{\mathrm{d}y}{\mathrm{d}u}\cdot\frac{\mathrm{d}u}{\mathrm{d}x}.\tag{2.21}$$

若上式 $y\equiv x$，则该式可变成

$$\frac{\mathrm{d}u}{\mathrm{d}x}=\frac{1}{\frac{\mathrm{d}x}{\mathrm{d}u}}.\tag{2.22}$$

此式恰是反函数求导公式. 由微分形式不变性，复合函数求导公式(2.21)与反函数求导公式(2.22)在形式上就成为简单的代数恒等式了(注意，微分形式不变性是复合函数求导公式的推论). 微分形式不变性在不定积分换元变换中还有重要应用. 参见§3.1.2.

我们可利用微分形式不变性求微分. 例如对 $y=\mathrm{e}^{\sin\frac{1}{x}}$，有

$$\mathrm{d}y=\mathrm{e}^{\sin\frac{1}{x}}\mathrm{d}\sin\frac{1}{x}=\mathrm{e}^{\sin\frac{1}{x}}\cos\frac{1}{x}\mathrm{d}\frac{1}{x}=\mathrm{e}^{\sin\frac{1}{x}}\left(\cos\frac{1}{x}\right)\frac{-1}{x^2}\mathrm{d}x$$

相应于高阶导数概念，我们来建立关于高阶微分的概念.

若函数 $y=f(x)$在区间 $X$ 上可微，即 $f(x)$在 $X$ 上每一点 $x$ 都有微分(称之为一阶微分)：

$$\mathrm{d}y = f'(x)\mathrm{d}x.$$

上式中当 $\mathrm{d}x$ 固定时，$\mathrm{d}y$ 就只是 $x$ 的函数. 于是又可以讨论 $\mathrm{d}y$ 的微分问题.

**定义 2.4(高阶微分)** 函数 $y=f(x)$的微分 $\mathrm{d}y=f'(x)\mathrm{d}x$ 在点 $x$ 处微分称为 $y=f(x)$在该点的**二阶微分**，记作

$$\mathrm{d}^2 y = \mathrm{d}(\mathrm{d}y) \quad 或 \quad \mathrm{d}^2 f(x) = \mathrm{d}(\mathrm{d}f(x)).$$

一般地，函数 $y=f(x)$的 $n-1$ 阶微分 $\mathrm{d}^{n-1}y$ 的微分称为该函数的 $n$ **阶微分**，记作

$$\mathrm{d}^n y = \mathrm{d}(\mathrm{d}^{n-1}y) \quad 或 \quad \mathrm{d}^n f(x) = \mathrm{d}(\mathrm{d}^{n-1}f(x)).$$

当 $y$ 为自变量 $x$ 的函数时，若 $y$ 关于 $x$ 存在 $n$ 阶导数 $y^{(n)}$，我们可以证明

$$\mathrm{d}^n y = y^{(n)}\mathrm{d}x^n,$$

这里 $\mathrm{d}x^n$ 为$(\mathrm{d}x)^n$ 的简便记法(注意：$\mathrm{d}x^n \neq \mathrm{d}(x^n)$).

因此，当 $x$ 为自变量时，求函数 $y=f(x)$的 $n$ 阶微分 $\mathrm{d}^n y$，只要将 $n$ 阶导数 $y^{(n)}$ 乘以 $\mathrm{d}x$ 的 $n$ 次幂 $\mathrm{d}x^n$ 就可以了.

我们曾经介绍过复合函数的一阶微分具有形式不变性，但对高阶微分来说这一性质已不再保持了. 试看下例：

设 $y=u^2, u=\sin x$. 因$\frac{\mathrm{d}y}{\mathrm{d}x}=2\sin x\cos x=\sin 2x, \frac{\mathrm{d}^2 y}{\mathrm{d}x^2}=2\cos 2x$，故将 $y$ 看做 $x$ 的函数有

$$\mathrm{d}^2 y = 2\cos 2x\,\mathrm{d}x^2. \tag{2.23}$$

若将 $y$ 看做 $u$ 的函数，因$\frac{\mathrm{d}^2 y}{\mathrm{d}u^2}=2$，故有

$$\mathrm{d}^2 y = 2\mathrm{d}u^2.$$

而 $\mathrm{d}u=\cos x\mathrm{d}x$，代入上式得

$$\mathrm{d}^2 y = 2\cos^2 x\,\mathrm{d}x^2.$$

此式与(2.23)式并不相等.

### *§ 2.2.2 微分的应用

现在我们介绍微分在近似计算与误差估计中的应用.

1. 微分在近似计算中的应用

在公式(2.19)中，命 $x=x_0$. 若要计算 $f(x_0+\Delta x)$，如果能求得 $f(x_0)$ 与 $f'(x_0)$，则

$$f(x_0+\Delta x)\approx f(x_0)+f'(x_0)\Delta x. \tag{2.24}$$

例如，求$\sqrt[3]{8.015}$的近似值，可命 $f(x)=\sqrt[3]{x}$. 取 $x_0=8,\Delta x=0.015$. 则 $f(x_0)=\sqrt[3]{8}=2$，$f'(x)=\frac{1}{3}x^{-\frac{2}{3}}$，$f'(x_0)=\frac{1}{12}$. 代入(2.24)式得

$$\sqrt[3]{8.015}\approx f(x_0)+f'(x_0)\Delta x=2+\frac{1}{12}\cdot 0.015=2.00125.$$

而$\sqrt[3]{8.015}$的精确值为2.0012492…，可见利用(2.24)式计算的结果还是很接近的. 但这一方法并没有给出近似计算的误差，因此我们不知道用这一公式算得的结果有多少位有效数字. 这一问题留待§2.3.3泰勒公式中去讨论.

2. 微分在误差估计中的应用

设某一个量 $x$ 可以通过度量或其它方法得到，另一个依赖于 $x$ 的量 $y$ 由公式 $y=f(x)$ 确定. 如果我们在获得量 $x$ 时产生了误差 $\Delta x$，由此引起量 $y$ 的误差为 $\Delta y$. 由于 $\Delta x$ 与 $\Delta y$ 是微小的量. 因此可以假定

$$\Delta y=f'(x)\Delta x.$$

若上式中 $\Delta x$ 就是 $x$ 的最大绝对误差，即误差上限(简称误差)，那么量 $y$ 的最大绝对误差(简称误差，仍以 $\Delta y$ 表示)可由

$$\Delta y=|f'(x)|\Delta x$$

估计. 其最大相对误差(简称相对误差)可由

$$\frac{\Delta y}{|y|}=\left|\frac{f'(x)}{f(x)}\right|\Delta x$$

估计.

例如，球体积 $V=\frac{\pi}{6}D^3$，这里 $D$ 为球的直径. 若测量球直径产生的误差为 $\Delta D$，因$\frac{\mathrm{d}V}{\mathrm{d}D}=\frac{\pi}{2}D^2$，得体积 $V$ 的误差为

$$\Delta V=\frac{\pi}{2}D^2\Delta D,$$

相对误差为

$$\frac{\Delta V}{V} = 3\frac{\Delta D}{D}.$$

这就是说体积的相对误差是直径相对误差的3倍.

## 习 题 2.2

**A组**

1. 设 $f(x)=x^3-2x+1$,对 $\Delta x=1,0.1$ 及 $0.01$ 分别求 $\Delta f(1)$ 及 $\mathrm{d}f(1)$,并比较它们.

2. 求下列函数的微分:

(1) $y=\ln(x+\sqrt{x^2+a^2})$;　　(2) $y=\mathrm{e}^{ax}\sin bx$;

(3) $y=\dfrac{x}{1-x^2}$;　　(4) $y=\arctan\dfrac{1+x}{1-x}$.

3. 求下列函数在指定点的微分:

(1) $y=\dfrac{\ln x}{x^2}, x=1$;　　(2) $y=\dfrac{x}{\sqrt{x^2+a^2}}, x=a$;

(3) $\begin{cases} x=\ln(1+t^2), \\ y=\arctan t, \end{cases} t=1$;

(4) $\mathrm{e}^{x+y}-xy=1, x=0$.

4. 利用一阶微分形式不变性,求下列函数的微分:

(1) $y=\ln(\cos\sqrt{x})$;　　(2) $y=f\left(\arctan\dfrac{1}{x}\right)$;

(3) $y=2^{\cos^2\sqrt{x}}$.

5. 设 $u(x),v(x)$ 为可微函数,求 $\mathrm{d}y$:

(1) $y=\dfrac{u}{v^2}$;　　(2) $y=\arctan\dfrac{u}{v}$;　　(3) $y=u^v$.

6. 求下列微分之比:

(1) $\dfrac{\mathrm{d}(x^6-x^4+x^2)}{\mathrm{d}(x^2)}$;　　(2) $\dfrac{\mathrm{d}\sin x}{\mathrm{d}\cos x}$;

(3) $\dfrac{\mathrm{d}(x^4-2x+\sqrt{x})}{\mathrm{d}(x^3)}$.

7. 证明当 $|x|$ 很小时,成立下列近似公式:

(1) $\mathrm{e}^x\approx 1+x$;　　(2) $\ln(1+x)\approx x$;

(3) $\sqrt[n]{1+x}\approx 1+\dfrac{x}{n}$.

8. 利用微分计算下列各式的近似值;

(1) $\sqrt[3]{9}$;　　(2) $(1.02)^8$;　　(3) $\sin 29°$.

9. 设量 $x$ 由测量得到,量 $y$ 由公式 $y=\lg x$ 计算,试对下述两种情形估计 $y$ 的绝对误

差和相对误差,已知:

(1) $x$ 的相对误差为 $\delta$;

(2) $x$ 的绝对误差为 $\Delta$.

10. 设从一批有均匀密度的钢球中,要把那些直径等于1厘米的挑出来.如果挑出来的球在直径上容许有3%的相对误差,并且挑选的方法是以重量为依据的,那么在挑选时容许球的重量有多大相对误差?(钢的比重为7.6g/cm$^3$).

**B组**

1. 证明近似公式 $\sqrt[n]{a^n+b}\approx a+\frac{b}{na^{n-1}}$,并计算 $\sqrt[10]{1000}$,其中 $a>0,|b|\ll a^n$.

2. 设 $y=[f(x^2)]^{\frac{1}{x}}$,$f$ 为可微正值函数,求 $\mathrm{d}y$.

# 第三节　中值定理

导数只是反映函数在一点附近的性态($y=f(x)$ 在点 $x_0$ 附近近似直线 $y=f(x_0)+f'(x_0)(x-x_0)$),要用导数研究函数在某个区间上的整体性态,就需借助本节将要介绍的微分学基本定理——中值定理.

## §2.3.1　微分中值定理

**引理2.6(费马(Fermat)定理)**　设函数 $f(x)$ 在 $c$ 点的某邻域 $U$ 上有定义,并且在 $U$ 上 $f(c)$ 为最大(或最小)值.又设 $f(x)$ 在 $c$ 点可导,则必有 $f'(c)=0$.

**证**　不妨设 $f(x)$ 在 $c$ 点取最大值(参看图2.7),即

$$f(x)\leqslant f(c),\qquad x\in U$$

成立,于是当 $x>c$ 时有

$$\frac{f(x)-f(c)}{x-c}\leqslant 0.$$

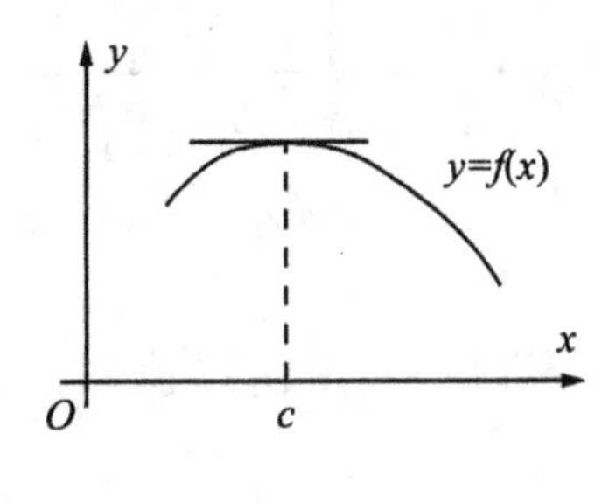


图2.7

令 $x\to c_+$,因 $f(x)$ 在 $c$ 点可导,上式左端极限为 $f'_+(c)=f'(c)$.故由极限的保向性有

$$f'(c)\leqslant 0. \tag{2.25}$$

当 $x<c$ 时有

$$\frac{f(x)-f(c)}{x-c}\geqslant 0.$$

令 $x\to c_-$，类似可得

$$f'(c)\geqslant 0. \tag{2.26}$$

由(2.25)，(2.26)两式必有 $f'(c)=0$. □

**定理 2.7 (罗尔(Rolle)定理)** 设函数 $f(x)$满足下述条件：

i) 在闭区间$[a,b]$上连续；

ii) 在开区间$(a,b)$上可导；

iii) $f(a)=f(b)$，

则必存在 $\xi\in(a, b)$，使得 $f'(\xi)=0$.

**证** 由§1.4.3 定理 1.25，$f(x)$必在$[a,b]$上取到最大值 $M$ 和最小值 $m$. 分两种情形讨论：

1) $M=m$. 则 $f(x)$在$[a,b]$上恒等于常数，在$(a,b)$内任何一点的导数均为零，定理成立.

2) $M>m$，由 $f(a)=f(b)$知必存在 $\xi\in(a,b)$，使得 $f(\xi)$取到最大值 $M$ 或最小值 $m$. 由费马定理，$f'(\xi)=0$. □

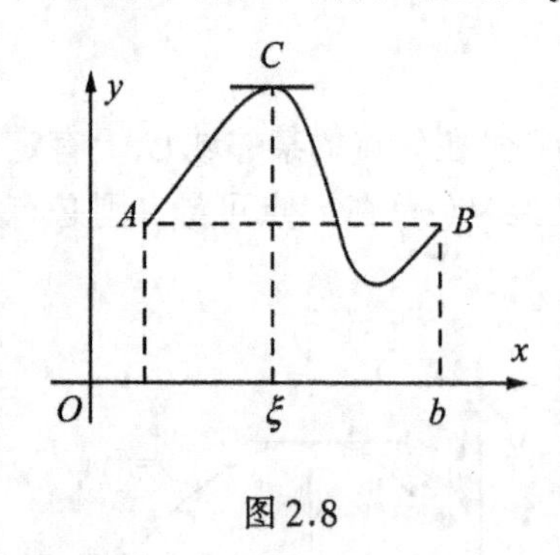

图 2.8

罗尔定理的几何意义是很明确的. 参见图 2.8. 若连续曲线 $y=f(x)$在端点 $A$ 与 $B$ 的纵坐标相等，除端点外，过每一点的切线均存在，且不与 $x$ 轴垂直，则必可在曲线上找到一点 $C$，过 $C$ 点的切线平行于 $x$ 轴.

**定理 2.8(拉格朗日(Lagrange)定理)** 设函数 $f(x)$满足下述条件：

i) 在闭区间$[a,b]$上连续；

ii) 在开区间$(a,b)$上可导，

则必存在 $\xi\in(a,b)$，使得

$$f'(\xi)=\frac{f(b)-f(a)}{b-a}. \tag{2.27}$$

**证** 令 $F(x)=f(x)-\frac{f(b)-f(a)}{b-a}(x-a)$. 容易验证 $F(x)$在$[a,b]$上连续，在$(a,b)$上可导，且

$$F(a)=F(b)=f(a).$$

故 $F(x)$满足罗尔定理的条件，必存在 $\xi\in(a,b)$使得 $F'(\xi)=0$.

因

$$F'(x)=f'(x)-\frac{f(b)-f(a)}{b-a},$$

以 $x=\xi$ 代入上式即得(2.27)式. □

若在拉格朗日定理中令 $f(a)=f(b)$，即得罗尔定理. 故罗尔定理是拉格朗日定理的特殊情形.

图 2.9 表明，$AB$ 弦的斜率等于 $\frac{f(b)-f(a)}{b-a}$. 因此拉格朗日定理说明只要曲线 $AB$ 的方程 $y=f(x)$适合定理的两个条件，那么在曲线 $AB$ 上至少存在一点 $C$，过该点的切线与 $AB$ 平行.

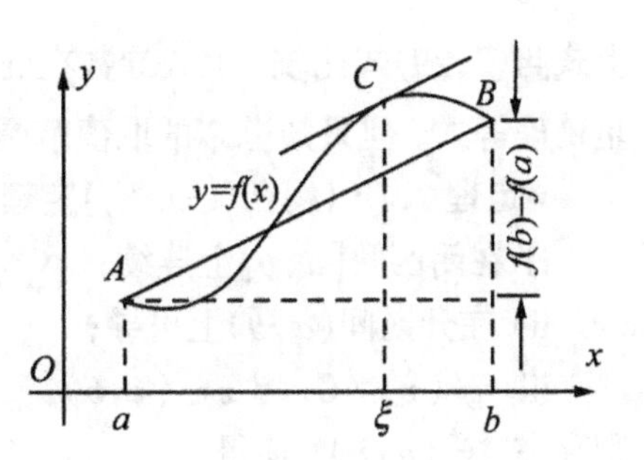


图 2.9

**推论 2.9** 若函数 $f(x)$在某区间 $I$ 上每一点导数$f'(x)=0$，则该函数在 $I$ 上恒等于常数.

**证** 设 $x_1,x_2$ 为 $I$ 上任意两点，不妨设 $x_1<x_2$. 由拉格朗日定理知存在 $\xi\in(x_1, x_2)$，使得

$$f(x_2)-f(x_1)=f'(\xi)(x_2-x_1).$$

因 $f'(\xi)=0$，故 $f(x_2)=f(x_1)$，由 $x_1$ 与 $x_2$ 的任意性知 $f(x)$在 $I$ 上恒等于常数. □

若 $f(x)$在 $x_0$ 的某邻域上可导，将拉格朗日定理应用于区间$[x_0, x]$(当 $x>x_0$ 时)或区间$[x,x_0]$(当 $x<x_0$ 时)，我们均有

$$\frac{f(x)-f(x_0)}{x-x_0}=f'(\xi),$$

即

$$f(x)=f(x_0)+f'(\xi)(x-x_0), \tag{2.28}$$

这里 $\xi$ 在$x_0$ 与 $x$ 之间. 若令 $\Delta x=x-x_0$，$\Delta y=f(x)-f(x_0)$，上式成为

$$\Delta y=f'(\xi)\Delta x, \tag{2.29}$$

这里 $\xi$ 在 $x_0$ 与 $x_0+\Delta x$ 之间.

(2.28)式与(2.29)式均是拉格朗日公式的不同形式，它们都是严格等式. 虽然公式中仅仅给出了 $\xi$ 点的取值范围，没有给出它的确切数值，但这一公式在微积分学仍有许多应用.

由导数定义知 $\lim\limits_{\Delta x\to 0}\dfrac{\Delta y}{\Delta x}=f'(x_0)$. 当 $\Delta x$ 充分小时，$\dfrac{\Delta y}{\Delta x}\approx f'(x_0)$，或

$$\Delta y\approx f'(x_0)\Delta x.$$

上式与(2.29)式比较，上式导数在 $x_0$ 点取值,但却是近似等式. (2.29)式虽是精确等式，但只知道 $\xi$ 的取值范围.

***定理 2.10 (柯西(Cauchy)定理)** 设函数 $f(x)$ 与 $g(x)$ 满足下述条件:

i) 在闭区间 $[a,b]$ 上连续;

ii) 在开区间 $(a,b)$ 上可导;

iii) $g'(x)\neq 0$, $\forall x\in(a,b)$,

则存在 $\xi\in(a,b)$，使得

$$\frac{f'(\xi)}{g'(\xi)}=\frac{f(b)-f(a)}{g(b)-g(a)}. \tag{2.30}$$

**证** 若 $g(b)=g(a)$，由罗尔定理，存在 $c\in(a,b)$，使得 $g'(c)=0$. 这与条件 iii)矛盾. 因此 $g(b)\neq g(a)$. 令

$$F(x)=f(x)-\frac{f(b)-f(a)}{g(b)-g(a)}(g(x)-g(a)).$$

容易验证 $F(x)$ 在 $[a,b]$ 上满足罗尔定理的条件. 故存在 $\xi\in(a,b)$，使得 $F'(\xi)=0$. 因

$$F'(x)=f'(x)-\frac{f(b)-f(a)}{g(b)-g(a)}g'(x).$$

以 $x=\xi$ 代入上式，即得(2.30)式. □

在柯西定理中令 $g(x)=x$，即得拉格朗日定理. 因此，拉格朗日定理是柯西定理的特殊形式.

罗尔定理、拉格朗日定理和柯西定理的结论都有 $a$ 和 $b$ 之间的某一个值 $\xi$ 出现，因此它们都称为**微分中值定理**.

下面我们举例说明中值定理的某些应用.

**例 1** 求证当 $x>0$ 时，$\dfrac{x}{1+x}<\ln(1+x)<x$.

**证**　命 $f(t)=\ln(1+t)$, 则 $f'(t)=\frac{1}{1+t}$. 在区间$[0,x]$上由拉格朗日定理, 必存在 $\xi\in(0, x)$, 使得

$$\frac{f(x)}{x}=\frac{f(x)-f(0)}{x-0}=f'(\xi)=\frac{1}{1+\xi},$$

因

$$\frac{1}{1+x}<\frac{1}{1+\xi}<\frac{1}{1+0}=1,$$

于是

$$\frac{x}{1+x}<\frac{x}{1+\xi}=f(x)=\ln(1+x)<\frac{x}{1+0}=x.$$

证毕 .

**例 2**　设 $f(x)$在某区间 $I$ 上可导, 求证 $f(x)$在 $I$ 上的任意两个零点之间必有 $f(x)+f'(x)$的零点.

**证**　设 $x_1$, $x_2$ 是 $f(x)$的两个零点, $x_1<x_2$. 令

$$\varphi(x)=e^x f(x),$$

则 $\varphi'(x)=e^x(f(x)+f'(x))$. 而 $\varphi(x_1)=\varphi(x_2)=0$, 因此 $\varphi(x)$在区间$[x_1, x_2]$上满足罗尔定理条件. 故存在 $\xi\in(x_1, x_2)$,使得 $\varphi'(\xi)=0$. 因 $e^\xi\neq0$, 所以 $\xi$ 必为 $f(x)+f'(x)$的零点.

### §2.3.2　洛必达(L'Hospital)法则

这一段我们将以导数为工具来研究未定式极限,这个方法通常称为洛必达法则,它是解决未定式极限的十分有效的方法 .

**定理 2.11**　设函数 $f(x)$与 $g(x)$满足下述条件:

i) 在 $a$ 点的某去心邻域 $U$ 内可导, 且 $g'(x)\neq0$;

ii) $\lim\limits_{x\to a}f(x)=\lim\limits_{x\to a}g(x)=0$;

iii) $\lim\limits_{x\to a}\frac{f'(x)}{g'(x)}=K$(有限或 $\pm\infty$),

则必有

$$\lim_{x\to a}\frac{f(x)}{g(x)}=K. \tag{2.31}$$

***证**　先考虑 $x\to a_+$ 的情形. 命 $f(a)=g(a)=0$. 任意取定 $x\in U$, $x>$

$a$. 则函数 $f(t)$与 $g(t)$在闭区间$[a,x]$上满足柯西定理的条件, 必存在 $\xi\in(a,x)$, 使得

$$\frac{f(x)}{g(x)}=\frac{f(x)-f(a)}{g(x)-g(a)}=\frac{f'(\xi)}{g'(\xi)}$$

成立. 当 $x\to a_+$时, $\xi\to a_+$. 由条件 iii)有

$$\lim_{x\to a_+}\frac{f(x)}{g(x)}=\lim_{\xi\to a_+}\frac{f'(\xi)}{g'(\xi)}=K.$$

当 $x\to a_-$,类似可得 $\lim\limits_{x\to a_-}\frac{f(x)}{g(x)}=K$.所以(2.31)式成立. □

若将定理 2.11 中条件换成 $a$ 点的右邻域(或左邻域),极限过程换成 $x\to a_+$(或 $x\to a_-$),结论显然仍成立.

**例 1** 求极限 $I=\lim\limits_{x\to0}\frac{x-\sin x}{x^3}$.

**解** 首先,容易判别当 $x\to0$ 时分子与分母同时趋于零. 因此这是$\frac{0}{0}$型的极限问题.

分子与分母的导数分别为 $1-\cos x$ 与 $3x^2$.若极限

$$\lim_{x\to0}\frac{1-\cos x}{3x^2}\tag{2.32}$$

存在, 必等于所求的极限. 而上式极限仍是$\frac{0}{0}$型的, 我们还可以继续对分子分母求导, 它们分别等于 $\sin x$ 与 $6x$. 因

$$\lim_{x\to0}\frac{\sin x}{6x}=\frac{1}{6},$$

于是(2.32)式等于$\frac{1}{6}$, 所以原极限也等于$\frac{1}{6}$. 实际演算时, 我们可以这样书写:

$$I=\lim_{x\to0}\frac{1-\cos x}{3x^2}=\lim_{x\to0}\frac{\sin x}{6x}=\frac{1}{6}.$$

必须注意的是上式前两个等号成立是因为最后一个等号成立.

定理 2.11 中条件 iii)假定了极限$\lim\limits_{x\to a}\frac{f'(x)}{g'(x)}$存在. 很自然我们会问, 若该

极限不存在，能否推出$\lim\limits_{x\to a}\dfrac{f(x)}{g(x)}$也不存在呢？考察下面的例子. 求极限

$$\lim_{x\to 0}\frac{x+x^2\sin\dfrac{1}{x}}{x}.$$

显然,这是$\dfrac{0}{0}$型的极限问题．分别对分子分母求导得

$$\lim_{x\to 0}\frac{1+2x\sin\dfrac{1}{x}-\cos\dfrac{1}{x}}{1}=\lim_{x\to 0}\left(1+2x\sin\frac{1}{x}-\cos\frac{1}{x}\right).$$

读者不难发现上述极限是不存在的. 但我们不能推出原极限不存在. 事实上，原极限等于

$$\lim_{x\to 0}\left(1+x\sin\frac{1}{x}\right)=1.$$

这个例子告诉我们，在用定理 2.11 求极限时，对分子分母求了导数以后的极限若不存在，我们必须用其它方法重新讨论.

如果我们在一开始不讨论极限的类型就直接对分子分母求导常常也导致错误，例如极限

$$\lim_{x\to 0}\frac{\sin x}{1+x}=0.$$

但若对分子分母分别求导后得到

$$\lim_{x\to 0}\frac{\cos x}{1}=1.$$

它与原极限不相等.

我们容易把定理 2.11 推广到变量 $x\to\pm\infty$的情形.

**定理 2.12**　设函数 $f(x)$与 $g(x)$满足下述条件：

i) 在$(b,+\infty)$上可导，且 $g'(x)\neq 0$;

ii) $\lim\limits_{x\to+\infty}f(x)=\lim\limits_{x\to+\infty}g(x)=0$;

iii) $\lim\limits_{x\to+\infty}\dfrac{f'(x)}{g'(x)}=K$(有限或$\pm\infty$),

则必有

$$\lim_{x\to+\infty}\frac{f(x)}{g(x)}=K.$$

*证 令 $x=\frac{1}{t}$. 于是 $x\to+\infty$ 等价于 $t\to0_+$. 我们验证 $f\left(\frac{1}{t}\right),g\left(\frac{1}{t}\right)$ 在原点某右邻域上满足定理 2.11 的条件.

1) 不妨设 $b>0$. 则在原点的右邻域 $\left(0,\ \frac{1}{b}\right)$ 上,

$$\frac{\mathrm{d}}{\mathrm{d}t}f\left(\frac{1}{t}\right)=f'\left(\frac{1}{t}\right)\cdot\frac{-1}{t^2},$$

$$\frac{\mathrm{d}}{\mathrm{d}t}g\left(\frac{1}{t}\right)=g'\left(\frac{1}{t}\right)\cdot\frac{-1}{t^2}\neq0.$$

2) $\lim\limits_{t\to0_+}f\left(\frac{1}{t}\right)=\lim\limits_{x\to+\infty}f(x)=0$,同样 $\lim\limits_{t\to0_+}g\left(\frac{1}{t}\right)=0$.

3) $\lim\limits_{t\to0_+}\dfrac{\frac{\mathrm{d}}{\mathrm{d}t}f\left(\frac{1}{t}\right)}{\frac{\mathrm{d}}{\mathrm{d}t}g\left(\frac{1}{t}\right)}=\lim\limits_{t\to0_+}\dfrac{f'\left(\frac{1}{t}\right)\cdot\frac{-1}{t^2}}{g'\left(\frac{1}{t}\right)\cdot\frac{-1}{t^2}}=\lim\limits_{x\to+\infty}\dfrac{f'(x)}{g'(x)}=K.$

由定理 2.11,有

$$\lim_{x\to+\infty}\frac{f(x)}{g(x)}=\lim_{t\to0_+}\frac{f\left(\frac{1}{t}\right)}{g\left(\frac{1}{t}\right)}=\lim_{t\to0_+}\frac{\frac{\mathrm{d}}{\mathrm{d}t}f\left(\frac{1}{t}\right)}{\frac{\mathrm{d}}{\mathrm{d}t}g\left(\frac{1}{t}\right)}=K.$$ □

若将定理 2.12 中 $(b,\ +\infty)$ 换成 $(-\infty,b)$, 极限过程换成 $x\to-\infty$, 结论显然也成立.

上述两条定理讨论的是 $\frac{0}{0}$ 型未定式的极限问题. 对于 $\frac{\infty}{\infty}$ 型的未定式, 我们有下述定理(证明从略):

**定理 2.13** 设函数 $f(x)$ 与 $g(x)$ 满足下述条件:

i) 在 $a$ 点的某去心邻域 $U$ 上可导, 且 $g'(x)\neq0$;

ii) $\lim\limits_{x\to a}f(x)=\lim\limits_{x\to a}g(x)=+\infty$;

iii) $\lim\limits_{x\to a}\dfrac{f'(x)}{g'(x)}=K$(有限或 $\pm\infty$),

则

$$\lim_{x\to a}\frac{f(x)}{g(x)}=K.$$

若将定理 2.13 中的 $a$ 换成 $+\infty$(或 $-\infty$)，将点 $a$ 邻域 $U$ 换成 $+\infty$ 邻域 $U(+\infty)$(或 $-\infty$ 邻域 $U(-\infty)$)，该定理的结论仍能成立.

若定理 2.13 条件 ii) 中 $f(x)$ 与 $g(x)$ 的极限为 $-\infty$，或其中一个为 $+\infty$，另一个为 $-\infty$，只要以 $-f(x)$ 或 $-g(x)$ 代换 $f(x)$ 或 $g(x)$，亦有类似结论.

将上述三条定理归纳如下：

设在某极限过程中(可以是 $x\to a$，$x\to a_{\pm}$，$x\to\pm\infty$，$x\to\infty$ 中任一种)，$\dfrac{f(x)}{g(x)}$ 为 $\dfrac{0}{0}$ 或 $\dfrac{\infty}{\infty}$ 型的未定式. 若

$$\lim\frac{f'(x)}{g'(x)}=K(\text{有限或}\pm\infty),$$

则必有

$$\lim\frac{f(x)}{g(x)}=K.$$

这一法则称为**洛必达法则**.

**例 2**　设 $\mu>0$，求 $I=\lim\limits_{x\to+\infty}\dfrac{\ln x}{x^{\mu}}$.

**解**　该极限为 $\dfrac{\infty}{\infty}$ 型．由定理 2.13，有

$$I=\lim_{x\to+\infty}\frac{\frac{1}{x}}{\mu x^{\mu-1}}=\lim_{x\to+\infty}\frac{1}{\mu x^{\mu}}=0.$$

例 2 说明当 $x\to+\infty$ 时，任何正指数的幂函数趋于无穷的速度均比对数函数快得多.

**例 3**　设 $\mu>0$，求 $I=\lim\limits_{x\to+\infty}\dfrac{x^{\mu}}{e^{x}}$.

**解 1**　这也是 $\dfrac{\infty}{\infty}$ 型的极限．设 $n-1<\mu\leqslant n$. 连续运用 $n$ 次洛必达法则，有

$$I=\lim_{x\to+\infty}\frac{\mu x^{\mu-1}}{e^{x}}=\lim_{x\to+\infty}\frac{\mu(\mu-1)x^{\mu-2}}{e^{x}}=\cdots$$

$$= \lim_{x \to +\infty} \frac{\mu(\mu - 1)\cdots(\mu - n + 1)x^{\mu - n}}{e^x} = 0.$$

**解 2** 本题也可利用例 2 求解.

令 $t = e^x$, 则 $x = \ln t$, 当 $x \to +\infty$时 $t \to +\infty$. 于是

$$I = \lim_{t \to +\infty} \frac{(\ln t)^\mu}{t} = \left(\lim_{t \to +\infty} \frac{\ln t}{t^{1/\mu}}\right)^\mu = 0^\mu = 0.$$

例 3 说明当 $x \to +\infty$时, 指数函数 $e^x$ 比任何正指数的幂函数趋于无穷的速度快得多.

以上我们讨论了$\frac{0}{0}$型与$\frac{\infty}{\infty}$型的未定式. 对其它类型的未定式, 例如 $0 \cdot \infty, \infty - \infty, 1^\infty, 0^0$, $\infty^0$ 型的未定式, 均可以通过代数式的恒等变换及取对数变成$\frac{0}{0}$型或$\frac{\infty}{\infty}$型的未定式. 讨论如下:

设当 $x \to a$ 时, $u \to 0$, $v \to +\infty$. 则

$$uv = \frac{u}{\frac{1}{v}} = \frac{v}{\frac{1}{u}}.$$

上述第一式是 $0 \cdot \infty$型, 第二式是$\frac{0}{0}$型, 第三式是$\frac{\infty}{\infty}$型.

又设当 $x \to a$ 时, $u \to +\infty$, $v \to +\infty$. 则

$$u - v = \frac{\frac{1}{v} - \frac{1}{u}}{\frac{1}{uv}}.$$

上述等式左端是$\infty - \infty$型, 右端是$\frac{0}{0}$型.

再设当 $x \to a$ 时, $u \to 1, v \to \infty$. 则

$$\ln u^v = v \ln u = \frac{\ln u}{\frac{1}{v}} = \frac{v}{\frac{1}{\ln u}}.$$

上述右边两个式子分别是$\frac{0}{0}$型与$\frac{\infty}{\infty}$型. 若它的极限为 $A$, $+\infty$或$-\infty$, 则 $u^v$ 的极限对应地为 $e^A$, $+\infty$或零.

对于 $0^0$ 型与$\infty^0$ 型的未定式, 取对数后将变成 $0 \cdot \infty$型, 由上述讨论知必

可化成$\frac{0}{0}$型或$\frac{\infty}{\infty}$型的未定式.

我们在运用洛必达法则求极限时，可结合其它求极限的方法，例如，变量代换、等价无穷小代换、代数式恒等变换、取对数等等，常常使计算简化.我们举例说明.

**例 4** 求 $I=\lim\limits_{x\to0}\frac{x\cos x-\sin x}{\sin x\tan^2 x}$.

**解** 这是$\frac{0}{0}$型的未定式. 因 $\sin x\tan^2 x\sim x^3$,故

$$I=\lim_{x\to0}\frac{x\cos x-\sin x}{x^3}=\lim_{x\to0}\frac{\cos x-x\sin x-\cos x}{3x^2}=\lim_{x\to0}\frac{-\sin x}{3x}=-\frac{1}{3}.$$

**例 5** 设 $y=\left(\frac{\sin x}{x}\right)^{\cot x^2}$.求$\lim\limits_{x\to0}y$.

**解** 这是$1^\infty$型的未定式 . 取对数有

$$\ln y=\frac{\ln|\sin x|-\ln|x|}{\tan x^2}.$$

将分母以等价无穷小 $x^2$ 代换,再用洛必达法则求极限得

$$\lim_{x\to0}\ln y=\lim_{x\to0}\frac{\frac{\cos x}{\sin x}-\frac{1}{x}}{2x}=\lim_{x\to0}\frac{x\cos x-\sin x}{2x^2\sin x}=\lim_{x\to0}\frac{x\cos x-\sin x}{2x^3}.$$

由例 4 知上述极限等于$-\frac{1}{6}$.故$\lim\limits_{x\to0}y=e^{-\frac{1}{6}}=\frac{1}{\sqrt[6]{e}}$.

**例 6** 求 $I=\lim\limits_{x\to\infty}\left(x-\frac{1}{e^{\frac{1}{x}}-1}\right)$.

**解** 令 $t=\frac{1}{x}$,当 $x\to\infty$时 $t\to0$. 于是

$$I=\lim_{t\to0}\left(\frac{1}{t}-\frac{1}{e^t-1}\right)=\lim_{t\to0}\frac{e^t-1-t}{t(e^t-1)}.$$

这是$\frac{0}{0}$型的极限式 . 因 $e^t-1\sim t$,将分母中 $e^t-1$ 用 $t$ 代换得

$$I=\lim_{t\to0}\frac{e^t-1-t}{t^2}=\lim_{t\to0}\frac{e^t-1}{2t}=\frac{1}{2}.$$

### §2.3.3 泰勒(Taylor)公式

若知道函数的解析表达式，要计算函数 $f(x)$在某一点 $a$ 的值，在理论上可以将自变量以 $a$ 代入求得. 但实际计算时，甚至对一些简单初等函数都是很困难的. 例如不用查表计算 $\sin 5°$，要求精确到 $10^{-7}$，这对我们来说几乎无从下手. 本段中我们介绍的泰勒公式，不仅是解决这些问题的有效方法，而且在其它理论与实际问题中都有广泛的应用.

设 $f(x)$在 $x=a$ 的某邻域上定义，我们希望用一个较简单的函数近似地代替它，并且便于估计误差. 我们熟悉的多项式是最简单的一种函数，它实质上只包含加减乘三种运算. 设 $P(x)$为某一 $n$ 次多项式，我们将它写成下述形式

$$P(x) = p_0 + p_1(x-a) + \cdots + p_n(x-a)^n,$$

其系数 $p_0, p_1, \cdots, p_n$ 为常数. 假设函数 $f(x)$在 $x=a$ 点的某邻域上存在 $n+1$ 阶导数，且 $f(x)$与 $P(x)$在 $a$ 点的函数值及在该点从一阶直到 $n$ 阶的导数均相等. 那么我们有

$$\begin{aligned}
&f(a)=P(a)=p_0 && p_0=f(a)\\
&f'(a)=P'(a)=p_1 && p_1=f'(a)\\
&f''(a)=P''(a)=2!\ p_2 && p_2=f''(a)/2!\\
&\qquad\vdots && \qquad\vdots\\
&f^{(n)}(a)=P^{(n)}(a)=n!\ p_n && p_n=f^{(n)}(a)/n!
\end{aligned}$$

因此满足所给条件的多项式 $P(x)$为

$$P(x) = f(a) + f'(a)(x-a) + \frac{f''(a)}{2!}(x-a)^2 + \cdots + \frac{f^{(n)}(a)}{n!}(x-a)^n. \tag{2.33}$$

以 $P(x)$代替 $f(x)$，设误差为

$$R_n(x) = f(x) - P(x), \tag{2.34}$$

则有下述著名的定理:

**定理 2.14 (泰勒定理)** 设函数 $f(x)$在 $a$ 点的某邻域内存在 $n+1$ 阶导数，则

$$f(x)=f(a)+f'(a)(x-a)+\frac{f''(a)}{2!}(x-a)^2+\cdots+\frac{f^{(n)}(a)}{n!}(x-a)^n+R_n(x),\qquad(2.35)$$

这里

$$R_n(x)=\frac{f^{(n+1)}(\xi)}{(n+1)!}(x-a)^{n+1},\xi\text{ 在 }a\text{ 与 }x\text{ 之间}.\qquad(2.36)$$

*证 由(2.33)与(2.34)两式，只要证明(2.36)式成立就可以了. 为此，我们来确定

$$\frac{R_n}{(x-a)^{n+1}}$$

的值. 显然 $R_n(x)$与$(x-a)^{n+1}$在 $a$ 点的值及在$a$ 点从一阶直到$n$ 阶导数均等于零.

设 $a<x$. 在区间$[a,x]$上应用柯西定理，知必存在 $\xi_1$，$a<\xi_1<x$，使得

$$\frac{R_n(x)}{(x-a)^{n+1}}=\frac{R_n(x)-R_n(a)}{(x-a)^{n+1}}=\frac{R_n'(\xi_1)}{(n+1)(\xi_1-a)^n}=\frac{1}{n+1}\cdot\frac{R_n'(\xi_1)-R_n'(a)}{(\xi_1-a)^n-0}.$$

在区间$[a,\xi_1]$上再应用柯西定理，必存在 $\xi_2$，$a<\xi_2<\xi_1$，使得上式右端等于

$$\frac{1}{(n+1)n}\cdot\frac{R''_n(\xi_2)}{(\xi_2-a)^{n-1}}=\frac{1}{(n+1)n}\cdot\frac{R''_n(\xi_2)-R''_n(a)}{(\xi_2-a)^{n-1}-0}.$$

继续上述步骤 $n$ 次以后，在区间$[a,\xi_n]$上应用柯西定理，必存在 $\xi$,$a<\xi<\xi_n<\cdots<\xi_1<x$，使得

$$\frac{R_n(x)}{(x-a)^{n+1}}=\frac{R_n^{(n)}(\xi_n)-R_n^{(n)}(a)}{(n+1)!((\xi_n-a)-0)}=\frac{R_n^{(n+1)}(\xi)}{(n+1)!}=\frac{f^{(n+1)}(\xi)}{(n+1)!}.$$

当 $x<a$ 时上式也成立，此时 $x<\xi<a$. □

在泰勒公式(2.35)中取 $n=0$，则有

$$f(x)=f(a)+f'(\xi)(x-a),\ \xi 在 a 与 x 之间.$$

这就是拉格朗日公式.

若在(2.35)式中以 $x-a=\Delta x$, $\xi=a+\theta\Delta x$ 代入, 泰勒式可写成下述形式:

$$f(a+\Delta x)=f(a)+f'(a)\Delta x+\frac{f''(a)}{2!}\Delta x^2+\cdots+\frac{f^{(n)}(a)}{n!}\Delta x^n+\frac{f^{(n+1)}(a+\theta\Delta x)}{(n+1)!}\Delta x^{n+1},\quad 这里 0<\theta<1. \tag{2.37}$$

若在泰勒公式中取 $a=0$, $\xi=\theta x$, 则有

$$f(x)=f(0)+f'(0)x+\cdots+\frac{f^{(n)}(0)}{n!}x^n+\frac{f^{(n+1)}(\theta x)}{(n+1)!}x^{n+1},这里 0<\theta<1. \tag{2.38}$$

(2.38)式称为带有拉格朗日型余项的**马克劳林**(Maclaurin)公式或**马克劳林展式**.

下面我们给出某些初等函数的马克劳林展式.

1) $f(x)=\mathrm{e}^x$.

因 $f^{(k)}(x)=\mathrm{e}^x$, $f^{(k)}(0)=1$, $k=0,1,2,\cdots$, $f^{(n+1)}(\theta x)=\mathrm{e}^{\theta x}$, 由公式(2.38)得

$$\mathrm{e}^x=1+x+\frac{x^2}{2!}+\cdots+\frac{x^n}{n!}+\frac{\mathrm{e}^{\theta x}x^{n+1}}{(n+1)!},\quad 0<\theta<1.$$

若以 $x=1$ 代入上式得

$$\mathrm{e}=1+1+\frac{1}{2!}+\frac{1}{3!}+\cdots+\frac{1}{n!}+\frac{\mathrm{e}^\theta}{(n+1)!},\qquad 0<\theta<1,$$

因 $\mathrm{e}<3$, $\mathrm{e}^\theta<3$, 所以若取

$$\mathrm{e}\approx 1+1+\frac{1}{2!}+\frac{1}{3!}+\cdots+\frac{1}{n!}$$

其误差不超过$\frac{3}{(n+1)!}$.(进一步讨论可以证明上式误差不超过$\frac{1}{n\cdot n!}$.)

2) $f(x)=\sin x$.

因 $f^{(k)}(x)=\sin\left(x+\frac{k\pi}{2}\right)$, $f(0)=0$, $f^{(2k)}(0)=0$, $f^{(2k+1)}(0)=(-1)^k$, $f^{(2m+1)}(\theta x)=(-1)^m\cos\theta x$, 若取 $n=2m$, 代入(2.38)式得

$$\sin x = x - \frac{x^3}{3!} + \frac{x^5}{5!} - \cdots + (-1)^{m-1}\frac{x^{2m-1}}{(2m-1)!}$$

$$+ (-1)^m \cos\theta x \cdot \frac{x^{2m+1}}{(2m+1)!},\quad 0<\theta<1. \qquad (2.39)$$

3) $f(x)=\cos x$.

类似 2)可得

$$\cos x = 1 - \frac{x^2}{2!} + \frac{x^4}{4!} - \cdots + (-1)^m \frac{x^{2m}}{(2m)!}$$

$$+ (-1)^{m+1}\cos\theta x \cdot \frac{x^{2m+2}}{(2m+2)!},\quad 0<\theta<1.$$

4) $f(x)=\ln(1+x)$.

因 $f^{(n)}(x)=(-1)^{n-1}\dfrac{(n-1)!}{(1+x)^n}$, $n=1,2,\cdots$. 由(2.38)式得

$$\ln(1+x) = x - \frac{x^2}{2} + \frac{x^3}{3} - \cdots + (-1)^{n-1}\frac{x^n}{n}$$

$$+ \frac{(-1)^n x^{n+1}}{(n+1)(1+\theta x)^{n+1}},\quad 0<\theta<1.$$

在泰勒公式中尽管 $\xi$ 或 $\theta$ 取什么数值并不知道，但只要知道它的取值范围，就能利用余项公式估计误差. 例如,若当 $\xi$ 在 $a$ 与 $x$ 之间取值时，$|f^{(n+1)}(\xi)|\leqslant M$，则由(2.36)式可得

$$|R_n(x)| \leqslant \frac{M}{(n+1)!}|x-a|^{n+1}.$$

**例**　利用正弦函数的马克劳林展式计算 sin5°，精确到 $10^{-7}$.

**解**　在(2.39)式中取 $m=2$，其余项

$$|R_{2m}| = |R_4| \leqslant \frac{|x|^5}{5!} = \frac{\left(\frac{\pi}{180}\cdot 5\right)^5}{5!} < 0.5\times 10^{-7}.$$

于是

$$\sin 5^\circ \approx \frac{\pi}{36} - \left(\frac{\pi}{36}\right)^3 \cdot \frac{1}{3!} \approx 0.0871557,$$

精确到 $10^{-7}$.

在例1中必须将5°化为弧度$\frac{\pi}{180}\cdot 5=\frac{\pi}{36}$，这是因为(2.39)中的$x$均以弧度为单位.

## 习　题　2.3

**A组**

1. 讨论下列函数在指定区间内是否存在一点$\xi$,使得$f'(\xi)=0$:

(1) $f(x)=|x|,\ -1\leqslant x\leqslant 1$;　　(2) $f(x)=x,\ 0\leqslant x\leqslant 1$;

(3) $f(x)=x^{\frac{2}{3}},\ -1\leqslant x\leqslant 1$;　　(4) $f(x)=\begin{cases}x^2, & 0\leqslant x<1,\\ 0, & x=1,\end{cases}\ 0<x<1$.

2. 设$f(x)=x(x-1)(x-2)(x-3)$,利用罗尔定理说明方程$f'(x)=0$有几个实根,并指出它们所在的区间.

3. 证明:(1)方程$x^3-3x+c=0$($c$为常数)在区间$[0,1]$内不可能有两个不同实根;(2) 方程$x^3+ax^2+bx+c=0$当$a^2-3b<0$时仅有唯一实根.

4. 设函数$f(x)$在$[a,b]$上连续,在$(a,b)$内二阶可导,且$f(a)=f(c)=f(b)$,$a<c<b$.试证至少存在一个$\xi\in(a,b)$使得$f''(\xi)=0$.

5. 对下列函数与指定区间写出拉格朗日公式$f(b)-f(a)=f'(\xi)(b-a)$,并求$\xi$:

(1) $f(x)=x^3,\ [-1,1]$;　　(2) $f(x)=\ln x,\ [1,\mathrm{e}]$.

6. 求二次三项式$f(x)=px^2+qx+r(p\neq 0)$在$[a,b]$上的拉格朗日定理中的$\xi$,并作几何解释.

7. (选择)设$f(x)$处处可导,则下列结论必成立的一个是____.

(A) 当$\lim\limits_{x\to-\infty}f(x)=-\infty$,必有$\lim\limits_{x\to-\infty}f'(x)=-\infty$;

(B) 当$\lim\limits_{x\to-\infty}f'(x)=-\infty$,必有$\lim\limits_{x\to-\infty}f(x)=-\infty$;

(C) 当$\lim\limits_{x\to+\infty}f(x)=+\infty$,必有$\lim\limits_{x\to+\infty}f'(x)=+\infty$;

(D) 当$\lim\limits_{x\to+\infty}f'(x)=+\infty$,必有$\lim\limits_{x\to+\infty}f(x)=+\infty$.

8. 设$0<a<b$,利用中值定理证明下列不等式:

(1) $1-\frac{a}{b}<\ln\frac{b}{a}<\frac{b}{a}-1$;

(2) $\mu a^{\mu-1}(b-a)<b^{\mu}-a^{\mu}<\mu b^{\mu-1}(b-a)$,其中$\mu>1$.

9. 证明下列不等式:

(1) $|\sin x-\sin y|\leqslant|x-y|$;　　(2) $\mathrm{e}^x\geqslant \mathrm{e}x$;

(3) $x^p-1\geqslant p(x-1)$,其中$p>1,x>0$.

10. 设函数$f(x)$在$[0,1]$上连续,在$(0,1)$上可导,且$0<f(x)<1$,$f'(x)\neq 1$.求证方程$f(x)-x=0$在$(0,1)$上恰有一个解.

11. 求下列极限:

(1) $\lim\limits_{x\to 0}\dfrac{x-\arcsin x}{\sin^3 x}$;　　(2) $\lim\limits_{x\to 0}\left(\dfrac{1}{x^2}-\dfrac{1}{x}\cot x\right)$;

(3) $\lim\limits_{x\to +\infty}\dfrac{x}{(\ln x)^x}$;　　(4) $\lim\limits_{x\to 1_-}\ln x\ln(1-x)$;

(5) $\lim\limits_{x\to 0_+}(\sin x)^{\sin x}$;　　(6) $\lim\limits_{x\to +\infty}\left(\dfrac{\pi}{2}-\arctan x\right)^{\frac{1}{x}}$;

(7) $\lim\limits_{x\to 0_+}\left(1+\dfrac{1}{x}\right)^x$;　　(8) $\lim\limits_{x\to \infty}\left(\sin\dfrac{1}{x}+\cos\dfrac{1}{x}\right)^x$;

(9) $\lim\limits_{x\to 1}\left(\dfrac{1}{x-1}-\dfrac{1}{\ln x}\right)$;　　(10) $\lim\limits_{x\to 1_-}\dfrac{\tan\frac{\pi}{2}x}{\ln(1-x)}$;

(11) $\lim\limits_{x\to 0_+}x^{\varepsilon}\ln x(\varepsilon>0)$;　　(12) $\lim\limits_{x\to +\infty}\dfrac{(\ln x)^n}{x^{\delta}}$ ($\delta>0$, $n\in\mathbf{N}$).

12. 求下列极限,并讨论洛必达法则是否可直接应用:

(1) $\lim\limits_{x\to \infty}\dfrac{x+\sin x}{2x+\cos x}$;　　(2) $\lim\limits_{x\to 0}\dfrac{x^2\sin\frac{1}{x}}{\ln(1+x)}$.

13. 填空:

(1) 已知$\lim\limits_{x\to 0}(x^{-3}\sin 3x+ax^{-2}+b)=0$,则 $a=$____,$b=$____;

(2) 已知 $x\to 0$ 时,$e^x-(ax^2+bx+1)$是比 $x^2$ 高阶的无穷小,则 $a=$____,$b=$____.

14. 将多项式 $P(x)=2x^3-3x^2-5x+1$ 表示成 $x+1$ 的正整数乘幂的多项式.

15. 写出函数 $y=xe^x$ 的 $n$ 阶马克劳林展式,并写出拉格朗日余项.

16. 写出下列函数在指定点处具有拉格朗日型余项的 $n$ 阶泰勒展式:

(1) $e^x$, $x=1$;　　(2) $\ln x$, $x=1$.

17. 计算数 e 的近似值使其误差不超过 $10^{-6}$.

**B 组**

1. 在经济学中,称函数 $Q(x)=A[\delta K^{-x}+(1-\delta)L^{-x}]^{-\frac{1}{x}}$ 为固定替代弹性生产函数,而称函数 $\overline{Q}=AK^{\delta}L^{1-\delta}$ 为 Cobb-Douglas 生产函数(简称 C-D 函数),试证明$\lim\limits_{x\to 0}Q(x)=\overline{Q}$.

2. 求下列极限:

(1) $\lim\limits_{x\to 1}\dfrac{x^x-x}{\ln x-x+1}$;　　(2) $\lim\limits_{x\to +\infty}\sqrt{x}(x^{\frac{1}{x}}-1)$;

(3) $\lim\limits_{x\to 0_+}\dfrac{x^x-(\sin x)^x}{x^3}$;　　(4) $\lim\limits_{x\to 0}\left(\dfrac{a_1^x+a_2^x+\cdots+a_n^x}{n}\right)^{\frac{1}{x}}$, $a_i>0$.

3. 设对任何 $x_1,x_2\in\mathbf{R}$,均有$|f(x_1)-f(x_2)|\leqslant M(x_1-x_2)^2$ 成立,其中 $M$ 为常数,证明 $f(x)$恒等于常数.

4. 设 $f(x)$在$[a,b]$上连续,在$(a,b)$内可导,$f(a)=f(b)=0$,证明:$\forall\alpha\in\mathbf{R}$, $\exists\xi\in$

$(a,b)$使得 $\alpha f(\xi)-f'(\xi)=0$.

5. 设 $f(x)$二阶可导,且 $f''(x)>0$,利用泰勒公式证明:

$$f\left(\frac{1}{n}(x_1+x_2+\cdots+x_n)\right)\leqslant\frac{1}{n}(f(x_1)+f(x_2)+\cdots+f(x_n)),$$

且仅当 $x_1=x_2=\cdots=x_n$ 时等号成立.

6. 利用上题结论证明当 $x_1,x_2,\cdots,x_n>0$ 时有

$$\sqrt[n]{x_1x_2\cdots x_n}\leqslant\frac{1}{n}(x_1+x_2+\cdots+x_n).$$

7. 设 $f(x)$二阶可导,证明

$$\lim_{h\to 0}\frac{f(x+2h)-2f(x+h)+f(x)}{h^2}=f''(x).$$

8. 设 $f(x)$在闭区间$[a,b]$上连续,在开区间$(a,b)$内可导,且 $f(a)=f(b)=1$,试证存在 $\xi,\eta\in(a,b)$使得 $e^{\eta-\xi}[f(\eta)+f'(\eta)]=1$.

## 第四节 导数的应用

### §2.4.1 函数的单调性与极值

在§1.2.4 中我们给出了单调函数的定义.现在我们利用导数来研究函数的单调性.

**定理 2.15** 设函数 $f(x)$在区间 $I$ 上可导,则 $f(x)$在 $I$ 上单调增加(或单调减少)的充要条件是

$$f'(x)\geqslant 0(\text{或}\, f'(x)\leqslant 0),\qquad \forall\, x\in I.$$

**证** 我们只对 $f(x)$单调增加的情形证明,另一情形同样可证.

*充分性* 设 $f'(x)\geqslant 0$,任取 $x_1,x_2\in I,x_1<x_2$.由拉格朗日中值定理,存在 $\xi,x_1<\xi<x_2$,使得

$$f(x_2)-f(x_1)=f'(\xi)(x_2-x_1).$$

因 $f'(\xi)\geqslant 0$,故 $f(x_2)-f(x_1)\geqslant 0$.因此 $f(x)$在 $I$ 上单调增加.

*必要性* 设 $f(x)$在 $I$ 上单调增加,$x_0,x\in I$, $x_0\neq x$.则必有

$$\frac{f(x)-f(x_0)}{x-x_0}\geqslant 0.$$

令 $x\to x_0$,取极限即得 $f'(x_0)\geqslant 0$.由 $x_0$ 的任意性知 $f'(x)\geqslant 0,\forall\, x\in I$. □

**定理 2.16** 设函数 $f(x)$在某区间 $I$ 上连续,在 $I$ 内(不包括端点)$f'(x)$

$>0$(或 $f'(x)<0$),则 $f(x)$在 $I$ 上严格增加(或严格减少).

**证**　只要考虑严格增加的情形就可以了.

设 $x_1, x_2 \in I, x_1 < x_2$. 由拉格朗日中值定理,存在 $\xi, x_1 < \xi < x_2$. 使得

$$f(x_2) - f(x_1) = f'(\xi)(x_2 - x_1).$$

因 $f'(\xi)>0$,故 $f(x_2)-f(x_1)>0$. 所以 $f(x)$在 $I$ 上严格增加. □

下述例子说明定理 2.16 的逆定理不成立:

设 $f(x)=x^3$. 易知 $f(x)$在 $\mathbf{R}$ 上严格增加,$f'(x)=3x^2$,$f'(0)=0$,该函数在原点的导数为零.

**推论 2.17**　设函数 $f(x)$在某区间 $I$ 上连续,且在 $I$ 上除了有限多个点外 $f'(x)>0$(或 $f'(x)<0$). 则 $f(x)$在 $I$ 上严格增加(或严格减少).

**证**　我们总可以将 $I$ 分成有限多个小区间 $I_1, I_2, \cdots, I_n$,相邻小区间恰有一个公共端点,且在这些小区间上除了端点之处,导数 $f'(x)$均大于零. 由定理 2.16 知 $f(x)$在每个小区间上严格增加(或严格减少). 再由端点上的连续性即可推知 $f(x)$在 $I$ 上严格增加(或严格减少). □

利用函数单调性这一判别法,可以证明某些不等式,见下例.

**例 1**　证当 $0<x<\frac{\pi}{2}$时,$\frac{2x}{\pi}<\sin x$.

**证**　设

$$f(x) = \frac{\sin x}{x}, \qquad x \in \left(0, \frac{\pi}{2}\right].$$

因当 $0<x<\frac{\pi}{2}$时,$x<\tan x$,故有

$$f'(x) = \frac{x\cos x - \sin x}{x^2} = \frac{\cos x(x - \tan x)}{x^2} < 0.$$

由定理 2.16 知 $f(x)$在$\left(0, \frac{\pi}{2}\right]$上严格单调下降. 当 $0<x<\frac{\pi}{2}$时有

$$f\left(\frac{\pi}{2}\right) < f(x),$$

即$\frac{2}{\pi}<\frac{\sin x}{x}$,于是有所证之不等式.

**例 2**　讨论函数 $f(x)=2x^3-3x^2+4$ 的增减性.

**解**　$f'(x)=6x^2-6x=6x(x-1)$. 当 $x=0$ 或 1 时 $f'(x)=0$. 列成下表:

| $x$ | $(-\infty,0)$ | $(0,1)$ | $(1,+\infty)$ |
|---|---|---|---|
| $f'(x)$ | + | − | + |
| $f(x)$ | ↗ | ↘ | ↗ |

所以 $f(x)$在$(-\infty,0]$与$[1, +\infty)$上严格增加,在$[0, 1]$上严格减少.

下面我们讨论在理论与实践中均有广泛应用的极值问题.

**定义 2.5(极值)** 若存在 $x_0$ 点的某去心邻域 $U_0$,在 $U_0$ 上总有不等式

$$f(x) < f(x_0) \quad (\text{或 } f(x) > f(x_0)) \tag{2.40}$$

成立,则称函数 $f(x)$在点 $x_0$ 取得**极大值** $f(x_0)$(或**极小值** $f(x_0)$),点 $x_0$ 称为极大值点(或极小值点).极大值与极小值统称极值.

若(2.40)式为广义不等式

$$f(x) \leqslant f(x_0) \quad (\text{或 } f(x) \geqslant f(x_0)),$$

则相应称 $f(x_0)$为**广义极大值**(或**广义极小值**),广义极大与广义极小值统称为**广义极值**.

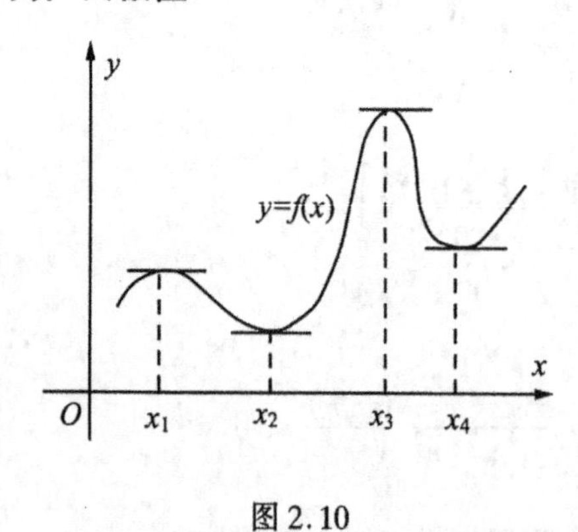

图 2.10

函数在其定义域上可能有几个极大值和极小值,见图 2.10.函数 $f(x)$在 $x_1$ 与 $x_3$ 取极大值.在 $x_2$ 与 $x_4$ 取极小值.这里极小值 $f(x_4)$大于极大值 $f(x_1)$.因为在我们的定义中,极值只是函数的局部性质,上述这种情形可能发生.

此外,我们规定,在函数定义区间的端点不考虑极值问题.

我们将引理 2.6(费马引理)改写成下述形式:

**定理 2.18(极值的必要条件)** 设函数 $f(x)$在 $x_0$ 点可导,并且在 $x_0$ 点取广义极值,则 $f'(x_0)=0$.

我们把使 $f'(x)=0$ 的点称为**驻点**或**稳定点**.因此求函数的极值,只要在驻点与导数不存在的点中去寻找.下面我们讨论极值的充分条件,即极值的判别法.

**定理 2.19(极值判别法 1)** 设函数 $f(x)$在 $x_0$ 的某邻域 $U$ 上连续,在

$U-\{x_0\}$内可导,若在 $U-\{x_0\}$内

1) $(x-x_0)f'(x)<0$,则 $f(x_0)$为极大值;

2) $(x-x_0)f'(x)>0$, 则 $f(x_0)$为极小值.

**证** 1) 当 $x<x_0$ 时,$f'(x)>0$. 由定理 2.16 知 $f(x)$严格增加,故 $f(x)<f(x_0)$. 当 $x>x_0$ 时,$f'(x)<0$, $f(x)$严格减少,故 $f(x_0)>f(x)$,所以总有 $f(x)<f(x_0)$成立,即 $f(x_0)$为极大值. 同法可证 2). □

定理 2.19 是说若在 $x_0$ 点附近,当 $x<x_0$ 时 $f'(x)>0$;当 $x>x_0$ 时 $f'(x)<0$,则 $f(x_0)$为极大值;相反的情形为极小值. 换句话说,当 $x$ 由小于 $x_0$ 变成大于 $x_0$ 时,若 $f'(x)$由大于零变成小于零,则 $f(x_0)$为极大值. 若 $f'(x)$由小于零变成大于零,则 $f(x_0)$为极小值.

判别法 1 需要讨论 $x_0$ 点附近 $f'(x)$的符号,下述判别法 2 则要讨论在 $x_0$ 点二阶导数的符号. 若 $f(x)$二阶可导,判别法 2 有时更为方便.

**定理 2.20(极值判别法 2)** 设函数 $f(x)$在 $x_0$ 点存在二阶导数,且 $f'(x_0)=0, f''(x_0)\neq 0$,

1) 若 $f''(x_0)>0$,则 $f(x_0)$为极小值;

2) 若 $f''(x_0)<0$,则 $f(x_0)$为极大值.

**证** 1) 因 $f'(x_0)=0$,由二阶导数定义有

$$\lim_{x\to x_0}\frac{f'(x)}{x-x_0}=\lim_{x\to x_0}\frac{f'(x)-f'(x_0)}{x-x_0}=f''(x_0)>0.$$

由函数极限的保号性定理 1.12 存在 $x_0$ 的某去心邻域,在该邻域上

$$\frac{f'(x)}{x-x_0}>0 \quad 即 \quad (x-x_0)f'(x)>0.$$

由定理 2.19 知 $f(x_0)$为极小值.

同法可证 2. □

**例 3** 求例 2 中函数 $f(x)=2x^3-3x^2+4$ 的极值.

我们分别用定理 2.19 与定理 2.20 介绍的两种方法求解.

**解 1** 由例 2 求得 $f(x)$的驻点为 $x=0$ 与 $x=1$, $f'(x)=6x(x-1)$. 列出下表:

| $x$ | $(-\infty,0)$ | 0 | $(0,1)$ | 1 | $(1,+\infty)$ |
|---|---|---|---|---|---|
| $f'(x)$ | + | 0 | − | 0 | + |
| $f(x)$ | ↗ | 4 | ↘ | 3 | ↗ |

所以 $f(0)=4$ 为极大值，$f(1)=3$ 为极小值．

**解 2** 求得 $f''(x)=12x-6$. 因 $f''(0)=-6<0$,故当 $x=0$ 时取极大值 $f(0)=4$. 又因 $f''(1)=6>0$, 故当 $x=1$ 时取极小值 $f(1)=3$.

**例 4** 求函数 $f(x)=(x-1)\sqrt[3]{x^2}$ 的极值.

**解** $f'(x)=\frac{1}{3}(5x-2)x^{-\frac{1}{3}}$. 当 $x=0$ 时导数不存在，$x=\frac{2}{5}$ 为驻点. 故 $f(x)$ 至多在 $x=0$ 与 $x=\frac{2}{5}$ 两点取极值. 列表如下：

| $x$ | $(-\infty,0)$ | 0 | $\left(0,\frac{2}{5}\right)$ | $\frac{2}{5}$ | $\left(\frac{2}{5},+\infty\right)$ |
|---|---|---|---|---|---|
| $f'(x)$ | + | 不存在 | − | 0 | + |
| $f(x)$ | ↗ | 极大值 0 | ↘ | 极小值 $-\frac{3}{5}\left(\frac{2}{5}\right)^{\frac{2}{3}}$ | ↗ |

故 $f(x)$ 的极大值为 $f(0)=0$, 极小值为 $f\left(\frac{2}{5}\right)=-\frac{3}{5}\left(\frac{2}{5}\right)^{\frac{2}{3}}$.

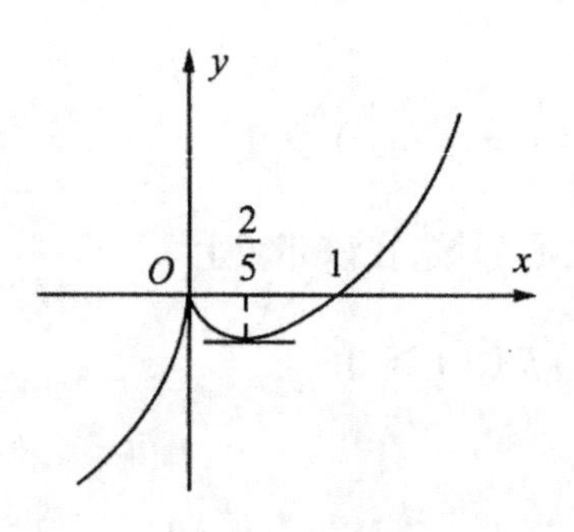

图 2.11

该函数的图形见图 2.11. 当 $x=0$ 时函数不可导，但函数 $f(x)$ 在该点取极大值. 因此，我们在求极值时不可漏掉那些导数不存在的点. 这时用极值判别法 1 来判别极值常常是很有效的.

最后我们讨论最大值与最小值的问题.

§1.4.3 定理 1.25 指出在闭区间 $[a,b]$ 上连续的函数 $f(x)$ 必在 $[a,b]$ 上取到最大与最小值. 现在我们假定 $f(x)$ 在 $[a,b]$ 上连续且除了有限多个点 $x_1, x_2,\cdots, x_m$ 外均可导，又 $f(x)$ 在该区间上仅有有限多个驻点 $\bar{x}_1,\bar{x}_2,\cdots,\bar{x}_n$. 显然我们有

$$\max_{(\min)}\{f(x)\mid a\leqslant x\leqslant b\}=\max_{(\min)}\{f(x_1),f(x_2),\cdots,f(x_m),\\ f(\bar{x}_1),f(\bar{x}_2),\cdots,f(\bar{x}_n),f(a),f(b)\}.$$

这就是说函数的最大值与最小值只能在导数不存在点，驻点或端点取到.

**例 5**　求例 4 中函数 $f(x)=(x-1)\sqrt[3]{x^2}$在区间$\left[-1,\frac{1}{2}\right]$上的最大值与最小值.

**解**　由上例知 $x=0$ 时导数不存在,$x=\frac{2}{5}$为驻点.故

$$\max f(x)=\max\left\{f(0),f\left(\frac{2}{5}\right),f(-1),f\left(\frac{1}{2}\right)\right\}=f(0)=0,$$

$$\min f(x)=\min\left\{f(0),f\left(\frac{2}{5}\right),f(-1),f\left(\frac{1}{2}\right)\right\}=f(-1)=-2.$$

我们还常常遇到这样的情形:函数 $f(x)$在区间 $I$ 上连续,且只有唯一的极值点.则显然该点就是 $f(x)$在 $I$ 上的最大或最小值点.

### §2.4.2　函数的凹向与拐点

设 $P$ 为某曲线段上任意一点,若该曲线段除 $P$ 点外均位于过$P$ 点切线的上方(或下方),则称该曲线为上凹的(或下凹的).有时把上凹称为凹的,下凹称为凸的.例如图 2.12 中曲线段 $S_1$ 为上凹的,$S_2$ 为下凹的.我们不考虑线段的凹向.

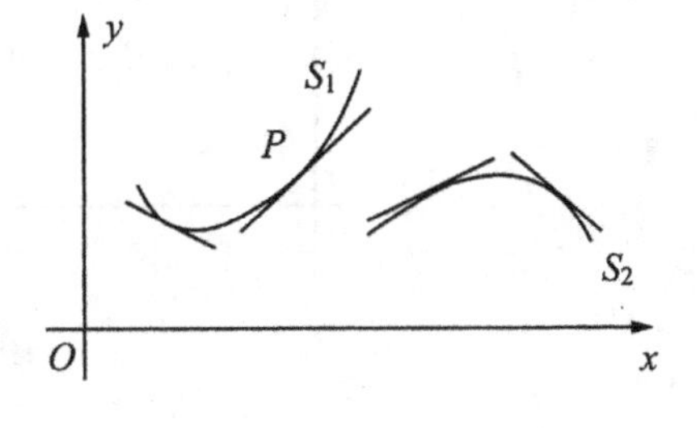

图 2.12

设某曲线的方程为 $y=f(x)$.从曲线凹向的定义可知,若该曲线是上凹的(或下凹的),则曲线上每一点切线均存在,且切线不与 $x$ 轴垂直.也就是说 $y=f(x)$是关于 $x$ 的可导函数.我们有下述定理:

**定理 2.21**　设函数 $y=f(x)$在区间 $I$ 上存在二阶导数,且 $f''(x)>0$(或 $f''(x)<0$),$\forall x\in I$.则曲线 $y=f(x)$在 $I$ 上是上凹的(或下凹的).

**证**　不妨设 $f''(x)>0$,另一种情形同样可证.

设 $x_1,x_2$ 为 $I$ 上任意不同的两点.由拉格朗日中值定理有

$$f(x_2)=f(x_1)+f'(\xi)(x_2-x_1),\tag{2.41}$$

这里 $\xi$ 在$x_1$ 与 $x_2$ 之间.过点 $A(x_1,f(x_1))$的切线方程为(见图 2.13)

$$y=f(x_1)+f'(x_1)(x-x_1).$$

设 $C(x_2,y_2)$为该切线上的点,我们有

$$y_2 = f(x_1) + f'(x_1)(x_2 - x_1).$$

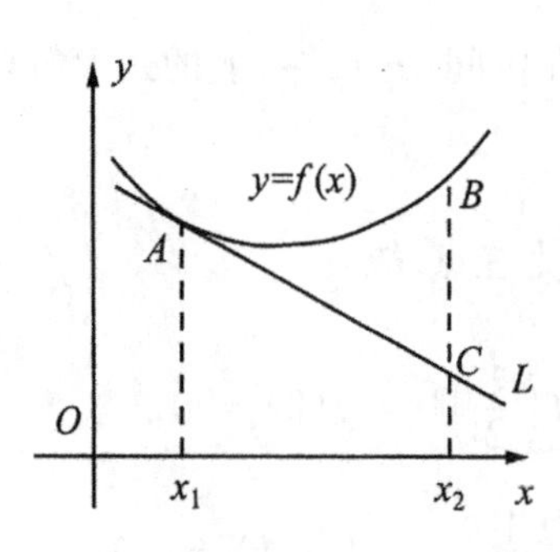


图 2.13

将(2.41)式减去上式得

$$f(x_2) - y_2 = (f'(\xi) - f'(x_1))(x_2 - x_1).$$

因 $f''(x)>0$,由定理 2.16 知 $f'(x)$严格增加,于是上式右端恒正,故

$$f(x_2) > y_2,$$

即曲线是上凹的. □

若连续曲线在点 $P$ 的某邻域内左右两边凹凸性相反,则称 $P$ 点为该曲线的**拐点**.若 $P$ 点为拐点,且过 $P$ 点的切线存在,则该切线必穿过曲线.见图 2.14.

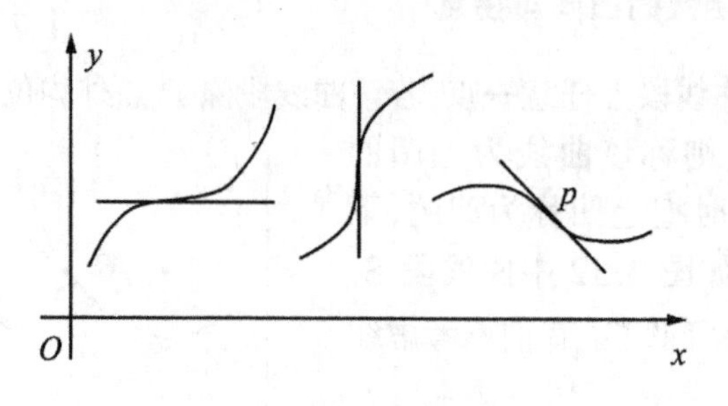


图 2.14

设$(x_0,f(x_0))$是曲线 $y=f(x)$的拐点,$f(x)$在点 $x_0$ 的二阶导数不仅存在而且连续,则 $f''(x_0)=0$.否则若 $f''(x_0)\neq 0$,由连续性假设,$f''(x)$在 $x_0$ 的某邻域上不变号,则由定理 2.21 知$(x_0,f(x_0))$不可能是拐点.此外,若$f(x)$在 $x_0$ 不可导,$(x_0,f(x_0))$也可能是拐点,例如$(0,0)$是 $y=x^{\frac{1}{3}}$ 的拐点.易证下述定理:

**定理 2.22** 设 $f(x)$在点 $x_0$ 连续,在 $x_0$ 的去心邻域内二阶可导,若在 $x_0$ 的左右邻域 $f''(x)$的符号相反,则$(x_0,f(x_0))$是曲线 $y=f(x)$的拐点.

**例 1** 讨论正弦曲线 $y=\sin x$ 的凹向与拐点.

**解** 计算得 $y'=\cos x$, $y''=-\sin x$.令

$$y''=-\sin x=0,$$

解得 $x=k\pi$, $k\in\mathbf{Z}$.

当 $2k\pi<x<(2k+1)\pi$ 时,$y''<0$,曲线下凹.当$(2k-1)\pi<x<2k\pi$ 时,

$y''>0$,曲线上凹. 所以$(k\pi,0)$为拐点.

**例 2**　讨论曲线 $f(x)=x^n$,$(n\geqslant 2,\ n\in\mathbf{Z})$的凹向与拐点.

**解**　求得 $f''(x)=n(n-1)x^{n-2}$.

设 $n$ 为奇数. 当 $x>0$ 时 $f''(x)>0$,曲线上凹;当 $x<0$ 时,$f''(x)<0$,曲线下凹. 故$(0,0)$为拐点.

设 $n$ 为偶数. 当 $x\neq 0$ 时均有 $f''(x)>0$,故曲线没有拐点. 易知曲线在整个数轴上上凹.

### §2.4.3　渐近线与函数的作图

若某点沿着曲线无限远去时,该点到某直线 $L$ 的距离趋于零,则称 $L$ 为该曲线的**渐近线**.

若渐近线垂直于 $x$ 轴,则称之为**垂直渐近线**. 若渐近线平行于 $x$ 轴,则称之为**水平渐近线**.

设 $y=f(x)$为某曲线方程. 若当 $x\to c_+$(或 $x\to c_-$)时,$f(x)\to\pm\infty$, 显然 $x=c$ 为$f(x)$的垂直渐近线. 参见图 2.15.

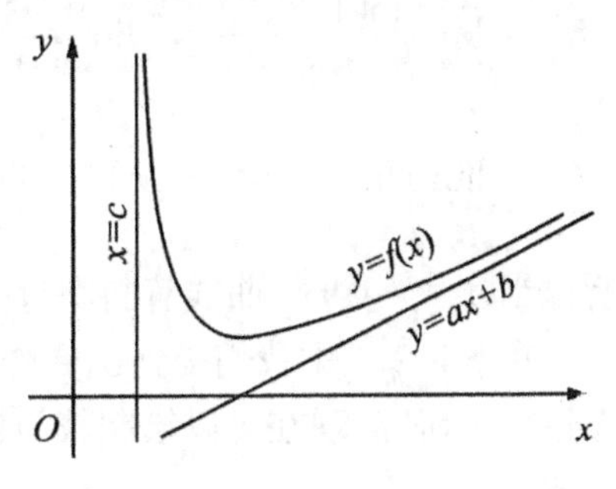


图 2.15

例如,直线 $x=0$ 是曲线 $y=\dfrac{1}{x}$的垂直渐近线. 直线 $x=k\pi+\dfrac{\pi}{2}(k\in\mathbf{Z})$是曲线 $y=\tan x$ 的垂直渐近线.

若当 $x\to+\infty$ 或 $x\to-\infty$ 时, 函数 $f(x)$的极限为某实数 $b$,即

$$\lim_{\substack{x\to+\infty\\(x\to-\infty)}} f(x)=b,$$

则由渐近线的定义可知,直线 $y=b$ 为曲线$y=f(x)$的水平渐近线.

例如,由于

$$\lim_{x\to\infty}\frac{1}{x}=0,$$

故直线 $y=0$(即 $x$ 轴)为曲线 $y=\dfrac{1}{x}$的水平渐近线.

由于

$$\lim_{x\to+\infty}\arctan x=\frac{\pi}{2},\quad \lim_{x\to-\infty}\arctan x=-\frac{\pi}{2},$$

故直线 $y=\frac{\pi}{2}$ 与 $y=-\frac{\pi}{2}$ 是曲线 $y=\arctan x$ 的两条水平渐近线 .

除了垂直渐近线与水平渐近线外还有斜渐近线.若

$$\lim_{\substack{x\to+\infty \\ (x\to-\infty)}} \frac{f(x)}{x} = a, \qquad \lim_{\substack{x\to+\infty \\ (x\to-\infty)}} (f(x)-ax) = b,$$

这里 $a,b$ 均为实数,且 $a\neq0$,则直线 $y=ax+b$ 为当 $x\to+\infty$(或 $x\to-\infty$)时的斜渐近线.(证明略.)

**例 1** 求曲线 $y=\ln(1+\mathrm{e}^x)$ 的渐近线.

**解** 因

$$\lim_{x\to-\infty} \ln(1+\mathrm{e}^x) = 0,$$

故当 $x\to-\infty$ 时有水平渐近线 $y=0$. 又因

$$a = \lim_{x\to+\infty} \frac{\ln(1+\mathrm{e}^x)}{x} = \lim_{x\to+\infty} \frac{\frac{1}{1+\mathrm{e}^x}\cdot\mathrm{e}^x}{1} = 1,$$

$$b = \lim_{x\to+\infty} (\ln(1+\mathrm{e}^x)-x) = \lim_{t\to+\infty} \ln\frac{1+\mathrm{e}^x}{\mathrm{e}^x} = \ln\lim_{x\to+\infty}\frac{1+\mathrm{e}^x}{\mathrm{e}^x} = \ln1 = 0,$$

所以当 $x\to+\infty$ 时,曲线有斜渐近线 $y=x$.

在§1.2.1 中我们提到函数作图问题. 本节中我们利用导数对函数的性态进行了研究,现在可以绘制较为精确的函数图象. 函数的作图大体可有下述步骤:

1) 确定函数的定义域;

2) 讨论函数的奇偶性、周期性与连续性;

3) 讨论函数的增减区间与极值;

4) 讨论曲线的凹凸性与拐点;

5) 讨论曲线的渐近线;

6) 由曲线方程计算若干点的坐标,例如,曲线与坐标轴的交点及间断点坐标等等;

7) 将上述讨论的结果按自变量增加的顺序列表;

8) 最后绘制成图.

我们举例说明.

**例 2** 绘制 $y=\frac{2}{x}+\frac{1}{x^2}$ 的图形.

**解** 该函数的定义域为 $x\neq0$. 不具有对称性和周期性. 计算得

$$y' = -\frac{2}{x^2} - \frac{2}{x^3}, \quad y'' = \frac{4}{x^3} + \frac{6}{x^4}.$$

令 $y'=0$,得 $x=-1$.令 $y''=0$,得 $x=-\frac{3}{2}$.列表如下:

| $x$ | $\left(-\infty, -\frac{3}{2}\right)$ | $-\frac{3}{2}$ | $\left(-\frac{3}{2}, -1\right)$ | $-1$ | $(-1,0)$ | $0$ | $(0,+\infty)$ |
|---|---|---|---|---|---|---|---|
| $y'$ | $-$ | $-$ | $-$ | $0$ | $+$ | | $-$ |
| $y''$ | $-$ | $0$ | $+$ | $+$ | $+$ | | $+$ |
| $y$ | ↘ | $\left(-\frac{3}{2}, -\frac{8}{9}\right)$ 拐点 | ↘ | $-1$ 极小 | ↗ | 间断 | ↘ |

在点 $x=-\frac{3}{2}$左右两侧 $y''$的符号相反,故$\left(-\frac{3}{2}, -\frac{8}{9}\right)$为拐点.在点 $x=-1$左右两侧 $y'$的符号相反,且该点处 $y''>0$,故 $x=-1$ 为极小值点,极小值为 $-1$.该函数在四个区间$\left(-\infty, -\frac{3}{2}\right)$, $\left(-\frac{3}{2}, -1\right)$, $(-1, 0)$及$(0, +\infty)$上的增减性、凹凸性,均在上表中表示出来了. 因

$$\lim_{x\to 0}\left(\frac{2}{x} + \frac{1}{x^2}\right) = +\infty, \lim_{x\to\infty}\left(\frac{2}{x} + \frac{1}{x^2}\right) = 0,$$

故该曲线有垂直渐近线 $x=0$ 及水平渐近线 $y=0$.

另计算某些点的函数值如下:

| $x$ | $-3$ | $-2$ | $-1$ | $-\frac{1}{2}$ | $-\frac{1}{4}$ | $\frac{1}{2}$ | $1$ | $2$ | $3$ |
|---|---|---|---|---|---|---|---|---|---|
| $y$ | $-\frac{5}{9}$ | $-\frac{3}{4}$ | $-1$ | $0$ | $8$ | $8$ | $3$ | $\frac{5}{4}$ | $\frac{7}{9}$ |

最后绘成下图(见图 2.16).

**注** 若在某区间上函数的一阶与二阶导数均不变号,则在该区间上它的增减性与凹凸性是确定的.依据 $y'$与$y''$正负号的不同组合,共有四种情形,我们规定用下述符号表示:

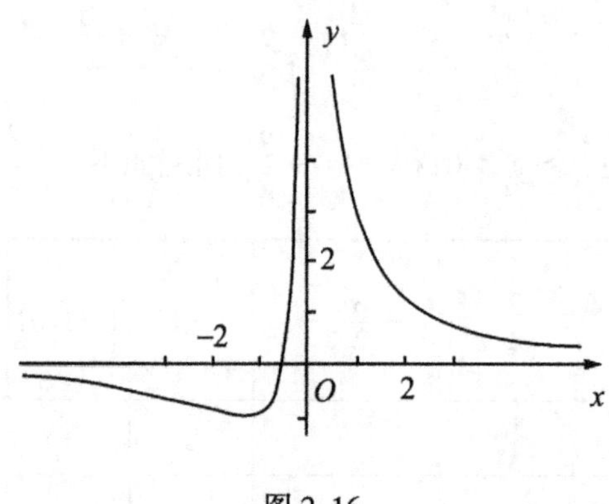


图 2.16

当 $y'>0$, $y''>0$ 时, 则 $y$ 增加且上凹, 用↗表示;

当 $y'>0$, $y''<0$ 时, 则 $y$ 增加且下凹, 用↗表示;

当 $y'<0$, $y''>0$ 时, 则 $y$ 减少且上凹, 用↘表示;

当 $y'<0$, $y''<0$ 时, 则 $y$ 减少且下凹, 用↘表示.

**例 3** 绘制函数 $f(x)=e^{1-x^2}$ 的图形.

**解** $f(x)$在$(-\infty, +\infty)$上有定义,且为偶函数,曲线对称于 $y$ 轴.

$$f'(x)=-2xe^{1-x^2},\quad f''(x)=2e^{1-x^2}(2x^2-1).$$

令 $f'(x)=0$,得 $x=0$.因 $f''(0)=-2e<0$, 故 $f(0)=e$ 为函数的极大值.

当 $x>0$ 时 $f'(x)<0$,故 $f(x)$单调下降.

令 $f''(x)=0$,解得 $x=\pm\frac{\sqrt{2}}{2}$. 当$0\leqslant x<\frac{\sqrt{2}}{2}$时,$f''(x)<0$,曲线下凹;当 $x>\frac{\sqrt{2}}{2}$时,$f'(x)>0$,曲线上凹 . 故点$\left(\pm\frac{\sqrt{2}}{2},e\right)$为拐点.

当 $x\to\pm\infty$时,$f(x)\to 0$,故 $y=0$ 是水平渐近线.

计算某些点的函数值如下:

| $x$ | 0 | 0.3 | 0.5 | $\frac{\sqrt{2}}{2}$ | 0.8 | 1 | 1.5 | 2 |
|---|---|---|---|---|---|---|---|---|
| $f(x)$ | 2.718 | 2.484 | 2.117 | 1.649 | 1.433 | 1 | 0.287 | 0.050 |

将上述结果列成下表:

| $x$ | 0 | $\left(0,\frac{\sqrt{2}}{2}\right)$ | $\frac{\sqrt{2}}{2}$ | $\left(\frac{\sqrt{2}}{2},+\infty\right)$ |
|---|---|---|---|---|
| $f'(x)$ | 0 | − | − | − |
| $f''(x)$ | − | − | 0 | + |
| $f(x)$ | 极大值 e | ↘ | 拐点 | ↘ |

最后绘制图形,见图 2.17. 函数在区间$(-\infty,0)$内的图形可由对称性获得.

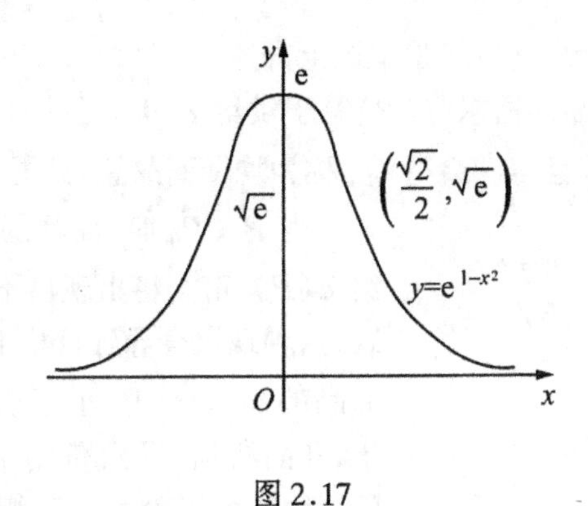


图 2.17

### §2.4.4　导数在经济学中的应用

在现代经济理论中,普遍地应用微积分的方法(主要是边际分析与弹性分析)来研究和分析问题.本段主要介绍边际与弹性的概念,目的是使读者对微分学在经济管理中的应用有一个初步了解.

1. *在经济学的厂商理论中常遇到的函数*

**需求函数**　某种商品的需求是指在给定价格条件下,消费者需要购买的有支付能力的商品总量,需求是由多种因素决定的,在市场经济中,价格是影响需求的主要因素.我们假定其它因素不变(视为常数),则需求量 $Q$ 是价格 $P$ 的函数

$$Q=f(P),$$

该函数称为**需求函数**,一般情况下,$Q=f(P)$是单调下降函数.通常经过大量的统计,得到价格与需求的一组数据,然后用一些简单的初等函数来拟合需求函数,建立经验曲线.常见的需求函数有:

线性函数　$Q=b-aP$;

幂 函 数　$Q=\frac{k}{P^{\alpha}}$ ($\alpha=1$ 时,称为反比函数);

指数函数　$Q=a\mathrm{e}^{-bP}$.

上述各式中 $a,b,k,\alpha$ 均为正常数.

**供给函数**　某种商品的供给是指在给定的价格条件下,生产者愿意生产并可供出售的商品总量,影响供给的因素很多,在市场经济中,价格是主要因素.在假设其它条件不变的前提下,供给总量 $Q$ 是价格的函数

$$Q=\varphi(P),$$

该函数称为**供给函数**,它一般是单调上升的.

当市场对某商品的需求 $f(P)$ 等于供给 $\varphi(P)$ 时的价格 $P_0$ 称为**均衡价格**,此时的商品需求量与供给量 $Q_0$ 称为**均衡商品量**,见图 2.18.

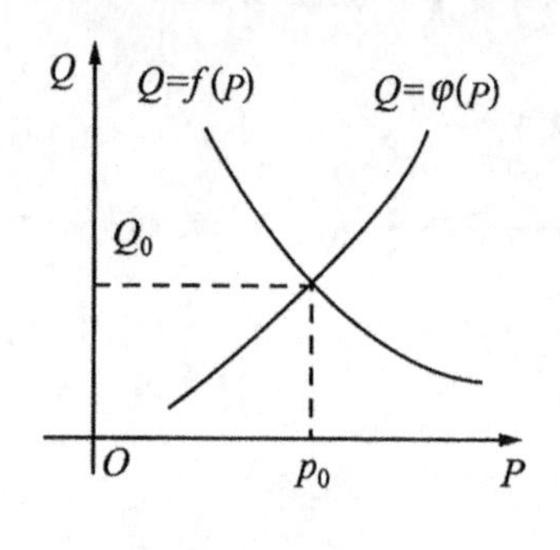


图 2.18

当 $P<P_0$ 时,商品的需求 $f(P)$ 大于供给 $\varphi(P)$,市场将出现供不应求现象,商品短缺,这种现象会导致价格上涨.当 $P>P_0$ 时,商品的需求 $f(P)$ 小于供给 $\varphi(P)$,供大于求,商品滞销,导致价格下降,总之,商品的价格将在均衡价格上下摆动,市场经济主要是通过价格来平衡供求关系的.

**成本函数**　某商品的成本是指生产一定数量产品所需全部经济资源投入的总额.影响产品成本的因素很多,我们只假定成本 $C$ 是产量 $Q$ 的函数

$$C=C(Q)=C_0+C_1(Q),$$

其中 $C_0$ 是固定成本,$C_1(Q)$ 是可变成本.称函数 $C(Q)$ 为**成本函数**,称 $\overline{C}(Q)=\frac{C(Q)}{Q}$ 为**平均成本**.

**收益函数**　收益 $R$ 是指生产者(经营者)出售一定量产品所得的全部收入(俗称毛收入),记为 $R=R(Q)$,称 $\overline{R}=\frac{R(Q)}{Q}$ 为平均收益.若 $P$ 为商品价格,并设销售量 $Q(P)$ 等于需求函数 $f(P)$,则收益 $R=Pf(P)$.

**利润函数**　利润 $L(Q)$ 为收益与成本之差,即 $L(Q)=R(Q)-C(Q)$,这是销售 $Q$ 单位产品的利润.

2. 边际函数

设一个经济指标 $y$ 是另一个经济指标 $x$ 的函数:$y=f(x)$.在经济学中,

若自变量在 $x$ 处有一个单位改变量 $\Delta x=1$,相应的函数 $y$ 的改变量 $\Delta y=f(x+1)-f(x)$称为该函数所表示的指标量在 $x$ 处的**边际量**.例如,生产量在 $x$ 单位水平时的边际成本,就是在已生产 $x$ 单位产品的水平上,再多生产一个单位产品时成本的增加量,也就是再多生产一个单位产品时所花费的成本.再如,销售量在 $x$ 单位水平时的边际利润,就是在已销售 $x$ 单位产品的水平上,再多销售一个单位产品时所获得的利润.边际的意思是现实与非现实的边缘,例如,再多生产一个单位产品时所花费的成本是边际成本,"再多生产一个"可能是现实,也可能不是现实,因而边际成本可能是成本也可能不是真正的成本,但它的大小是成本变化快慢的标志.一个企业在对自己的生产(或销售)规模进行决策时必须对边际成本,边际收益,边际利润、边际需求的变化进行分析,这类研究和分析统称**边际分析**.

设自变量的增量 $\Delta x=1$(1 个单位),于是边际量

$$\Delta y=y(x+1)-y(x)=\frac{\Delta y}{\Delta x}.$$

我们能否取 $\Delta x\to 0$ 时,$\frac{\Delta y}{\Delta x}$的极限呢?从纯数学的观点讲,似乎是行不通的,因为按件计的产量或销量,改变量 $\Delta x$ 为小数是不现实的.但对于现代大企业来讲,其产(销)量的数额 $x$ 是一个很大的数目,由于 $\Delta x=1$ 与 $x$ 相比是微乎其微的,因此,当 $x$ 很大时,有

$$\Delta y=y(x+1)-y(x)=\frac{\Delta y}{\Delta x}\approx\frac{\mathrm{d}y}{\mathrm{d}x}=f'(x).$$

正是由于这个缘故,在经济学中,用$\frac{\mathrm{d}y}{\mathrm{d}x}=f'(x)$表示边际量并称$f'(x)$为$f(x)$的**边际函数**.就是说,$C'(Q)$是边际成本,$R'(Q)$是边际收益,$L'(Q)$是边际利润,$f'(P)$是边际需求等等 .

由上述讨论可知,$y=f(x)$的边际函数 $f'(x)$刻画了 $y$ 对 $x$ 变化的灵敏度.例如,当产量(销量)$Q$ 较大时,边际成本是在产量(销量)达到 $Q$ 时,再多生产(销售)一个单位产品时,成本的增加量,边际收益是在产量达到 $Q$ 时,再多生产(销售)一个单位产品时收益的增加量.若当 $Q=Q_0$ 时,利润 $L$ 达最大值,由极值的必要条件知必有 $L'(Q_0)=R'(Q_0)-C'(Q_0)=0$,即 $R'(Q_0)=C'(Q_0)$.这说明某产品取得最大利润的必要条件是边际收益等于边际成本.直观上看,这也是很显然的,如果增加产量带来的收益大于所增加的成本(即 $R'(Q)>C'(Q)$),那么就应该增加产量.反之,如果它带来的收益小于所增

加的成本(即 $R'(Q)<C'(Q)$)就应减少产量,故当利润最大时,必有 $R'(Q)=C'(Q)$.

若 $L'(Q_0)=0, L''(Q_0)<0$,则 $L(Q_0)$为极大值,又若驻点 $Q_0$ 唯一,则 $L(Q_0)$为最大利润.

**例 1** 设某企业一种产品的产量为 $Q$ 时的成本函数和收益函数分别为

$$C(Q)=218800+500Q+\frac{3}{5}Q^2(\text{元}),$$

$$R(Q)=1500Q+\frac{Q^2}{10}(\text{元}).$$

则边际成本 $C'(Q)=500+\frac{6}{5}Q$,边际收益 $R'(Q)=1500+\frac{Q}{5}$,边际利润 $L'(Q)=R'(Q)-C'(Q)=1000-Q$. 令 $Q=250$,得

$$C(250)=381300(\text{元}),\quad C'(250)=800(\text{元}/\text{单位产品}),$$
$$R(250)=381250(\text{元}),\quad R'(250)=1550(\text{元}/\text{单位产品}),$$
$$L(250)=-50(\text{元}),\quad L'(250)=750(\text{元}/\text{单位产品}).$$

这些数字表明在生产 250 个单位产品的水平上,再多生产一个产品的成本增加 800 元,如果生产的 250 个产品全部售出,则收益为 381 250 元,利润 $L=381\,250-381\,300=-50$(元),发生了亏损,亏损值为 50 元. 但这时的边值收益较大,即再多生产一个单位产品的收益为 1550 元,边际利润为 750 元,从而该企业的生产水平由 250 个改变到 251 个时,就将由亏损 50 元的局面转变到盈利 $750-50=700$(元)的局面. 什么时候利润最大呢? 令 $L'=1000-Q=0$ 得 $Q=1000$ 是唯一驻点,由于 $L''(Q)=-1<0$,故生产量为 1000 时,利润最大,最大利润为 $L(1000)=281\,200$(元).

### 3. 函数的弹性

前面介绍的经济量的边际函数即导数是有量纲的. 例如,虽然各国的牛肉需求量对价格 $P$ 的变化率都可用$\frac{dQ}{dP}$表示,但是英国的$\frac{dQ}{dP}$可用 $m$ 磅(重)/英镑为度量单位,我国的$\frac{dQ}{dP}$则用 $m$ 公斤/元为度量单位,不能直接用$\frac{dQ}{dP}$的大小来进行比较. 又如汽油和电的度量单位不同,它们的需求量对价格的变化率(即边际需求)的量纲也不相同,不具备可比性. 此外,从边际量是一个绝对变化率的观点来看,使用边际进行比较有时也不方便. 例如,设计算器和电脑的单价分别为 100 元和 10 000 元,若它们的边际利润都是 10(元)/台,则对计算

器来说,多出售一台增加利润10元,是原价的十分之一,而对电脑来说,多出售一台也是增加利润10元,仅是原价的千分之一,可见虽然它们的边际利润相同,但内涵却大不相同.为了便于在经济分析中进行比较,我们必须制定一种不含任何量纲的度量方法,这就是经济指标的弹性.

设 $y=f(x)$,称 $\Delta y=f(x+\Delta x)-f(x)$为函数 $f(x)$在点 $x$ 处的绝对改变量,$\Delta x$ 称为自变量在点 $x$ 处的绝对改变量,绝对改变量在原来量值中的百分数称为相对改变量.具体说,$\frac{\Delta y}{y}=\frac{f(x+\Delta x)-f(x)}{f(x)}$称为函数 $f(x)$在点 $x$ 处的相对改变量(相对增量),$\frac{\Delta x}{x}$称为自变量在点 $x$ 处的相对改变量(相对增量).在经济学中,把函数的相对改变量与自变量的相对改变量之比,即

$$\frac{\frac{\Delta y}{y}}{\frac{\Delta x}{x}}=\frac{x\Delta y}{y\Delta x}$$

称为函数 $y=f(x)$从 $x$ 到 $x+\Delta x$ 的**相对变化率**,称极限

$$\lim_{\Delta x\to 0}\frac{x\Delta y}{y\Delta x}=x\frac{f'(x)}{f(x)}$$

为 $f(x)$在点 $x$ 处的**相对变化率或相对导数**,通常称为 $f(x)$在点 $x$ 处的**弹性**,记为$\frac{Ey}{Ex}$,即

$$\frac{Ey}{Ex}=x\frac{f'(x)}{f(x)}$$

若取$\frac{\Delta x}{x}=1\%$,由于 $x\frac{f'(x)}{f(x)}\approx\frac{\Delta y}{y}\Big/\frac{\Delta x}{x}$,故

$$\frac{\Delta y}{y}\approx\frac{f'(x)}{f(x)}x\frac{\Delta x}{x}=\frac{Ey}{Ex}\%$$

于是函数 $y$ 的弹性可解释为在点 $x$ 处当自变量 $x$ 的相对增量$\frac{\Delta x}{x}$为1%时,函数 $y$ 的相对增量$\frac{\Delta y}{y}$为$\frac{Ey}{Ex}$%.换言之,弹性是自变量的值每改变百分之一时所引起的函数 $y$ 变化的百分点数.

例如,需求函数 $Q=f(P)$的弹性(即需求弹性)

$$\eta=-P\frac{f'(P)}{f(P)}$$

表示当价格上涨1%时,需求将减少 $\eta$%(注意这里 $f'(P)<0,\eta>0$,在经济学中规定弹性取相对导数的绝对值).供给函数 $Q=\varphi(P)$的弹性

$$\varepsilon=P\frac{\varphi'(P)}{\varphi(P)},$$

它表示当价格每上涨1%时,供给将增加 $\varepsilon$%.

弹性是相对变化率,使用弹性就克服了单位不统一而造成的不可比性的障碍.

**例2** 设某种产品的需求量 $Q$ 与价格 $P$ 的关系为

$$Q(P)=1600\left(\frac{1}{4}\right)^P,$$

试求(1) 需求对价格的弹性;(2)当产品价格 $P=10$(元)时,价格改变1%对产品的需求影响多大?

**解** (1) $\eta(P)=-P\dfrac{Q'(P)}{Q(P)}=-P\dfrac{1600\left(\frac{1}{4}\right)^P\ln\frac{1}{4}}{1600\left(\frac{1}{4}\right)^P}=2P\ln2.$

(2) 当 $P=10$(元)时,

$$\eta(10)=20\ln2\approx13.9,$$

这表示当价格 $P=10$(元)时,价格增加1%,产品的需求将减少13.9%.

**例3** 求幂函数 $y=ax^\alpha$($\alpha$ 为常数)的弹性函数$\dfrac{Ey}{Ex}$.

**解**

$$\frac{Ey}{Ex}=x\frac{y'}{y}=x\frac{a\alpha x^{\alpha-1}}{ax^\alpha}=\alpha,$$

即幂函数的弹性为常数,其值等于 $x$ 的幂次.故幂函数称为不变弹性函数,生活必需品(如柴、米、油、盐等)的需求函数近似不变弹性函数.

现在我们来研究需求弹性,收益及收益弹性之间的关系.设某商品价格为 $P$,需求为 $Q=f(P)$,并假定销售量等于需求,从而 $R=Pf(P)$,边际收益为

$$R'=f(P)+Pf'(P)=f(P)\left(1+P\frac{f'(P)}{f(P)}\right)=f(P)(1-\eta),$$

收益弹性为

$$\frac{ER}{EP}=P\frac{R'}{R}=P\frac{1}{Pf(P)}f(P)(1-\eta)=1-\eta. \tag{2.42}$$

上式可解释为:在需求等于销量的条件下,若需求弹性为 $\eta$,则当价格上涨1%时,收益将上升$(1-\eta)$%.

因此,若 $0<\eta<1$,即需求变动幅度小于价格变动幅度,这时若提高价格,虽然会导致需求减少,但收益仍会增加.若 $\eta>1$,即需求变动幅度大于价格变动幅度,这时若提高价格,收益将减少,而降低价格,收益反而会增加.若 $\eta=1$,即需求变动幅度等于价格变动幅度,此时 $R'=0$,收益达极大值.

弹性主要是用来衡量需求函数或供给函数对价格或收入的变化的敏感度.一个企业的决策者只有掌握市场对产品的需求情况以及需求对自变量的反应程度才能作出正确的发展生产的决策.

**例 4**　设某商品的需求函数为 $Q=f(P)=12-\frac{P}{2}$,(i)求需求弹性 $\eta$;(ii)在 $P=9$ 时,若价格上涨1%,收益为何变化?(iii)$P$ 为何值时,收益最大?最大收益是多少?

**解**　(i) $\eta=\frac{-P}{f(P)}f'(P)=\frac{-P}{12-P/2}\cdot\left(-\frac{1}{2}\right)=\frac{P}{24-P}$.

(ii) 因 $1-\eta(9)=1-\frac{9}{24-9}=0.4$,由公式(2.42)知当价格上涨1%时,收益将增加0.4%.

(iii) 收益 $R=P\cdot f(P)=12P-\frac{1}{2}P^2$,其导数为 $R'=12-P$.令 $R'=0$,得 $P=12$.因 $R''=-1<0$,故当 $P=12$ 时收益最大,最大收益为 $12\cdot12-\frac{1}{2}\cdot12^2=72$.

4. 税收

政府对经营者征税有许多形式,归纳起来有三种基本类型:利润税、产量税和收益税.

**利润税**是根据利润 $L$ 按一定的税率征税.设税率为 $m$,产量为 $Q$,利润 $L=L(Q)$,则税后利润为

$$L^*=(1-m)L.$$

经营者总力求获取最大利润,由上式可知,$L^*$ 与 $L$ 同时达到最大值.因此在

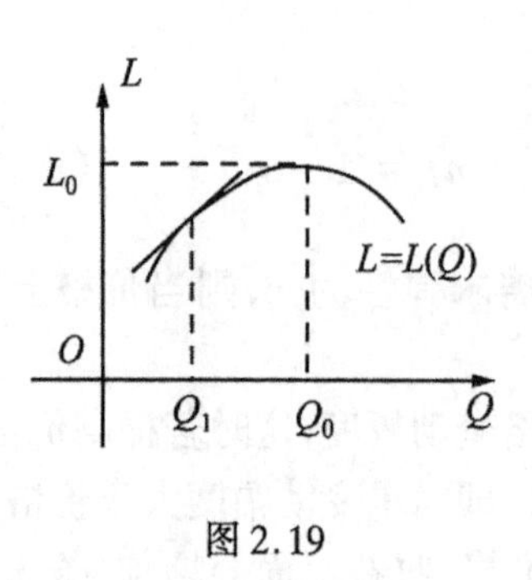


图 2.19

其余条件不变的情况下，利润税不会影响产量.

**产量税**是根据产量的多少按一定的税率征税. 设税率为 $t$，产量为 $Q$，则税后利润为

$$L^* = L - tQ. \tag{2.43}$$

设某产品的利润 $L$ 与产量 $Q$ 的函数关系为 $L = L(Q)$. 通常 $L = L(Q)$ 的图形为一条下凹曲线，见图 2.19. 设当 $Q = Q_0$ 时 $L$ 取最大值 $L_0 = L(Q_0)$. 此时有 $\frac{dL}{dQ} = 0$. 为求 $L^*$ 的最大值，在(2.43)式两端对 $Q$ 求导，得

$$\frac{dL^*}{dQ} = \frac{dL}{dQ} - t.$$

令 $\frac{dL^*}{dQ} = 0$，得 $\frac{dL}{dQ} = t$. 即 $L^*$ 的最大值在切线斜率为 $t$ 的点处取到. 设 $\frac{dL}{dQ}(Q_t) = t$，由于 $L'(Q)$ 为单调下降函数，$t > 0$，故 $Q_t < Q_0$. 因此，政府采用产量税对生产者征税，生产者为获得最大利润，将会降低产量.

**收益税**是根据收益的多少按一定的税率征税. 设税率为 $r$，价格为 $P$，产量为 $Q$，利润为 $L$. 则税后利润为

$$L^* = L - rPQ.$$

一般说来收益税也会影响产量. 我们举例说明.

**例 5** 设某产品需求函数和成本函数分别为 $Q = 90 - \frac{1}{2}P$ 与 $C = 20 + 8Q$，若政府

(i) 征收产量税，税率为 $t$；

(ii) 征收收益税，税率为 $r$，

分别讨论取得最大税后利润时的产量 $Q^*$.

**解** (i) 由条件得税后利润为

$$\begin{aligned} L^* &= PQ - C - tQ = (180 - 2Q)Q - 20 - 8Q - tQ \\ &= (172 - t)Q - 2Q^2 - 20, \end{aligned}$$

$$\frac{dL^*}{dQ} = 172 - t - 4Q, \ \frac{d^2L^*}{dQ^2} = -4 < 0.$$

令$\frac{\mathrm{d}L^*}{\mathrm{d}Q}=0$,求到取得最大利润时的产量 $Q^*=43-\frac{t}{4}$.

(ii) 由条件得税后利润为

$$L^* = PQ - C - rPQ = (1-r)(180-2Q)Q - 20 - 8Q,$$

$$\frac{\mathrm{d}L^*}{\mathrm{d}Q} = (1-r)(180-4Q) - 8,$$

$$\frac{\mathrm{d}^2L^*}{\mathrm{d}Q^2} = -4(1-r) < 0.$$

令$\frac{\mathrm{d}L^*}{\mathrm{d}Q}=0$,求到取得最大利润时的产量 $Q^*=45-\frac{2}{1-r}$.

从上例可知,政府征收产量税与收益税均导致产量下降,且税率越高,产量下降越多.

### * §2.4.5　方程的近似解

在实际问题中我们常常遇到求方程 $f(x)=0$ 根的问题.除了很少几种简单类型的方程外,一般不容易求得根的精确值.而在多数情况下根的近似值就能满足实际需要.因此产生了很多种求方程近似解的方法.现在我们介绍一种最常用的被称为"牛顿切线法"的求根方法.

设函数 $f(x)$满足下述两个条件:

i) 在区间$[a,b]$上 $f'(x)$,$f''(x)$均存在,且不改变符号;

ii) $f(a)f(b)<0$.

显然 $f(x)$在$[a, b]$上连续.由条件 ii)及连续函数的介值定理,推知 $f(x)$在$[a, b]$上必有实根.又因 $f'(x)$不变号,故 $f(x)$为严格单调函数.因此 $f(x)$在$[a, b]$上有唯一实根 $x=x_0$.

依据 $f'(x)$, $f''(x)$正负号的不同组合,有图 2.20 所示的四种情形.

先考虑前两种情形.此时 $f'(x)$与 $f''(x)$同号.过 $B$ 点作弧$\overset{\frown}{AB}$的切线,该切线与 $x$ 轴交点的横坐标为$x_1$.不难证明,在上述假设条件下必有 $x_0<x_1<b$.即 $x_1$ 比 $b$ 更接近$x_0$.过 $B$ 点的切线方程为

$$y - f(b) = f'(b)(x-b).$$

以 $y=0$ 代入得

$$x_1 = b - \frac{f(b)}{f'(b)}. \tag{2.44}$$

以闭区间$[a, x_1]$替换$[a,b]$,将上述步骤重复若干次,可以证明将能得到具有足够精确度的近似解.

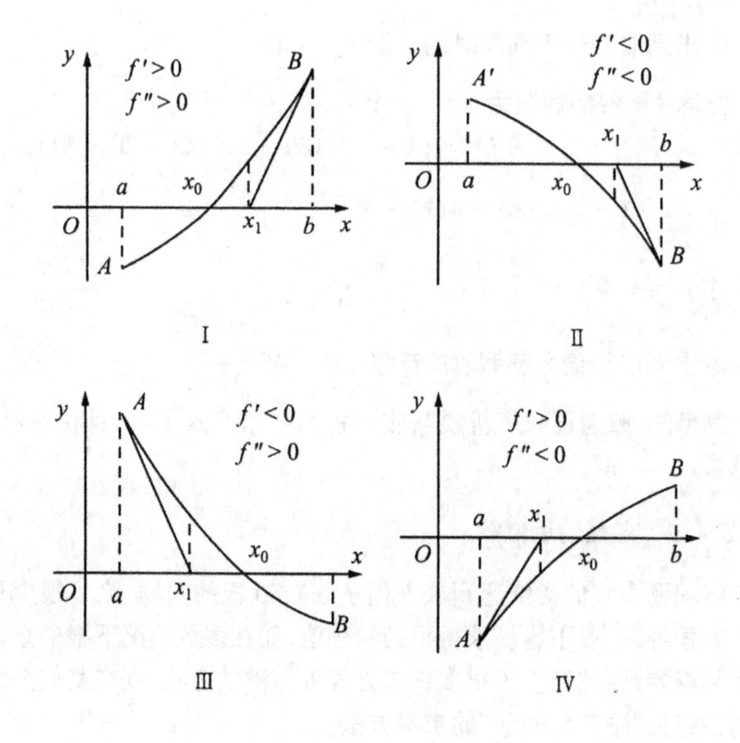


图 2.20

对后两种情形,此时 $f'(x)$, $f''(x)$异号,我们必须从 $A$ 点作切线,其方程为

$$y - f(a) = f'(a)(x - a).$$

以 $y=0$ 代入得

$$x_1 = a - \frac{f(a)}{f'(a)}. \tag{2.45}$$

我们将有 $a<x_1<x_0$,即 $x_1$ 较 $a$ 点更接近于 $x_0$.此时,若仍用(2.44)式计算 $x_1$,只能得到 $x_1<x_0<b$,可能 $x_1$ 比 $b$ 更加远离 $x_0$.

我们举例说明牛顿切线法求解的过程.

**例 1** 求证方程

$$f(x) = x^3 + 1.1x^2 + 0.9x - 1.4 = 0$$

恰有一实根, 并用牛顿切线法求解,使误差不超过 0.001.

**解** 求得 $f'(x)=3x^2+2.2x+0.9$.其判别式

$$\Delta = 2.2^2 - 4 \cdot 3 \cdot 0.9 < 0.$$

故 $f'(x)>0,\forall x\in\mathbf{R}$. 于是 $f(x)$严格上升. 又因 $f(x)$为三次多项式,所以原方程恰有一实根 .

因 $f(0)=-1.4, f(1)=1.6$,故原方程在区间(0,1)内必有一根 . 在该区间上

$$f''(x)=6x+2.2>0$$

与 $f'(x)$同号,所以我们以 $b=1$ 作为初始近似值.

根据(2.44)式可得

$$x_1=1-\frac{f(1)}{f'(1)}\approx 0.738,$$

$$x_2=x_1-\frac{f(x_1)}{f'(x_1)}\approx 0.674,$$

$$x_3=x_2-\frac{f(x_2)}{f'(x_2)}\approx 0.671,$$

$$x_4=x_3-\frac{f(x_3)}{f'(x_3)}\approx 0.671.$$

因连续两次叠代未能改变近似解在给定精确度下的数值,便可中止叠代过程. 以 $x=0.670$ 代入方程计算得 $f(0.670)<0$,而 $f(0.671)>0$,故 $x=0.671$ 就是误差不超过 0.001 的根.

## 习　题　2.4

**A 组**

1. 求下列函数的升降区间:

(1) $y=x^3-2x^2+x-2$;　　(2) $y=\frac{2x}{1+x^2}$;

(3) $y=\frac{e^x}{x}$;　　(4) $y=x-2\sin x$;

(5) $y=\left(1+\frac{1}{x}\right)^x, x>0$.

2. 选择题:

(1) 设 $f(x)$在$(-\infty,+\infty)$内可导,且对任意 $x_1,x_2$,当 $x_1>x_2$ 时都有 $f(x_1)>f(x_2)$,则成立____;

(A) $f'(x)>0,\ \forall x\in\mathbf{R}$;　　(B) $f'(-x)\leqslant 0,\ \forall x\in\mathbf{R}$;

(C) $f(-x)$单调增加;　　(D) $-f(-x)$单调增加.

(2) 设在[0,1]上 $f''(x)>0$,则 $f'(0),f'(1),f(1)-f(0)$ 或 $f(0)-f(1)$ 的大小顺序是____.

(A) $f'(1)>f'(0)>f(1)-f(0)$; (B) $f'(1)>f(1)-f(0)>f'(0)$;

(C) $f(1)-f(0)>f'(1)>f'(0)$; (D) $f'(1)>f(0)-f(1)>f'(0)$.

3. 证明下列等式:

(1) $\arctan x+\arctan\dfrac{1}{x}=\dfrac{\pi}{2}$, $\forall x>0$;

(2) $\arctan x-\dfrac{1}{2}\arccos\dfrac{2x}{1+x^2}=\dfrac{\pi}{4}$, $\forall x\geqslant 1$.

4. 利用函数的单调性,证明下列不等式:

(1) 当 $0<x<\dfrac{\pi}{2}$ 时, $\tan x>x+\dfrac{x^3}{3}$;

(2) 当 $x>0$ 时, $1-x<e^{-x}<1-x+\dfrac{x^2}{2}$;

(3) 当 $b>a>e$ 时, $a^b>b^a$.

5. 研究下列函数 $y=f(x)$ 的极值:

(1) $y=x^3-6x^2+9x-1$; (2) $y=(x+1)^2e^{-x}$;

(3) $y=\dfrac{1}{x}\ln^2 x$; (4) $y=\sin x+\cos x$.

6. 设 $f(x)=x\sin x+k\cos x$($k$ 为常数),证明 $x=0$ 是 $f(x)$ 的极值点,并对 $k$ 讨论 $x=0$ 是极大值点还是极小值点.

7. 试求由下列方程确定的函数 $y=y(x)$ 的极值:

(1) $2y^3-2y^2+2xy-x^2=1$;

(2) $x=te^t$, $y=te^{-t}$.

8. 选择题:

(1) 若 $f(-x)=f(x)(-\infty<x<+\infty)$,在 $(-\infty,0)$ 内 $f'(x)>0$ 且 $f''(x)<0$,则在 $(0,+\infty)$ 内成立____.

(A) $f'(x)>0,f''(x)<0$; (B) $f'(x)>0,f''(x)>0$;

(C) $f'(x)<0,f''(x)<0$; (D) $f'(x)<0,f''(x)>0$.

(2) 设 $f(0)=0,\lim\limits_{x\to 0}\dfrac{f(x)}{x^2}=2$,则 $f(x)$ 在 $x=0$ 处____.

(A) 可导且 $f'(0)\neq 0$; (B) 取得极大值;

(C) 取得极小值; (D) 不可导.

(3) 设 $f(x)$ 在 $x_0$ 的某邻域内三阶可导, $f'(x_0)=0,f''(x_0)=0,f'''(x_0)\neq 0$,则____.

(A) $f(x)$ 在 $x_0$ 取极小值;

(B) $f(x)$ 在 $x_0$ 取极大值;

(C) $f'(x)$ 在 $x_0$ 取极大值;

(D) $(x_0,f(x_0))$ 是 $y=f(x)$ 的拐点.

9. 利用函数的单调性和极值讨论方程 $f(x)=x\ln x+A=0$ 有几个实根.

10. 利用函数的极值证明下列不等式:

(1) 当 $|x|\leqslant 2$ 时, $|3x-x^3|\leqslant 2$.

(2) 若 $m>0,n>0,0\leqslant x\leqslant a$, 则 $x^m(a-x)^n\leqslant\dfrac{m^m n^n}{(m+n)^{m+n}}a^{m+n}$.

11. 填空:

(1) $y=x^3+ax^2+bx+c$ 有一拐点 $(1,-1)$, 且在 $x=0$ 处有极大值 1, 则 $a=$______, $b=$____, $c=$____;

(2) $y=a\ln x+bx^2+x$ 在 $x_1=1,x_2=2$ 处都取得极值, 则 $a=$____, $b=$____.

12. 求下列函数 $y=f(x)$ 在给定区间上的最大值与最小值:

(1) $y=\sqrt{5-4x}$, $[-1,1]$;　(2) $y=2\tan x-\tan^2 x$, $\left[0,\dfrac{\pi}{3}\right]$;

(3) $y=|x^2-5x+4|+x$, $[0,4]$.

13. 讨论下列函数的凹向和拐点:

(1) $y=x^3-3x^2$;　(2) $y=x+\sin x$;

(3) $y=\ln(1+x^2)$;　(4) $y=x^2+\dfrac{1}{x}$.

14. 求下列曲线的渐近线:

(1) $y=e^{\frac{1}{x}}$;　(2) $y=xe^{\frac{1}{x^2}}$;

(3) $y=\dfrac{x^2}{(1+x)^2}$;　(4) $y=\dfrac{x^3}{(1-x)^2}$;

(5) $y=\ln\dfrac{x^2-3x+2}{x^2+1}$.

15. 研究下列函数的基本性态, 并作图:

(1) $y=\dfrac{x}{1+x^2}$;　(2) $y=1+x^2-\dfrac{x^4}{2}$;

(3) $y=xe^{-x}$;　(4) $y=\dfrac{1}{x}\ln x$;

(5) $y=\dfrac{(x+1)^3}{(x-1)^2}$.

16. 表面积一定的圆柱体, 当高与底面直径之比等于多少时体积最大?

17. 设有 $n$ 个数 $a_1,a_2,\cdots,a_n$. 求 $a$ 使得和式 $\sum\limits_{i=1}^{n}(a_i-a)^2$ 最小.

18. 设某种商品的单价为 $p$ 时, 售出的商品数量 $Q$ 可以表示成

$$Q=\frac{a}{p+b}-c,$$

其中 $a,b,c$ 均为正数, 且 $a>bc$.

(1) 求 $p$ 在何范围内变化时, 使相应销售额增加或减少;

(2) 要使销售额最大, 商品单价应取何值? 最大销售额是多少?

19. 一商家销售某种商品的价格满足关系 $p=7-0.2x$(万元/吨),$x$ 为销售量(单位:吨),商品的成本函数是 $c=3x+1$(万元).

(1) 若每销售一吨商品,政府要征税 $t$(万元),求该商家获最大利润时的销售量;

(2) $t$ 为何值时,政府税收总额最大.

20. 已知某企业的总收入函数为 $R=26x-2x^2-4x^3$,总成本函数为 $c=8x+x^2$,其中 $x$ 表示产品的产量.求利润函数,边际收入函数,边际成本函数,以及企业获得最大利润时的产量和最大利润.

21. 某商品的供给函数为 $Q=7\cdot 2^p-14$,求供给弹性函数,并求当 $p=2$ 时的供给弹性.

22. 某商品的需求函数为 $Q=45-p^2$.

(1) 求当 $p=3$ 与 $p=5$ 时的边际需求与需求弹性;

(2) 当 $p=3$ 与 $p=5$ 时,若价格上涨1%,收益将如何变化?

(3) $P$ 为多少时,收益最大?

**B组**

1. 比较 $\pi^e$ 和 $e^\pi$ 的大小.

2. 求最小的常数 $\alpha$ 使不等式 $\ln x\leqslant x^\alpha$ 对所有 $x>0$ 成立.

3. 设 $\lim\limits_{x\to 0}\dfrac{f(x)}{x}=1$ 且 $f''(x)>0$,证明 $f(x)\geqslant x$.

4. 曲线 $y=4-x^2$ 与 $y=1+2x$ 相交于 $A,B$ 两点,在抛物线 $y=4-x^2$ 上求一点 $C$($C$ 的横坐标在 $A$ 与 $B$ 的横坐标之间),使 $\triangle ABC$ 的面积最大,并求最大面积.

5. 用牛顿法求下列方程在指定区间的根,精确到小数点后第三位:

(1) $x^6+6x-8=0$, $[1,2]$;　　(2) $x+e^x=0$, $[-1,0]$.

# 第三章　一元函数积分学

## 第一节　不定积分

### §3.1.1　不定积分概念·基本积分表

在第二章中,我们建立了函数的导数与微分的概念.无论是数学理论发展本身的要求,还是实践的需要,都会产生与求导数相反的问题,就是已知函数的导数,求原函数的问题.

例如,已知某物体在任一时刻 $t$ 的速度 $v=v(t)$,求在时刻 $t$ 时该物体走过的路程 $s=s(t)$.我们知道物体走过的路程 $s$ 对时间 $t$ 的导数 $\frac{\mathrm{d}s}{\mathrm{d}t}$ 等于速度 $v$.于是上述问题就是由导数 $\frac{\mathrm{d}s}{\mathrm{d}t}$ 求函数 $s(t)$ 的一个例子.

我们先引进关于原函数的概念.

**定义 3.1**　设函数 $f(x)$ 在某区间 $I$ 上定义.若存在函数 $F(x)$,使得

$$F'(x)=f(x),\qquad \forall x\in I,$$

则称 $F(x)$ 为 $f(x)$ 在区间 $I$ 上的**原函数**.

若 $F(x)$ 是 $f(x)$ 的某一个原函数,$C$ 为任意常数.因 $(F(x)+C)'=F'(x)=f(x)$,于是 $F(x)+C$ 也是 $f(x)$ 的原函数.反过来,若 $F(x)$ 与 $\Phi(x)$ 都是 $f(x)$ 的原函数,则

$$(\Phi(x)-F(x))'=\Phi'(x)-F'(x)=f(x)-f(x)=0.$$

由§2.3.1推论2.9知 $\Phi(x)-F(x)=C$,即 $\Phi(x)=F(x)+C$.因此,$f(x)$ 的任一原函数都可表示成 $F(x)+C$ 的形式.

**定义 3.2(不定积分)**　设函数 $f(x)$ 在某区间 $I$ 上定义,$f(x)$ 的全体原函数称为 $f(x)$ 的**不定积分**,记为

$$\int f(x)\mathrm{d}x.$$

由上讨论知,若 $F(x)$ 是 $f(x)$ 的某一个原函数,则

$$\int f(x)\mathrm{d}x = F(x) + C,$$

这里 $C$ 为任意常数,称为**积分常数**.

我们把符号"$\int$"称为积分号,$f(x)$ 称为**被积函数**,$f(x)\mathrm{d}x$ 称为**被积表达式**,$x$ 称为**积分变量**.

**例 1** 已知自由落体的瞬时速度 $v(t)=gt$,这里 $g$ 为重力加速度.求运动方程 $s=s(t)$.

**解** 因$\frac{\mathrm{d}s}{\mathrm{d}t}=v(t)=gt$,$\frac{1}{2}gt^2$ 是 $gt$ 的某一个原函数,故所求的运动方程为

$$s = \frac{1}{2}gt^2 + C.$$

这里 $C$ 为任意常数.

**例 2** 求通过点(1,2),切线斜率为 $2x$ 的曲线.

**解** 因$\frac{\mathrm{d}y}{\mathrm{d}x}=2x$,$x^2$ 是 $2x$ 的某一个原函数,于是

$$\int 2x\mathrm{d}x = x^2 + C,$$

即切线斜率等于 $2x$ 的曲线必可表成

$$y = x^2 + C$$

的形式.因所求曲线通过坐标为(1,2)的点,以 $x=1$,$y=2$ 代入上式得 $C=1$.故所求曲线方程为

$$y = x^2 + 1.$$

若 $F(x)$为 $f(x)$的原函数,我们把 $y=F(x)$的图形称为 $f(x)$的一条**积分曲线**.若把这条曲线沿 $y$ 轴平行移动任意长度$C$,向上为正,向下为负,我们将得到一簇曲线 $y=F(x)+C$,$C\in\mathbf{R}$.因此函数 $f(x)$的不定积分的图形就是这样的一簇曲线.

例如,$f(x)=2x$ 的不定积分的图形可由它的一条积分曲线 $y=x^2$ 沿 $y$ 轴平行移动得到.这一簇曲线上横坐标相同点处的切线是互相平行的.参见图 3.1.

设 $F(x)$为 $f(x)$的某一原函数,则

$$\mathrm{d}\int f(x)\mathrm{d}x = \mathrm{d}(F(x) + C)$$

$$= F'(x)\mathrm{d}x$$
$$= f(x)\mathrm{d}x.$$

又设 $f(x)$为定义在某区间上的可导函数,则

$$\int \mathrm{d}f(x) = \int f'(x)\mathrm{d}x = f(x) + C.$$

于是,我们有如下两条性质:

1) $\mathrm{d}\int f(x)\mathrm{d}x = f(x)\mathrm{d}x$,

2) $\int \mathrm{d}f(x) = f(x) + C.$

上述两式给出了不定积分与微分运算的关系.

下述三个公式中出现的函数在所讨论的区间上均有原函数存在,我们有

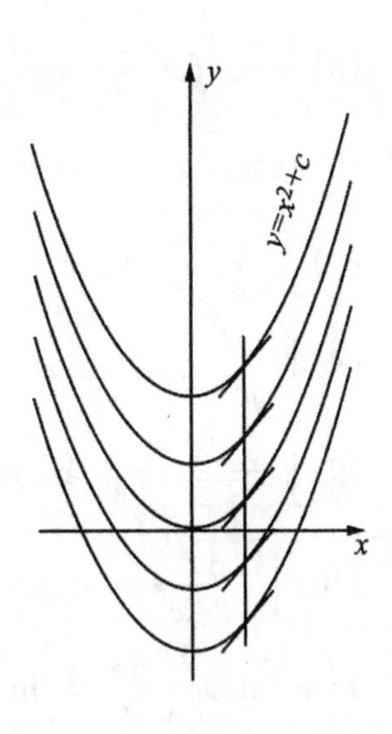


图 3.1

3)

$$\int (f_1(x) + f_2(x) + \cdots + f_n(x))\mathrm{d}x$$
$$= \int f_1(x)\mathrm{d}x + \int f_2(x)\mathrm{d}x + \cdots + \int f_n(x)\mathrm{d}x;$$

4) $\int cf(x)\mathrm{d}x = c\int f(x)\mathrm{d}x$,这里 $c$ 为非零常数;

5) 若 $f(u)\mathrm{d}u = g(v)\mathrm{d}v$,这里 $u$ 与 $v$ 均为某变量的可微函数,则

$$\int f(u)\mathrm{d}u = \int g(v)\mathrm{d}v.$$

上述三条性质可以这样验证:因为等式两边均为不定积分,只要证明它们的微分相等就可以了.由微分运算性质及性质 1)知它们的微分显然是相等的.

参照§2.1.2 导数公式表,我们有下述基本积分表:

(1) $\int 0\mathrm{d}x = C$.

(2) $\int x^{\mu}\mathrm{d}x = \dfrac{x^{\mu+1}}{\mu+1} + C,\ \mu \neq -1.$

(3) $\int \dfrac{\mathrm{d}x}{x} = \ln x + C,\ x > 0.$

(4) $\int a^{x}\mathrm{d}x = \dfrac{a^{x}}{\ln a} + C,\ \int \mathrm{e}^{x}\mathrm{d}x = \mathrm{e}^{x} + C.$

(5) $\int \sin x \, dx = -\cos x + C$.

(6) $\int \cos x dx = \sin x + C$.

(7) $\int \frac{dx}{\cos^2 x} = \tan x + C$.

(8) $\int \frac{dx}{\sin^2 x} = -\cot x + C$.

(9) $\int \frac{dx}{\sqrt{1-x^2}} = \arcsin x + C$.

(10) $\int \frac{dx}{1+x^2} = \arctan x + C$.

若 $x<0$,则 $\int \frac{dx}{x} = \ln(-x) + C$. 因而公式(3)常写成下述一般形式:

$$\int \frac{dx}{x} = \ln|x| + C, \qquad x \neq 0. \tag{3.1}$$

公式(3.1)适用于不含0的任何区间,即

$$\int \frac{1}{x} dx = \begin{cases} \ln x + c, & x > 0, \\ \ln(-x) + c, & x < 0. \end{cases}$$

由§2.1.2例9,我们有

(11) $\int \frac{dx}{\sqrt{x^2+1}} = \ln(x + \sqrt{x^2+1}) + C$.

(12) $\int \frac{dx}{\sqrt{x^2-1}} = \ln|x + \sqrt{x^2-1}| + C$.

**例3**　求 $I = \int \left( \frac{2}{\sqrt{x}} + \frac{1}{x} + 3x + 1 \right) dx$.

**解**　$I = 2\int \frac{dx}{\sqrt{x}} + \int \frac{dx}{x} + 3\int x dx + \int dx$

$= 4\sqrt{x} + \ln x + \frac{3}{2}x^2 + x + C, \qquad x > 0.$

**例4**　求 $I = \int \frac{1+x-x^2+x^3}{1+x^2} dx$.

**解**　$I = \int \left( x - 1 + \frac{2}{1+x^2} \right) dx = \frac{x^2}{2} - x + 2\arctan x + C$.

有时,同一个函数的不定积分可以有不同的表达形式. 例如,由

$\frac{\mathrm{d}}{\mathrm{d}x}\arccos x=\frac{-1}{\sqrt{1-x^2}}$知

$$\int\frac{\mathrm{d}x}{\sqrt{1-x^2}}=-\arccos x+C_1.$$

将上式与公式(9)比较,我们得到了函数$\frac{1}{\sqrt{1-x^2}}$的不定积分的两个公式.由于$\arcsin x=\frac{\pi}{2}-\arccos x$,说明这两个公式都是正确的.其差别在于它们的积分常数不一样,两者之间相差$\frac{\pi}{2}$,即有关系式$C_1-C=\frac{\pi}{2}$.

### §3.1.2 换元积分法

利用积分的运算性质与基本积分表,所能解决的不定积分类型是十分有限的.因此有必要寻求其它方法解决更广一类函数的不定积分问题.这里介绍的换元积分法是最基本、最重要的一种方法.它是通过适当的变量代换,将所求积分化成基本积分表中的积分.

设函数$y=f(u)$与$u=\varphi(v)$符合复合函数条件.又设$f(u)$存在原函数,$\varphi(v)$可导.因$\mathrm{d}u=\varphi'(v)\mathrm{d}v$,由一阶微分形式不变性有

$$f(u)\mathrm{d}u=f(\varphi(v))\varphi'(v)\mathrm{d}v.$$

再由§3.1.1性质5),我们得到

$$\int f(u)\mathrm{d}u=\int f(\varphi(v))\varphi'(v)\mathrm{d}v. \tag{3.2}$$

(3.2)式是换元积分法的基本公式.

下面分两种情形讨论.

1. 若(3.2)式左端容易计算,我们常将右端通过变量代换$u=\varphi(v)$化成左端计算.设

$$\int f(u)\mathrm{d}u=F(u)+C,$$

将$u=\varphi(v)$代入上式右端便求得函数$f(\varphi(v))\varphi'(v)$的不定积分为$F(\varphi(v))+C$.

实际计算时这样书写可以更为简洁:

$$\int f(\varphi(v))\varphi'(v)\mathrm{d}v=\int f(\varphi(v))\mathrm{d}\varphi(v)=F(\varphi(v))+C.$$

这种方法通常称为**凑微分法**．

2．若(3.2)式右端容易计算，我们常将左端通过变量代换 $u=\varphi(v)$ 化成右端计算．这里还要假定 $u=\varphi(v)$ 存在反函数 $v=\varphi^{-1}(u)$．若 $G(v)$ 为函数 $f(\varphi(v))\varphi'(v)$ 的原函数，则

$$\int f(u)\mathrm{d}u=\int f(\varphi(v))\varphi'(v)\mathrm{d}v=G(v)+C=G(\varphi^{-1}(u))+C.$$

我们举例说明．

**例 1** 求 $\int\sin^2x\cos x\mathrm{d}x$．

**解** 设 $u=\varphi(x)=\sin x$，则 $\varphi'(x)=\cos x$．故由(3.2)式得

$$原积分=\int\varphi^2(x)\varphi'(x)\mathrm{d}x=\int u^2\mathrm{d}u=\frac{1}{3}u^3+C=\frac{1}{3}\sin^3x+C.$$

实际计算时，我们可写得更加简洁些：

$$原积分=\int\sin^2x\mathrm{d}\sin x=\frac{1}{3}\sin^3x+C.$$

上述计算过程中，先把 $\cos x\mathrm{d}x$ 换成 $\mathrm{d}\sin x$，然后把积分式中 $\sin x$ 看成新的变量 $u$，利用幂函数的积分公式写出它的不定积分．而在全过程中可不必写出新的变量 $u$．

**例 2** 求 $I=\int(ax+b)^n\mathrm{d}x,n\neq-1,a\neq0$．

**解** $I=\dfrac{1}{a}\int(ax+b)^n\mathrm{d}(ax+b)=\dfrac{(ax+b)^{n+1}}{a(n+1)}+C.$

**例 3** 求 $I=\int\tan x\mathrm{d}x$．

**解** $I=\int\dfrac{\sin x}{\cos x}\mathrm{d}x=-\int\dfrac{\mathrm{d}\cos x}{\cos x}=-\ln|\cos x|+C.$

**例 4** $I=\int\csc x\mathrm{d}x$．

**解** $I=\int\dfrac{\mathrm{d}x}{2\sin\frac{x}{2}\cos\frac{x}{2}}=\int\dfrac{\mathrm{d}\left(\frac{x}{2}\right)}{\tan\frac{x}{2}\cos^2\frac{x}{2}}=\int\dfrac{\mathrm{d}\tan\frac{x}{2}}{\tan\frac{x}{2}}=\ln\left|\tan\frac{x}{2}\right|+C.$

因

$$\tan\frac{x}{2}=\frac{\sin\frac{x}{2}}{\cos\frac{x}{2}}=\frac{2\sin^2\frac{x}{2}}{\sin x}=\frac{1-\cos x}{\sin x}=\csc x-\cot x,$$

所以

$$\int\csc x\,\mathrm{d}x=\ln|\csc x-\cot x|+C.$$

**例 5**　求 $I=\int\sec x\,\mathrm{d}x$ .

**解**　$$I=\int\frac{\mathrm{d}\left(x+\frac{\pi}{2}\right)}{\sin\left(x+\frac{\pi}{2}\right)}=\ln\left|\csc\left(x+\frac{\pi}{2}\right)-\cot\left(x+\frac{\pi}{2}\right)\right|+C$$

$$=\ln|\sec x+\tan x|+C.$$

**例 6**　求 $I=\int\frac{\mathrm{d}x}{x\ln x}$.

**解**　$I=\int\frac{\mathrm{d}\ln x}{\ln x}=\ln|\ln x|+C.$

**例 7**　求 $I=\int\cos2x\cos x\,\mathrm{d}x$.

**解**　$I=\int(1-2\sin^2x)\mathrm{d}\sin x=\sin x-\frac{2}{3}\sin^3x+C.$

若利用三角函数积化和差公式,也可这样求解:

$$I=\frac{1}{2}\int(\cos x+\cos3x)\mathrm{d}x=\frac{1}{2}\int\cos x\,\mathrm{d}x+\frac{1}{6}\int\cos3x\,\mathrm{d}(3x)$$

$$=\frac{1}{2}\sin x+\frac{1}{6}\sin3x+C.$$

上述几个例子均是第一种类型的变量代换.我们再举一些第二种类型变量代换的例子.

**例 8**　求 $I=\int\frac{\sin\sqrt{x}}{\sqrt{x}}\mathrm{d}x$.

**解 1**　设 $x=u^2,u>0,x>0$.则 $\mathrm{d}x=2u\mathrm{d}u$, $u=\sqrt{x}$,所以

$$I=\int\frac{\sin u}{u}\cdot2u\,\mathrm{d}u=2\int\sin u\,\mathrm{d}u=-2\cos u+C=-2\cos\sqrt{x}+C.$$

**解 2**　本例也可用第一种类型的变量代换来求解.事实上,因 $\mathrm{d}\sqrt{x}=$

$\frac{dx}{2\sqrt{x}}$,于是

$$I=\int 2\sin\sqrt{x}\,d\sqrt{x}=-2\cos\sqrt{x}+C.$$

**例9** 求 $I=\int\sqrt{a^2-x^2}\,dx, a>0$.

**解** 令 $x=a\sin t$, $-\frac{\pi}{2}\leqslant t\leqslant\frac{\pi}{2}$,则 $t=\arcsin\frac{x}{a}$, $\cos t>0$, $dx=a\cos t\,dt$.所以

$$\begin{aligned}I&=\int\sqrt{a^2-a^2\sin^2 t}\cdot a\cos t\,dt=a^2\int\cos^2 t\,dt\\&=a^2\int\frac{1+\cos 2t}{2}dt=\frac{1}{2}a^2t+\frac{a^2}{4}\int\cos 2t\,d(2t)\\&=\frac{a^2}{2}t+\frac{a^2}{4}\sin 2t+C=\frac{a^2}{2}t+\frac{a^2}{2}\sin t\cos t+C\\&=\frac{a^2}{2}\arcsin\frac{x}{a}+\frac{x}{2}\sqrt{a^2-x^2}+C.\end{aligned}$$

**例10** 求 $I=\int\frac{dx}{x\sqrt{1+x^2}}$.

**解1** $I=\frac{1}{2}\int\frac{d(x^2)}{x^2\sqrt{1+x^2}}$.令 $t=\sqrt{1+x^2}$,则 $x^2=t^2-1$, $d(x^2)=2t\,dt$. 于是

$$\begin{aligned}I&=\frac{1}{2}\int\frac{-2t\,dt}{(1-t^2)t}=\frac{1}{2}\int\left(\frac{1}{t-1}-\frac{1}{1+t}\right)dt\\&=\frac{1}{2}\ln|t-1|-\frac{1}{2}\ln|1+t|+C\\&=\frac{1}{2}\ln\left|\frac{t-1}{1+t}\right|+C=\frac{1}{2}\ln\left|\frac{\sqrt{x^2+1}-1}{1+\sqrt{1+x^2}}\right|+C\\&=\ln\frac{\sqrt{x^2+1}-1}{|x|}+C.\end{aligned}$$

**解2** 令 $x=\tan t$, $-\frac{\pi}{2}<t<\frac{\pi}{2}$,则 $dx=\sec^2 t\,dt$. 于是

$$I=\int\frac{\cos t\mathrm{d}t}{\sin t\cos t}=\int\csc t\mathrm{d}t=\ln|\csc t-\cot t|+C$$

$$=\ln\left|\frac{1-\cos t}{\sin t}\right|+C=\ln\frac{\sqrt{x^2+1}-1}{|x|}+C.$$

从例 9 和例 10 我们得到启发,若被积函数 $f(x)$是$\sqrt{a^2-x^2}$,$\sqrt{x^2+a^2}$和$\sqrt{x^2-a^2}$之一与 $x$ 的有理函数,分别做三角变换 $x=a\sin t$, $x=a\tan t$ 和 $x=a\sec t$,就可把$\int f(x)\mathrm{d}x$ 化为三角函数有理式的积分,从而可求出不定积分,详见 §3.1.4.

### §3.1.3 分部积分法

除换元积分法之外,另一种重要的求不定积分的方法是分部积分法.

设 $u=u(x)$, $v=v(x)$均为某区间上 $x$ 的可导函数,且导数连续.由函数乘积的微分公式 $\mathrm{d}(uv)=u\mathrm{d}v+v\mathrm{d}u$ 知

$$u\mathrm{d}v=\mathrm{d}(uv)-v\mathrm{d}u.$$

两边积分即得

$$\int u\mathrm{d}v=uv-\int v\mathrm{d}u. \tag{3.3}$$

上式是分部积分的基本公式,它把不定积分$\int u\mathrm{d}v$ 转化为不定积分$\int v\mathrm{d}u$. 当后者容易计算时,(3.3)式就显示出它的优越性了.我们举例说明.

**例 1** 求 $I=\int\ln x\mathrm{d}x$.

若令变量代换 $t=\ln x$,则 $x=\mathrm{e}^t$, $\mathrm{d}x=\mathrm{e}^t\mathrm{d}t$,于是 $I=\int t\mathrm{e}^t\mathrm{d}t$,仍然不能解决问题.我们不妨用分部积分来求解.

令 $u=\ln x$, $v=x$,则 $\mathrm{d}u=\frac{1}{x}\mathrm{d}x$.故由(3.3)式,

$$I=x\ln x-\int x\cdot\frac{1}{x}\mathrm{d}x=x\ln x-\int\mathrm{d}x=x\ln x-x+C=x(\ln x-1)+C.$$

**例 2** 求 $I=\int t\mathrm{e}^t\mathrm{d}t$.

上例的变量代换给了我们有益的启示.令 $t=\ln x$,则 $\mathrm{d}t=\frac{1}{x}\mathrm{d}x$, $\mathrm{e}^t=x$.

代入被积表达式中得

$$I=\int \ln x\mathrm{d}x = x(\ln x-1)+C = \mathrm{e}^t(t-1)+C.$$

若不利用上例的结果,我们也可直接用分部积分法求解.

令 $u=t,\mathrm{d}v=\mathrm{e}^t\mathrm{d}t$. 则 $v=\mathrm{e}^t$(满足 $\mathrm{d}v=\mathrm{e}^t\mathrm{d}t$ 的 $v$ 有无穷多个,它们最多相差一个常数. 一般选择表达式最简单的作为 $v$), $\mathrm{d}u=\mathrm{d}t$. 于是

$$\int t\mathrm{e}^t\mathrm{d}t = t\mathrm{e}^t-\int \mathrm{e}^t\mathrm{d}t = t\mathrm{e}^t-\mathrm{e}^t+C=\mathrm{e}^t(t-1)+C.$$

我们得到与第一种解法相同的结果.

用分部积分法求不定积分的关键是选择适当的函数 $u=u(x)$. 当 $u$ 选定后,被积表达式中除去因子 $u(x)$ 外,余下的便是 $\mathrm{d}v$. $u$ 的选择通常必须具备下述两个条件:

第一,易于求 $v$;

第二,易于求 $\int v\mathrm{d}u$.

如果 $u$ 选择不当,问题仍不能解决. 在例 2 中,若令 $u=\mathrm{e}^t$,则 $\mathrm{d}v=t\mathrm{d}t$. 于 $v=\frac{t^2}{2}$, $\mathrm{d}u=\mathrm{e}^t\mathrm{d}t$. 代入(3.3)式得

$$I=\frac{1}{2}t^2\mathrm{e}^t-\frac{1}{2}\int t^2\mathrm{e}^t\mathrm{d}t.$$

这样被积函数中 $t$ 的指数增加了 1,反而增加了问题的难度.

当熟悉了分部积分以后,中间代换过程常可省去. 如例 2 的计算过程写成:

$$\int t\mathrm{e}^t\mathrm{d}t=\int t\mathrm{d}\mathrm{e}^t = t\mathrm{e}^t-\int \mathrm{e}^t\mathrm{d}t = t\mathrm{e}^t-\mathrm{e}^t+C=\mathrm{e}^t(t-1)+C.$$

上述等式中的第二式 $\int t\mathrm{d}\mathrm{e}^t$,已是 $\int u\mathrm{d}v$ 的形式了. 第三式是将 $u=t, v=\mathrm{e}^t$ 代入(3.3)式得到的.

一般,若被积函数 $f(x)$ 是多项式 $P_n(x)$ 与 $\mathrm{e}^{ax}$, $\ln x$, $\sin bx$, $\cos bx$, $\arcsin x$, $\arctan x$ 之一的乘积时,宜用分部积分法 .

在求不定积分的问题中,有时需要多次重复运用分部积分法. 有时需要与变量代换结合起来求解. 我们再来看下面的例子.

**例 3** $I=\int \mathrm{e}^x\cos x\mathrm{d}x$.

**解**

$$\begin{aligned} I &= \int \cos x \,\mathrm{d}e^x = e^x \cos x - \int e^x \,\mathrm{d}\cos x \\ &= e^x \cos x + \int e^x \sin x \,\mathrm{d}x = e^x \cos x + \int \sin x \,\mathrm{d}e^x \\ &= e^x \cos x + e^x \sin x - \int e^x \cos x \,\mathrm{d}x \\ &= e^x (\cos x + \sin x) - I. \end{aligned}$$

连续运用两次分部积分后，等式右端出现了要计算的积分 $I$. 将它移至左端，在等式两边除以 2 便得到：

$$I = \frac{1}{2} e^x (\cos x + \sin x) + C. ①$$

*__例 4__　$I = \int \sqrt{a^2 + x^2}\,\mathrm{d}x$.

**解**

$$\begin{aligned} I &= x\sqrt{a^2 + x^2} - \int x \,\mathrm{d}\sqrt{a^2 + x^2} = x\sqrt{a^2 + x^2} - \int \frac{x^2 \mathrm{d}x}{\sqrt{a^2 + x^2}} \\ &= x\sqrt{a^2 + x^2} - \int \frac{(a^2 + x^2) - a^2}{\sqrt{a^2 + x^2}} \mathrm{d}x \\ &= x\sqrt{a^2 + x^2} - \int \sqrt{a^2 + x^2}\,\mathrm{d}x + a^2 \int \frac{\mathrm{d}x}{\sqrt{a^2 + x^2}} \\ &= x\sqrt{a^2 + x^2} - I + a^2 \int \frac{\mathrm{d}x}{\sqrt{a^2 + x^2}}. \end{aligned}$$

移项整理后即得

$$I = \frac{x}{2}\sqrt{a^2 + x^2} + \frac{a^2}{2}\int \frac{\mathrm{d}x}{\sqrt{a^2 + x^2}} = \frac{x}{2}\sqrt{a^2 + x^2} + \frac{a^2}{2}\int \frac{\mathrm{d}\left(\frac{x}{a}\right)}{\sqrt{1 + \left(\frac{x}{a}\right)^2}}$$

由公式(11)得

$$I = \frac{x}{2}\sqrt{a^2 + x^2} + \frac{a^2}{2}\ln\left(\frac{x}{a} + \sqrt{1 + \left(\frac{x}{a}\right)^2}\right) + C_1$$

① 将右端 $I$ 移到左端后，因左端为不定积分，故右端要添上积分常数.

$$= \frac{x}{2}\sqrt{a^2+x^2} + \frac{a^2}{2}\ln(x+\sqrt{a^2+x^2}) + C,$$

式中 $C = C_1 - \frac{a^2}{2}\ln a$.

* **例 5** 求 $I_k = \int \frac{\mathrm{d}t}{(t^2+a^2)^k}, k \in \mathbf{N}$.

**解** 当 $k=1$ 时,

$$I_1 = \int \frac{\mathrm{d}t}{t^2+a^2} = \frac{1}{a}\arctan\frac{t}{a} + C.$$

当 $k>1$ 时,

$$I_k = \frac{1}{a^2}\int \frac{(t^2+a^2)-t^2}{(t^2+a^2)^k}\mathrm{d}t = \frac{1}{a^2}\int \frac{\mathrm{d}t}{(t^2+a^2)^{k-1}} - \frac{1}{a^2}\int \frac{t^2\mathrm{d}t}{(t^2+a^2)^k}$$

$$= \frac{1}{a^2}I_{k-1} - \frac{1}{2a^2(1-k)}\int t\,\mathrm{d}\frac{1}{(t^2+a^2)^{k-1}}$$

$$= \frac{1}{a^2}I_{k-1} - \frac{1}{2a^2}\left(\frac{t}{(1-k)(t^2+a^2)^{k-1}} - \frac{1}{1-k}\int \frac{\mathrm{d}t}{(t^2+a^2)^{k-1}}\right)$$

$$= \frac{t}{2a^2(k-1)(t^2+a^2)^{k-1}} + \frac{1}{a^2}\left(1+\frac{1}{2(1-k)}\right)I_{k-1}.$$

于是得到递推公式

$$I_k = \frac{1}{2a^2(k-1)}\left(\frac{t}{(t^2+a^2)^{k-1}} + (2k-3)I_{k-1}\right), \qquad k = 2,3,\cdots.$$

例如,当 $k=2$ 时,

$$I_2 = \frac{1}{2a^2}\left(\frac{t}{t^2+a^2} + I_1\right) = \frac{1}{2a^2}\left(\frac{t}{t^2+a^2} + \frac{1}{a}\arctan\frac{t}{a}\right) + C.$$

**例 6** $I = \int \sqrt{1-x^2}\arcsin x\,\mathrm{d}x$.

**解** 令 $x=\sin t$, $-\frac{\pi}{2} \leqslant t \leqslant \frac{\pi}{2}$,则

$$I = \int t\cos^2 t\,\mathrm{d}t = \int \frac{t}{2}\mathrm{d}t + \int \frac{t}{2}\cos 2t\,\mathrm{d}t$$

$$= \frac{1}{4}t^2 + \frac{1}{4}\int t\,\mathrm{d}\sin 2t = \frac{1}{4}t^2 + \frac{1}{4}t\sin 2t - \int \frac{1}{4}\sin 2t\,\mathrm{d}t$$

$$= \frac{1}{4}t^2 + \frac{t}{4}\sin 2t + \frac{1}{8}\cos 2t + C = \frac{1}{4}\arcsin^2 x + \frac{x}{2}\sqrt{1-x^2}\arcsin x - \frac{1}{4}x^2 + C.$$

### §3.1.4　某些简单可积函数的积分

我们把两个多项式的商(分母不为零多项式)所表示的函数称为有理函数,除了恒等于零的函数外,有理函数具有下述形式

$$\frac{P(x)}{Q(x)} = \frac{a_0 + a_1 x + \cdots + a_m x^m}{b_0 + b_1 x + \cdots + b_n x^n},$$

其中 $m, n$ 均为非负整数, $a_0, a_1, \cdots, a_m$, 及 $b_0, b_1, \cdots, b_n$ 都是常数,且 $a_m b_n \neq 0$.

在§3.1.5中我们将详细讨论求有理函数不定积分的方法,并证明下述定理:

**定理 3.1**　有理函数的不定积分可用有理函数,对数函数及反正切函数的有限形式表示出来.

该结论的证明比较繁琐,供有兴趣的读者阅读.这里讨论一些较简单的情形.

**例 1**　求 $I = \int \frac{1}{(x-\alpha)^k} dx,\ k \in \mathbf{N}$.

**解**　当 $k=1$ 时, $I = \ln|x-\alpha| + C$;

当 $k>1$ 时, $I = \frac{1}{(1-k)(x-a)^{k-1}} + C$.

**例 2**　求 $I = \int \frac{ax+b}{x^2+2x+5} dx$ ($a, b$ 为常数).

**解**

$$I = \int \frac{\frac{a}{2}(2x+2) + b - a}{x^2+2x+5} dx$$

$$= \frac{a}{2}\int \frac{d(x^2+2x+5)}{x^2+2x+5} + (b-a)\int \frac{dx}{x^2+2x+5}$$

$$= \frac{a}{2}\ln(x^2+2x+5) + \frac{b-a}{2}\int \frac{d\frac{x+1}{2}}{\left(\frac{x+1}{2}\right)^2 + 1}$$

$$= \frac{a}{2}\ln(x^2+2x+5) + \frac{b-a}{2}\arctan\frac{x+1}{2} + C.$$

**例 3**　求 $I = \int \frac{(x-2)^2}{x^2-4x+3}\mathrm{d}x$.

**解**

$$I = \int \frac{x^2-4x+3+1}{x^2-4x+3}\mathrm{d}x = \int\left(1+\frac{1}{(x-3)(x-1)}\right)\mathrm{d}x$$

$$= x + \frac{1}{2}\int\left(\frac{1}{x-3}-\frac{1}{x-1}\right)\mathrm{d}x$$

$$= x + \frac{1}{2}\ln|x-3| - \frac{1}{2}\ln|x-1| + C$$

$$= x + \frac{1}{2}\ln\left|\frac{x-3}{x-1}\right| + C.$$

**例 4**　求 $I = \int \frac{x^3+2x^2-x+2}{x^2+1}\mathrm{d}x$.

**解**

$$I = \int \frac{(x^2+1)(x+2)-2x}{x^2+1}\mathrm{d}x = \int\left(x+2-\frac{2x}{x^2+1}\right)\mathrm{d}x$$

$$= \frac{1}{2}x^2 + 2x - \int\frac{\mathrm{d}(x^2+1)}{x^2+1} = \frac{1}{2}x^2 + 2x - \ln(x^2+1) + C.$$

以上的例子均是简单的有理函数积分.下面我们来讨论三角函数有理式的积分.

所谓**三角函数有理式**是指由三角函数 $\sin x$ 与 $\cos x$ 及常数经过有限次加、减、乘、除四则运算得到的一类函数.常用 $R(\sin x,\cos x)$表示,其中 $R$ 表示有理函数.因 $\tan x,\cot x,\sec x,\csc x$ 等都可用 $\sin x,\cos x$ 的商或倒数表示,它们都是三角函数的有理式.我们来证明三角函数有理式的不定积分总可通过适当的变量代换化成有理函数的积分.事实上,若令 $u=\tan\frac{x}{2}(-\pi<x<\pi)$,则

$$\sin x = 2\sin\frac{x}{2}\cos\frac{x}{2} = \frac{2\tan\frac{x}{2}}{\sec^2\frac{x}{2}} = \frac{2\tan\frac{x}{2}}{1+\tan^2\frac{x}{2}} = \frac{2u}{1+u^2}.$$

$$\cos x = \sin x \cdot \frac{1}{\tan x} = \frac{2u}{1+u^2} \cdot \frac{1-\tan^2\frac{x}{2}}{2\tan\frac{x}{2}} = \frac{1-u^2}{1+u^2}.$$

又因 $x=2\arctan u$，得 $\mathrm{d}x=\frac{2\mathrm{d}u}{1+u^2}$.故

$$\int R(\sin x,\cos x)\mathrm{d}x = \int R\left(\frac{2u}{1+u^2},\frac{1-u^2}{1+u^2}\right)\frac{2}{1+u^2}\mathrm{d}u.$$

上式右端是 $u$ 的有理函数的积分.§3.1.5解决了有理函数的积分问题，因此三角函数有理式的积分也可得到解决.

**例5** 求 $I=\int\frac{\mathrm{d}x}{4+5\cos x}$.

**解** 令 $u=\tan\frac{x}{2}$，则

$$I=\int\frac{1}{4+\frac{5(1-u^2)}{1+u^2}}\cdot\frac{2}{1+u^2}\mathrm{d}u$$

$$=\int\frac{2\mathrm{d}u}{9-u^2}=\frac{1}{3}\ln\left|\frac{3+u}{3-u}\right|+C=\frac{1}{3}\ln\left|\frac{3+\tan\frac{x}{2}}{3-\tan\frac{x}{2}}\right|+C.$$

变量代换 $u=\tan\frac{x}{2}$ 虽然能解决三角函数有理式积分问题，但常常带来复杂的计算.对某些特殊情况，采用特殊的代换，可能更为方便.

1) $I=\int R(\sin x)\cos x\mathrm{d}x$.

若令 $u=\sin x$，则

$$I=\int R(\sin x)\mathrm{d}\sin x=\int R(u)\mathrm{d}u.$$

2) $I=\int R(\cos x)\sin x\mathrm{d}x$.

若令 $u=\cos x$，则

$$I=-\int R(\cos x)\mathrm{d}\cos x=-\int R(u)\mathrm{d}u.$$

3) $I=\int R(\tan x)\mathrm{d}x$.

若令 $u=\tan x, x=\arctan u, \mathrm{d}x=\dfrac{\mathrm{d}u}{1+u^2}$,则

$$I=\int R(u)\frac{\mathrm{d}u}{1+u^2}.$$

**例 6** 计算 $I=\int\dfrac{\mathrm{d}x}{\cos^4 x}$.

**解**

$$I=\int(1+\tan^2 x)\mathrm{d}\tan x=\tan x+\frac{1}{3}\tan^3 x+C.$$

**例 7** 求 $I=\int\dfrac{\mathrm{d}x}{4+5\cos^2 x}$.

**解**

$$I=\int\frac{\mathrm{d}x}{9\cos^2 x+4\sin^2 x}=\int\frac{\mathrm{d}\tan x}{9+4\tan^2 x}$$

$$=\frac{1}{6}\int\frac{\mathrm{d}\left(\frac{2}{3}\tan x\right)}{1+\left(\frac{2}{3}\tan x\right)^2}=\frac{1}{6}\arctan\left(\frac{2}{3}\tan x\right)+C$$

某些带根式的积分也可通过适当的变量代换化成有理函数的积分.例如,积分

$$I=\int R\left(x,\sqrt[n]{\frac{ax+b}{\alpha x+\beta}}\right)\mathrm{d}x,$$

可以令 $t=\sqrt[n]{\dfrac{ax+b}{\alpha x+\beta}}$,则 $t^n=\dfrac{ax+b}{\alpha x+\beta}, x=\dfrac{\beta t^n-b}{a-\alpha t^n}$.显然$\dfrac{\mathrm{d}x}{\mathrm{d}t}$也是关于 $t$ 的有理函数.代入被积表达式中,$I$ 将化成关于 $t$ 的有理函数的积分.

**例 8** 求 $I=\int\dfrac{1}{x}\sqrt{\dfrac{1+x}{x}}\,\mathrm{d}x$.

**解** 令 $t=\sqrt{\dfrac{1+x}{x}}$,则 $x=\dfrac{1}{t^2-1}, \mathrm{d}x=\dfrac{-2t}{(t^2-1)^2}\mathrm{d}t$.于是

$$I=\int(t^2-1)t\frac{-2t}{(t^2-1)^2}\mathrm{d}t=-2\int\frac{t^2-1+1}{t^2-1}\mathrm{d}t$$

$$=-2t+2\int\frac{\mathrm{d}t}{1-t^2}=-2t+\ln\left|\frac{1+t}{1-t}\right|+C$$

$$= 2\ln(\sqrt{x} + \sqrt{x+1}) - 2\sqrt{\frac{1+x}{x}} + C.$$

**例 9** $I = \int \frac{\mathrm{d}x}{\sqrt{x-1}(1+\sqrt[3]{x-1})}$.

**解** 令 $t=\sqrt[6]{x-1}$,则$\sqrt{x-1}=t^3$,$\sqrt[3]{x-1}=t^2$,$x=t^6+1$,$\mathrm{d}x=6t^2\mathrm{d}t$.于是

$$I = 6\int \frac{t^5 \mathrm{d}t}{t^3(1+t^2)} = 6\int (1 - \frac{1}{1+t^2})\mathrm{d}t = 6(t - \arctan t) + C$$

$$= 6(\sqrt[6]{x-1} - \arctan \sqrt[6]{x-1}) + C.$$

### * §3.1.5 有理函数的积分

在§3.1.4中我们给出了关于有理函数的定义,并举例说明了一些简单有理函数的积分方法.现在我们讨论一般的有理函数$\frac{P(x)}{Q(x)}$的积分方法.假设$P(x)$与$Q(x)$分别为$m$次与$n$次的多项式,且它们没有一次或高于一次的公因子.

当$m<n$时,$\frac{P(x)}{Q(x)}$称为**有理真分式**;当$m\geqslant n$时,称为**有理假分式**.分别简称为**真分式**与**假分式**.

当$\frac{P(x)}{Q(x)}$为假分式时,可以利用多项式的除法,化成一个多项式与真分式之和的形式:

$$\frac{P(x)}{Q(x)} = G(x) + \frac{r(x)}{Q(x)}.$$

这里$G(x)$与$r(x)$都是多项式,且$r(x)$的次数小于$Q(x)$的次数.因此,有理分式的积分可归结为求真分式的积分问题.下面我们给出代数中关于多项式与真分式分解的两个定理,读者可以在高等代数教科书中找到它的证明.

**定理 3.2** 实系数多项式

$$Q(x) = b_0 + b_1 x + \cdots + b_n x^n$$

在实数范围内总能分解成

$$Q(x) = b_n(x-\alpha)^k \cdots (x-\beta)^l (x^2+px+q)^h \cdots (x^2+rx+s)^t \tag{3.4}$$

形式,这里每两个包含其幂次的因子都是互质的,且 $p^2<4q,\cdots,r^2<4s$.

**定理 3.3**　实系数的有理真分式$\dfrac{P(x)}{Q(x)}$,若 $Q(x)$分解成(3.4)的形式,则

$$
\begin{aligned}
\frac{P(x)}{Q(x)} = & \frac{A_1}{x-\alpha} + \frac{A_2}{(x-\alpha)^2} + \cdots + \frac{A_k}{(x-\alpha)^k} + \cdots \\
& + \frac{B_1}{x-\beta} + \frac{B_2}{(x-\beta)^2} + \cdots + \frac{B_l}{(x-\beta)^l} \\
& + \frac{C_1 x + D_1}{x^2+px+q} + \frac{C_2 x + D_2}{(x^2+px+q)^2} + \cdots + \frac{C_h x + D_h}{(x^2+px+q)^h} + \cdots \\
& + \frac{E_1 x + F_1}{x^2+rx+s} + \frac{E_2 x + F_2}{(x^2+rx+s)^2} + \cdots + \frac{E_t x + F_t}{(x^2+rx+s)^t},
\end{aligned}
$$

这里 $A_i,B_i,C_i,D_i,E_i,F_i$ 等都是实常数.

定理 3.3 是说,若 $Q(x)$含有因式$(x-\alpha)^k$,其最高次数为 $k$,则分解式中含有下列 $k$ 项:

$$\frac{A_1}{x-\alpha} + \frac{A_2}{(x-\alpha)^2} + \cdots + \frac{A_k}{(x-\alpha)^k};$$

若 $Q(x)$含有因式$(x^2+px+q)^k$,其最高次数为 $h$,则分解式中含有下列 $h$ 项:

$$\frac{C_1 x + D_1}{x^2+px+q} + \frac{C_2 x + D_2}{(x^2+px+q)^2} + \cdots + \frac{C_h x + D_h}{(x^2+px+q)^h}.$$

在求有理真分式的分解式时,常采用所谓待定系数法进行计算.以下举例说明.

**例 1**　求$\dfrac{P(x)}{Q(x)}=\dfrac{x+1}{x^2(x^2-x+1)}$的分解式.

**解**　设$\dfrac{P(x)}{Q(x)}=\dfrac{A}{x^2}+\dfrac{B}{x}+\dfrac{Cx+D}{x^2-x+1}$.两边同乘 $Q(x)$去分母得

$$
\begin{aligned}
x+1 &= A(x^2-x+1) + Bx(x^2-x+1) + (Cx+D)x^2 \\
&= (B+C)x^3 + (A-B+D)x^2 - (A-B)x + A.
\end{aligned}
$$

比较两边系数得到关于 $A,B,C,D$ 的方程组:

$$\begin{cases} B+C=0, \\ A-B+D=0, \\ -A+B=1, \\ A=1, \end{cases}$$

解得 $A=1,B=2,C=-2,D=1$. 于是

$$\frac{P(x)}{Q(x)}=\frac{1}{x^2}+\frac{2}{x}+\frac{-2x+1}{x^2-x+1}.$$

对某些特殊的分式,我们可利用熟知的代数式,直接写出它们的分解式. 试看下例.

**例 2** 求$\frac{1}{x^4-1}$的分解式 .

**解**

$$\frac{1}{x^4-1}=\frac{1}{2}\left(\frac{1}{x^2-1}-\frac{1}{x^2+1}\right)=\frac{1}{4}\left(\frac{1}{x-1}-\frac{1}{x+1}\right)-\frac{1}{2(x^2+1)}$$
$$=\frac{1}{4(x-1)}-\frac{1}{4(x+1)}-\frac{1}{2(x^2+1)}.$$

由定理 3.3 知,有理真分式的积分可以归结为下述两种类型的积分问题:

Ⅰ. $\int\frac{1}{(x-\alpha)^k}dx, k\in\mathbf{N}$.

Ⅱ. $\int\frac{Ax+B}{(x^2+px+q)^k}dx, k\in\mathbf{N}, p^2<4q$.

对于Ⅰ,在§3.1.4 例 1 中得到了

$$\int\frac{1}{(x-\alpha)^k}dx=\begin{cases}\ln|x-\alpha|+C, & k=1, \\ \frac{1}{(1-k)(x-\alpha)^{k-1}}+C, & k>1.\end{cases}$$

对于Ⅱ,我们有

$$\int\frac{Ax+b}{(x^2+px+q)^k}dx=\frac{A}{2}\int\frac{d(x^2+px+q)}{(x^2+px+q)^k}+\left(B-\frac{pA}{2}\right)\int\frac{dx}{(x^2+px+q)^k}.$$

右端第一积分

$$\int\frac{d(x^2+px+q)}{(x^2+px+q)^k}=\begin{cases}\ln(x^2+px+q)+C, & k=1, \\ \frac{-1}{(k-1)(x^2+px+q)^{k-1}}+C, & k>1.\end{cases}$$

以下讨论第二个积分

$$I_k = \int \frac{\mathrm{d}x}{(x^2 + px + q)^k}.$$

令 $t = x + \frac{p}{2}, a^2 = q - \frac{p^2}{4}$,则 $\mathrm{d}x = \mathrm{d}t, x^2 + px + q = t^2 + a^2$. 于是

$$I_k = \int \frac{\mathrm{d}t}{(t^2 + a^2)^k}$$

参见§3.1.3 例5,我们有

$$I_1 = \frac{1}{a}\arctan\frac{t}{a} + C = \frac{1}{a}\arctan\left(\frac{x}{a} + \frac{p}{2a}\right) + C$$

及递推公式

$$I_k = \frac{1}{2a^2(k-1)}\left(\frac{t}{(t^2 + a^2)^{k-1}} + (2k-3)I_{k-1}\right),\ k = 2,3,\cdots.$$

这样第Ⅱ种类型的积分问题也解决了.总结上述讨论,我们证明了§3.1.4 中定理3.1.

**例3** 求 $I = \int \frac{x+1}{x^2(x^2 - x + 1)}\mathrm{d}x$.

**解** 由例1知

$$\frac{x+1}{x^2(x^2 - x + 1)} = \frac{1}{x^2} + \frac{2}{x} + \frac{-2x+1}{x^2 - x + 1}.$$

所以

$$I = \int \frac{\mathrm{d}x}{x^2} + \int \frac{2\mathrm{d}x}{x} - \int \frac{2x-1}{x^2 - x + 1}\mathrm{d}x = -\frac{1}{x} + 2\ln|x| - \int \frac{\mathrm{d}(x^2 - x + 1)}{x^2 - x + 1}$$

$$= -\frac{1}{x} + 2\ln|x| - \ln(x^2 - x + 1) + C.$$

**例4** 求 $I = \int \frac{x^2 + 1}{x^7 - x^5 + x^3}\mathrm{d}x$.

**解** 若我们用待定系数法求被积函数的分解式,将有七个待定系数,那是十分繁琐的.注意到被积函数关于 $x$ 为奇函数,将 $I$ 改写成

$$I = \frac{1}{2}\int \frac{x^2 + 1}{x^8 - x^6 + x^4}\mathrm{d}(x^2).$$

再令 $t=x^2$,得

$$I=\frac{1}{2}\int\frac{t+1}{t^4-t^3+t^2}\mathrm{d}t.$$

由例3得

$$\begin{aligned}I&=-\frac{1}{2t}+\ln|t|-\frac{1}{2}\ln(t^2-t+1)+C\\&=-\frac{1}{2x^2}+2\ln|x|-\frac{1}{2}\ln(x^4-x^2+1)+C.\end{aligned}$$

以上我们介绍了求不定积分的基本方法和求解某些特殊类型不定积分的方法.我们知道初等函数的导数如果存在,仍是初等函数.但初等函数的原函数却不一定是初等函数.例如

$$\int e^{-x^2}\mathrm{d}x,\int\sin x^2\mathrm{d}x,\int\frac{\sin x}{x}\mathrm{d}x,\int\frac{\mathrm{d}x}{\ln x},\int\sqrt{1-k^2\sin^2 x}\mathrm{d}x\quad(0<k<1)$$

等等都不是初等函数,因此上述积分方法在处理这类积分问题时便失效了.在第四章级数中,我们将简要介绍用幂级数来求上述不定积分的方法.

## 习　题　3.1

**A组**

1. 利用不定积分的性质和基本积分公式求下列积分:

(1) $\int\left(\frac{3}{x}+\frac{4}{\sqrt{1-x^2}}\right)\mathrm{d}x$;　　(2) $\int\left(1-\frac{1}{x^2}\right)\sqrt[3]{x^2}\mathrm{d}x$;

(3) $\int\left(\frac{1-x}{x}\right)^3\mathrm{d}x$;　　(4) $\int(2^x-3^x)^2\mathrm{d}x$;

(5) $\int\tan^2 x\mathrm{d}x$;　　(6) $\int\frac{1}{\sin^2 x\cos^2 x}\mathrm{d}x$.

2. 在下列等式中,正确的结果是____.

(A) $\int f'(x)\mathrm{d}x=f(x)$;　　(B) $\int\mathrm{d}f(x)=f(x)$;

(C) $\frac{\mathrm{d}}{\mathrm{d}x}\int f(x)\mathrm{d}x=f(x)$;　　(D) $\mathrm{d}\int f(x)\mathrm{d}x=f(x)$.

3. 填空:

(1) 设 $\int xf(x)\mathrm{d}x=\arcsin x+c$,则 $\int\frac{\mathrm{d}x}{f(x)}=$____;

(2) 设$\int f(x)\mathrm{d}x = x + c$,则$\int f(1-x)\mathrm{d}x =$ ____;

(3) 设$f'(\mathrm{e}^x) = x\mathrm{e}^{-x}$,则$f(x) =$ ____;

(4) 设$F(x)$是$\frac{\sin x}{x}$的一个原函数,则$\mathrm{d}F(x^2) =$ ____;

(5) 设$F(x)$为$f(x)$的一个原函数,则$\int f(ax+b)\mathrm{d}x =$ ____.

4. 利用凑微分法求下列不定积分:

(1) $\int u\sqrt{2u^2-1}\mathrm{d}u$;

(2) $\int \frac{u\mathrm{d}u}{\sqrt{1+2u^2}}$;

(3) $\int (3x-2)^{15}\mathrm{d}x$;

(4) $\int \frac{\mathrm{d}x}{\left(\frac{x}{2}+1\right)^6}$;

(5) $\int \frac{\mathrm{d}x}{\sqrt{x}(1+x)}$;

(6) $\int (x\mathrm{e}^{x^2} - \mathrm{e}^{-2x})\mathrm{d}x$;

(7) $\int \frac{\mathrm{d}x}{\mathrm{e}^x + \mathrm{e}^{-x}}$;

(8) $\int \frac{\mathrm{d}x}{(x-a)(x-b)}\ (a \neq b)$;

(9) $\int \frac{\mathrm{d}x}{x\sqrt{1+\ln x}}$;

(10) $\int \cos^5 x\mathrm{d}x$;

(11) $\int \sin^2 x\mathrm{d}x$;

(12) $\int \cos^4 x\mathrm{d}x$;

(13) $\int \sin 3x \sin 5x\mathrm{d}x$;

(14) $\int \frac{\cos x}{\sqrt{2+\cos 2x}}\mathrm{d}x$;

(15) $\int \frac{\mathrm{d}x}{\sin^2 x + 2\cos^2 x}$;

(16) $\int \frac{\sin x}{1+\sin x}\mathrm{d}x$;

(17) $\int \frac{\mathrm{d}x}{x + x^{n+1}}$;

(18) $\int \frac{x}{x - \sqrt{x^2-1}}\mathrm{d}x$;

(19) $\int \frac{\mathrm{d}x}{\sqrt{1-x^2}(\arcsin x)^2}$;

(20) $\int \frac{x\mathrm{d}x}{x^4+2x^2+5}$.

5. 用第Ⅱ种类型变量代换求下列不定积分:

(1) $\int \frac{x\mathrm{d}x}{(x^2+1)\sqrt{1-x^2}}$;

(2) $\int \frac{\sqrt{x^2-a^2}}{x^4}\mathrm{d}x$;

(3) $\int \frac{x^3\mathrm{d}x}{(1+x^2)^{3/2}}$;

(4) $\int \frac{\mathrm{d}x}{(1+x+x^2)^{3/2}}$;

(5) $\int \frac{\mathrm{d}x}{(1+\sqrt[4]{x})^3\sqrt{x}}$;

(6) $\int \frac{\mathrm{d}x}{\sqrt[3]{(x+1)^2(x-1)^4}}$;

(7) $\int \frac{\sin x\cos^3 x}{1+\cos^2 x}\mathrm{d}x$;

(8) $\int \frac{2^x\mathrm{d}x}{1+2^x+4^x}$;

(9) $\int \frac{\mathrm{d}x}{\mathrm{e}^x(1+\mathrm{e}^{2x})}$;

(10) $\int \frac{2x^3+1}{(x-1)^{100}}\mathrm{d}x$.

6. 用分部积分法求下列不定积分:

(1) $\int x\cos x\mathrm{d}x$；　(2) $\int x\ln(1+x)\mathrm{d}x$；

(3) $\int x^2\arctan x\mathrm{d}x$；　(4) $\int(\ln x)^2\mathrm{d}x$；

(5) $\int x^5\mathrm{e}^{x^3}\mathrm{d}x$；　(6) $\int\frac{x\cos x}{\sin^3x}\mathrm{d}x$；

(7) $\int\frac{x}{1-\cos x}\mathrm{d}x$；　(8) $\int\frac{\arctan\sqrt{x}}{(1+x)\sqrt{x}}\mathrm{d}x$.

7. 填空

(1) 设$\frac{\cos x}{x}$是$f(x)$的一个原函数,则$\int xf'(x)\mathrm{d}x=$ ____；

(2) 设 $f(x)$的一个原函数为$\frac{\mathrm{e}^x}{x}$,则$\int xf'(2x)\mathrm{d}x=$ ____.

8. 求下列不定积分：

(1) $\int\sin\sqrt{x}\mathrm{d}x$；　(2) $\int\frac{x\mathrm{e}^x}{\sqrt{1+\mathrm{e}^x}}\mathrm{d}x$；

(3) $\int\frac{\arccos x}{\sqrt{(1-x^2)^3}}\mathrm{d}x$；　(4) $\int\frac{\mathrm{d}x}{\sin^3x}$.

**B 组**

1. 用适当方法求下列不定积分：

(1) $\int\frac{\sin x}{1+\sin x+\cos x}\mathrm{d}x$；　(2) $\int\frac{1-\ln x}{(x-\ln x)^2}\mathrm{d}x$；

(3) $\int\sqrt{1+\sin x}\mathrm{d}x,\ |x|<\frac{\pi}{2}$；　(4) $\int(\tan x+\sec^2x)\mathrm{e}^x\mathrm{d}x$；

(5) $\int\sqrt{\frac{x}{1-x\sqrt{x}}}\mathrm{d}x$；　(6) $\int\frac{\ln(1+x)-\ln x}{x(1+x)}\mathrm{d}x$.

2. 求下列有理函数的积分：

(1) $\int\frac{(x-2)\mathrm{d}x}{x(x+1)(x+2)}$；　(2) $\int\frac{x^{11}\mathrm{d}x}{x^8+3x^4+2}$；

(3) $\int\frac{x^2-1}{x^4+1}\mathrm{d}x$；　(4) $\int\frac{\mathrm{d}x}{x^4+x^6}$.

# 第二节　定积分

## §3.2.1　定积分概念

我们先考虑两个实际例子.

1. 曲边梯形的面积

设函数 $y=f(x)$在闭区间$[a,b]$上连续,且 $f(x)\geqslant 0$.其图形如图 3.2 中的曲线 $AB$.我们把直线 $x=a,x=b,x$ 轴及曲线$AB$ 所围的平面区域称为**曲边梯形**.我们在初等数学中已经知道如何计算多边形的面积.现在我们来讨论曲边梯形的面积.首先给出这个面积的定义.

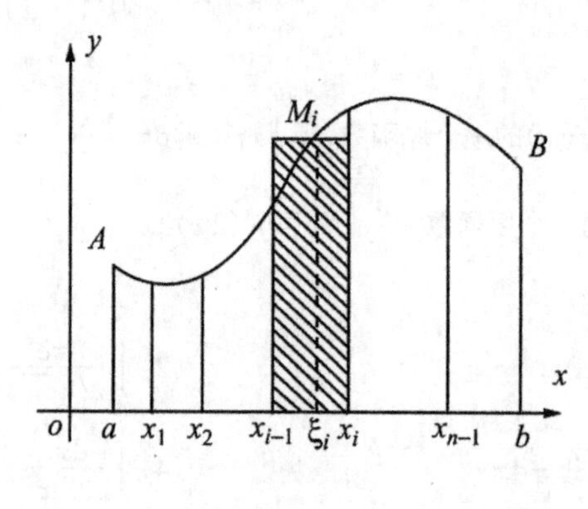


图 3.2

将区间$[a,b]$用任意分点

$$a = x_0, x_1, x_2, \cdots, x_i, \cdots, x_{n-1}, x_n = b$$

分成 $n$ 个小区间$[x_0,x_1],[x_1,x_2],\cdots,[x_{i-1},x_i],\cdots,[x_{n-1},x_n]$.过每一个分点作 $x$ 轴的垂线,把原来的曲边梯形分成 $n$ 个小长条形的曲边梯形.

在第 $i$ 个小区间$[x_{i-1},x_i]$上任取一点 $\xi_i, x_{i-1}\leqslant\xi_i\leqslant x_i$.设直线 $x=\xi_i$ 与曲线$AB$ 相交于$M_i$ 点.过 $M_i$ 作$x$ 轴的平行线,与直线 $x=x_{i-1},x=x_i$ 相交围成一个矩形.见图 3.2 中阴影部分.令 $\Delta x_i=x_i-x_{i-1}$,则该矩形的面积等于$f(\xi_i)\Delta x_i$.它近似等于第 $i$ 个小曲边梯形的面积.对每一个小曲边梯形均这样处理,得到 $n$ 个小矩形.将它们的面积相加,设其和为 $A^*$,于是

$$A^* = \sum_{i=1}^{n} f(\xi_i)\Delta x_i$$

可以看做是曲边梯形面积的近似值.命

$$\lambda = \max\{\Delta x_i \mid i = 1,2,\cdots,n\}. \tag{3.5}$$

$\lambda$ 称为区间$[a,b]$**分划的模**.当 $\lambda\to 0$ 时,即每个小区间长 $\Delta x_i$ 均趋于零,此时

必有 $n\to\infty$.若 $A^*$ 的极限存在有限,很自然,这个极限可以定义为曲边梯形的面积 $A$.即

$$A=\lim_{\lambda\to 0}A^*=\lim_{\lambda\to 0}\sum_{i=1}^{n}f(\xi_i)\Delta x_i.$$

上述关于曲边梯形面积的定义也给出了求这个面积的步骤,虽然实际计算该极限是十分困难的.

2. 变速直线运动的路程

当某物体作匀速直线运动时,移动的路程等于速度与时间的乘积.现在我们考虑变速直线运动,即速度 $v$ 是时间的函数:$v=v(t)$,求该物体从 $t=a$ 到 $t=b$ 的时间间隔中运动的路程 $S$.

把时间区间 $[a,b]$ 用任意分点

$$a=t_0<t_1<t_2<\cdots<t_{n-1}<t_n=b$$

分成 $n$ 个小区间 $[t_{i-1},t_i]$,$i=1,2,\cdots,n$.各段时间长为 $\Delta t_i=t_i-t_{i-1}$.相应在各段时间内物体走过的路程为 $\Delta S_i$,$i=1,2,\cdots,n$.在区间 $[t_{i-1},t_i]$ 内任取一点 $\xi_i$,当物体在该区间内以 $v(\xi_i)$ 的速度作匀速运动,则路程为 $v(\xi_i)\Delta t_i$,它近似等于 $\Delta S_i$.于是总路程近似等于

$$S^*=\sum_{i=1}^{n}v(\xi_i)\Delta t_i.$$

设 $\lambda$ 为上述区间 $[a,b]$ 分划的模.当 $\lambda\to 0$ 时,若 $S^*$ 的极限存在有限,这个极限就是所求的路程 $S$,即

$$S=\lim_{\lambda\to 0}S^*=\lim_{\lambda\to 0}\sum_{i=1}^{n}v(\xi_i)\Delta t_i.$$

我们还可举出自然科学与社会科学中的许多类似的例子.尽管问题是从不同科学领域中提出来的,它们的本质是相同的,都可以归结为求某种和式的极限.抽去它们的几何与物理意义,我们给出关于定积分的数学定义.

**定义 3.3**　设函数 $f(x)$ 在区间 $[a,b]$ 上定义,用任意分点

$$a=x_0<x_1<x_2<\cdots<x_i<\cdots<x_{n-1}<x_n=b$$

把区间 $[a,b]$ 分成 $n$ 个小区间 $[x_{i-1},x_i]$,$i=1,2,\cdots,n$.第 $i$ 个小区间长度为 $\Delta x_i=x_i-x_{i-1}$.在第 $i$ 个区间 $[x_{i-1},x_i]$ 上任取一点 $\xi_i$,$x_{i-1}\leqslant\xi_i\leqslant x_i$.作和

式

$$\sum_{i=1}^{n} f(\xi_i)\Delta x_i .$$

命 $\lambda$ 为区间$[a,b]$分法的模(参见(3.5)式). 无论区间$[a,b]$怎样的分法及 $\xi_i$ 怎样的取法,当 $\lambda\to 0$(必有 $n\to\infty$)时,若极限

$$\lim_{\lambda\to 0}\sum_{i=1}^{n} f(\xi_i)\Delta x_i = A$$

存在有限,则称函数 $f(x)$在区间$[a,b]$上**可积**,称 $A$ 为$f(x)$在$[a,b]$上的**定积分**,简称为**积分**,记成

$$A = \int_a^b f(x)\mathrm{d}x . \tag{3.6}$$

其中 $f(x)$称为**被积函数**,$f(x)\mathrm{d}x$ 称为**被积表达式**,$x$ 称为**积分变量**(或**积分变元**),$a$ 与 $b$ 分别称为积分下限与上限,区间$[a,b]$称为**积分区间**.

在定义 3.3 中,假定了 $a<b$. 为以后论述方便,我们补充规定当 $a>b$ 时定积分的定义如下:

$$\int_a^b f(x)\mathrm{d}x = -\int_b^a f(x)\mathrm{d}x ,$$

这就是说,变换积分上下限,只改变积分的符号;而当 $a=b$ 时,

$$\int_a^a f(x)\mathrm{d}x = 0 .$$

即上下限相同时积分值等于零.

我们注意到(3.6)式仅仅依赖于被积函数与积分变元之间的函数关系以及积分上下限,而与积分变元采用什么字母无关. 因此,将变元 $x$ 换成其它字母,例如 $t$ 时,积分值不变. 所以我们有

$$\int_a^b f(x)\mathrm{d}x = \int_a^b f(t)\mathrm{d}t .$$

但对不定积分来说,$\int f(x)\mathrm{d}x$ 与$\int f(t)\mathrm{d}t$ 一般是不相等的.

回到本段开始讨论的两个实际问题,我们有:

(1) 曲边梯形的面积等于曲边纵坐标在其底边上的定积分,即

$$A = \int_a^b f(x)\mathrm{d}x .$$

(2) 变速直线运动物体所经过的路程等于速度在时间变化区间上的定积分,即

$$S=\int_a^b v(t)\mathrm{d}t.$$

可以看到,定积分在各种学科中是准确表达某些基本概念或某种数量关系的有力工具和不可缺少的语言.

我们知道当函数 $y=f(x)$连续且 $f(x)\geqslant 0$ 时,定积分 $\int_a^b f(x)\mathrm{d}x$ 为由直线 $x=a, x=b$, $x$ 轴及曲线 $y=f(x)$所围曲边梯形的面积. 当 $f(x)$可正可负,或有有限多个间断点时, $\int_a^b f(x)\mathrm{d}x$ 的几何意义可作如下解释.

设函数 $y=f(x)$在$[a,b]$上定义,其图形如图 3.3 所示,该函数在 $c$ 点间断,在 $c_1$ 与 $c_2$ 之间 $f(x)<0$. 则 $\int_a^b f(x)\mathrm{d}x$ 的数值等于图中阴影部分在 $x$ 轴上方面积减去下方面积.

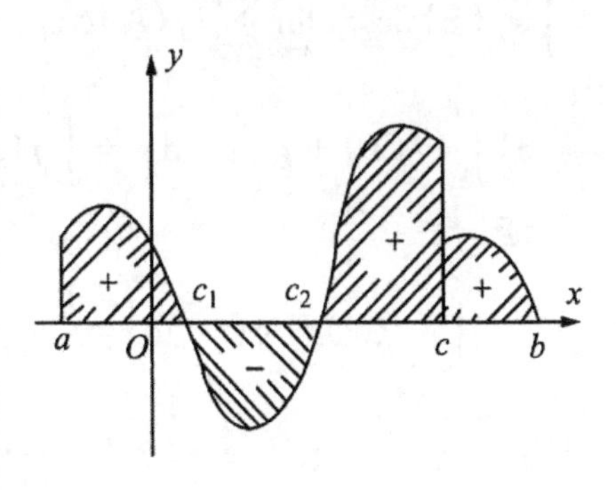


图 3.3

上文我们给出了定积分的定义. 在该定义下,什么样的函数是可积的? 这是十分重要的理论问题. 但讨论起来需要的基础知识很多,我们仅给出几个主要的结论,见下述几条定理.

**定理 3.4** 若函数 $f(x)$在闭区间$[a,b]$上可积,则 $f(x)$在$[a,b]$上有界.

定理 3.4 是可积函数的一个必要条件. 换言之,若 $f(x)$在$[a,b]$上无界,则 $f(x)$在$[a,b]$上不可积.

**定理 3.5** 在闭区间$[a,b]$上连续的函数必在$[a,b]$上可积.

**定理 3.6** 若函数 $f(x)$在闭区间$[a,b]$上有界,且只有有限多个间断点,则 $f(x)$在$[a,b]$上可积.

### §3.2.2 定积分的性质

用定积分的定义计算定积分是十分繁琐的. 为了寻求计算定积分的有效方法,我们先讨论定积分的基本性质. 下文中出现的函数 $f(x)$与 $g(x)$都假设在区间$[a,b]$上可积.

1) $\int_a^b \mathrm{d}x = b - a$.

**证** 由定积分定义,有

$$\int_a^b \mathrm{d}x = \lim_{\lambda\to 0}\sum_{i=1}^{n}\Delta x_i = b - a. \qquad \square$$

该性质的几何意义是十分明显的:底宽等于 $b-a$,高等于 1 的矩形面积为 $b-a$.

2) $\int_a^b kf(x)\mathrm{d}x = k\int_a^b f(x)\mathrm{d}x$,这里 $k$ 为常数.

**证**

$$\int_a^b kf(x)\mathrm{d}x = \lim_{\lambda\to 0}\sum_{i=1}^{n}kf(\xi_i)\Delta x_i = k\lim_{\lambda\to 0}\sum_{i=1}^{n}f(\xi_i)\Delta x_i = k\int_a^b f(x)\mathrm{d}x. \qquad \square$$

3) $\int_a^b (f(x)+g(x))\mathrm{d}x = \int_a^b f(x)\mathrm{d}x + \int_a^b g(x)\mathrm{d}x$.

**证**

$$\begin{aligned}\int_a^b (f(x)+g(x))\mathrm{d}x &= \lim_{\lambda\to 0}\sum_{i=1}^{n}(f(\xi_i)+g(\xi_i))\Delta x_i \\ &= \lim_{\lambda\to 0}\sum_{i=1}^{n}f(\xi_i)\Delta x_i + \lim_{\lambda\to 0}\sum_{i=1}^{n}g(\xi_i)\Delta x_i \\ &= \int_a^b f(x)\mathrm{d}x + \int_a^b g(x)\mathrm{d}x. \qquad \square\end{aligned}$$

该性质不难推广到 $n$ 个可积函数和的情形:

$$\begin{aligned}&\int_a^b (f_1(x)+f_2(x)+\cdots+f_n(x))\mathrm{d}x \\ &= \int_a^b f_1(x)\mathrm{d}x + \int_a^b f_2(x)\mathrm{d}x + \cdots + \int_a^b f_n(x)\mathrm{d}x.\end{aligned}$$

4) 设 $a<c<b$,则

$$\int_a^b f(x)\mathrm{d}x = \int_a^c f(x)\mathrm{d}x + \int_c^b f(x)\mathrm{d}x.$$

**证** 在作积分和式时,总将 $c$ 点取作分点.则

$$\sum_{[a,b]}f(\xi_i)\Delta x_i = \sum_{[a,c]}f(\xi_i)\Delta x_i + \sum_{[c,b]}f(\xi_i)\Delta x_i,$$

这里 $\sum\limits_{[a,b]}$ 表示在区间$[a,b]$上求和,余类似．令 $\lambda\to 0$,取极限有

$$\lim_{\lambda\to 0}\sum_{[a,b]} f(\xi_i)\Delta x_i=\lim_{\lambda\to 0}\sum_{[a,c]} f(\xi_i)\Delta x_i+\lim_{\lambda\to 0}\sum_{[c,b]} f(\xi_i)\Delta x_i,$$

即得 4). □

对于 $a,b,c$ 任何大小顺序性质 4)均能成立,这里只要假定 $f(x)$在所讨论的区间上均可积.例如,当 $a<b<c$ 时,我们有

$$\int_a^c=\int_a^b+\int_b^c=\int_a^b-\int_c^b.$$

移项即得 4).因上式中被积表达式均相同,故可略去而不会引起混淆.以后我们还常采用这种简略的表达式.

5) 若在$[a,b]$上 $f(x)\geqslant g(x)$,则

$$\int_a^b f(x)\mathrm{d}x\geqslant\int_a^b g(x)\mathrm{d}x.$$

**证**　因

$$\sum_{i=1}^n f(\xi_i)\Delta x_i\geqslant\sum_{i=1}^n g(\xi_i)\Delta x_i,$$

取极限即得 5). □

在性质 5)中取 $g(x)\equiv 0$ 即知:若函数 $f(x)$在区间$[a,b]$上非负,则

$$\int_a^b f(x)\mathrm{d}x\geqslant 0.$$

**注**　若 $f(x)$在$[a,b]$上连续,且 $f(x)\geqslant 0$,但 $f(x)\not\equiv 0$,则可得到严格不等式 $\int_a^b f(x)\mathrm{d}x>0$.证明从略．

6) 设 $M,m$ 分别是$f(x)$在$[a,b]$上的最大与最小值,则

$$m\leqslant\frac{1}{b-a}\int_a^b f(x)\mathrm{d}x\leqslant M.\tag{3.7}$$

**证**　因 $m\leqslant f(x)\leqslant M$,由性质 1),2)及 5)即得

$$m(b-a)=\int_a^b m\mathrm{d}x\leqslant\int_a^b f(x)\mathrm{d}x\leqslant\int_a^b M\mathrm{d}x=M(b-a).$$

除以$(b-a)$即得 6). □

不难看出当 $b<a$ 时 6)也成立.

**定理 3.7(积分中值定理)**　设函数 $f(x)$ 在闭区间 $[a,b]$ 上连续,则存在 $\xi\in(a,b)$,使得

$$\frac{1}{b-a}\int_a^b f(x)\mathrm{d}x = f(\xi). \tag{3.8}$$

**证**　设 $M,m$ 分别为 $f(x)$ 在 $[a,b]$ 上的最大与最小值,则性质 6)成立.于是 $\frac{1}{b-a}\int_a^b f(x)\mathrm{d}x$ 为介于连续函数 $f(x)$ 的最大与最小值之间的实数,故存在 $\xi\in[a,b]$,使得(3.8)成立.进一步讨论可知 $\xi$ 可以在开区间 $(a,b)$ 内取到(因讨论比较麻烦,故略去).　□

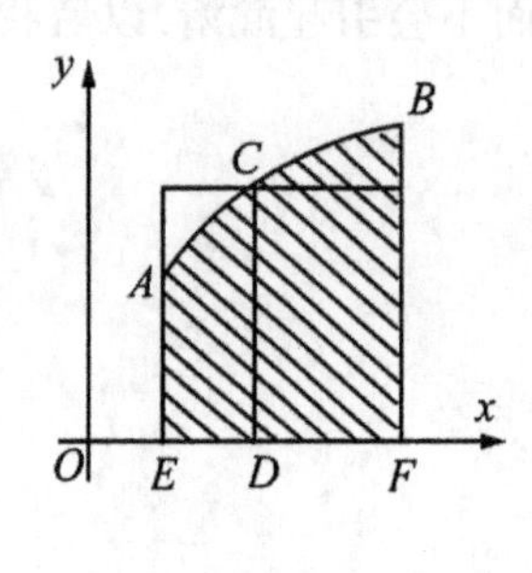


图 3.4

积分中值定理的几何意义如下.见图 3.4,在曲线 $AB$ 上存在一点 $C$,使得曲边梯形(图中阴影部分)的面积等于以 $CD$ 为高,以 $EF$ 为底的矩形面积.

当 $f(x)$ 可积时,我们称

$$\bar{y} = \frac{1}{b-a}\int_a^b f(x)\mathrm{d}x$$

为函数 $f(x)$ 在区间 $[a,b]$ 上的**平均值**.定理 3.7 是说,当 $f(x)$ 在 $[a,b]$ 上连续时,存在 $\xi\in(a,b)$,使得 $f(\xi)=\bar{y}$.

### §3.2.3　牛顿-莱布尼兹(Newton-Leibniz)公式

设 $I$ 为任一闭区间,函数 $f(x)$ 在 $I$ 上可积,$c$ 为 $I$ 中一定点,则

$$\Phi(x) = \int_c^x f(t)\mathrm{d}t \tag{3.9}$$

为定义在区间 $I$ 上的函数,称为**变上限的定积分**或称为**定积分上限的函数**.在图 3.5 中,当 $x>c$ 时其几何意义为区间 $[c,x]$ 上方曲边梯形的面积(见阴影部分).当 $x$ 移动时,该面积也发生变化.

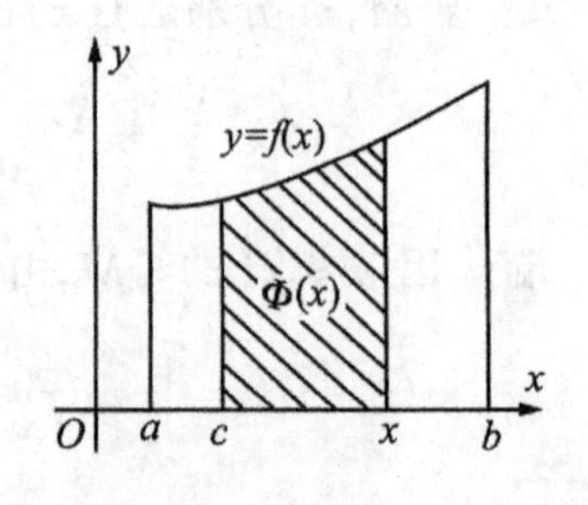


图 3.5

关于变上限的定积分有下述重要定理:

**定理 3.8(原函数存在定理)**　设函数 $f(x)$ 在某区间 $I$ 上连续,则由(3.9)式定义的函数 $\Phi(x)$ 在 $I$ 上可导,且

$$\Phi'(x) = f(x).$$

**证**　设自变量 $x$ 的增量为 $\Delta x$，相应函数 $\Phi(x)$ 的增量为

$$\Delta\Phi(x) = \Phi(x+\Delta x) - \Phi(x) = \int_c^{x+\Delta x} f(t)\mathrm{d}t - \int_c^x f(t)\mathrm{d}t = \int_x^{x+\Delta x} f(t)\mathrm{d}t.$$

参见图 3.6，由积分中值定理，存在 $\xi$，$\xi$ 在 $x$ 与 $x+\Delta x$ 之间，使得

$$\int_x^{x+\Delta x} f(t)\mathrm{d}t = f(\xi)\Delta x.$$

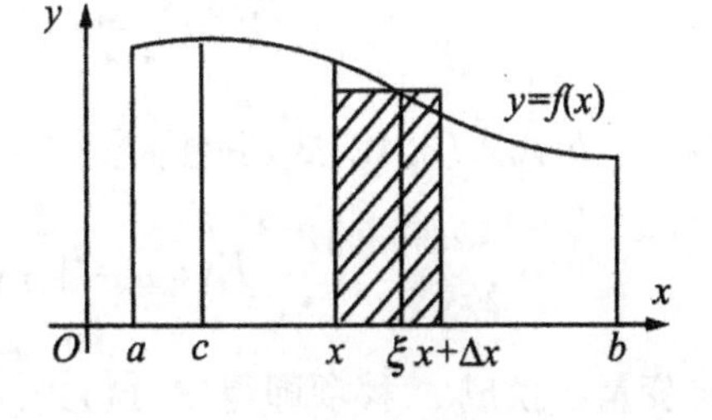


图 3.6

无论 $\Delta x$ 为正或为负，只要 $x$ 与 $x+\Delta x$ 都属于区间 $I$，上式均成立. 于是

$$\frac{\Delta\Phi(x)}{\Delta(x)} = f(\xi). \qquad (3.10)$$

令 $\Delta x \to 0$，则 $\xi \to x$. 由 $f(x)$ 的连续性即得

$$\Phi'(x) = \lim_{\Delta x \to 0} \frac{\Delta\Phi(x)}{\Delta x} = \lim_{\xi \to x} f(\xi) = f(x). \qquad \square$$

该定理指出当被积函数为连续函数时，变上限的定积分关于上限的导数恰等于被积函数在该点的值. 图 3.6 直观地说明了这一点. 图中阴影部分面积等于函数增量 $\Delta\Phi(x)$. (3.10)式指出函数增量与自变量增量之比等于 $f(\xi)$，即等于图中矩形的高. 当 $\Delta x \to 0$ 时，该矩形缩成一条线段，其高的极限恰等于 $f(x)$.

定理 3.8 同时也证明了连续函数的原函数或不定积分必定存在. 由(3.9)式给出的变上限定积分就是它的一个原函数. 故定理 3.8 称为原函数存在定理，也称为微积分学第一基本定理 .

下面我们来证明积分学中的基本定理：

**定理 3.9(牛顿-莱布尼兹定理)**　设函数 $f(x)$ 在闭区间 $[a,b]$ 上连续，$F(x)$ 是 $f(x)$ 任一原函数. 则

$$\int_a^b f(x)\mathrm{d}x = F(b) - F(a). \qquad (3.11)$$

**证**　设

$$\Phi(x) = \int_a^x f(t)\mathrm{d}t.$$

由定理 3.8 知它也是 $f(x)$ 的原函数. 于是

$$F(x) = \Phi(x) + C = \int_a^x f(t)\mathrm{d}t + C, \tag{3.12}$$

这里 $C$ 为某一常数. 以 $x=a$ 代入(3.12)式得

$$F(a) = \int_a^a f(t)\mathrm{d}t + C = C.$$

以 $x=b$ 代入(3.12)式,并注意到 $C=F(a)$,得

$$F(b) = \int_a^b f(t)\mathrm{d}t + F(a).$$

将变量 $t$ 换成 $x$,移项即得(3.11)式. □

(3.11)式称为**牛顿-莱布尼兹公式**,也称为微积分学第二基本定理,它是积分学中的基本公式.

我们知道,求原函数的运算是导数运算的逆运算,定积分则是由求曲边梯形面积而引进的概念. 这两个概念产生的背景及它们的含义似乎没有共同之处,但(3.11)式却奇迹般地把它们紧密地联系在一起了. 它使得用定义求定积分这一十分困难的问题转换成求原函数问题. 我们在本章第一节中已经掌握了很多求初等函数原函数的方法,这些方法也将在定积分中得到应用.

在数学发展史上,定积分概念在不定积分之前就产生了. 早在 2000 多年前,阿基米德(Archimedes)就用无穷分割法计算曲边梯形的面积. 他的方法是定积分概念的原始雏型. 在牛顿和莱布尼兹发现以他们名字命名的公式(3.11)之前,定积分与不定积分仍是数学中互不相干的两个分支. 而在(3.11)式建立之后,不仅使求连续函数定积分问题大为简化,也促进求不定积分理论与方法的发展. 因此,牛顿-莱布尼兹公式在微积分史,甚至在整个数学史上都有重要地位.

为了演算上的方便,公式(3.11)也常常写成

$$\int_a^b f(x)\mathrm{d}x = F(x)\Big|_a^b = F(b) - F(a)$$

或者

$$\int_a^b f(x)\mathrm{d}x = [F(x)]_a^b = F(b) - F(a),$$

**例 1** 求 $I = \int_0^\pi \sin x\mathrm{d}x$ .

**解**

$$I=-\cos x\big|_0^{\pi}=-\cos\pi-(-\cos 0)=2.$$

**例 2** 求 $I=\int_{-\pi}^{\pi}\sin mx\sin nx\,\mathrm{d}x$, $m,n$ 为正整数 .

**解** 当 $m\neq n$ 时,

$$I=\frac{1}{2}\int_{-\pi}^{\pi}(\cos(m-n)x-\cos(m+n)x)\mathrm{d}x$$

$$=\frac{1}{2}\left[\frac{\sin(m-n)x}{m-n}-\frac{\sin(m+n)x}{m+n}\right]_{-\pi}^{\pi}=0.$$

当 $m=n$ 时,

$$I=\int_{-\pi}^{\pi}\sin^2 nx\,\mathrm{d}x=\frac{1}{2}\int_{-\pi}^{\pi}(1-\cos 2nx)\mathrm{d}x=\frac{1}{2}\left(2\pi-\left[\frac{1}{2n}\sin 2nx\right]_{-\pi}^{\pi}\right)=\pi.$$

故

$$I=\begin{cases}0, & \text{当 } m\neq n,\\ \pi, & \text{当 } m=n.\end{cases}$$

**例 3** 计算 $I=\int_0^2|x-1|\mathrm{d}x$.

**解** 在区间[0,1]上, $x-1\leqslant 0$, 故 $|x-1|=1-x$; 在区间[1,2]上, $x-1\geqslant 0$, 故 $|x-1|=x-1$. 所以

$$I=\int_0^1(1-x)\mathrm{d}x+\int_1^2(x-1)\mathrm{d}x=\left[x-\frac{x^2}{2}\right]_0^1+\left[\frac{x^2}{2}-x\right]_1^2=1.$$

定积分的定义归结为求某和式的极限. 反过来, 若已知定积分的数值, 便可求得该和式的极限. 我们看下例:

**例 4** 求极限 $\lim\limits_{n\to\infty}\left(\frac{1}{n+1}+\frac{1}{n+2}+\cdots+\frac{1}{n+n}\right)$.

**解** 考察定积分

$$I=\int_0^1\frac{\mathrm{d}x}{1+x}.$$

显然函数 $\frac{1}{1+x}$ 在区间[0,1]上可积 . 将[0,1]分成 $n$ 等份 . 取 $\xi_i$ 为第 $i$ 个区

间的右端点,即 $\xi_i=\frac{i}{n}$.于是分法的模 $\lambda\to 0$ 等价于 $n\to\infty$.故有

$$I=\lim_{n\to\infty}\sum_{i=1}^{n}\frac{1}{1+\xi_i}\Delta x_i=\lim_{n\to\infty}\sum_{i=1}^{n}\frac{n}{n+i}\cdot\frac{1}{n}$$

$$=\lim_{n\to\infty}\left(\frac{1}{n+1}+\frac{1}{n+2}+\cdots+\frac{1}{n+n}\right).$$

另一方面,依牛顿-莱布尼兹公式,有

$$I=\ln(1+x)\big|_0^1=\ln 2.$$

故

$$\lim_{n\to\infty}\left(\frac{1}{n+1}+\frac{1}{n+2}+\cdots+\frac{1}{n+n}\right)=\ln 2.$$ □

我们知道有限多个无穷小之和仍是无穷小.从上例可知,无限多个无穷小之和不一定是无穷小.

**例 5** 设函数 $f(x)$在区间 $I$ 上连续,$\varphi(x)$与 $\psi(x)$在某区间上可导,且其值域包含在 $I$ 之内.求

1) $\frac{\mathrm{d}}{\mathrm{d}x}\int_x^b f(t)\mathrm{d}t$;  2) $\frac{\mathrm{d}}{\mathrm{d}x}\int_a^{\varphi(x)} f(t)\mathrm{d}t$;  3) $\frac{\mathrm{d}}{\mathrm{d}x}\int_{\varphi(x)}^{\psi(x)} f(t)\mathrm{d}t$.

**解** 1) 原式 $=-\frac{\mathrm{d}}{\mathrm{d}x}\int_b^x f(t)\mathrm{d}t=-f(x)$;

2) 命 $y=\varphi(x)$,由复合函数求导公式有

$$\text{原式}=\frac{\mathrm{d}}{\mathrm{d}y}\int_a^y f(t)\mathrm{d}t\cdot\frac{\mathrm{d}y}{\mathrm{d}x}=f(y)\varphi'(x)=f(\varphi(x))\varphi'(x);$$

3) 设 $c\in I$,则

$$\text{原式}=\frac{\mathrm{d}}{\mathrm{d}x}\left(\int_c^{\psi(x)} f(t)\mathrm{d}t-\int_c^{\varphi(x)} f(t)\mathrm{d}t\right)=f(\psi(x))\psi'(x)-f(\varphi(x))\varphi'(x).$$

### §3.2.4 定积分的换元积分与分部积分

当被积函数为连续函数时,牛顿-莱布尼兹公式将求定积分问题变成求原函数问题.而在用该公式计算定积分时,实际上只要知道原函数在积分区间端点上的值,并不要求知道整个原函数.因为求原函数常常很困难,因此先求原函数再计算定积分有时会多费力气,甚至行不通.下面介绍的定积分的换元积分在一定程度上能克服这一缺点.

**定理 3.10** 设

i) 函数 $x=\varphi(t)$在区间$[\alpha,\beta]$或$[\beta,\alpha]$上存在连续的导数;

ii) 函数 $f(x)$在 $\varphi(t)$的值域上连续;

iii) $a=\varphi(\alpha), b=\varphi(\beta)$,

则

$$\int_a^b f(x)\mathrm{d}x = \int_\alpha^\beta f(\varphi(t))\varphi'(t)\mathrm{d}t. \tag{3.13}$$

**证**　设 $F(x)$为 $f(x)$的原函数,则

$$\frac{\mathrm{d}}{\mathrm{d}t}F(\varphi(t)) = f(\varphi(t))\varphi'(t).$$

由牛顿-莱布尼兹公式

$$\int_\alpha^\beta f(\varphi(t)\varphi'(t)\mathrm{d}t = F(\varphi(t))\Big|_\alpha^\beta$$

$$= F(\varphi(\beta)) - F(\varphi(\alpha)) = F(b) - F(a) = \int_a^b f(x)\mathrm{d}x. \qquad \square$$

类似不定积分变量代换,可以将(3.13)式左端化成右端计算.也可以将右端化成左端计算.这里不必假定 $\varphi(t)$存在单值的反函数.要注意的是积分上、下限发生的变化.我们举例说明.

**例 1**　计算 $I=\int_0^a \sqrt{a^2-x^2}\mathrm{d}x, a>0$.

**解**　参见§3.1.2 例 9,求得被积函数的原函数为

$$\frac{a^2}{2}\arcsin\frac{x}{a} + \frac{x}{2}\sqrt{a^2-x^2}.$$

分别用上、下限代入,由牛顿-莱布尼兹公式计算得 $I=\frac{\pi}{4}a^2$.现在我们用定积分换元积分法计算.

令 $x=a\sin t, 0\leqslant t\leqslant\frac{\pi}{2}$.当 $t=0$ 时,$x=0$;$t=\frac{\pi}{2}$时 $x=a$.由(3.13)式得

$$I = a^2\int_0^{\frac{\pi}{2}} \sqrt{1-\sin^2 t}\cos t\mathrm{d}t = a^2\int_0^{\frac{\pi}{2}} \cos^2 t\mathrm{d}t$$

$$= \frac{a^2}{2}\int_0^{\frac{\pi}{2}} (1+\cos 2t)\mathrm{d}t = \frac{a^2}{2}\left[t+\frac{\sin 2t}{2}\right]_0^{\frac{\pi}{2}} = \frac{\pi}{4}a^2.$$

在将(3.13)式右端化成左端计算时,有时可以不将新变量表示出来,因此积分上、下限也不变.试看下例:

**例 2** 计算 $I = \int_0^{\frac{\pi}{2}} \cos^3 x \mathrm{d}x$.

**解** $I = \int_0^{\frac{\pi}{2}} (1-\sin^2 x)\mathrm{d}\sin x = \left[\sin x - \frac{1}{3}\sin^3 x\right]_0^{\frac{\pi}{2}} = \frac{2}{3}$.

在例 2 的解答中,把 $\sin x$ 作为新的变量,可以求得被积函数的原函数,在利用牛顿-莱布尼兹公式时,仍将变元 $x$ 代以上、下限的值.

如果能巧妙地运用定积分的变元变换,将可使某些计算大为简化.试看下例:

***例 3** 计算 $I = \int_0^{\pi} \frac{x\sin x}{1+\cos^2 x}\mathrm{d}x$.

**解** 求出被积函数的原函数是十分困难的,采用下述方法计算要简便得多.设

$$I_1 = \int_0^{\frac{\pi}{2}} \frac{x\sin x}{1+\cos^2 x}\mathrm{d}x, \qquad I_2 = \int_{\frac{\pi}{2}}^{\pi} \frac{x\sin x}{1+\cos^2 x}\mathrm{d}x.$$

在后一个积分 $I_2$ 中,令 $x = \pi - t$,当 $x = \frac{\pi}{2}$ 时,$t = \frac{\pi}{2}$;$x = \pi$ 时 $t = 0$,$\mathrm{d}x = -\mathrm{d}t$.故有

$$I_2 = -\int_{\frac{\pi}{2}}^{0} \frac{(\pi - t)\sin(\pi - t)}{1+\cos^2(\pi - t)}\mathrm{d}t = \int_0^{\frac{\pi}{2}} \frac{(\pi - t)\sin t}{1+\cos^2 t}\mathrm{d}t$$

$$= \int_0^{\frac{\pi}{2}} \frac{(\pi - x)\sin x}{1+\cos^2 x}\mathrm{d}x = \pi\int_0^{\frac{\pi}{2}} \frac{\sin x}{1+\cos^2 x}\mathrm{d}x - I_1.$$

所以

$$I = \pi\int_0^{\frac{\pi}{2}} \frac{\sin x}{1+\cos^2 x}\mathrm{d}x = -\pi\int_0^{\frac{\pi}{2}} \frac{\mathrm{d}\cos x}{1+\cos^2 x}$$

$$= -\pi\arctan(\cos x)\Big|_0^{\frac{\pi}{2}} = \frac{\pi^2}{4}.$$

当 $f(x)$为奇函数或偶函数时,若积分区间关于原点对称,则可将积分简化.我们有

**定理 3.11** 设函数 $f(x)$在区间$[-a,a]$上连续,则

$$I=\int_{-a}^{a}f(x)\mathrm{d}x=\begin{cases}2\int_{0}^{a}f(x)\mathrm{d}x, & \text{当 } f(x) \text{ 为偶函数},\\ 0, & \text{当 } f(x) \text{ 为奇函数}.\end{cases}$$

**证**　因

$$I=\int_{-a}^{0}f(x)\mathrm{d}x+\int_{0}^{a}f(x)\mathrm{d}x, \tag{3.14}$$

在右端第一个积分中令 $x=-t$,则由定理 3.10 有

$$\int_{-a}^{0}f(x)\mathrm{d}x=-\int_{a}^{0}f(-t)\mathrm{d}t=\begin{cases}\int_{0}^{a}f(t)\mathrm{d}t, & \text{当 } f(x) \text{ 为偶函数},\\ -\int_{0}^{a}f(t)\mathrm{d}t, & \text{当 } f(x) \text{ 为奇函数}.\end{cases}$$

将积分变元 $t$ 换成 $x$,代入(3.14)式即得所要证的等式 . □

**例 4**　计算 $I=\int_{-1}^{1}\frac{x^2+\sin x}{1+x^2}\mathrm{d}x$.

**解**

$$I=\int_{-1}^{1}\frac{x^2\mathrm{d}x}{1+x^2}+\int_{-1}^{1}\frac{\sin x}{1+x^2}\mathrm{d}x.$$

由定理 3.11 知上述第二个积分为零. 第一个积分为

$$2\int_{0}^{1}\frac{(1+x^2)-1}{1+x^2}\mathrm{d}x=2[x-\arctan x]_0^1=2-\frac{\pi}{2}.$$

所以 $I=2-\frac{\pi}{2}$.

下面我们介绍定积分的分部积分法.

设函数 $u=u(x)$, $v=v(x)$ 在区间 $[a,b]$ 上存在连续的导数. 由 $(uv)'=uv'+vu'$ 得

$$uv'=(uv)'-vu'.$$

从 $a$ 到 $b$ 对 $x$ 求定积分得到

$$\int_{a}^{b}uv'\mathrm{d}x=uv\Big|_{a}^{b}-\int_{a}^{b}vu'\mathrm{d}x. \tag{3.15}$$

上式称为定积分的**分部积分公式**.

**例 5** 求 $I=\int_0^1 t\mathrm{e}^t\mathrm{d}t$.

**解** 设 $u=t,\mathrm{d}v=\mathrm{e}^t\mathrm{d}t$,于是 $v=\mathrm{e}^t,\mathrm{d}u=\mathrm{d}t$.由分部积分公式(3.15)得

$$I=t\mathrm{e}^t\Big|_0^1-\int_0^1\mathrm{e}^t\mathrm{d}t=\mathrm{e}-[\mathrm{e}^t]_0^1=\mathrm{e}-(\mathrm{e}-1)=1.$$

**例 6** 用分部积分公式证明

$$\int_0^x f(u)(x-u)\mathrm{d}u=\int_0^x\left(\int_0^u f(x)\mathrm{d}x\right)\mathrm{d}u,$$

这里 $f(x)$为连续函数.

**证** 令 $F(u)=\int_0^u f(x)\mathrm{d}x$,则 $F'(u)=f(u),F(0)=0$. 而 $F(x)=\int_0^x f(u)\mathrm{d}u$.由(3.15)式可得

$$\begin{aligned}\int_0^x\left(\int_0^u f(x)\mathrm{d}x\right)\mathrm{d}u&=\int_0^x F(u)\mathrm{d}u=uF(u)\Big|_0^x-\int_u^x uF'(u)\mathrm{d}u\\&=xF(x)-\int_0^x uf(u)\mathrm{d}u=x\int_0^x f(u)\mathrm{d}u-\int_0^x uf(u)\mathrm{d}u\\&=\int_0^x xf(u)\mathrm{d}u-\int_0^x uf(u)\mathrm{d}u=\int_0^x(x-u)f(u)\mathrm{d}u.\end{aligned}$$

### *§3.2.5 定积分的近似计算

我们介绍了用牛顿-莱布尼兹公式计算定积分的方法.但是求原函数常常是很困难的,有时甚至不能用初等函数来表示它.此外,在一些实际问题中,某些函数是由图像或表格给出的.遇到这些情况定积分基本公式就无能为力了.因此有必要研究一些近似方法来计算定积分.尤其在计算机已经普遍应用的今天,近似计算常常更加方便.现在我们介绍两个最简单的近似计算公式.

1. 梯形公式

参见§3.2.1关于定积分几何意义的说明,当函数 $f(x)\geqslant 0$ 且在区间 $[a,b]$上连续时,定积分

$$I=\int_a^b f(x)\mathrm{d}x$$

的数值等于以曲线 $y=f(x)$,直线 $x=a,x=b$ 及 $x$ 轴所围曲边梯形的面积.

我们用若干个小梯形近似地代替原来的曲边梯形,从而给出该面积的近似值.我们的方法是这样:以分点 $a=x_0<x_1<\cdots<x_n=b$ 将区间$[a,b]$分成 $n$ 个长度相等的小区间,每个小区间的长度都是 $\Delta x=\frac{b-a}{n}$.过每一个分点作 $x$ 轴的垂线与曲线分别相交于 $P_0,P_1,\cdots,P_n$.将这些交点依次用线段连接起来,我们得到 $n$ 个小梯形.参见图3.7.第 $i$ 个小梯形的面积为$\frac{1}{2}(y_{i-1}+y_i)\Delta x$,这里 $y_i=f(x_i)$.于是 $I$ 近似等于这些小梯形面积之和,即

$$\int_a^b f(x)\mathrm{d}x\approx\sum_{i=1}^{n}\frac{1}{2}(y_{i-1}+y_i)\Delta x$$

$$=\frac{b-a}{n}\left(\frac{y_0}{2}+y_1+y_2+\cdots+y_{n-1}+\frac{y_n}{2}\right).\tag{3.16}$$

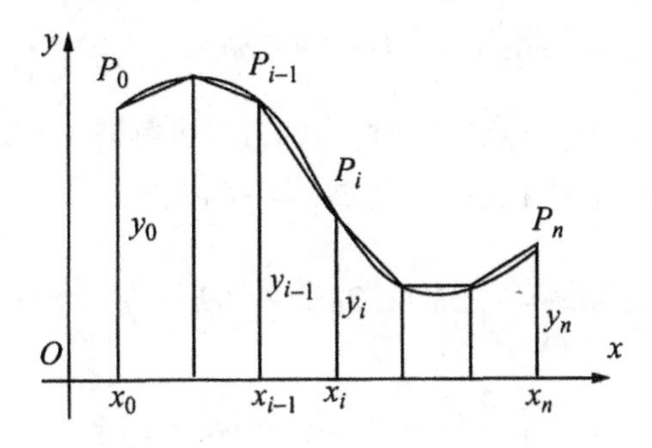


图 3.7

这就是定积分近似计算的**梯形公式**.不难看出当 $f(x)$可取负值时(3.16)式也能成立.

当 $f(x)$在$[a,b]$上存在二阶导数时,设 $M_2$ 为$|f''(x)|$在$[a,b]$上的最大值,则用(3.16)式计算时误差不超过

$$\frac{(b-a)^3}{12n^2}M_2.\tag{3.17}$$

(证明从略)由此可见当分点越多,误差越小.

2. 抛物线公式(或称辛普森(Simposon)公式)

上面介绍的梯形公式是用折线近似地代替曲线而得到的近似公式.这里介绍的抛物线公式则是用抛物线近似代替每一小段曲线.由于抛物线比线段

能更好地接近曲线,我们可以在取相同分点的情况下获得更加精确的结果.先考虑一个简单的情形.

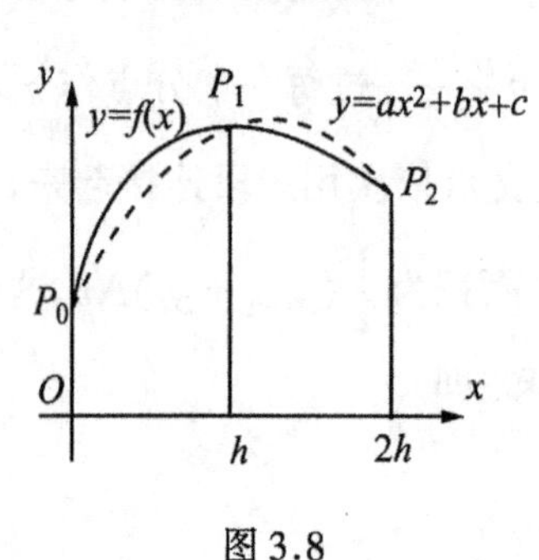


图 3.8

为计算积分 $\int_0^{2h} f(x)\mathrm{d}x$,设 $y_0 = f(0)$, $y_1 = f(h)$, $y_2 = f(2h)$. 过 $P_0(0,y_0)$, $P_1(h,y_1)$, $P_2(2h,y_3)$ 三点作二次抛物线(见图 3.8)

$$y = ax^2 + bx + c,$$

这里 $a,b,c$. 由方程组

$$\begin{cases} y_0 = c, \\ y_1 = ah^2 + bh + c, \\ y_2 = 4ah^2 + 2bh + c \end{cases} \tag{3.18}$$

唯一确定(当 $P_0,P_1,P_2$ 三点共线时,由(3.18)可解得 $a=0$,此时抛物线退化为直线). 我们以 $y=ax^2+bx+c$ 代替 $y=f(x)$. 因

$$\begin{aligned}\int_0^{2h}(ax^2+bx+c)\mathrm{d}x &= \frac{8}{3}ah^3+2bh^2+2ch \\ &= \frac{h}{3}(c+4(ah^2+bh+c)+(4ah^2+2bh+c)) \\ &= \frac{h}{3}(y_0+4y_1+y_2),\end{aligned}$$

故

$$\int_0^{2h} f(x)\mathrm{d}x \approx \frac{h}{3}(y_0+4y_1+y_2).$$

为计算定积分 $I = \int_a^b f(x)\mathrm{d}x$,将积分区间 $[a,b]$ 以分点 $a = x_0 < x_1 < \cdots < x_n = b$ 分成 $n$ 等分,这里 $n = 2m$ 为偶数. 设每个小区间长为 $h = \frac{b-a}{n}$, $y_i = f(x_i)$, $i = 0,1,2,\cdots,n$, 则

$$\int_a^b f(x)\mathrm{d}x = \sum_{i=1}^m \int_{x_{2i-2}}^{x_{2i}} f(x)\mathrm{d}x \approx \sum_{i=1}^m \frac{h}{3}(y_{2i-2}+4y_{2i-1}+y_{2i}),$$

即

$$\int_a^b f(x)\mathrm{d}x \approx \frac{b-a}{3n}(y_0 + y_n + 2(y_2 + y_4 + \cdots + y_{n-2})$$

$$+ 4(y_1 + y_3 + \cdots + y_{n-1})). \tag{3.19}$$

上式称为定积分近似计算的**抛物线公式或辛普森公式**.

当 $f(x)$ 在 $[a,b]$ 上存在四阶导数时,设 $M_4$ 是 $|f^{(4)}(x)|$ 在 $[a,b]$ 上的最大值,则用(3.19)式计算时误差不超过

$$\frac{(b-a)^5}{180n^4}M_4. \tag{3.20}$$

(证明从略.)该误差当 $n$ 增大时,比梯形公式的误差(见(3.17)式)趋于零的速度更快.因此(3.19)式比(3.16)式更好.抛物线公式是计算定积分最常用的近似公式.

**例 1** 用梯形公式与辛普森公式计算 $\int_0^1 \frac{\mathrm{d}x}{1+x^2}$(取 $n=4$),并求 $\pi$ 的近似值.

**解** 因

$$\int_0^1 \frac{\mathrm{d}x}{1+x^2} = \arctan x \Big|_0^1 = \frac{\pi}{4},$$

故

$$\pi = 4\int_0^1 \frac{\mathrm{d}x}{1+x^2}.$$

将区间分成 4 等分,设 $y=\frac{1}{1+x^2}$,计算各分点上 $y$ 值,如下表所示:

| $x$ | $x_0=0$ | $x_1=0.25$ | $x_2=0.5$ | $x_3=0.75$ | $x_4=1$ |
|---|---|---|---|---|---|
| $y$ | $y_0=1.0000$ | $y_1=0.9412$ | $y_2=0.8000$ | $y_3=0.6400$ | $y_4=0.5000$ |

由梯形公式有

$$\frac{\pi}{4} \approx \frac{1}{4}\left(\frac{1}{2}y_0 + y_1 + y_2 + y_3 + \frac{1}{2}y_4\right)$$

$$= \frac{1}{4}(0.5000 + 0.9412 + 0.8000 + 0.6400 + 0.2500) = \frac{1}{4}\cdot 3.1312.$$

于是 $\pi \approx 3.1312$.

由辛普森公式有

$$\frac{\pi}{4} \approx \frac{1}{12}(y_0 + y_4 + 2y_2 + 4(y_1 + y_3))$$

$$= \frac{1}{12}(1 + 0.5000 + 1.6000 + 3.7648 + 2.5600) = \frac{1}{4} \cdot 3.1416.$$

于是 $\pi \approx 3.1416$. 显见辛普森公式较为精确.

读者可以用公式(3.17)与(3.20)估计误差. 而实际误差比估计误差小很多.

**例 2** 设有一河,宽为 100 米. 在某横断面上每隔 10 米测量一次,测得河水深度如下表所示:

| 测点 $x$(米) | 0 | 10 | 20 | 30 | 40 | 50 | 60 | 70 | 80 | 90 | 100 |
|---|---|---|---|---|---|---|---|---|---|---|---|
| 水深 $h$(米) | 0 | 5 | 9 | 12 | 13 | 17 | 19 | 15 | 11 | 6 | 0 |

求该河过水断面面积 $A$(见图 3.9).

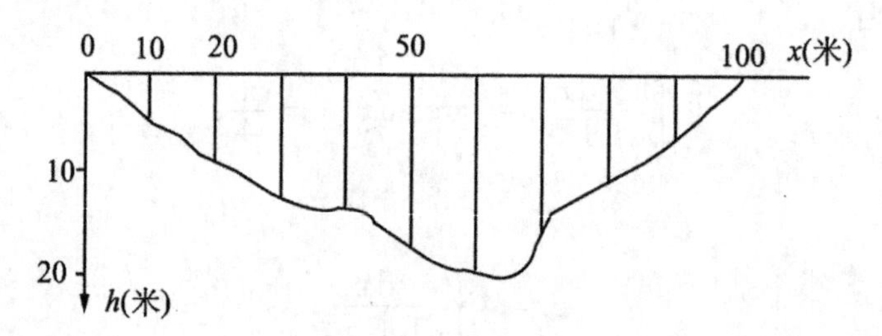


图 3.9

**解** 将该河横断面底线看成曲线 $y = f(x)$,则所求面积

$$A = \int_0^{100} f(x)\mathrm{d}x.$$

用辛普森公式计算,取 $n = 10$,则

$$A \approx \frac{100}{30}(0 + 2(9 + 13 + 19 + 11)$$

$$+ 4(5 + 12 + 17 + 15 + 6) + 0) = 1080(\text{平方米}).$$

## 习　题　3.2

**A组**

1. 将积分区间 $n$ 等分，取 $\xi_i$ 为第 $i$ 个小区间的右端点，用定积分的定义计算：(1) $\int_0^1 x\mathrm{d}x$；(2) $\int_0^1 a^x\mathrm{d}x$.

2. 利用定积分的性质证明下列不等式：

(1) $1 < \int_0^{\frac{\pi}{2}} \frac{\sin x}{x}\mathrm{d}x < \frac{\pi}{2}$；　(2) $1 < \int_0^1 \mathrm{e}^{x^2}\mathrm{d}x < \mathrm{e}$；

(3) $2 \leqslant \int_{-1}^1 \sqrt{1+x^4}\mathrm{d}x \leqslant \frac{8}{3}$；　(4) $\frac{1}{2} \leqslant \int_0^{\frac{1}{2}} \frac{\mathrm{d}x}{\sqrt{1-x^n}} \leqslant \frac{\pi}{6}\ (n>2)$.

3. 比较下列定积分的大小：

(1) $\int_0^1 \frac{x}{\sqrt{1+x^3}}\mathrm{d}x$ 与 $\int_0^1 \frac{x^2}{\sqrt{1+x^3}}\mathrm{d}x$；　(2) $\int_0^1 \mathrm{e}^{-x}\mathrm{d}x$ 与 $\int_0^1 \mathrm{e}^{-x^2}\mathrm{d}x$.

4. 求下列极限：

(1) $\lim\limits_{n\to\infty}\int_0^1 \frac{x^n}{1+x^{2n}}\mathrm{d}x$；　(2) $\lim\limits_{n\to\infty}\int_0^1 x^n\mathrm{e}^x\sin nx\mathrm{d}x$ .

5. 求下列函数 $y=y(x)$ 的导数 $\frac{\mathrm{d}y}{\mathrm{d}x}$：

(1) $y=\int_0^{x^2}\sin\sqrt{t}\mathrm{d}t$；　(2) $2x-\tan(x-y)=\int_0^{x-y}\sec^2 t\mathrm{d}t$；

(3) $y=\int_x^{\sqrt{x}}\cos t^2\mathrm{d}t$；　(4) $\int_0^y \mathrm{e}^{t^2}\mathrm{d}t+\int_0^x\cos t^2\mathrm{d}t=x^2$ .

6. 计算下列定积分：

(1) $\int_1^2 \sqrt[4]{x}\mathrm{d}x$；　(2) $\int_0^1 \frac{x^2-1}{x^2+1}\mathrm{d}x$；

(3) $\int_0^{\frac{\pi}{2}}\sin^3 x\mathrm{d}x$；　(4) $\int_{-1}^1 (x+|x|)^2\mathrm{d}x$；

(5) $\int_0^4 |t^2-3t+2|\mathrm{d}t$；　(6) $\int_{-\frac{\pi}{2}}^{\frac{\pi}{2}}\sqrt{\cos x-\cos^3 x}\mathrm{d}x$；

(7) $\int_0^{\frac{\pi}{4}}\frac{x}{1+\cos 2x}\mathrm{d}x$；　(8) $\int_0^1 \frac{\ln(1+x)}{(2-x)^2}\mathrm{d}x$；

(9) $\int_{-\frac{\pi}{2}}^{\frac{\pi}{2}}\left(\frac{\cos x}{2+\sin x}+x^4\sin x\right)\mathrm{d}x$；　(10) $\int_0^{\frac{1}{2}} x\ln\frac{x+1}{1-x}\mathrm{d}x$.

7. 对下列定积分能否用指定的变量代换？为什么？

(1) $\int_{-1}^{1}\frac{dx}{x^2+x+1},\ x=\frac{1}{t}$;　　(2) $\int_0^{\pi}\frac{dx}{1+\sin^2 x},\ \tan x=t$;

(3) $\int_0^2 x\sqrt[3]{1-x^2}dx,\ x=\sin t$;　　(4) $\int_0^4\frac{dx}{1+\sqrt{x}},\ t^2=x$.

8. 用换元法计算下列积分：

(1) $\int_0^a x^2\sqrt{a^2-x^2}dx$;　　(2) $\int_1^{e^2}\sqrt{x}\ln x dx$;

(3) $\int_0^1\frac{\sqrt{x}}{1+x}dx$;　　(4) $\int_0^{\ln 2}\sqrt{e^x-1}dx$;

(5) $\int_0^{\frac{1}{\sqrt{3}}}\frac{dx}{(1+x^2)\sqrt{1+x^2}}$;　　(6) $\int_{\frac{1}{4}}^{\frac{1}{2}}\frac{\arcsin\sqrt{x}}{\sqrt{x(1-x)}}dx$.

9. 设 $f(x)$在所考虑的积分区间上连续，证明下列等式：

(1) $\int_0^a f(x)dx=\int_0^{\frac{a}{2}}[f(x)+f(a-x)]dx$;

(2) $\int_0^{\pi}xf(\sin x)dx=\frac{\pi}{2}\int_0^{\pi}f(\sin x)dx=\pi\int_0^{\frac{\pi}{2}}f(\sin x)dx$;

(3) $\int_0^{2\pi}f(|\cos x|)dx=4\int_0^{\frac{\pi}{2}}f(\cos x)dx$.

10. 设 $f(x)$是以 $T$ 为周期的连续函数，证明

$$\int_a^{a+nT}f(x)dx=n\int_0^T f(x)dx,\qquad \forall n\in\mathbf{N},$$

并计算$\int_0^{100\pi}\sqrt{1-\cos 2x}dx$.

11. 求下列极限：

(1) $\lim\limits_{x\to 0+}\frac{\int_0^{x^2}\sin^{\frac{3}{2}}t dt}{\int_0^x t(t-\sin t)dt}$;　　(2) $\lim\limits_{x\to 0}\frac{\int_0^x\frac{1}{t}\ln(1+xt)dt}{x^2}$;

(3) $\lim\limits_{x\to+\infty}\frac{\int_0^x(\arctan t)^2dt}{\sqrt{1+x^2}}$;　　(4) $\lim\limits_{n\to\infty}\frac{1^p+2^p+\cdots+n^p}{n^{p+1}}\ (p+1>0)$;

(5) $\lim\limits_{n\to\infty}\left(\frac{n}{n^2+1}+\frac{n}{n^2+2^2}+\cdots+\frac{n}{n^2+n^2}\right)$.

12. 填空：

(1) 设 $f(x)=x+\int_0^a f(x)dx, a\neq 1$，则$\int_0^a f(x)dx=$ ____ ;

(2) $\int_a^x f'(2t)dt=$ ____ ;

(3) 设 $f(x)=\begin{cases}1+x^2, & x\leqslant 0,\\ e^{-x}, & x>0,\end{cases}$ 则 $\int_1^3 f(x-2)\mathrm{d}x=$ ____;

(4) 设 $f(x)=\int_1^{\sqrt{x}} e^{-t^2}\mathrm{d}t$,则 $\int_0^1 \frac{f(x)}{\sqrt{x}}\mathrm{d}x=$ ____ .

13. 若 $f(x)$满足条件 $f(x+a)=-f(a-x)$,$f(x)$可积,证明 $\int_0^{2a} f(x)\mathrm{d}x=0$.

**B组**

1. 利用提示的变量代换,计算下列定积分:

(1) $\int_0^{\frac{\pi}{2}} \frac{\mathrm{d}x}{1+(\tan x)^{2000}}$, $x=\frac{\pi}{2}-t$;

(2) $\int_0^{\frac{\pi}{4}} \ln(1+\tan x)\mathrm{d}x$, $x=\frac{\pi}{4}-t$;

(3) $\int_{-1}^{1} \frac{\mathrm{d}x}{1+2^{\frac{1}{x}}}$, $x=-t$;

(4) $\int_0^{\pi} \frac{x\sin^3 x}{1+\cos^2 x}\mathrm{d}x$, $x=\pi-t$.

2. 设 $f(x)$在区间$[-a,a]$上连续,证明 $f(x)$为奇函数的充要条件是

$$\int_{-x}^{x} f(t)\mathrm{d}t=0, \qquad \forall x\in[-a,a].$$

3. 设 $f(x)$在 $\mathbf{R}$ 上连续, $F(x)=\int_0^x (x-2t)f(t)\mathrm{d}t$,证明:(1) 若 $f(x)$ 为偶函数,则 $F(x)$ 也是偶函数;(2) 若 $f(x)$ 为单调增函数,则 $F(x)$ 为单调减函数 .

4. 设 $F(x)=\begin{cases}x^2\sin\frac{1}{x^2}, x\neq 0,\\ 0, x=0,\end{cases}$ 证明 $F(x)$可导,并讨论导函数 $f(x)=F'(x)$在闭区间$[-1,1]$上的可积性 . 该例说明了什么?

5. 将积分区间分成 4 等分,用梯形公式和抛物线公式计算下列积分,并与精确值比较:

(1) $\int_1^2 \frac{\mathrm{d}x}{x}(\ln 2=0.69314)$; (2) $\int_0^1 x^4\mathrm{d}x$.

6. 设 $f(x)$在$[a,b]$上连续,且 $f(x)>0$. 证明:

$$\int_a^b f(x)\mathrm{d}x\int_a^b \frac{1}{f(x)}\mathrm{d}x\geqslant(b-a)^2.$$

# 第三节 定积分的应用

## §3.3.1 定积分的微元法

定积分概念的引进具有十分鲜明的实际意义.当这一概念建立以后,它又在几何、物理、经济、社会学等几乎每一门学科中得到应用,成为定量研究各种自然规律与社会现象必不可少的工具.回忆§3.2.1中我们所举的关于求曲边梯形面积与求变速直线运动路程两个例子,经过一番推导后都变成求定积分的问题.为了今后讨论方便,我们来寻找它们共同的数学特征,今后只要我们讨论的问题具备了这些特征,就立即可变成求定积分问题,不必重复定积分概念引进时的推导程序.

设$[a,b]$是给定的闭区间,$Q=Q(x)$是定义在$[a,b]$上的未知函数,这里假定$Q(a)=0$.又设$f(x)$是$[a,b]$上的连续函数.我们把区间$[a,b]$分成若干个小区间,$[x,x+\Delta x]$是其中任一个小区间.设在该区间端点$Q$值之差$\Delta Q=Q(x+\Delta x)-Q(x)$近似等于$f(x)\Delta x$,它们相差$\Delta x$的高阶无穷小,即有

$$\Delta Q = Q(x+\Delta x) - Q(x) = f(x)\Delta x + o(\Delta x). \tag{3.21}$$

由导数的定义,可得

$$Q'(x) = \lim_{\Delta x\to 0}\frac{1}{\Delta x}(Q(x+\Delta x) - Q(x)) = \lim_{\Delta x\to 0}\left(f(x) + \frac{o(\Delta x)}{\Delta x}\right) = f(x).$$

于是由牛顿-莱布尼兹定理,并注意到$Q(a)=0$,得

$$Q(b) = \int_a^b f(x)\mathrm{d}x. \tag{3.22}$$

我们把函数$Q=Q(x)$的微分$\mathrm{d}Q=f(x)\mathrm{d}x=f(x)\Delta x$称为$Q$的**微元**.由上文推导可知,若要求$Q(b)$,只要求出它的微元$f(x)\mathrm{d}x$,然后从$a$到$b$求定积分就可得到.参见(3.22)式.这一方法称为定积分的**微元法**.

严格地说,要(3.22)式成立,必须证明条件(3.21)式能够满足,即证明$\Delta Q$与微元$f(x)\Delta x$之差是$\Delta x$的高阶无穷小.但在具体问题中,可从它的实际意义来判断,而且可假定$\Delta x>0$.我们仍以曲边梯形面积为例说明.

参见图3.10,我们用微元法来求由曲线$y=f(x)$,直线$x=a$,$x=b$及$x$轴所围的曲边梯形面积表达式.

设$Q(x)$为区间$[a,x]$上方曲边梯形面积.于是
$Q(a)=0$,而$Q(b)$即为所求的面积.在区间$[a,b]$上任取两点$x$与$x+\Delta x$,过这两点作$y$轴平行线.$\Delta Q$为这两条平行线之间曲边梯形的面积.图中阴影

部分的面积为 $f(x)\Delta x$,不难从几何意义看出它与 $\Delta Q$ 相差 $\Delta x$ 的高阶无穷小.因此,$f(x)\Delta x = f(x)\mathrm{d}x$ 就是**面积微元**.所以曲边梯形的面积 $Q(b)$等于 $\int_a^b f(x)\mathrm{d}x$.

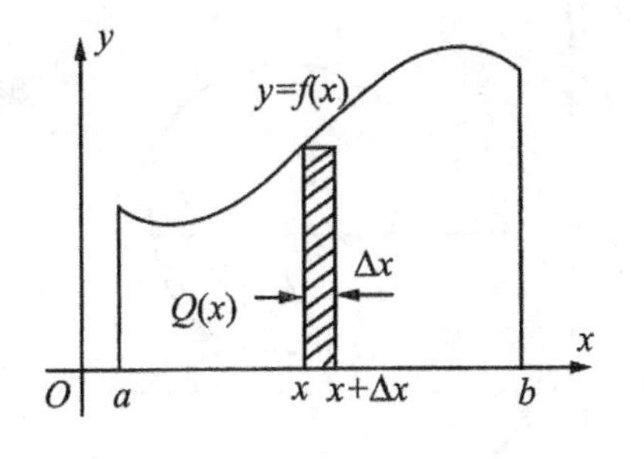


图 3.10

对变速直线运动的路程也可用微元法推出其积分形式.

在以后的讨论中,我们将用定积分的微元法推导平面图形面积、立体体积以及某些经济应用问题的计算公式.

### §3.3.2　定积分的应用

1. 平面图形的面积

(1) 直角坐标系中平面图形的面积.

设某平面图形由曲线 $y=f(x)$,$y=g(x)$及直线 $x=a$,$x=b$ 所围,这里 $f(x)\geqslant g(x)$.见图 3.11,我们来求该图形的面积 $A$.

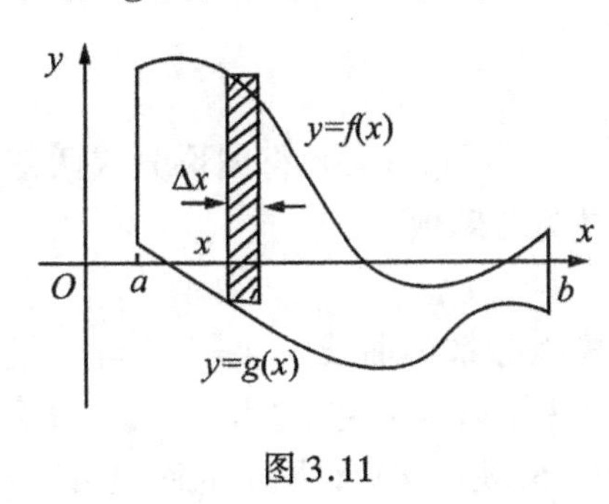


图 3.11

在区间$[a,b]$上任取两点 $x$ 与 $x+\Delta x$,过这两点作 $y$ 轴的平行线,再过两点$(x,f(x))$,$(x,g(x))$作 $x$ 轴的平行线,这四条线所围的矩形面积为$(f(x)-g(x))\Delta x$,见图中阴影部分.不难看出这就是面积微元.于是

$$A=\int_a^b (f(x)-g(x))\mathrm{d}x. \tag{3.23}$$

若某平面图形如图 3.12 所示,这里 $\psi(y)\geqslant\varphi(y)$,则类似(3.23)式的推导可知面积为

$$A=\int_\alpha^\beta (\psi(y)-\varphi(y))\mathrm{d}y. \tag{3.24}$$

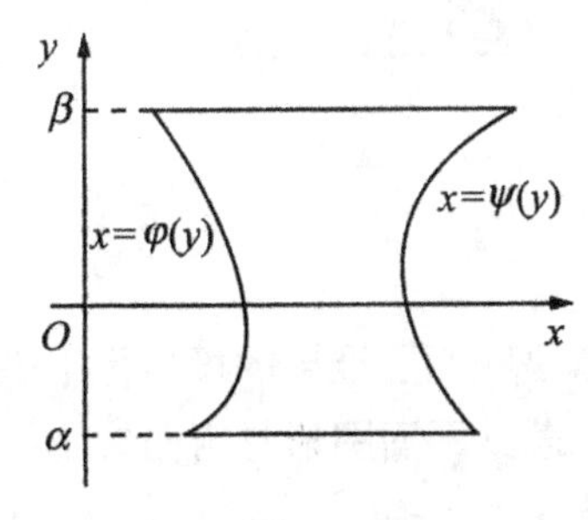


图 3.12

若某平面图形如图 3.13 所示,总可将该图形分成若干部分,使每一部分均为前两种情形之一的图形,分别可用(3.23)式或

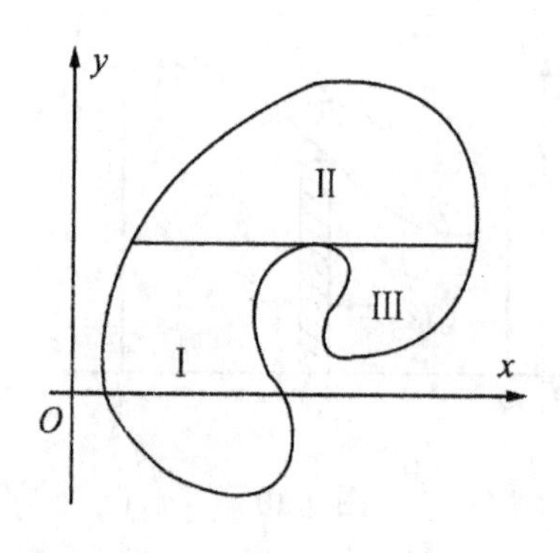


图 3.13

(3.24)式计算,每部分面积之和即为总面积.

**例 1**　求抛物线 $y^2=2x$ 与直线 $x+y=4$ 所围图形面积 $S$.

**解**　解联立方程组

$$\begin{cases} y^2 = 2x, \\ x + y = 4, \end{cases}$$

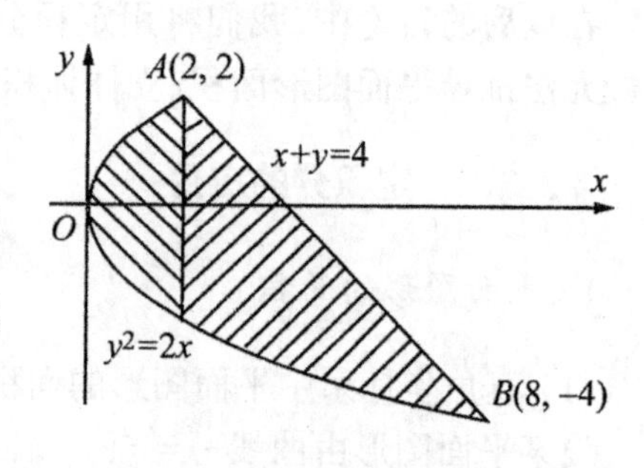


图 3.14

得两组解,它们分别为抛物线与直线交点坐标:$A(2,2)$ 与 $B(8,-4)$. 见图 3.14.将 $\psi(y)=4-y$, $\varphi(y)=\frac{1}{2}y^2$ 代入(3.24)式得

$$S = \int_{-4}^{2}\left(4 - y - \frac{y^2}{2}\right)\mathrm{d}y$$

$$= \left[4y - \frac{y^2}{2} - \frac{y^3}{6}\right]_{-4}^{2} = 18.$$

**注**　若此题用(3.23)式计算,因 $f(x)$ 为分段函数,必须将图形分成两部分计算.见图中不同斜纹线部分.这将比上述方法麻烦.

(2) 极坐标系中平面图形的面积.

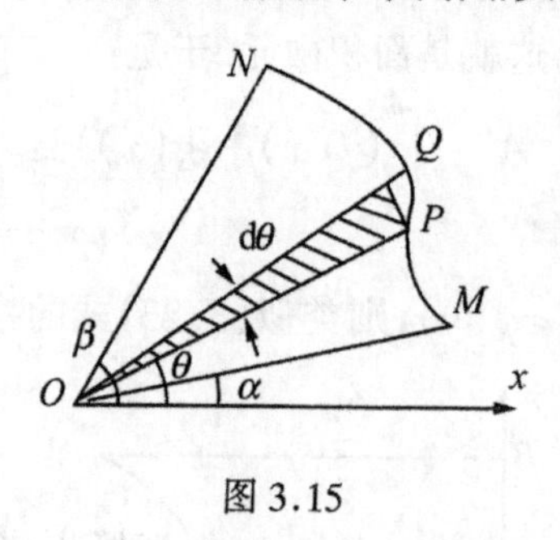


图 3.15

设有极坐标系中曲线 $r=r(\theta)$ 与矢径 $\theta=\alpha$, $\theta=\beta$ 所围平面图形,这里 $0\leqslant\alpha<\beta\leqslant 2\pi$. 见图 3.15. 我们来求该图形的面积 $A$.

从几何意义上易见面积微元等于以 $\mathrm{d}\theta$ 为圆心角,$r(\theta)$ 为半径的小扇形的面积 $\frac{1}{2}r^2(\theta)\mathrm{d}\theta$. 见图中阴影部分. 于是

$$A = \frac{1}{2}\int_{\alpha}^{\beta} r^2(\theta)\mathrm{d}\theta. \tag{3.25}$$

这就是我们要推导的极坐标下平面图形的面积公式.

若某平面图形是由曲线 $r=r_1(\theta)$, $r=r_2(\theta)$ 及矢径 $\theta=\alpha$, $\theta=\beta$ 所围(见图 3.16),这里

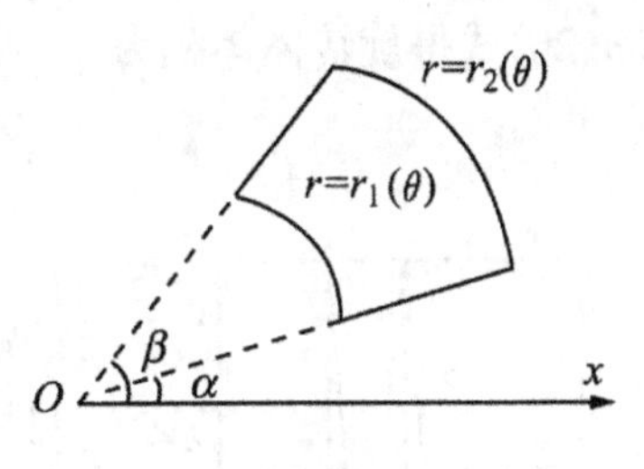

图 3.16

$r_1(\theta)\leqslant r_2(\theta),0\leqslant\alpha<\beta\leqslant 2\pi$，则由(3.25)式可得该平面图形面积为

$$A=\frac{1}{2}\int_{\alpha}^{\beta}(r_2^2(\theta)-r_1^2(\theta))\mathrm{d}\theta.$$

**例 2**　求心脏线 $r=a(1+\cos\theta)$围成图形的面积 $A$.

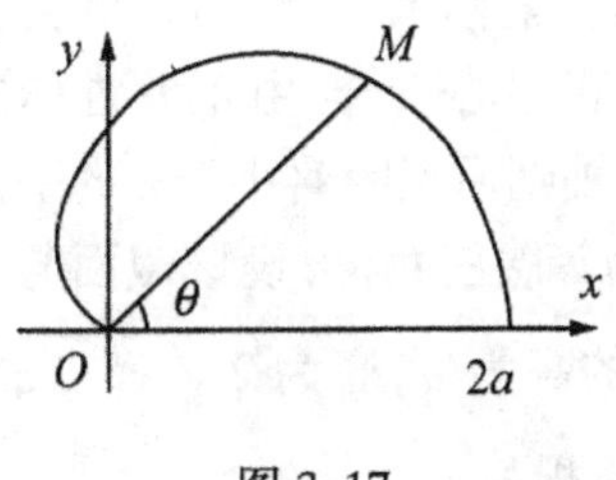

图 3.17

**解**　心脏线的图形如图 3.17 所示. 由对称性，只要计算 $x$ 轴上方的面积. 设 $M$ 为心脏线上一动点，当矢径 $OM$ 的极角 $\theta$ 从 0 增至 $\pi$ 时，矢径 $OM$ 恰好扫过 $x$ 轴上方图形. 故公式(3.25)中积分上、下限分别为 $\pi$ 与 0. 以 $r=a(1+\cos\theta)$代入得

$$\begin{aligned}A&=2\cdot\frac{1}{2}\int_0^{\pi}a^2(1+\cos\theta)^2\mathrm{d}\theta\\&=a^2\int_0^{\pi}(1+2\cos\theta+\cos^2\theta)\mathrm{d}\theta\\&=a^2\left[\frac{3}{2}\theta+2\sin\theta+\frac{1}{4}\sin2\theta\right]_0^{\pi}=\frac{3}{2}\pi a^2.\end{aligned}$$

*2. 立体体积

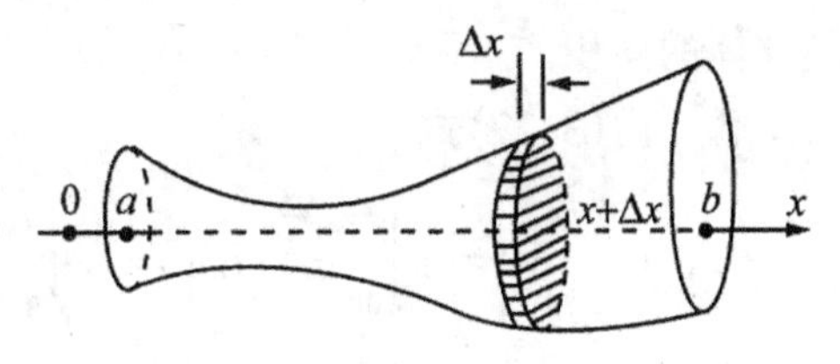

图 3.18

设某立体如图 3.18 所示，夹在分别过 $a,b$ 两点，垂直于 $x$ 轴的两平面之间. 设 $x\in[a,b]$为 $x$ 轴上的一点. 过该点垂直于 $x$ 轴的平面截该立体所得的截面积为 $A(x)$. $A(x)$为已知函数，且在$[a,b]$上连续. 我们来计算该立体的体积 $V$.

过 $x$ 轴上两点 $x$ 与 $x+\Delta x$ 分别作垂直于 $x$ 轴的平面体积微元为 $A(x)\mathrm{d}x$. 因此该立体体积

$$V=\int_a^bA(x)\mathrm{d}x.\tag{3.26}$$

若某立体是由曲线 $y=f(x)(f(x)\geqslant 0)$，直线 $x=a,x=b$ 及 $x$ 轴所围曲边梯形绕 $x$ 轴旋转一周而得的旋转体，则垂直于 $x$ 轴的平面截该立体得到的截面为一圆面，圆心在 $x$ 轴上. 若圆心坐标为$(x,0)$，则半径为 $f(x)$. 由

(3.26)式得旋转体体积为

$$V = \pi \int_a^b f^2(x)\mathrm{d}x. \tag{3.27}$$

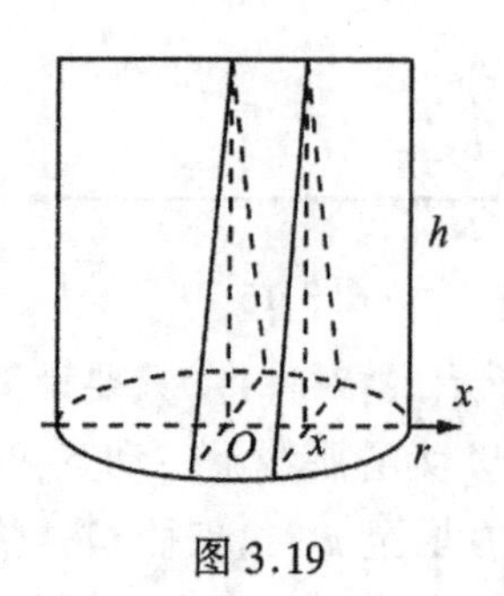

图 3.19

**例 3** 求以半径为 $r$ 的圆为底，以平行且等于该圆直径的线段为顶，高为 $h$ 的正劈锥体的体积(见图 3.19).

**解** 如图 3.19，建立坐标系，$x$ 轴与正劈锥体的顶线平行，原点与下底圆心重合. 由正劈锥体的性质知，任一垂直于 $x$ 轴到原点距离小于 $r$ 的平面与正劈锥体的截面均为等腰三角形. 设该截面与 $x$ 轴的交点为 $x$，则截面的高为 $h$，底为 $2\sqrt{r^2-x^2}$. 于是截面面积为 $h\sqrt{r^2-x^2}$. 由(3.26)式得所求体积为

$$V = \int_{-r}^{r} h\sqrt{r^2 - x^2}\mathrm{d}x.$$

令 $x = r\sin\theta$. 当 $x = \pm r$ 时，相应 $\theta = \pm\frac{\pi}{2}$. 故

$$V = h\int_{-\frac{\pi}{2}}^{\frac{\pi}{2}} r^2\cos^2\theta\mathrm{d}\theta = \frac{\pi}{2}r^2 h.$$

**例 4** 求正弦曲线 $y = \sin x$, $0 \leqslant x \leqslant \pi$，绕 $x$ 轴旋转一周得到的曲面所包围立体的体积.

**解** 由(3.27)式

$$V = \pi\int_0^{\pi} \sin^2 x\mathrm{d}x = \frac{\pi}{2}\int_0^{\pi}(1 - \cos 2x)\mathrm{d}x = \frac{\pi^2}{2}.$$

3. 定积分在经济中的应用举例

**例 5** 设某产品在时刻 $t$(小时)产量的变化率为 $f(t) = 80 + t - \frac{1}{2}t^2$(件/小时)，求从 $t = 2$ 至 $t = 6$ 这 4 小时的产量.

**解** 因产量 $P(t)$的导数 $P'(t) = f(t)$，所以从 $t = 2$ 至 $t = 6$ 这 4 小时的产量为

$$\int_2^6 f(t)\mathrm{d}t = \int_2^6\left(80 + t - \frac{1}{2}t^2\right)\mathrm{d}t = \left[80t + \frac{1}{2}t^2 - \frac{1}{6}t^3\right]_2^6 = 301\frac{1}{3}(件).$$

**例 6** 设某商品日生产量为 $x$ 件时固定成本为 20 元，边际成本为 $C'(x)$

$=4-0.2x$(元/件),求成本函数 $C(x)$.

**解**　固定成本是与产量无关的常数,它等于当 $x=0$ 时 $C(x)$的值,即有 $C(0)=20$. 于是

$$C(x)=\int_0^x C'(t)\mathrm{d}t+C(0)=\int_0^x(4-0.2t)\mathrm{d}t+20=[4t-0.1t^2]_0^x+20$$

$$=-\frac{1}{10}x^2+4x+20(\text{元})$$

**例 7**　已知生产某商品 $x$ 单位时,边际收益函数为 $R'(x)=200+\frac{1}{5}x$ (元/件),求生产 $x$ 件时收益函数 $R(x)$及平均收益 $\bar{R}(x)$.

**解**　收益函数 $R(x)$是边际收益函数在$[0,x]$上的定积分. 当 $x=0$ 时, $R(x)=R(0)=0$. 所以

$$R(x)=\int_0^x\left(200+\frac{t}{5}\right)\mathrm{d}t=\left[200t+\frac{t^2}{10}\right]_0^x=200x+\frac{x^2}{10}(\text{元}).$$

平均收益为

$$\bar{R}(x)=\frac{R(x)}{x}=200+\frac{x}{10}(\text{元/件}).$$

## 习　题　3.3

**A 组**

1. 在直角坐标系中,求由下述曲线或直线所围平面图形的面积:

   (1) $y=ax^2, x=by^2(a,b>0)$;　　(2) $y=\ln x, y=0, x=2$;

   (3) $y=x, y=x+\sin^2 x(0\leqslant x\leqslant\pi)$;　　(4) $\frac{x^2}{a^2}+\frac{y^2}{b^2}=1$;

   (5) $y=x^2-4x+3$ 及其在点(0,3)与(3,0)的切线.

2. 抛物线 $y=\frac{1}{2}x^2$ 分割圆 $x^2+y^2\leqslant 8$ 成两部分,求这两部分的面积.

3. 计算下列曲线围成的平面图形的面积:

   (1) $r=\sqrt{\sin\theta}(0\leqslant\theta\leqslant\pi)$;　　(2) $r=a\cos 3\theta\left(-\frac{\pi}{6}\leqslant\theta\leqslant\frac{\pi}{6}\right)$;

   (3) $r^2=a^2\cos 2\theta\left(-\frac{\pi}{4}\leqslant\theta\leqslant\frac{\pi}{4}\right)$;　　(4) $r=1+\sin\theta, \theta=0, \theta=\frac{\pi}{4}$.

4. 求圆面 $r\leqslant 1$ 被心形线 $r=1+\sin\theta$ 分割成两部分的面积.

5. 设直线 $y=ax(a>1)$与曲线 $y=\sqrt{x}$所围图形面积为$S_1$, $y=ax$, $y=\sqrt{x}$与$x=1$所围图形面积为 $S_2$,试确定 $a$ 的值使$S=S_1+S_2$ 达到最小,并求出最小面积.

6. 求下列曲线或直线所围平面区域绕指定轴旋转所得旋转体的体积:

(1) $y=x^3$, $y=0$, $x=1$;分别绕 $x$ 轴和 $y$ 轴;

(2) $\sqrt{x}+\sqrt{y}=1$, $y=0$, $x=0$;绕 $x$ 轴.

7. 某立体的底是 $xoy$ 平面上的抛物线$y=\frac{1}{2}x^2$ 与直线 $y=2$ 所围的平面图形,垂直于 $y$ 轴的截面都是等边三角形,求其体积.

8. 证明正圆锥体体积等于底面积与高的乘积的三分之一.

9. 在曲线 $y=\frac{1}{2}x^2(x\geqslant 0)$上点 $M$ 处作一切线使其与曲线及$x$ 轴所围平面图形的面积为$\frac{1}{3}$. 试求:(1) 切点 $M$ 的坐标;(2)过切点 $M$ 的切线方程;(3)上述所围平面图形绕 $x$ 轴旋转一周得到的旋转体的体积.

10. 已知某产品的边际收益 $R'(x)=200-0.01x(x\geqslant 0)$,其中 $x$(件)为产量.(1)求生产了 50 件时的收益;(2)若已生产了 50 件,求再生产 50 件的收益.

11. 设某商品日产量为 $x$ 件时固定成本为 200 元,边际成本为 $C'(x)=50+0.2x$(元/件),求成本函数 $C(x)$. 若该商品销售单价为 150 元/件,且产品全部售出,求总利润函数 $L(x)$. 试问日产量为多少时才能获得最大利润?

**B 组**

1. 某平面曲线在极坐标下由圆弧 $r=a$, $r=b$ 与曲线$\theta=\theta_1(r)$, $\theta=\theta_2(r)$所围,其中$0\leqslant a<b$, $0\leqslant\theta_2(r)-\theta_1(r)\leqslant 2\pi$. 求证:该图形面积为

$$\int_a^b(\theta_2(r)-\theta_1(r))r\mathrm{d}r.$$

2. 利用上题计算曲线 $r=\tan\theta\left(\frac{\pi}{6}\leqslant\theta\leqslant\frac{\pi}{3}\right)$与 $r=\tan\frac{\theta}{2}\left(\frac{\pi}{3}\leqslant\theta\leqslant\frac{2}{3}\pi\right)$将圆环$\frac{\sqrt{3}}{3}\leqslant r\leqslant\sqrt{3}$分割成两部分的面积.

3. 若某立体是由曲线 $y=f(x)$,直线 $x=a$, $x=b(0\leqslant a<b)$及 $x$ 轴所围平面图形绕 $y$ 轴旋转一周所得的旋转体. 证明其体积 $V=2\pi\int_a^b x\mid f(x)\mid\mathrm{d}x$.

4. 利用上题结果计算由正弦曲线 $y=\sin x(0\leqslant x\leqslant\pi)$与 $x$ 轴所围曲边梯形绕 $y$ 轴旋转一周所得立体体积.

5. 求摆线$\begin{cases}x=a(t-\sin t),\\ y=a(1-\cos t),\end{cases}$ $(0\leqslant t\leqslant 2\pi)$与 $x$ 轴所围曲边梯形分别绕$x$ 轴与$y$ 轴旋转

一周所得旋转体体积.

6. 求圆盘$(x-a)^2+y^2\leqslant r^2(a>r)$绕$y$轴旋转一周所成圆环体的体积.

# 第四节 广义积分与Γ函数

## §3.4.1 两类广义积分

在引进定积分概念时,我们只讨论了函数$f(x)$在有限的闭区间$[a,b]$上定义的情形.此外,我们还知道在$[a,b]$上无界的函数在$[a,b]$上不可积.但为了解决某些实际问题,我们还必须研究在无穷区间上的积分与无界函数的积分.这两类积分均称为**广义积分**,以区别由定义3.3给出的**常义积分**.

1. 无穷区间上的积分

**定义3.4** 设函数$f(x)$在区间$[a,+\infty)$上定义,若对任意$b\in[a,+\infty)$,$f(x)$在区间$[a,b]$上均可积,则定义无穷区间上的广义积分(简称广义积分)

$$\int_a^{+\infty}f(x)\mathrm{d}x=\lim_{b\to+\infty}\int_a^b f(x)\mathrm{d}x,$$

当上式右端极限存在有限时,称广义积分$\int_a^{+\infty}f(x)\mathrm{d}x$**收敛**,否则称广义积分**发散**.称$+\infty$为它的**奇点**(或**瑕点**).

类似可给出区间$(-\infty,b]$及$(-\infty,+\infty)$上广义积分及其收敛与发散的定义.我们定义

$$\int_{-\infty}^b f(x)\mathrm{d}x=\lim_{a\to-\infty}\int_a^b f(x)\mathrm{d}x$$

及

$$\int_{-\infty}^{+\infty}f(x)\mathrm{d}x=\lim_{a\to-\infty}\int_a^c f(x)\mathrm{d}x+\lim_{b\to+\infty}\int_c^b f(x)\mathrm{d}x.$$

上式等号右边的两个极限均存在有限时,才称广义积分$\int_{-\infty}^{+\infty}f(x)\mathrm{d}x$收敛.

**定理3.12(广义牛顿-莱布尼兹定理)** 设函数$f(x)$在所讨论的区间上连续,$F(x)$为$f(x)$的一个原函数,则

$$\int_a^{+\infty}f(x)\mathrm{d}x=F(x)\Big|_a^{+\infty}=F(+\infty)-F(a),$$

$$\int_{-\infty}^{b} f(x)\mathrm{d}x = F(x)\Big|_{-\infty}^{b} = F(b) - F(-\infty),$$

$$\int_{-\infty}^{+\infty} f(x)\mathrm{d}x = F(x)\Big|_{-\infty}^{+\infty} = F(+\infty) - F(-\infty),$$

这里 $F(+\infty)=\lim\limits_{b\to+\infty}F(b)$，$F(-\infty)=\lim\limits_{a\to-\infty}F(a)$. 上述三个等式也称为广义牛顿-莱布尼兹公式.

**证**　我们只证明第一个等式，另两个同样可证. 由广义积分定义及定积分的牛顿-莱布尼兹公式有

$$\int_{a}^{+\infty} f(x) = \lim_{b\to+\infty}\int_{a}^{b} f(x)\mathrm{d}x = \lim_{b\to+\infty}(F(b)-F(a))$$

$$= \lim_{b\to+\infty}F(b) - F(a) = F(+\infty) - F(a). \qquad \square$$

我们在§3.2.2中讨论了定积分的性质. 其中性质2)，3)，4)，5)对广义积分仍能成立，将其中积分上限 $b$ 换成 $+\infty$ 就可以了. 例如，当 $k$ 为常数时，

$$\int_{a}^{+\infty} kf(x)\mathrm{d}x = k\int_{a}^{+\infty} f(x)\mathrm{d}x.$$

又如，若广义积分 $\int_{a}^{+\infty} f(x)\mathrm{d}x$ 与 $\int_{a}^{+\infty} g(x)\mathrm{d}x$ 均收敛，则 $\int_{a}^{+\infty}(f(x)\pm g(x))\mathrm{d}x$ 也收敛，且

$$\int_{a}^{+\infty}(f(x)\pm g(x))\mathrm{d}x = \int_{a}^{+\infty} f(x)\mathrm{d}x \pm \int_{a}^{+\infty} g(x)\mathrm{d}x.$$

此外，对广义积分也可使用分部积分和变量代换．

**例1**　求广义积分 $I=\int_{0}^{+\infty} x\mathrm{e}^{-x^2}\mathrm{d}x$.

**解**　因 $\int x\mathrm{e}^{-x^2}\mathrm{d}x = -\frac{1}{2}\int \mathrm{e}^{-x^2}\mathrm{d}(-x^2) = -\frac{1}{2}\mathrm{e}^{-x^2}+c$，由广义牛顿-莱布尼兹公式得

$$I = \left[-\frac{1}{2}\mathrm{e}^{-x^2}\right]_{0}^{+\infty} = \lim_{x\to+\infty}\left(-\frac{1}{2}\mathrm{e}^{-x^2}\right) - \left(-\frac{1}{2}\right) = \frac{1}{2}.$$

以上题为例，我们来解释广义积分的几何意义. 积分 $\int_{0}^{b} x\mathrm{e}^{-x^2}\mathrm{d}x$ 在数值上等于图3.20中阴影部分面积. 它是由曲线 $y=x\mathrm{e}^{-x^2}$，直线 $x=b$ 及 $x$ 轴所围的平

面图形.当 $b\to+\infty$ 时,即直线 $x=b$ 向右平行移动至无穷远处.此时阴影部分的面积将逐渐增加,其极限等于$\frac{1}{2}$.因此,可以说曲线 $y=xe^{-x^2}$ $(x\geqslant0)$ 与 $x$ 轴之间面积为$\frac{1}{2}$.

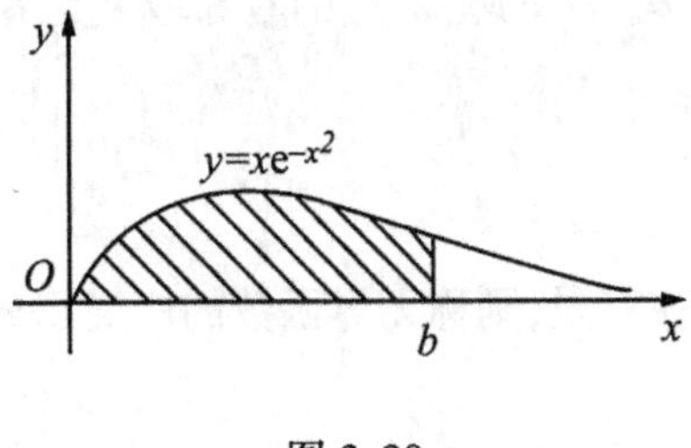


图 3.20

**例 2**　求广义积分 $I=\int_{-\infty}^{+\infty}\frac{1}{1+x^2}dx$.

**解**　因 $\int\frac{1}{1+x^2}dx=\arctan x+c$,所以

$$I=\arctan x\Big|_{-\infty}^{+\infty}=\frac{\pi}{2}-(-\frac{\pi}{2})=\pi.$$

**例 3**　对参数 $p$ 讨论广义积分 $\int_1^{+\infty}\frac{dx}{x^p}$ 的敛散性.

**解**　当 $p>1$ 时,$\int\frac{dx}{x^p}=\frac{-1}{(p-1)x^{p-1}}+c$.于是

$$\int_1^{+\infty}\frac{dx}{x^p}=\frac{-1}{(p-1)x^{p-1}}\Big|_1^{+\infty}=\frac{1}{p-1}.$$

当 $p=1$ 时,$\int\frac{dx}{x^p}=\int\frac{dx}{x}=\ln x+c$.于是

$$\int_1^{+\infty}\frac{dx}{x^p}=\ln x\Big|_1^{+\infty}=+\infty.$$

当 $p<1$ 时,$\int\frac{dx}{x^p}=\frac{1}{1-p}x^{1-p}+c$

$$\int_1^{+\infty}\frac{dx}{x^p}=\frac{1}{1-p}x^{1-p}\Big|_1^{+\infty}=+\infty.$$

综上所述,当且仅当 $p>1$ 时$\int_1^{+\infty}\frac{dx}{x^p}$ 收敛,其值等于$\frac{1}{p-1}$.

2. 无界函数的积分

**定义 3.5**　设对任意充分小的正数 $\varepsilon$,函数 $f(x)$ 在区间 $[a+\varepsilon,b]$ 上均可

积.若 $f(x)$在 $a$ 点的右邻域上无界,则称 $a$ 为$f(x)$的**奇点**(或**瑕点**).若极限

$$\lim_{\varepsilon\to 0_+}\int_{a+\varepsilon}^{b} f(x)\mathrm{d}x = A$$

存在有限,则称无界函数的广义积分(简称广义积分) $\int_a^b f(x)\mathrm{d}x$ 收敛,记为

$$\int_a^b f(x)\mathrm{d}x = A.$$

若极限 $A$ 不存在或为 $\pm\infty$,则称 $\int_a^b f(x)\mathrm{d}x$ 发散 .

类似可定义 $b$ 为奇点时的广义积分

$$\int_a^b f(x)\mathrm{d}x = \lim_{\varepsilon\to 0_+}\int_a^{b-\varepsilon} f(x)\mathrm{d}x.$$

若 $a$ 与$b$ 均为奇点,取 $c\in(a,b)$,则定义

$$\int_a^b f(x)\mathrm{d}x = \lim_{\eta\to 0_+}\int_{a+\eta}^{c} f(x)\mathrm{d}x + \lim_{\varepsilon\to 0_+}\int_c^{b-\varepsilon} f(x)\mathrm{d}x,$$

当右端两个广义积分均收敛时, $\int_a^b f(x)\mathrm{d}x$ 才收敛 .

同无穷区间上广义积分一样,我们有下述定理(由读者自证):

**定理 3.13 (广义牛顿-莱布尼兹定理)** 设函数 $f(x)$在区间$(a,b]$(或区间$[a,b)$)上连续,$a$(或 $b$)为 $f(x)$的奇点.若 $F(x)$为 $f(x)$的一个原函数,则当 $a$ 为唯一奇点时,

$$\int_a^b f(x)\mathrm{d}x = F(x)\Big|_{a_+}^{b} = F(b) - F(a_+),$$

当 $b$ 为唯一奇点时,

$$\int_a^b f(x)\mathrm{d}x = F(x)\Big|_{a}^{b_-} = F(b_-) - F(a),$$

当 $a,b$ 均为奇点时,

$$\int_a^b f(x)\mathrm{d}x = F(x)\Big|_{a_+}^{b_-} = F(b_-) - F(a_+).$$

上述三个等式也称为广义牛顿－莱布尼兹公式.

**例4**　求广义积分$\int_0^1 \ln x \mathrm{d}x$.

**解**　当$x\to 0+$时,$\ln x\to -\infty$.易知该积分有唯一奇点$x=0$.因$\int \ln x \mathrm{d}x = x\ln x - x + c$,由广义牛顿-莱布尼兹公式得

$$\int_0^1 \ln x \mathrm{d}x = [x\ln x - x]_{0_+}^1 = -1 - \lim_{x\to 0_+}(x\ln x - x).$$

由洛必达法则得

$$\lim_{x\to 0_+} x\ln x = \lim_{x\to 0_+}\frac{\ln x}{\frac{1}{x}} = \lim_{x\to 0_+}\frac{\frac{1}{x}}{\frac{-1}{x^2}} = 0.$$

所以原积分$=-1$.

以上题为例,我们解释无界函数广义积分的几何意义.因$\int_0^1 \ln x \mathrm{d}x = -1$,故图3.21中阴影部分面积当$\varepsilon\to 0+$时趋于1,这里阴影部分由曲线$y=\ln x$,直线$x=\varepsilon$及$x$轴所围.因此可以说$x$轴,$y$轴及曲线$y=\ln x(0<x\leqslant 1)$之间的平面图形面积为1,该图形伸展到无穷远处.因它在$x$轴下方,故积分值为负.

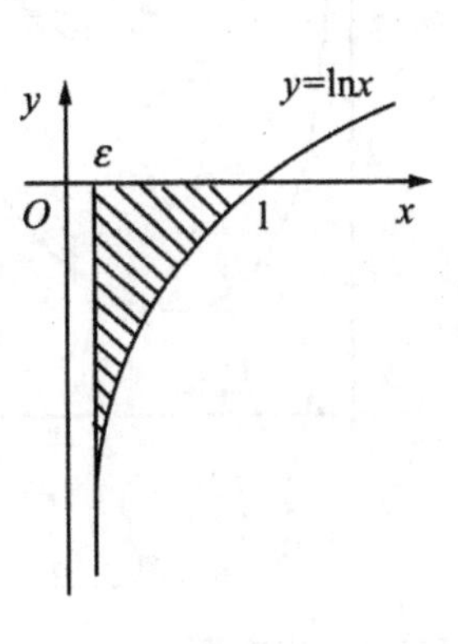

图3.21

**例5**　讨论广义积分$I=\int_0^1 \frac{\mathrm{d}x}{x^p}$的敛散性,这里$p>0$.

**解**　显然零是它的唯一奇点.当$p=1$时,

$$I=\int_0^1 \frac{\mathrm{d}x}{x} = \ln x\Big|_0^1 = +\infty.$$

故积分发散,当$p\neq 1$时,

$$I=\frac{1}{1-p}[x^{1-p}]_0^1 = \begin{cases}\frac{1}{1-p}, & p<1,\\ +\infty, & p>1.\end{cases}$$

综上所述,当且仅当 $0<p<1$ 时,广义积分 $\int_0^1 \frac{dx}{x^p}$ 收敛,其值等于 $\frac{1}{1-p}$.

**注** 例 5 中若 $p\leqslant 0$,则 $\int_0^1 \frac{dx}{x^p}$ 为常义积分,被积函数是 $[0,1]$ 区间上的连续函数,当然是可积的,有时为方便起见,也称它是收敛的.

### * §3.4.2 Γ函数

考察含有参数 $x$ 的广义积分

$$\Gamma(x) = \int_0^{+\infty} e^{-t} t^{x-1} dt \quad (x > 0). \tag{3.28}$$

它有两个奇点 $t=+\infty$ 和 $t=0$(当 $x<1$ 时),可以证明当参数 $x>0$ 时,广义积分 $\Gamma(x)$ 收敛. 称广义积分 $\Gamma(x)$ 为 **Γ函数**(读作 Gamma 函数),这个函数是由欧拉(Euler)1792 年引进的. Γ 函数是最重要的非初等函数之一,时常在数学分析及其应用中意料不到的地方出现.

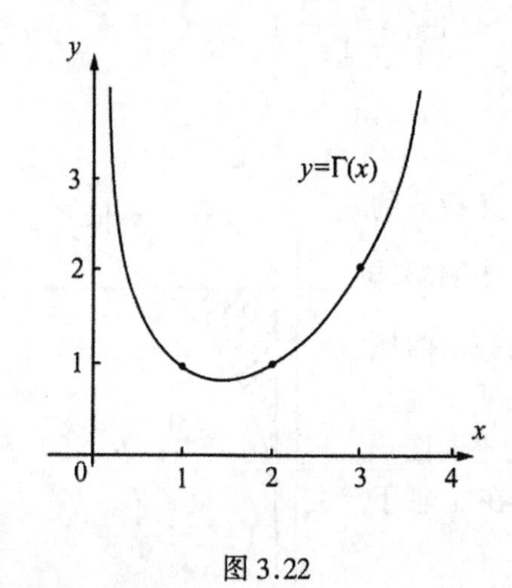

图 3.22

可证 Γ 函数在 $(0,+\infty)$ 上是连续函数,当 $x=1.4616\cdots$ 时,$\Gamma(x)$ 取最小值 $0.8856\cdots$,其图形如图 3.22 所示.

关于 $\Gamma(x)$ 有递推公式

$$\Gamma(x+1) = x\Gamma(x) \tag{3.29}$$

事实上,我们有

$$\Gamma(x+1) = \int_0^{+\infty} e^{-t} t^x dt = \lim_{b\to+\infty} \left( -t^x e^{-t} \Big|_0^b + x\int_0^b e^{-t} t^{x-1} dt \right)$$

$$= x\int_0^{+\infty} e^{-t} t^{x-1} dt = x\Gamma(x).$$

由(3.29)式,对自然数 $n$ 有

$$\Gamma(x+n) = (x+n-1)(x+n-2)\cdots(x+1)x\Gamma(x). \tag{3.30}$$

因此,若知道 $\Gamma(x)$ 在区间 $(0,1]$ 上的函数值,就可利用(3.30)式求得 $\Gamma(x)$ 在任意点的值. 而当 $0<x\leqslant 1$ 时,$\Gamma(x)$ 的数值已制成表,从而查表可得 $\Gamma(x)$ 在任一点的值.

若在(3.30)中取 $x=1$ 并注意

$$\Gamma(1)=\int_0^{+\infty}\mathrm{e}^{-t}\mathrm{d}t=1,$$

可得

$$\Gamma(n+1)=n!.$$

因此，$\Gamma(x)$是阶乘函数的推广．

若在(3.28)中令 $t=s^2$，则得 $\Gamma(x)$的下述形式：

$$\Gamma(x)=\int_0^{+\infty}\mathrm{e}^{-t}t^{x-1}\mathrm{d}t=2\int_0^{+\infty}\mathrm{e}^{-t^2}t^{2x-1}\mathrm{d}t.$$

在上式中令 $x=\frac{1}{2}$得

$$\Gamma\left(\frac{1}{2}\right)=2\int_0^{+\infty}\mathrm{e}^{-t^2}\mathrm{d}t=\int_{-\infty}^{+\infty}\mathrm{e}^{-t^2}\mathrm{d}t.$$

上式右端在概率统计中有十分重要的应用，在第四章第三节将证明 $\Gamma\left(\frac{1}{2}\right)=\sqrt{\pi}$.

## 习　题　3.4

**A组**

1. 计算下列广义积分

(1) $\int_0^{+\infty}x\mathrm{e}^{-x}\mathrm{d}x$;　(2) $\int_{-\infty}^{+\infty}\frac{\mathrm{d}x}{x^2+4x+9}$;

(3) $\int_0^2\frac{\mathrm{e}^x\mathrm{d}x}{(\mathrm{e}^x-1)^{1/3}}$;　(4) $\int_{-1}^1\frac{\mathrm{d}x}{\sqrt{1-x^2}}$;

(5) $\int_0^{+\infty}\frac{\mathrm{d}x}{\sqrt{x}(1+x)}$;　(6) $\int_1^5\frac{\mathrm{d}x}{\sqrt{(x-1)(5-x)}}$;

(7) $\int_{-2}^{-1}\frac{\mathrm{d}x}{x\sqrt{x^2-1}}$;　(8) $\int_0^{+\infty}\frac{\arctan x}{(1+x^2)^{\frac{3}{2}}}\mathrm{d}x$.

2. 积分 $\int_2^{+\infty}\frac{\mathrm{d}x}{x(\ln x)^k}$ 当$k$为何值时收敛？$k$为何值时发散？

3. 设 $\lim\limits_{x\to+\infty}\left(\frac{x+c}{x-c}\right)^x=\int_{-\infty}^{c}t\mathrm{e}^{2t}\mathrm{d}t$，求 $c$ 的值．

4. 利用Γ函数计算下列积分：

(1) $\int_0^{+\infty} e^{-x}x^5 dx$；　　(2) $\int_0^{+\infty} e^{-x}x^{\frac{3}{2}} dx$；

(3) $\int_0^{+\infty} e^{-x^2} x^2 dx$.

**B组**

1. 用定义计算下列广义积分：

(1) $\int_0^{+\infty} \frac{xe^x}{(1+e^x)^2} dx$；　　(2) $\int_0^1 \sin(\ln x) dx$.

2. 利用 $\Gamma(x)$ 计算下列积分：

(1) $\int_0^1 (\ln x)^n dx \quad (n \in \mathbf{N})$；　　(2) $\int_1^{+\infty} \frac{\ln^3 x}{x^a} dx \quad (a > 1)$；

(3) $\int_0^{+\infty} 4^{-3x^2} dx$.

# 第四章　多元函数微积分

## 第一节　空间解析几何简介

在中学课程中,我们已经熟悉平面解析几何的基本原理和方法,这一节介绍空间解析几何的基本知识,它是学习多元函数微积分所必需具备的基础知识.

### §4.1.1　空间直角坐标系

在空间取一定点 $O$,以 $O$ 为原点作三条互相垂直的数轴,分别记为 $x$ 轴,$y$ 轴与 $z$ 轴,它们有相同的长度单位.这三条坐标轴的位置关系有以下规定:伸出右手,使大拇指、食指与中指所指的方向两两垂直,这三个方向依次代表 $x$ 轴,$y$ 轴与 $z$ 轴的正向.用这种方法确定的坐标系称为**右手系**.

习惯上让 $z$ 轴正向向上,$y$ 轴正向向右,这时 $x$ 轴正向指向观察者,参见图 4.1.

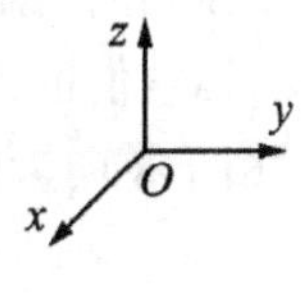


图 4.1

设 $M$ 为空间任意一点,过 $M$ 点作三个平面分别垂直于 $x$ 轴,$y$ 轴和 $z$ 轴,依次相交于 $A,B,C$ 三点,这三点在三条坐标轴上的坐标分别为 $a,b,c$.这样,$M$ 点唯一确定了一个三元有序数组 $(a,b,c)$.我们称 $(a,b,c)$ 为 $M$ 点的**坐标**,而 $a,b,c$ 分别称为 $M$ 点坐标的 $x$ **分量**,$y$ **分量**和 $z$ **分量**(参见图 4.2).

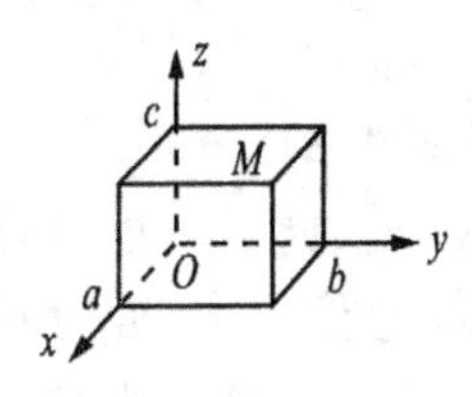


图 4.2

反之,不难看出,对任给的三元有序数组 $(a,b,c)$,有唯一的一点 $M$,以它为坐标.因此空间的点可以与三元有序数组建立一一对应关系.今后,我们可以把"三元有序数组 $(a,b,c)$"说成空间的"点 $M$",对这两个术语不加区别.

$x$ 轴与 $y$ 轴确定的平面称为 $xy$ 平面;$y$ 轴与 $z$ 轴确定的平面称为 $yz$ 平面;$z$ 轴与 $x$ 轴确定的平面称为 $zx$ 平面,他们均称为**坐标面**.

用立体几何方法,不难求得原点到点 $M(a,b,c)$ 的距离为 $\sqrt{a^2+b^2+c^2}$.若空间两点 $P$ 与 $Q$ 的坐标分别为 $(x_1,y_1,z_1)$ 与 $(x_2,y_2,z_2)$ 则线段 $PQ$ 的长度为

$$\sqrt{(x_1-x_2)^2+(y_1-y_2)^2+(z_1-z_2)^2}.$$

## §4.1.2　向量及其运算

### 1. 向量概念

在客观实践中所遇到的量,有的量当单位确定后可以由它的数值所决定,例如长度、面积、重量、价格、产量等等．这些量称为**标量**或**纯量**．也有的量不仅与它们的数值有关,还与它的方向有关,例如位移、速度、加速度、力等等．我们把既有大小,又有方向的量称为**向量**或**矢量**．

选定单位长度,向量可以用空间的有向线段$\overrightarrow{PQ}$表示,这里 $P$ 和 $Q$ 分别是向量的**起点**和**终点**．为方便计,也可用一个黑体字母,例如 $\boldsymbol{u}$ 表示．线段 $PQ$ 的长度$|\overrightarrow{PQ}|$(或简记为$|\boldsymbol{u}|$)表示向量的数值,称为向量的**模**．从 $P$ 到 $Q$ 的方向表示它的方向．模等于 0 的向量称为**零向量**,常记为 $\mathbf{0}$. 零向量的方向不确定,也可认为它的方向是任意的．模等于 1 的向量称为**单位向量**．

若线段 $PQ$ 与 $MN$ 平行,则称向量$\overrightarrow{PQ}$与$\overrightarrow{MN}$**平行**,或**共线**,记为$\overrightarrow{PQ}/\!/\overrightarrow{MN}$. 设$\overrightarrow{PQ}/\!/\overrightarrow{MN}$,若它们的指向也相同,称它们的**方向相同**;若它们的指向相反,称它们的**方向相反**．

由于零向量的方向任意,有时为叙述方便我们认为零向量与任何向量平行.

若向量 $\boldsymbol{u}$ 与 $\boldsymbol{v}$ 的方向相同,且模也相等,称 $\boldsymbol{u}$ 与 $\boldsymbol{v}$ 相等,记为 $\boldsymbol{u}=\boldsymbol{v}$.

设向量 $\boldsymbol{u}=\overrightarrow{AB}$,将向量 $\boldsymbol{v}$ 的起点移到 $B$ 处,此时 $\boldsymbol{v}$ 的终点设为 $C$,称向量$\overrightarrow{AC}$为向量 $\boldsymbol{u}$ 与 $\boldsymbol{v}$ 的和,记为

$$\boldsymbol{u}+\boldsymbol{v}=\overrightarrow{AC}.$$

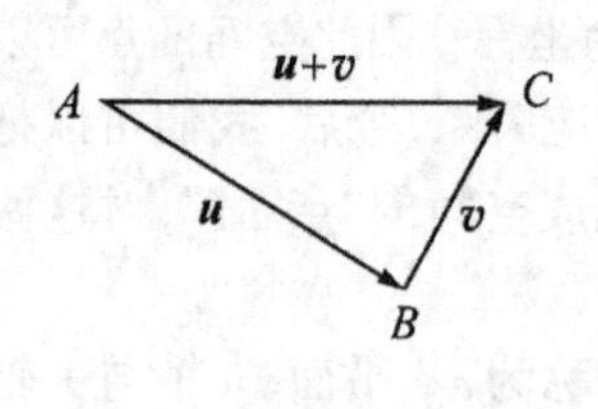


图 4.3

该法则称为**三角形法则**(参见图 4.3)

若将向量 $\boldsymbol{v}$ 的起点移到 $A$ 处,此时 $\boldsymbol{v}$ 的终点设为 $D$, 以 $AB$ 和 $AD$ 为邻边作平行四边形 $ABCD$,则向量$\overrightarrow{AC}$也是 $\boldsymbol{u}$ 与 $\boldsymbol{v}$ 的和．该法则称为**平行四边形法则**(参见图 4.4).

向量的减法是作为加法的逆运算定义的．若有 $\boldsymbol{u}+\boldsymbol{v}=\boldsymbol{w}$,则定义 $\boldsymbol{w}-\boldsymbol{u}=\boldsymbol{v}$.

设 $\lambda$ 是一个实数,$\boldsymbol{u}$ 为向量．$\lambda$ 与 $\boldsymbol{u}$ 的**数乘**定义为一个向量,记为 $\lambda\boldsymbol{u}$,它的模为$|\lambda||\boldsymbol{u}|$;其方向为:当 $\lambda>0$ 时与 $\boldsymbol{u}$ 的方向相同,当 $\lambda<0$ 时与 $\boldsymbol{u}$ 的方向相反．

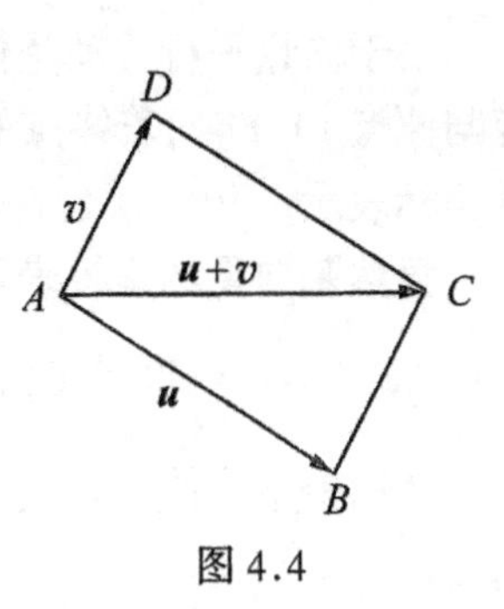

图 4.4

由向量的加法与数乘定义,可以验证下列等式成立(由读者完成):

(1) $\boldsymbol{u}-\boldsymbol{v}=\boldsymbol{u}+(-1)\boldsymbol{v}$;

(2) 加法交换律:$\boldsymbol{u}+\boldsymbol{v}=\boldsymbol{v}+\boldsymbol{u}$;

(3) 数乘结合律:$\lambda(\mu\boldsymbol{u})=(\lambda\mu)\boldsymbol{u}$;

(4) 数乘分配律:$\lambda(\boldsymbol{u}+\boldsymbol{v})=\lambda\boldsymbol{u}+\lambda\boldsymbol{v}$, $(\lambda+\mu)\boldsymbol{u}=\lambda\boldsymbol{u}+\mu\boldsymbol{u}$;

(5) 三角不等式:$|\boldsymbol{u}+\boldsymbol{v}|\leqslant|\boldsymbol{u}|+|\boldsymbol{v}|$,三角不等式等号成立的充要条件是 $\boldsymbol{u}$ 与 $\boldsymbol{v}$ 方向相同.

设 $\boldsymbol{u}$ 为非零向量,则向量 $\frac{1}{|\boldsymbol{u}|}\boldsymbol{u}$(或记为 $\frac{\boldsymbol{u}}{|\boldsymbol{u}|}$)是与 $\boldsymbol{u}$ 方向相同的单位向量,记为

$$\boldsymbol{u}^0=\frac{\boldsymbol{u}}{|\boldsymbol{u}|}.$$

向量 $(-1)\boldsymbol{u}$ 是与 $\boldsymbol{u}$ 方向相反,但其模相等的向量,记为 $-\boldsymbol{u}=(-1)\boldsymbol{u}$.

2. 向量的坐标表示

设点 $M$ 的坐标为 $(a,b,c)$. 又设点 $A,B,C$ 及 $P$ 的坐标依次为 $(a,0,0)$, $(0,b,0)$, $(0,0,c)$ 及 $(a,b,0)$,它们分别称为 $M$ 在 $x$ 轴, $y$ 轴, $z$ 轴及 $xy$ 平面上的**投影**. 参见图 4.5.

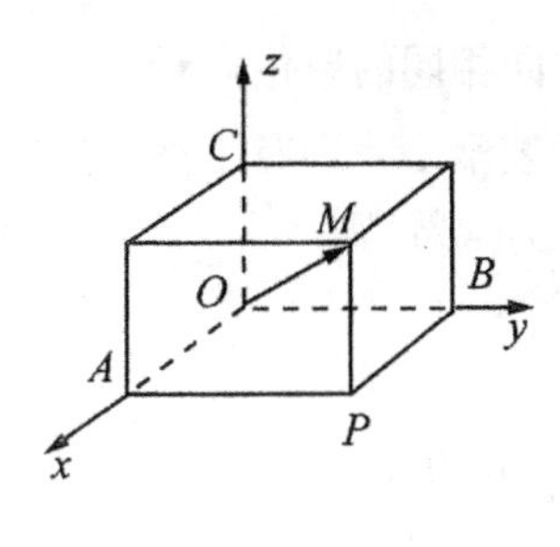

图 4.5

我们把沿三条坐标轴方向的单位向量称为**基向量**,或**坐标向量**,分别记为 $\boldsymbol{i},\boldsymbol{j},\boldsymbol{k}$. 由数乘的定义可知,在图中 $\overrightarrow{OA}=a\boldsymbol{i}$, $\overrightarrow{OB}=b\boldsymbol{j}$, $\overrightarrow{OC}=c\boldsymbol{k}$. 由向量加法定义,有

$$\begin{aligned}\overrightarrow{OM}&=\overrightarrow{OA}+\overrightarrow{AP}+\overrightarrow{PM}=\overrightarrow{OA}+\overrightarrow{OB}+\overrightarrow{OC}\\&=a\boldsymbol{i}+b\boldsymbol{j}+c\boldsymbol{k}.\end{aligned}\tag{4.1}$$

我们把上式中 $a\boldsymbol{i}+b\boldsymbol{j}+c\boldsymbol{k}$ 称为向量 $\overrightarrow{OM}$ 的**坐标分解式**,简记为

$$\overrightarrow{OM}=\{a,b,c\}.$$

$\{a,b,c\}$ 也称为 $\overrightarrow{OM}$ 的**坐标表示**. $a,b,c$ 分别称为 $\overrightarrow{OM}$ 的 $x$ **分量**, $y$ **分量**和 $z$ **分量**,也称为在 $x$ 轴, $y$ 轴和 $z$ 轴上的**投影**,记为

$$a=\mathrm{Prj}_x\overrightarrow{OM},\quad b=\mathrm{Prj}_y\overrightarrow{OM},\quad c=\mathrm{Prj}_z\overrightarrow{OM}.$$

由于向量平行移动是保持相等的,对任一向量 $\boldsymbol{u}$,将它平行移动,使得起点与原点 $O$ 重合,若终点的坐标为$(a,b,c)$,则可记 $\boldsymbol{u}=\{a,b,c\}$.这就是它的坐标表示.

显然基向量的坐标表示为

$$\boldsymbol{i}=\{1,0,0\},\qquad \boldsymbol{j}=\{0,1,0\},\qquad \boldsymbol{k}=\{0,0,1\}.$$

若向量 $\boldsymbol{u}=\overrightarrow{OM}=\{a,b,c\}$,则 $\boldsymbol{u}$ 的模$|\boldsymbol{u}|=\sqrt{a^2+b^2+c^2}$,而它的方向可由

$$\cos\alpha=\frac{a}{|\boldsymbol{u}|},\qquad \cos\beta=\frac{b}{|\boldsymbol{u}|},\qquad \cos\gamma=\frac{c}{|\boldsymbol{u}|}$$

完全确定,这里 $\alpha,\beta,\gamma(0\leqslant\alpha,\beta,\gamma\leqslant\pi)$分别是向量 $\boldsymbol{u}$ 与 $x$ 轴,$y$ 轴与 $z$ 轴的夹角,称为 $\boldsymbol{u}$ 的**方向角**,而 $\cos\alpha,\cos\beta,\cos\gamma$ 称为 $\boldsymbol{u}$ 的**方向余弦**.参见图 4.6.取

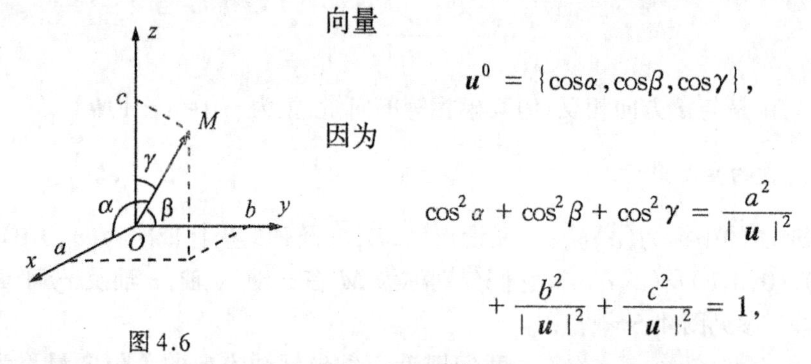


图 4.6

向量

$$\boldsymbol{u}^0=\{\cos\alpha,\cos\beta,\cos\gamma\},$$

因为

$$\cos^2\alpha+\cos^2\beta+\cos^2\gamma=\frac{a^2}{|\boldsymbol{u}|^2}+\frac{b^2}{|\boldsymbol{u}|^2}+\frac{c^2}{|\boldsymbol{u}|^2}=1,$$

所以向量 $\boldsymbol{u}^0$ 是与 $\boldsymbol{u}$ 方向相同的单位向量.

下面我们来讨论两向量的和与差及数乘的坐标表示.我们有下述命题:

**命题 4.1**　设 $\boldsymbol{u}=\{a,b,c\}$,$\boldsymbol{v}=\{a',b',c'\}$,$\lambda$ 为常数,则

(1) $\boldsymbol{u}\pm\boldsymbol{v}=\{a\pm a',b\pm b',c\pm c'\}$;

(2) $\lambda\boldsymbol{u}=\{\lambda a,\lambda b,\lambda c\}$.

**证**　(1)

$$\begin{aligned}\boldsymbol{u}+\boldsymbol{v}&=(a\boldsymbol{i}+b\boldsymbol{j}+c\boldsymbol{k})+(a'\boldsymbol{i}+b'\boldsymbol{j}+c'\boldsymbol{k})\\&=(a+a')\boldsymbol{i}+(b+b')\boldsymbol{j}+(c+c')\boldsymbol{k}\\&=\{a+a',b+b',c+c'\}.\end{aligned}$$

同法可证 $\boldsymbol{u}-\boldsymbol{v}=\{a-a',b-b',c-c'\}$.

(2)

$$\begin{aligned}\lambda\boldsymbol{u}&=\lambda(a\boldsymbol{i}+b\boldsymbol{j}+c\boldsymbol{k})=(\lambda a)\boldsymbol{i}+(\lambda b)\boldsymbol{j}+(\lambda c)\boldsymbol{k}\\&=\{\lambda a,\lambda b,\lambda c\}.\end{aligned}$$

□

**例 1**　设有两点 $P(a_1,b_1,c_1)$,$Q(a_2,b_2,c_2)$,求向量$\overrightarrow{PQ}$的坐标.

**解**　由条件可知(参见图 4.7)

$$\overrightarrow{OP}=\{a_1,b_1,c_1\},\ \overrightarrow{OQ}=\{a_2,b_2,c_2\},$$

于是

$$\overrightarrow{PQ}=\overrightarrow{OQ}-\overrightarrow{OP}=\{a_2,b_2,c_2\}-\{a_1,b_1,c_1\}$$

$$=\{a_2-a_1,b_2-b_1,c_2-c_1\}.$$

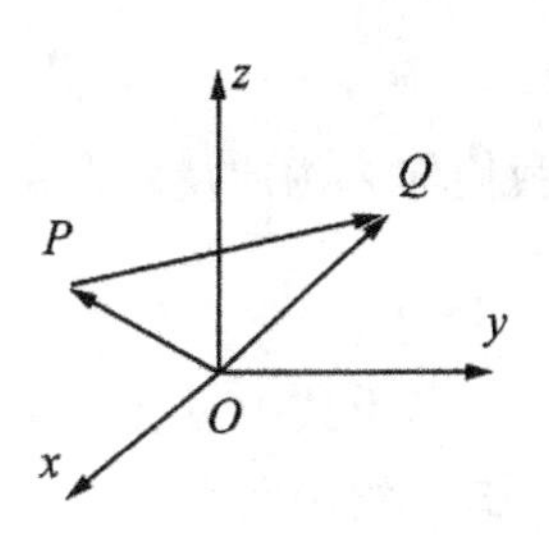

图 4.7

由向量平行(即共线)的定义可知,若 $\boldsymbol{b}$ 不为零向量,向量 $\boldsymbol{a}$ 与 $\boldsymbol{b}$ 平行的充要条件是存在实数 $\lambda$,使得 $\boldsymbol{a}=\lambda\boldsymbol{b}$. 设 $\boldsymbol{a}=\{a_1,a_2,a_3\}$, $\boldsymbol{b}=\{b_1,b_2,b_3\}$, $\boldsymbol{a}=\lambda\boldsymbol{b}$可表示为

$$\{a_1,a_2,a_3\}=\lambda\{b_1,b_2,b_3\}=\{\lambda b_1,\lambda b_2,\lambda b_3\}.$$

于是

$$a_1=\lambda b_1,\qquad a_2=\lambda b_2,\qquad a_3=\lambda b_3$$

或写成

$$\frac{a_1}{b_1}=\frac{a_2}{b_2}=\frac{a_3}{b_3}(=\lambda).$$

这就是说两向量 $\boldsymbol{a}$ 与 $\boldsymbol{b}(\neq\boldsymbol{0})$平行的充要条件是它们的坐标对应成比例.

应当指出,上式中有某一分母为零,例如 $b_3=0$,则应认为它的分子 $a_3$ 也是零. 因为 $\boldsymbol{b}\neq\boldsymbol{0}$,这里 $b_1,b_2,b_3$ 不同时为零.

例如,向量 $\boldsymbol{a}=\{1,0,2\}$与向量 $\boldsymbol{b}=\{-2,0,-4\}$平行,这是因为

$$\frac{1}{-2}=\frac{0}{0}=\frac{2}{-4}.$$

上式中“$\frac{0}{0}$”不表示 0 与 0 相除,而是表示向量 $\boldsymbol{a}$ 与 $\boldsymbol{b}$ 的第二个分量(即 $y$ 分量)都是零.

前文我们介绍了向量在坐标轴上投影的概念,现在将这一概念作一推广.

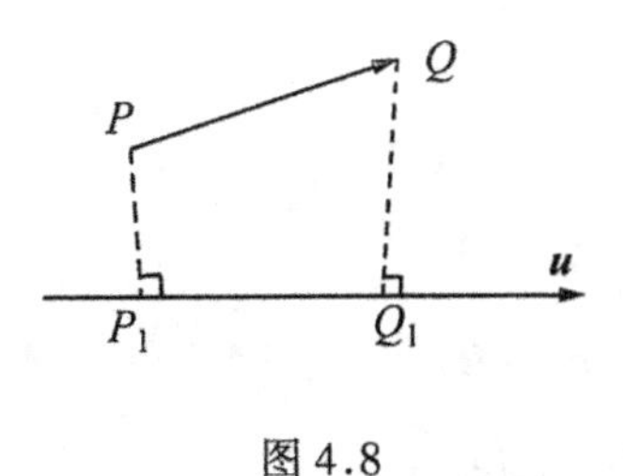

图 4.8

设 $\boldsymbol{u}$ 是空间的一条有向直线(也称 $\boldsymbol{u}$ 是一条轴), $\boldsymbol{v}=\overrightarrow{PQ}$是一向量, $P$ 与 $Q$ 在 $\boldsymbol{u}$ 上的投影分别为$P_1$ 与 $Q_1$(若 $P_1\in\boldsymbol{u}$,且 $PP_1\perp\boldsymbol{u}$,则称 $P_1$ 为 $P$ 在 $\boldsymbol{u}$ 上的投影). 参见图 4.8. 向量$\overrightarrow{P_1Q_1}$称为$\overrightarrow{PQ}$在$\boldsymbol{u}$ 上的**投影向量**,记 $\boldsymbol{u}^0$ 为 $\boldsymbol{u}$ 方向的单位向量,于是存在实数 $\lambda$,使得

$$\overrightarrow{P_1Q_1} = \lambda \boldsymbol{u}^0,$$

我们称 $\lambda$ 为向量 $\boldsymbol{v}$ 在 $\boldsymbol{u}$ 上的**投影**,记为

$$\lambda = \mathrm{Prj}_{\boldsymbol{u}}\boldsymbol{v}.$$

若上式中 $\boldsymbol{u}$ 是一个向量,作一条与 $\boldsymbol{u}$ 平行且同方向的轴,不妨仍记为 $\boldsymbol{u}$,上式也给出向量 $\boldsymbol{v}$ 在向量 $\boldsymbol{u}$ 上的投影.

显然,若 $\boldsymbol{v}$ 是某一坐标轴,不妨设为 $x$ 轴,则上式中的 $\lambda$ 就是 $\boldsymbol{v}$ 的 $x$ 分量.

设 $\boldsymbol{a}$ 与 $\boldsymbol{b}$ 为两个向量,$\boldsymbol{u}$ 为一条轴(或向量),$\lambda$ 为一实数,关于向量的投影有下述两条性质:

**性质 1** $\mathrm{Prj}_{\boldsymbol{u}}(\lambda\boldsymbol{a}) = \lambda\mathrm{Prj}_{\boldsymbol{u}}\boldsymbol{a}$.

**性质 2** $\mathrm{Prj}_{\boldsymbol{u}}(\boldsymbol{a}+\boldsymbol{b}) = \mathrm{Prj}_{\boldsymbol{u}}\boldsymbol{a} + \mathrm{Prj}_{\boldsymbol{u}}\boldsymbol{b}$.

这两条性质不难证明,由读者完成.

设向量 $\boldsymbol{a}$ 和 $\boldsymbol{b}$ 的夹角为 $\theta$,$(0\leqslant\theta\leqslant\pi)$,由投影的定义,容易验证下列等式:

$$\mathrm{Prj}_{\boldsymbol{b}}\boldsymbol{a} = |\boldsymbol{a}|\cos\theta, \qquad \mathrm{Prj}_{\boldsymbol{a}}\boldsymbol{b} = |\boldsymbol{b}|\cos\theta. \tag{4.2}$$

3. 向量的内积

设有向量 $\boldsymbol{a}$ 和 $\boldsymbol{b}$,它们的夹角为 $\theta$,$\boldsymbol{a}$ 和 $\boldsymbol{b}$ 的内积是一个实数,记作

$$\boldsymbol{a}\cdot\boldsymbol{b} = |\boldsymbol{a}||\boldsymbol{b}|\cos\theta. \tag{4.3}$$

内积也称为**数量积**或**点积**.

在力学中,我们知道,某质点在力 $\boldsymbol{f}$ 的作用下从 $P$ 点移到 $Q$ 点,则 $\boldsymbol{f}$ 所作的功为

$$w = |\boldsymbol{f}||\overrightarrow{PQ}|\cos\theta,$$

这里 $\theta$ 是 $\boldsymbol{f}$ 与 $\overrightarrow{PQ}$ 的夹角.因此力 $\boldsymbol{f}$ 作的功可以由 $\boldsymbol{f}$ 与 $\overrightarrow{PQ}$ 的内积来给出:

$$w = \boldsymbol{f}\cdot\overrightarrow{PQ}.$$

由投影的表达式(4.2),内积也可表示成

$$\boldsymbol{a}\cdot\boldsymbol{b} = |\boldsymbol{a}|\mathrm{Prj}_{\boldsymbol{a}}\boldsymbol{b}, \qquad (\boldsymbol{a}\neq\boldsymbol{0}),$$

$$\boldsymbol{a}\cdot\boldsymbol{b} = |\boldsymbol{b}|\mathrm{Prj}_{\boldsymbol{b}}\boldsymbol{a}, \qquad (\boldsymbol{b}\neq\boldsymbol{0}).$$

由内积的定义,基向量 $\boldsymbol{i},\boldsymbol{j},\boldsymbol{k}$ 之间的内积有下列等式:

$$\boldsymbol{i}\cdot\boldsymbol{j}=\boldsymbol{j}\cdot\boldsymbol{k}=\boldsymbol{k}\cdot\boldsymbol{i}=0,$$

$$\boldsymbol{i}\cdot\boldsymbol{i}=\boldsymbol{j}\cdot\boldsymbol{j}=\boldsymbol{k}\cdot\boldsymbol{k}=1.$$

在(4.3)式中,若 $\boldsymbol{a}=\boldsymbol{b}$,则 $\cos\theta=1$,于是

$$\boldsymbol{a}^2\triangleq\boldsymbol{a}\cdot\boldsymbol{a}=|\boldsymbol{a}|^2.$$

向量的内积有下列运算性质:

(1) **交换律**:$\boldsymbol{a}\cdot\boldsymbol{b}=\boldsymbol{b}\cdot\boldsymbol{a}$;

(2) **数乘结合律**:$\lambda(\boldsymbol{a}\cdot\boldsymbol{b})=(\lambda\boldsymbol{a})\cdot\boldsymbol{b}=\boldsymbol{a}\cdot(\lambda\boldsymbol{b})$;

(3) **分配律**:$(\boldsymbol{a}+\boldsymbol{b})\cdot\boldsymbol{c}=\boldsymbol{a}\cdot\boldsymbol{c}+\boldsymbol{b}\cdot\boldsymbol{c}$, $\boldsymbol{c}\cdot(\boldsymbol{a}+\boldsymbol{b})=\boldsymbol{c}\cdot\boldsymbol{a}+\boldsymbol{c}\cdot\boldsymbol{b}$.

上述交换律与数乘结合律由它的定义容易得到,我们来证明分配律.

**证** (3) 由内积的投影表达式(4.2)有

$$\begin{aligned}(\boldsymbol{a}+\boldsymbol{b})\cdot\boldsymbol{c}&=|\boldsymbol{c}|\operatorname{Prj}_{\boldsymbol{c}}(\boldsymbol{a}+\boldsymbol{b})\\&=|\boldsymbol{c}|(\operatorname{Prj}_{\boldsymbol{c}}\boldsymbol{a}+\operatorname{Prj}_{\boldsymbol{c}}\boldsymbol{b})=\boldsymbol{c}\cdot\boldsymbol{a}+\boldsymbol{c}\cdot\boldsymbol{b}.\end{aligned}$$

由内积交换律可得分配律的另一等式. □

关于内积的坐标表示我们有下述命题:

**命题 4.2** 设 $\boldsymbol{a}=\{a_1,a_2,a_3\}$,$\boldsymbol{b}=\{b_1,b_2,b_3\}$,则

$$\boldsymbol{a}\cdot\boldsymbol{b}=a_1b_1+a_2b_2+a_3b_3.$$

**证** 由向量的坐标分解式及内积的分配律有

$$\begin{aligned}\boldsymbol{a}\cdot\boldsymbol{b}&=(a_1\boldsymbol{i}+a_2\boldsymbol{j}+a_3\boldsymbol{k})\cdot(b_1\boldsymbol{i}+b_2\boldsymbol{j}+b_3\boldsymbol{k})\\&=a_1b_1\boldsymbol{i}\cdot\boldsymbol{i}+a_2b_2\boldsymbol{j}\cdot\boldsymbol{j}+a_3b_3\boldsymbol{k}\cdot\boldsymbol{k}\\&=a_1b_1+a_2b_2+a_3b_3.\end{aligned}$$

在上述展开式中除已写出的三项外,还有六项,它们含有 $\boldsymbol{i}\cdot\boldsymbol{j}$,$\boldsymbol{j}\cdot\boldsymbol{k}$ 或 $\boldsymbol{k}\cdot\boldsymbol{i}$,故未写出的六项均为零. □

若两向量 $\boldsymbol{a}$ 与 $\boldsymbol{b}$ 的夹角 $\theta=\frac{\pi}{2}$,称 $\boldsymbol{a}$ 与 $\boldsymbol{b}$ 垂直,记为 $\boldsymbol{a}\perp\boldsymbol{b}$.零向量的方向是任意的,规定零向量与任意向量垂直.由内积的定义,显然有

$$\boldsymbol{a}\perp\boldsymbol{b}\Leftrightarrow\boldsymbol{a}\cdot\boldsymbol{b}=0. \tag{4.4}$$

若 $\boldsymbol{a}=\{a_1,a_2,a_3\}$,$\boldsymbol{b}=\{b_1,b_2,b_3\}$,则由命题 4.2 知

$$\boldsymbol{a}\perp\boldsymbol{b}\Leftrightarrow a_1b_1+a_2b_2+a_3b_3=0. \tag{4.5}$$

**例 2**　已知三点 $A(1,1,1)$，$B(2,2,1)$，$C(2,1,2)$，求向量 $\overrightarrow{AB}$ 与 $\overrightarrow{AC}$ 的夹角 $\theta$.

**解**　由已知条件得 $\overrightarrow{AB}=\{1,1,0\}$，$\overrightarrow{AC}=\{1,0,1\}$，由(4.3)式得

$$\cos\theta=\frac{\overrightarrow{AB}\cdot\overrightarrow{AC}}{|\overrightarrow{AB}|\cdot|\overrightarrow{AC}|}=\frac{1\cdot1+1\cdot0+0\cdot1}{\sqrt{1^2+1^2+0^2}\cdot\sqrt{1^2+0^2+1^2}}=\frac{1}{2}.$$

所以 $\theta=\frac{\pi}{3}$.

**例 3**　利用向量内积证明余弦定理.

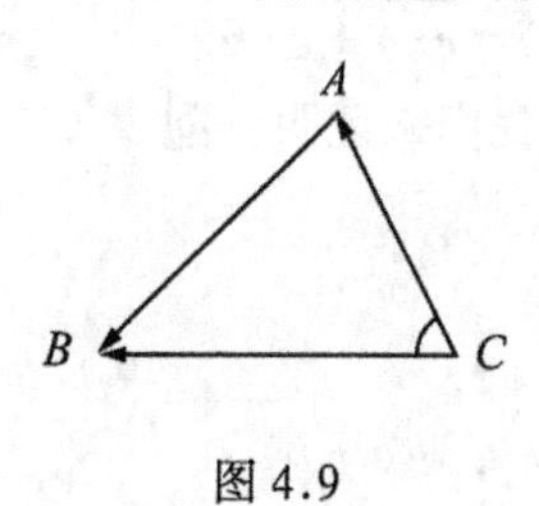

图 4.9

**证**　设有 $\triangle ABC$，向量 $\boldsymbol{a}=\overrightarrow{CB}$，$\boldsymbol{b}=\overrightarrow{CA}$，$\boldsymbol{c}=\overrightarrow{AB}$. 三条边长分别为 $a=|\boldsymbol{a}|$，$b=|\boldsymbol{b}|$，$c=|\boldsymbol{c}|$. 参见图 4.9. 从而

$$\begin{aligned}c^2&=\boldsymbol{c}\cdot\boldsymbol{c}=(\boldsymbol{a}-\boldsymbol{b})\cdot(\boldsymbol{a}-\boldsymbol{b})\\&=\boldsymbol{a}\cdot\boldsymbol{a}+\boldsymbol{b}\cdot\boldsymbol{b}-2\boldsymbol{a}\cdot\boldsymbol{b}\\&=a^2+b^2-2ab\cos C.\end{aligned}$$

### 4. 向量的外积

两向量 $\boldsymbol{a}$ 与 $\boldsymbol{b}$ 的**外积**定义为

$$\boldsymbol{a}\times\boldsymbol{b}=|\boldsymbol{a}||\boldsymbol{b}|\sin\theta\,\boldsymbol{n}^0,\tag{4.6}$$

式中 $\theta$ 为 $\boldsymbol{a}$ 与 $\boldsymbol{b}$ 的夹角($0\leqslant\theta\leqslant\pi$)，$\boldsymbol{n}^0$ 为垂直于 $\boldsymbol{a}$ 和 $\boldsymbol{b}$ 的单位向量，且 $\boldsymbol{a}$，$\boldsymbol{b}$，$\boldsymbol{n}^0$ 成右手系.

外积又称为**向量积或叉积**.

必须注意，向量的外积是一个向量，它与 $\boldsymbol{a}$，$\boldsymbol{b}$ 垂直，且 $\boldsymbol{a}$，$\boldsymbol{b}$，$\boldsymbol{a}\times\boldsymbol{b}$ 成右手系，外积的模等于以 $\boldsymbol{a}$ 和 $\boldsymbol{b}$ 为邻边的平行四边形面积(参见图 4.10). 在单位长确定后，外积与坐标系的选取无关.

设 $\boldsymbol{a}$，$\boldsymbol{b}$，$\boldsymbol{c}$ 是向量，$\lambda$ 是常数，外积有下列性质：

(1) **反交换律**：$\boldsymbol{a}\times\boldsymbol{b}=-\boldsymbol{b}\times\boldsymbol{a}$；

(2) **数乘结合律**：$\lambda(\boldsymbol{a}\times\boldsymbol{b})=(\lambda\boldsymbol{a})\times\boldsymbol{b}=\boldsymbol{a}\times(\lambda\boldsymbol{b})$；

(3) **分配律**：$(\boldsymbol{a}+\boldsymbol{b})\times\boldsymbol{c}=\boldsymbol{a}\times\boldsymbol{c}+\boldsymbol{b}\times\boldsymbol{c}$，
$\boldsymbol{c}\times(\boldsymbol{a}+\boldsymbol{b})=\boldsymbol{c}\times\boldsymbol{a}+\boldsymbol{c}\times\boldsymbol{b}$；

(4) $\boldsymbol{a}\times\boldsymbol{a}=\boldsymbol{0}$.

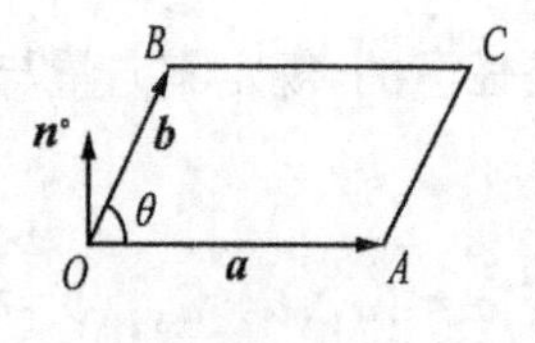

图 4.10

上述性质(1),(2),(4)可由外积定义推得,性质(3)证明较为繁琐,可参阅有关参考书,本文证明从略.

关于基向量,显然有下列等式:

$$\boldsymbol{i}\times\boldsymbol{i}=\boldsymbol{j}\times\boldsymbol{j}=\boldsymbol{k}\times\boldsymbol{k}=\boldsymbol{0},$$

$$\boldsymbol{i}\times\boldsymbol{j}=\boldsymbol{k},\quad \boldsymbol{j}\times\boldsymbol{k}=\boldsymbol{i},\quad \boldsymbol{k}\times\boldsymbol{i}=\boldsymbol{j}.$$

外积的坐标表示有下述命题:

**命题 4.3**　设向量 $\boldsymbol{a}=\{a_1,a_2,a_3\}$, $\boldsymbol{b}=\{b_1,b_2,b_3\}$,则

$$\boldsymbol{a}\times\boldsymbol{b}=\{a_2b_3-a_3b_2,a_3b_1-a_1b_3,a_1b_2-a_2b_1\}. \tag{4.7}$$

**证**　$\boldsymbol{a}\times\boldsymbol{b}=(a_1\boldsymbol{i}+a_2\boldsymbol{j}+a_3\boldsymbol{k})\times(b_1\boldsymbol{i}+b_2\boldsymbol{j}+b_3\boldsymbol{k})$

$$\begin{aligned}&=a_1b_1\boldsymbol{i}\times\boldsymbol{i}+a_1b_2\boldsymbol{i}\times\boldsymbol{j}+a_1b_3\boldsymbol{i}\times\boldsymbol{k}+a_2b_1\boldsymbol{j}\times\boldsymbol{i}+a_2b_2\boldsymbol{j}\times\boldsymbol{j}\\&\quad+a_2b_3\boldsymbol{j}\times\boldsymbol{k}+a_3b_1\boldsymbol{k}\times\boldsymbol{i}+a_3b_2\boldsymbol{k}\times\boldsymbol{j}+a_3b_3\boldsymbol{k}\times\boldsymbol{k}\\&=(a_2b_3-a_3b_2)\boldsymbol{i}+(a_3b_1-a_1b_3)\boldsymbol{j}+(a_1b_2-a_2b_1)\boldsymbol{k},\end{aligned}$$

所以(4.7)式成立.　□

**注**　公式(4.7)右端可用一个三阶行列式表示,我们有

$$\boldsymbol{a}\times\boldsymbol{b}=\begin{vmatrix}\boldsymbol{i}&\boldsymbol{j}&\boldsymbol{k}\\a_1&a_2&a_3\\b_1&b_2&b_3\end{vmatrix}.$$

这是一个便于记忆的对称式子.关于行列式的概念我们将在线性代数课程中学习.

若向量 $\boldsymbol{a}$ 与 $\boldsymbol{b}$ 平行,即 $\boldsymbol{a}\parallel\boldsymbol{b}$,则由外积定义知 $\boldsymbol{a}\times\boldsymbol{b}=\boldsymbol{0}$.反之,若 $\boldsymbol{a}\times\boldsymbol{b}=\boldsymbol{0}$,则由(4.7)式有

$$a_2b_3-a_3b_2=0,\quad a_3b_1-a_1b_3=0,\quad a_1b_2-a_2b_1=0.$$

或写成

$$\frac{a_1}{b_1}=\frac{a_2}{b_2}=\frac{a_3}{b_3}.$$

于是 $\boldsymbol{a}\parallel\boldsymbol{b}$(上式中若某分母为零,规定分子也是零).所以我们有下述论断:

$$\boldsymbol{a}\parallel\boldsymbol{b}\Leftrightarrow\boldsymbol{a}\times\boldsymbol{b}=\boldsymbol{0}. \tag{4.8}$$

**例 4**　已知空间三点 $A(1,1,-1)$, $B(3,3,0)$, $C(2,2,1)$,求△$ABC$ 的面

积．

**解** 由外积定义知,两向量外积的模等于以这两个向量为邻边的平行四边形面积．因此$\triangle ABC$的面积是向量$\overrightarrow{AB}$与$\overrightarrow{AC}$外积模的一半．而$\overrightarrow{AB}=\{2,2,1\}$,$\overrightarrow{AC}=\{1,1,2\}$,由(4.7)式,

$$\overrightarrow{AB}\times\overrightarrow{AC}=\{3,-3,0\}.$$

所以$\triangle ABC$的面积为$\frac{1}{2}|\overrightarrow{AB}\times\overrightarrow{AC}|=\frac{3}{2}\sqrt{2}$.

### §4.1.3 平面与直线

1. *平面方程*

设有三个变量$x,y,z$的方程

$$F(x,y,z)=0,\tag{4.9}$$

坐标适合该方程的点的集合称为它的**图形**．在空间直角坐标系中,方程(4.9)的图形一般是空间的一个曲面．平面是一种特殊的曲面,我们先来讨论平面的方程．

设$P_0$是空间某一定点,它的坐标为$(x_0,y_0,z_0)$,经过$P_0$点的平面有无穷多个．若再给定一个非零向量$\boldsymbol{n}$,那么经过点$P_0$且与$\boldsymbol{n}$垂直的平面就唯一确定了．我们把与某平面垂直的非零向量称为该平面的**法向量**．

**注** 平面的法向量并不唯一,若$\boldsymbol{n}$是平面$\Pi$的法向量,任一非零常数(正数或负数)乘以$\boldsymbol{n}$,得到的也是$\Pi$的法向量．

关于平面的方程我们有下述定理:

**定理 4.1** 空间任一平面的方程可表示成三元一次方程

$$Ax+By+Cz+D=0,\tag{4.10}$$

式中$A,B,C,D$均为常数,且$A,B,C$不全为零.反之,当$A,B,C$不全为零时,(4.10)式的图形是一个平面．

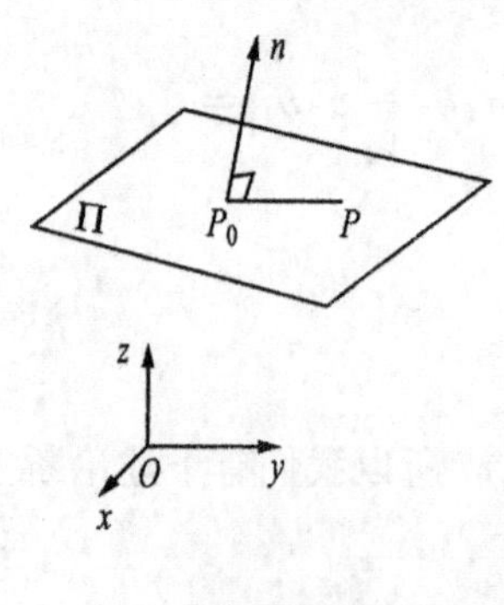


图 4.11

**证** 设某平面$\Pi$经过点$P_0(x_0,y_0,z_0)$,向量$\boldsymbol{n}=\{A,B,C\}$是它的法向量(参见图4.11).$P(x,y,z)$是空间任一点,则$\overrightarrow{P_0P}=\{x-x_0,y-y_0,z-z_0\}$.于是

$$P(x,y,z)\in\Pi\Leftrightarrow\overrightarrow{P_0P}\perp\boldsymbol{n}\Leftrightarrow\overrightarrow{P_0P}\cdot\boldsymbol{n}=0$$

$$\Leftrightarrow A(x-x_0)+B(y-y_0)+C(z-z_0)=0$$

$$\Leftrightarrow Ax+By+Cz-Ax_0-By_0-Cz_0=0.$$

若令 $D=-Ax_0-By_0-Cz_0$，则

$$P(x,y,z)\in \Pi \Leftrightarrow Ax+By+Cz+D=0,$$

这就是说平面 $\Pi$ 的方程是 $Ax+By+Cz+D=0$.

反之，设方程(4.10)中 $A,B,C$ 不全为零，不妨设 $A\neq 0$，取 $P_0$ 的坐标为 $\left(-\frac{D}{A},0,0\right)$，适合方程(4.10). 又设 $\Pi$ 是经过 $P_0$ 点且与向量 $\boldsymbol{n}=\{A,B,C\}$ 垂直的平面. 由上述证明知 $\Pi$ 的方程就是(4.10)式，所以(4.10)式的图形是一个平面. □

方程(4.10)称为平面的**一般式方程**.

**例 1**　设某平面与三条坐标轴分别交于 $P(a,0,0)$，$Q(0,b,0)$，$R(0,0,c)$三点，这里 $abc\neq 0$，求该平面的方程(见图 4.12).

**解**　将 $P,Q,R$ 三点的坐标分别代入方程(4.10)，解得

$$A=-\frac{D}{a},\qquad B=-\frac{D}{b},\qquad C=-\frac{D}{c}.$$

于是方程(4.10)变为

$$-\frac{D}{a}x-\frac{D}{b}y-\frac{D}{c}z+D=0,$$

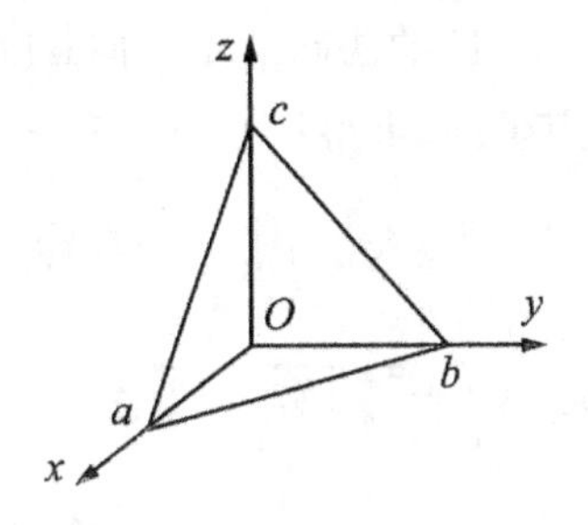

图 4.12

因 $A,B,C$ 不全为零，显然 $D\neq 0$，在上式两端除以 $D$ 再移项得

$$\frac{x}{a}+\frac{y}{b}+\frac{z}{c}=1. \tag{4.11}$$

这就是所求平面的方程.

方程(4.11)称为平面的**截距式方程**.

**例 2**　绘制方程 $z=3$ 的图形.

**解**　该方程不含 $x$ 与 $y$，因此空间中所有坐标为$(x,y,3)$的点均在图形上. 于是方程 $z=3$ 的图形是过点$(0,0,3)$且平行于 $xy$ 平面的平面(参见图 4.13).

由例 2 可知，方程 $x=0,y=0,z=0$ 分别为 $yz$ 平面，$zx$ 平面和 $xy$ 平面的方程.

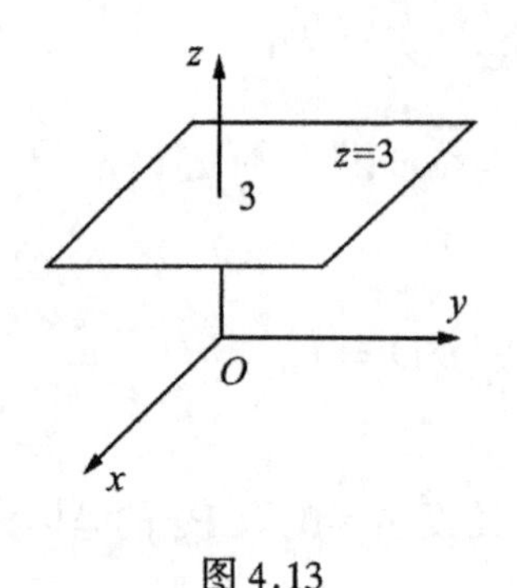

图 4.13

**例 3**　求经过点 $P_0(1,-2,3)$ 和 $z$ 轴的平面 $\Pi$ 的方程．

**解**　因 $z$ 轴在 $\Pi$ 上，故 $\Pi$ 的法向量 $\boldsymbol{n}$ 与基向量 $\boldsymbol{k}=\{0,0,1\}$ 垂直，可设 $\boldsymbol{n}=\{A,B,0\}$．于是 $\Pi$ 的方程为

$$Ax+By=0.$$

以 $P_0$ 点的坐标代入得

$$A-2B=0.$$

由此，可取 $A=2,B=1,\Pi$ 的方程为 $2x+y=0$．

**例 4**　求由三点 $P(2,3,0),Q(-2,-3,4)$ 和 $R(0,5,0)$ 所确定的平面 $\Pi$ 的方程．

**解**　在例 1 中，已知平面上的三点分别在三条坐标轴上，本例讨论一般情形．

$\Pi$ 的法向量 $\boldsymbol{n}$ 与向量 $\overrightarrow{PQ}$ 和 $\overrightarrow{PR}$ 均垂直，于是 $\boldsymbol{n}/\!/\overrightarrow{PQ}\times\overrightarrow{PR}$．由 $P,Q,R$ 三点坐标，求得 $\overrightarrow{PQ}=\{-4,-6,4\},\overrightarrow{PR}=\{-2,2,0\}$．由公式(4.7)计算得

$$\overrightarrow{PQ}\times\overrightarrow{PR}=\{-8,-8,-20\}.$$

取 $\boldsymbol{n}=-\frac{1}{4}\overrightarrow{PQ}\times\overrightarrow{PR}=\{2,2,5\}$，因 $P\in\Pi$，由平面的点法式，得 $\Pi$ 的方程为

$$2(x-2)+2(y-3)+5z=0,$$

即

$$2x+2y+5z-10=0.$$

**注**　若设 $P(x_1,y_1,z_1),Q(x_2,y_2,z_2),R(x_3,y_3,z_3)$，这里 $P,Q,R$ 不在一条直线上．则过这三点的平面方程可用行列式

$$\begin{vmatrix} x-x_1 & y-y_1 & z-z_1 \\ x_2-x_1 & y_2-y_1 & z_2-z_1 \\ x_3-x_1 & y_3-y_1 & z_3-z_1 \end{vmatrix}=0$$

表示，将该行列式展开就得到所求的平面方程．我们将在线性代数相关内容中讨论．

2. 直线方程

下面我们来讨论直线方程．直线的空间位置可由它上面的一点及其方向所确定．设直线 $L$ 经过点 $P_0(x_0,y_0,z_0)$且与一非零向量 $\mathbf{s}=\{l,m,n\}$平行,又设 $P(x,y,z)$是空间任意一点,于是 $P$ 在直线$L$ 上等价于$\overrightarrow{P_0P}\,/\!/\,L$,即等价于

$$\frac{x-x_0}{l}=\frac{y-y_0}{m}=\frac{z-z_0}{n}. \tag{4.12}$$

于是,(4.12)式就是经过点 $P_0(x_0,y_0,z_0)$与 $\mathbf{s}=\{l,m,n\}$平行的直线方程．我们把它称为直线的**标准方程**,简称**标准式**,称与直线平行的任一非零向量为该直线的**方向向量**．方向向量的坐标分量 $l,m,n$ 称为直线的一组**方向数**．

因为 $\mathbf{s}\neq\mathbf{0}$,公式(4.12)中分母至少一个不为零．若其中有一个分母为零,例如 $n=0$,我们认为要使(4.12)式成立,必须它的分子 $z-z_0=0$.

空间直线还可以由两个不平行的平面的交线来确定,设有两个相交的平面 $\Pi_1$ 和 $\Pi_2$,它们的方程分别为

$$A_1x+B_1y+C_1z+D_1=0 \quad 和 \quad A_2x+B_2y+C_2z+D_2=0,$$

显然 $\Pi_1$ 和 $\Pi_2$ 的交线 $L$ 的方程由方程组

$$\begin{cases}A_1x+B_1y+C_1z+D_1=0,\\ A_2x+B_2y+C_2z+D_2=0\end{cases} \tag{4.13}$$

给出．(4.13)式称为空间直线的**一般方程**,简称**一般式**．

设 $\mathbf{n}_1=\{A_1,B_1,C_1\}$,$\mathbf{n}_2=\{A_2,B_2,C_2\}$分别为 $\Pi_1$ 和 $\Pi_2$ 的法向量．因为 $\mathbf{n}_1$ 和 $\mathbf{n}_2$ 不平行,于是它们的外积 $\mathbf{n}_1\times\mathbf{n}_2\neq\mathbf{0}$. 由外积的几何意义知 $\mathbf{n}_1\times\mathbf{n}_2$ 就是交线 $L$ 的方向向量．

若在直线的标准方程(4.12)中令比式的比值为 $t$,即

$$\frac{x-x_0}{l}=\frac{y-y_0}{m}=\frac{z-z_0}{n}=t,$$

则得到

$$\begin{cases}x=x_0+lt,\\ y=y_0+mt,\\ z=z_0+nt,\end{cases} \qquad -\infty<t<+\infty. \tag{4.14}$$

(4.14)式称为直线的**参数方程**,简称**参数式**,其中 $t$ 为参数.

直线的标准式、一般式及参数式可以互相转换.我们介绍前两种方程的转换方法.

在直线的标准式(4.12)中若恰有一个分母为零,不妨设 $n=0$,则它等价于一般式:

$$\begin{cases}\dfrac{x-x_0}{l}=\dfrac{y-y_0}{m},\\ z=z_0.\end{cases}$$

若分母中有两个为零,不妨设 $l=m=0$,则它等价于一般式

$$\begin{cases}x=x_0,\\ y=y_0.\end{cases}$$

这是一条平行于 $z$ 轴且过点 $(x_0,y_0,0)$ 的直线.

若(4.12)式分母均不为零,则它等价于

$$\begin{cases}\dfrac{x-x_0}{l}=\dfrac{y-y_0}{m},\\ \dfrac{x-x_0}{l}=\dfrac{z-z_0}{n}.\end{cases}$$

或写成

$$\begin{cases}mx-ly+(ly_0-mx_0)=0,\\ nx-lz+(lz_0-nx_0)=0.\end{cases}$$

若要将一般式(4.13)化成标准式(4.12),先求出它的方向向量 $\boldsymbol{s}=\boldsymbol{n}_1\times\boldsymbol{n}_2=\{A_1,B_1,C_1\}\times\{A_2,B_2,C_2\}=\{B_1C_2-B_2C_1,A_2C_1-A_1C_2,A_1B_2-A_2B_1\}$.再求一点 $P_0(x_0,y_0,z_0)$,使它的坐标适合(4.13)的两个方程.因为 $A_1,B_1,C_1$ 与 $A_2,B_2,C_2$ 不成比例,故至少有两组数,不妨设 $A_1,B_1$ 与 $A_2,B_2$ 不成比例,此时可设 $z=z_0=0$,代入(4.13)式,就可解得 $x=x_0,y=y_0$.

我们来看下例.

**例 5** 将直线的一般方程

$$\begin{cases}x+3y+2z-1=0,\\ 2x+6y-z-7=0\end{cases}$$

化为标准方程．

**解**　先求两平面的法向量 $\boldsymbol{n}_1=\{1,3,2\}$ 与 $\boldsymbol{n}_2=\{2,6,-1\}$ 的外积 $\boldsymbol{n}_1\times\boldsymbol{n}_2$，得

$$\boldsymbol{n}_1\times\boldsymbol{n}_2=\{-15,5,0\},$$

可取直线的方向向量 $\boldsymbol{s}=-\frac{1}{5}\boldsymbol{n}_1\times\boldsymbol{n}_2=\{3,-1,0\}$.

注意到 $x$ 与 $y$ 的系数成比例，而 $x$ 与 $z$ 的系数不成比例，故可设 $y=y_0=0$，得方程组

$$\begin{cases}x+2z-1=0,\\2x-z-7=0.\end{cases}$$

解得 $x=x_0=3, z=z_0=-1$. 于是该直线标准方程为

$$\frac{x-3}{3}=\frac{y}{-1}=\frac{z+1}{0}.$$

**例 6**　求通过两点 $P(x_1,y_1,z_1)$ 与 $Q(x_2,y_2,z_2)$ 的直线方程．

**解**　向量 $\overrightarrow{PQ}=\{x_2-x_1,y_2-y_1,z_2-z_1\}$ 为该直线的方向向量，于是直线 $PQ$ 的标准方程为

$$\frac{x-x_1}{x_2-x_1}=\frac{y-y_1}{y_2-y_1}=\frac{z-z_1}{z_2-z_1}.$$

该方程称为直线的**两点式方程**．

### 3. 点、直线与平面的位置关系

现在我们讨论点、直线与平面之间的位置关系，讨论它们之间的距离或夹角的计算方法．我们先讨论直线与直线，平面与平面，直线与平面的夹角．

以下出现的直线 $L,L_1,L_2$ 与平面 $\Pi,\Pi_1,\Pi_2$ 均由下列方程给出：

$$L:\quad \frac{x-x_0}{l}=\frac{y-y_0}{m}=\frac{z-z_0}{n},$$

$$L_i:\quad \frac{x-x_i}{l_i}=\frac{y-y_i}{m_i}=\frac{z-z_i}{n_i},\ i=1,2,$$

$$\Pi:\quad Ax+By+Cz+D=0,$$

$$\Pi_i:\quad A_ix+B_iy+C_iz+D_i=0,\ i=1,2.$$

它们的方向向量与法向量分别为:$\boldsymbol{s},\boldsymbol{s}_1,\boldsymbol{s}_2,\boldsymbol{n},\boldsymbol{n}_1,\boldsymbol{n}_2$.

显然两直线 $L_1$ 和 $L_2$ 的夹角 $\theta(0\leqslant\theta\leqslant\frac{\pi}{2})$ 与方向向量 $\boldsymbol{s}_1$ 和 $\boldsymbol{s}_2$ 的夹角 $\varphi(0\leqslant\varphi\leqslant\pi)$ 或者相等或者互补. 由向量内积公式

$$\boldsymbol{s}_1\cdot\boldsymbol{s}_2=|\boldsymbol{s}_1||\boldsymbol{s}_2|\cos\varphi,$$

有

$$\cos\theta=|\cos\varphi|=\frac{|\boldsymbol{s}_1\cdot\boldsymbol{s}_2|}{|\boldsymbol{s}_1||\boldsymbol{s}_2|}.$$

同样,若两平面 $\Pi_1$ 与 $\Pi_2$ 的夹角为 $\theta\left(0\leqslant\theta\leqslant\frac{\pi}{2}\right)$,法向量 $\boldsymbol{n}_1$ 和 $\boldsymbol{n}_2$ 的夹角为 $\varphi(0\leqslant\varphi\leqslant\pi)$,那么,或者 $\theta=\varphi$,或者 $\theta+\varphi=\pi$. 于是

$$\cos\theta=|\cos\varphi|=\frac{|\boldsymbol{n}_1\cdot\boldsymbol{n}_2|}{|\boldsymbol{n}_1||\boldsymbol{n}_2|}.$$

设直线 $L$ 与平面 $\Pi$ 的夹角为 $\theta\left(0\leqslant\theta\leqslant\frac{\pi}{2}\right)$,方向向量 $\boldsymbol{s}$ 与法向量 $\boldsymbol{n}$ 的夹角为 $\varphi(0\leqslant\varphi\leqslant\pi)$,则或者 $\theta=\frac{\pi}{2}-\varphi$,或者 $\theta=\varphi-\frac{\pi}{2}$. 于是

$$\sin\theta=|\cos\varphi|=\frac{|\boldsymbol{s}\cdot\boldsymbol{n}|}{|\boldsymbol{s}||\boldsymbol{n}|}.$$

当夹角 $\theta=0$ 或 $\theta=\frac{\pi}{2}$ 时,它们互相平行(包括重合)或垂直. 于是我们得到下列命题:

**命题 4.4** (1) $L_1\perp L_2\Leftrightarrow\boldsymbol{s}_1\perp\boldsymbol{s}_2\Leftrightarrow l_1l_2+m_1m_2+n_1n_2=0$;

(2) $L_1/\!/L_2$(或重合)$\Leftrightarrow\boldsymbol{s}_1/\!/\boldsymbol{s}_2\Leftrightarrow\frac{l_1}{l_2}=\frac{m_1}{m_2}=\frac{n_1}{n_2}$.

**命题 4.5** (1) $\Pi_1\perp\Pi_2\Leftrightarrow\boldsymbol{n}_1\perp\boldsymbol{n}_2\Leftrightarrow A_1A_2+B_1B_2+C_1C_2=0$;

(2) $\Pi_1/\!/\Pi_2$(或重合)$\Leftrightarrow\boldsymbol{n}_1/\!/\boldsymbol{n}_2\Leftrightarrow\frac{A_1}{A_2}=\frac{B_1}{B_2}=\frac{C_1}{C_2}$.

**命题 4.6** (1) $L\perp\Pi\Leftrightarrow\boldsymbol{s}/\!/\boldsymbol{n}\Leftrightarrow\frac{l}{A}=\frac{m}{B}=\frac{n}{C}$;

(2) $L/\!/\Pi$(或 $L\subset\Pi$)$\Leftrightarrow\boldsymbol{s}\perp\boldsymbol{n}\Leftrightarrow lA+mB+nC=0$.

下面我们再讨论点到直线与点到平面的距离. 我们有下列命题:

**命题 4.7** 点 $P(x_1,y_1,z_1)$到直线 $L$ 的距离为

$$d=|\overrightarrow{P_0P}\times \boldsymbol{s}|/|\boldsymbol{s}|, \tag{4.15}$$

式中 $\boldsymbol{s}$ 为 $L$ 的方向向量，$P_0\in L$.

**证**　由外积的定义可知，$|\overrightarrow{P_0P}\times \boldsymbol{s}|$ 等于以 $\overrightarrow{P_0P}$ 和 $\boldsymbol{s}$ 为邻边的平行四边形面积，而该面积等于 $d$ 与 $|\boldsymbol{s}|$ 的积，参见图 4.14. 于是 $|\overrightarrow{P_0P}\times \boldsymbol{s}|=d|\boldsymbol{s}|$. 所以(4.15)式成立．　□

若 $L$ 的方向向量为单位向量 $\boldsymbol{s}^0$，则公式(4.15)有较为简单的形式：

$$d=|\overrightarrow{P_0P}\times \boldsymbol{s}^0|.$$

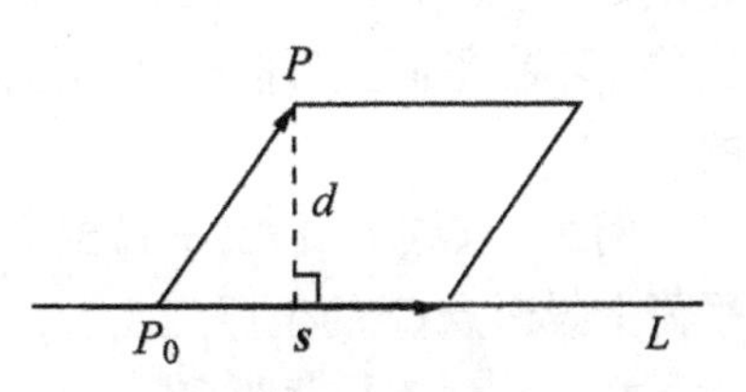


图 4.14

关于点到平面的距离，我们有

**命题 4.8**　点 $P(x_1,y_1,z_1)$ 到平面 $\Pi$ 的距离为

$$d=|Ax_1+By_1+Cz_1+D|/\sqrt{A^2+B^2+C^2}, \tag{4.16}$$

其中 $\Pi$ 的方程为 $Ax+By+Cz+D=0$.

**证**　设 $P$ 在平面 $\Pi$ 上的投影为 $Q(x_0,y_0,z_0)$，则

$$Ax_0+By_0+Cz_0+D=0.$$

因 $\overrightarrow{QP}\,/\!/\,\boldsymbol{n}$（这里 $\boldsymbol{n}=\{A,B,C\}$），故有

$$|\boldsymbol{n}\cdot\overrightarrow{QP}|=|\boldsymbol{n}||\overrightarrow{QP}|=\sqrt{A^2+B^2+C^2}\cdot d,$$

而

$$\begin{aligned}\boldsymbol{n}\cdot\overrightarrow{QP}&=A(x_1-x_0)+B(y_1-y_0)+C(z_1-z_0)\\&=Ax_1+By_1+Cz_1-(Ax_0+By_0+Cz_0)\\&=Ax_1+By_1+Cz_1+D.\end{aligned}$$

所以

$$d=|Ax_1+By_1+Cz_1+D|/\sqrt{A^2+B^2+C^2}.$$　□

若 $A^2+B^2+C^2=1$，则(4.16)式变成

$$d=|Ax_1+By_1+Cz_1+D|,$$

有较为简单的形式．使得 $A^2+B^2+C^2=1$ 的方程 $Ax+By+Cz+D=0$ 称

为平面的**法式方程**(或**法化方程**). 显然,对于平面的一般式方程(4.10)只要将它的各项除以**法化因子**$\sqrt{A^2+B^2+C^2}$就可化为法式方程. 法式方程常写成下述形式:

$$x\cos\alpha + y\cos\beta + z\cos\gamma = p,$$

这里 $\cos\alpha,\cos\beta,\cos\gamma$ 为法向量 $\boldsymbol{n}^0$ 的方向余弦,$p\geqslant 0$ 为原点到该平面的距离. 当原点不在平面上(即 $p>0$)时,$\boldsymbol{n}^0=\{\cos\alpha,\cos\beta,\cos\gamma\}$是从原点指向该平面的.

**例 7**　求点 $P(1,2,-1)$到平面 $2x-y+3z=11$ 的距离,并求点 $P$ 到该平面上投影点 $Q$ 的坐标.

**解**　$P$ 到该平面距离

$$d=|2\cdot 1-2+3(-1)-11|/\sqrt{2^2+1^2+3^2}=\sqrt{14}.$$

为求投影点 $Q$ 的坐标,过 $P$ 点作平面的垂线 $L$,可取平面的法向量 $\boldsymbol{n}=\{2,-1,3\}$作为 $L$ 的方向向量. 于是直线 $L$ 的参数式方程为

$$x=1+2t,\qquad y=2-t,\qquad z=-1+3t.$$

代入平面方程解得 $t=1$. 于是当 $t=1$ 时 $L$ 上对应的点(3,1,2)在平面上. 所以 $Q$ 的坐标为(3,1,2).

4. 平面束

通过一条定直线的所有平面的集合称为**平面束**. 设直线 $L$ 的方程为

$$\begin{cases} A_1x+B_1y+C_1z+D_1=0, & (\Pi_1)\\ A_2x+B_2y+C_2z+D_2=0, & (\Pi_2)\end{cases}$$

则过直线 $L$ 的平面束方程为

$$\lambda(A_1x+B_1y+C_1z+D_1)+\mu(A_2x+B_2y+C_2z+D_2)=0, \tag{4.17}$$

其中 $\lambda$ 与 $\mu$ 是不全为零的任意常数.

事实上,因为 $\Pi_1$ 与 $\Pi_2$ 不平行,于是(4.17)是关于 $x,y,z$ 的一次方程. 故对给定的不全为零的 $\lambda$ 和 $\mu$,它的图形是一个平面. 直线 $L$ 上点的坐标适合 $\Pi_1$ 和 $\Pi_2$ 的方程,故也适合(4.17). 于是该平面经过 $L$. 设 $P(x_0,y_0,z_0)$ 为不在 $L$ 上的任一点,取

$$\lambda = A_2x_0 + B_2y_0 + C_2z_0 + D_2,\ \mu = -(A_1x_0 + B_1y_0 + C_1z_0 + D_1),$$

则 $\lambda$ 和 $\mu$ 不同时为零,此时 $P$ 点坐标适合(4.17),即 $P$ 点在该平面上．于是(4.17)为经过 $L$ 与 $P$ 的平面方程．换言之(4.17)就是经过直线的平面束方程．

在(4.17)式中有两个参数 $\lambda$ 和 $\mu$,为方便起见,可取 $\mu\equiv1$. 当 $\lambda$ 取任意实数时,它给出了平面束中除 $\Pi_1$ 外的其它平面．若规定当 $\lambda=\infty$时,它表示 $\Pi_1$ 平面,这样(4.17)式中只含一个参数 $\lambda$.

**例 8**　求过点(1,2,3)和 $x$ 轴的平面方程．

**解**　$x$ 轴的方程为

$$\begin{cases} y = 0, \\ z = 0. \end{cases}$$

由(4.17)式,过 $x$ 轴的平面束方程为

$$\lambda y + z = 0.$$

因所求平面经过点(1,2,3),将该点坐标代入上方程,求得 $\lambda=-\dfrac{3}{2}$. 于是所求平面方程为 $-\dfrac{3}{2}y+z=0$ 或写成 $3y-2z=0$.

### §4.1.4　二次曲面和空间曲线

现在我们讨论由 $x,y,z$ 的一般方程 $F(x,y,z)=0$ 所表示的图形,主要讨论关于 $x,y,z$ 的二次方程的图形．

1. 柱面

给定一条空间曲线 $\Gamma$ 和某一条定直线 $L_0$,由直线 $L$ 沿着 $\Gamma$ 且平行于 $L_0$ 移动所生成的曲面称为**柱面**,$\Gamma$ 称为该柱面的**准线**,柱面上任一条平行于 $L_0$ 的直线称为**母线**．我们只讨论准线在某一坐标面上(例如 $xy$ 平面),母线垂直于该坐标面(例如平行 $z$ 轴)的柱面,如图 4.15.

$\Gamma$ 在 $xy$ 平面上,它的方程可表示为

$$\Gamma:\begin{cases} f(x,y) = 0, \\ z = 0. \end{cases}$$

设 $P_0$ 是 $\Gamma$ 上任意一点,因 $P_0$ 在 $xy$ 平面上,可设它的坐标为 $(x_0,y_0,0)$. 于

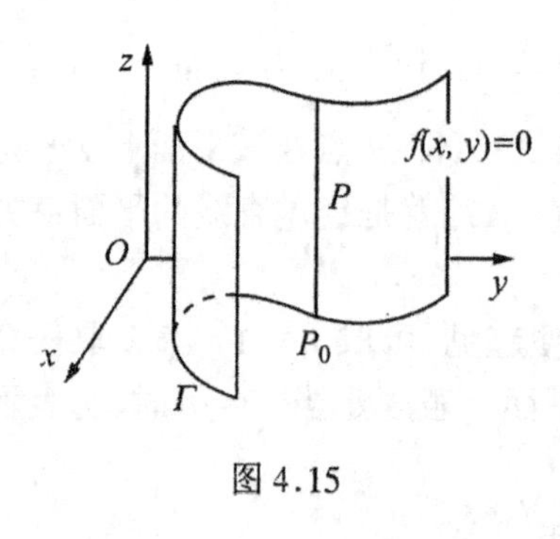

图 4.15

是有 $f(x_0,y_0)=0$. 在方程 $f(x,y)=0$ 中不含 $z$, 因此对任意实数 $z$, 空间中的点 $P(x_0,y_0,z)$ 也适合此方程, 所以过 $P_0$ 点且平行于 $z$ 轴的直线在方程 $f(x,y)=0$ 的图形上.

反之, 设 $P(x_0,y_0,z)$ 是方程 $f(x,y)=0$ 图形上一点, 则 $f(x_0,y_0)=0$. 于是 $P$ 在 $xy$ 平面上的投影点 $P_0(x_0,y_0,0)$ 在 $\Gamma$ 上. 显然 $P_0P/\!/z$ 轴, 所以点 $P$ 在过点 $P_0$ 且平行于 $z$ 轴的直线上.

因此方程

$$f(x,y)=0 \tag{4.18}$$

的图形是以 $\Gamma$ 为准线, 平行于 $z$ 轴的直线为母线的柱面.

必须注意, 方程(4.18)在平面解析几何中的图形一般是 $xy$ 平面上的一条曲线, 而在空间解析几何中是一个柱面.

类似地, 方程 $g(y,z)=0$ 与 $h(x,z)=0$ 分别表示母线平行于 $x$ 轴与 $y$ 轴的柱面.

对应于平面二次曲线, 我们有空间的**二次柱面**. 方程

$$y=ax^2,\qquad \frac{x^2}{a^2}+\frac{y^2}{b^2}=1,\qquad \frac{y^2}{b^2}-\frac{x^2}{a^2}=1$$

的图形分别称为**抛物柱面**, **椭圆柱面**与**双曲柱面**. 参见图 4.16, 图 4.17 与图 4.18. 这些图形都向上与向下伸展到无穷远处, 我们只能绘出其中一部分.

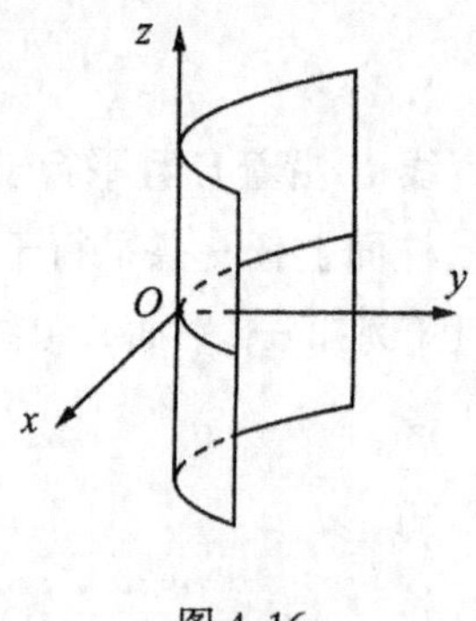

图 4.16

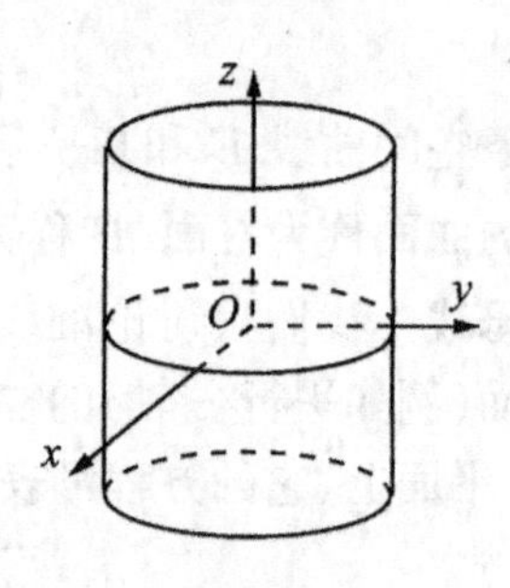

图 4.17

2. **锥面**

给定一条空间曲线 $\Gamma$ 和 $\Gamma$ 外的一定点 $M$，经过 $M$ 且与 $\Gamma$ 相交的所有直线构成的曲面称为**锥面**．$M$ 称为锥面的**顶点**，$\Gamma$ 称为锥面的**准线**，锥面上过顶点的任一直线称为锥面的**母线**（参见图 4.19）．

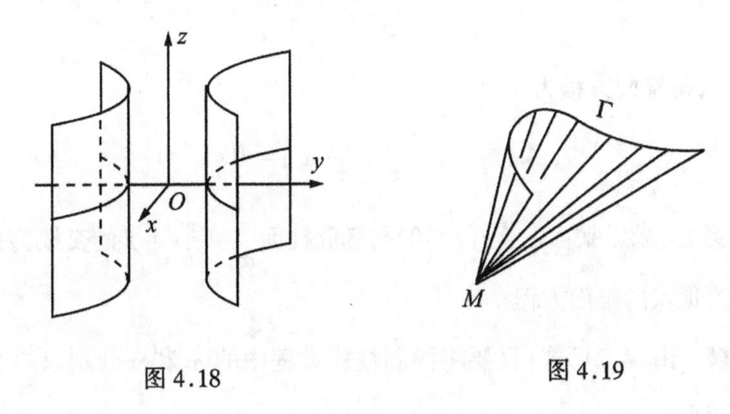


图 4.18　　图 4.19

空间曲线 $\Gamma$ 通常可以由两曲面的交线来表示．我们有下述命题：

**命题 4.9**　以曲线

$$\Gamma:\begin{cases}F(x,y,z)=0,\\G(x,y,z)=0\end{cases}$$

为准线，以原点为顶点的锥面方程为

$$\begin{cases}F(xt,yt,zt)=0,\\G(xt,yt,zt)=0,\end{cases}\tag{4.19}$$

其中 $t$ 为参数（若消去 $t$ 可得不含参数的锥面方程）．

**证**　任取点 $P(x,y,z)$，$P\neq O$．则 $P$ 在所求锥面 $\Sigma$ 上的充要条件是直线 $OP$ 与曲线 $\Gamma$ 相交，即存在点 $Q(x_0,y_0,z_0)\in\Gamma$，使得 $\overrightarrow{OP}/\!/\overrightarrow{OQ}$．于是我们有

$$\begin{cases}F(x_0,y_0,z_0)=0,\\G(x_0,y_0,z_0)=0,\end{cases}\tag{4.20}$$

且存在常数 $t$，使得 $\overrightarrow{OQ}=t\,\overrightarrow{OP}$．因 $\overrightarrow{OQ}=\{x_0,y_0,z_0\}$，$\overrightarrow{OP}=\{x,y,z\}$，而 $\overrightarrow{OQ}=t\,\overrightarrow{OP}$ 可表示为

$$x_0=xt,\qquad y_0=yt,\qquad z_0=zt.$$

代入(4.20)式即得(4.19). 故 $P\in\Sigma$ 等价于(4.19)式成立. 所以所求锥面方程为(4.19). □

若在命题4.9中 $G(x,y,z)=0$ 为平面 $z=c$,这里 $c\neq 0$,则(4.19)式成为

$$\begin{cases} F(xt,yt,zt)=0, \\ zt=c. \end{cases}$$

消去 $t$,得锥面方程为

$$F\left(\frac{cx}{z},\ \frac{cy}{z},c\right)=0. \tag{4.21}$$

**例1** 求以平面 $z=c(c\neq 0)$ 与椭圆柱面 $\frac{x^2}{a^2}+\frac{y^2}{b^2}=1$ 的交线为准线,坐标原点为顶点的锥面方程.

**解** 由(4.21)式,只要将椭圆柱面方程中的 $x$ 和 $y$ 分别以 $\frac{cx}{z}$ 和 $\frac{cy}{z}$ 代换,化简即得

$$\frac{x^2}{a^2}+\frac{y^2}{b^2}=\frac{z^2}{c^2},$$

该曲面称为**椭圆锥面**,或**二次锥面**.

3. *旋转曲面*

空间的一条曲线 $\Gamma$ 绕某直线 $L$ 旋转一周所生成的曲面称为**旋转曲面**. 直线 $L$ 称为旋转曲面的**轴**,曲线 $\Gamma$ 称为**生成曲线**. 我们只讨论生成曲线为某坐标面上的平面曲线,旋转轴为某坐标轴的情形.

**命题4.10** $xy$ 平面上的曲线

$$\Gamma:\begin{cases} f(x,y)=0, \\ z=0 \end{cases}$$

绕 $x$ 轴旋转生成的旋转曲面方程为

$$f(x,\ \pm\sqrt{y^2+z^2})=0. \tag{4.22}$$

**证** 任取点 $P(x,y,z)$,过 $P$ 作平面 $\Pi$ 垂直于 $x$ 轴,$\Pi$ 与 $x$ 轴和 $\Gamma$ 的交点分别为 $Q(x,0,0)$ 和 $P_0(x,y_0,0)$,见图4.20. 点 $P$ 位于旋转曲面上的充要条件是 $|PQ|=|P_0Q|$. 因 $|PQ|=\sqrt{y^2+z^2}$, $|P_0Q|=|y_0|$, 于是 $y_0=$

$\pm\sqrt{y^2+z^2}$.而点$P_0\in\Gamma$,有 $f(x,y_0)=0$.将 $y_0$ 的表达式代入得

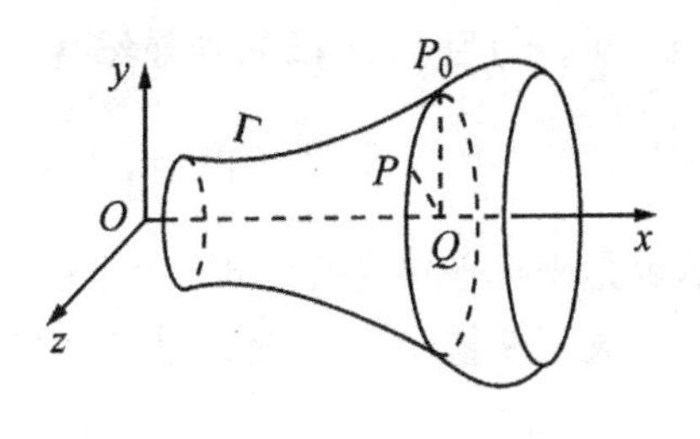

图 4.20

$$f(x,\pm\sqrt{y^2+z^2})=0. \qquad \square$$

在(4.22)式中出现的±号,要根据问题的几何性质决定,有时要取±号,有时只能取+号或-号,但通常将方程变形后再平方能消去±号,这里不详细讨论,可参见例题.

命题4.10中曲线$\Gamma$绕$y$轴旋转生成的旋转曲面方程为

$$f(\pm\sqrt{x^2+z^2},y)=0. \tag{4.23}$$

证明方法完全类似.若$\Gamma$是$yz$平面或$xz$平面上的曲线绕某坐标轴旋转而得的旋转曲面方程可类似写出,这里不一一列出.

反过来,利用该命题也可从曲面方程判断它是否是旋转曲面及又是如何生成的.

**例2**　$xy$平面上的椭圆$\begin{cases}\dfrac{x^2}{a^2}+\dfrac{y^2}{b^2}=1,\\ z=0\end{cases}$绕$x$轴与$y$轴旋转而得到的旋转曲面方程分别为

$$\frac{x^2}{a^2}+\frac{y^2}{b^2}+\frac{z^2}{b^2}=1 \qquad 与 \qquad \frac{x^2}{a^2}+\frac{y^2}{b^2}+\frac{z^2}{a^2}=1.$$

它们都称为**旋转椭球面**.

**例3**　$xy$平面上的直线$\begin{cases}y=1,\\ z=0\end{cases}$绕$x$轴旋转生成的旋转曲面方程为$y^2+z^2=1$,它就是我们熟知的**圆柱面**的方程.

4. 坐标变换和二次曲面

为了研究二次曲面,常用的坐标变换有平移变换和旋转变换.关于旋转变换我们在线性代数教程中讨论,这里简单介绍平移变换.将空间直角坐标系$O$-$xyz$的坐标原点$O$移至$O'$处,坐标轴的方向和单位长度保持不变,从而得到一个新的坐标系$O'$-$x'y'z'$,参见图4.21.设$O'$点在原坐标系中的坐标为$(a,b,c)$,若空间任意一点$P$在新旧坐标系中的坐标分别为

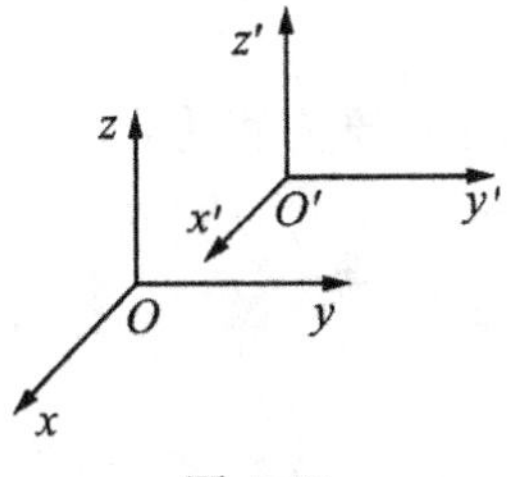

图 4.21

$(x', y', z')$与$(x, y, z)$,则显然有

$$x = x' + a, \quad y = y' + b, \quad z = z' + c.$$

这就是坐标平移变换公式.

关于变量 $x, y, z$ 的二次方程的一般形式如下:

$$a_{11}x^2 + a_{22}y^2 + a_{33}z^2 + 2a_{12}xy + 2a_{23}yz$$
$$+ 2a_{13}xz + 2b_1x + 2b_2y + 2b_3z + c = 0,$$

其中二次项系数不全为零.可以证明,经过适当的坐标平移和旋转,它的图形有以下 13 种情形:

(1) **无实轨迹**.例如 $x^2 = -1$.

(2) **一点**.例如 $x^2 + y^2 + z^2 = 0$.

(3) **一直线**.例如 $x^2 + y^2 = 0$.

(4) **一平面**.例如 $x^2 = 0$.

(5) **两平行平面**.例如 $x^2 = 1$.

(6) **两相交平面**.例如 $x(y - kx) = 0$, $k$ 为常数.

以上称为**退化的二次曲面**.

(7) **二次柱面**.例如抛物柱面、椭圆柱面和双曲柱面.参见图 4.16,图 4.17,图 4.18.

(8) **椭球面**.标准方程为

$$\frac{x^2}{a^2} + \frac{y^2}{b^2} + \frac{z^2}{c^2} = 1.$$

参见图 4.22.

(9) **单叶双曲面**.标准方程为

$$\frac{x^2}{a^2} + \frac{y^2}{b^2} - \frac{z^2}{c^2} = 1.$$

参见图 4.23.

(10) **双叶双曲面**.标准方程为

$$\frac{x^2}{a^2} + \frac{y^2}{b^2} - \frac{z^2}{c^2} = -1.$$

参见图 4.24.

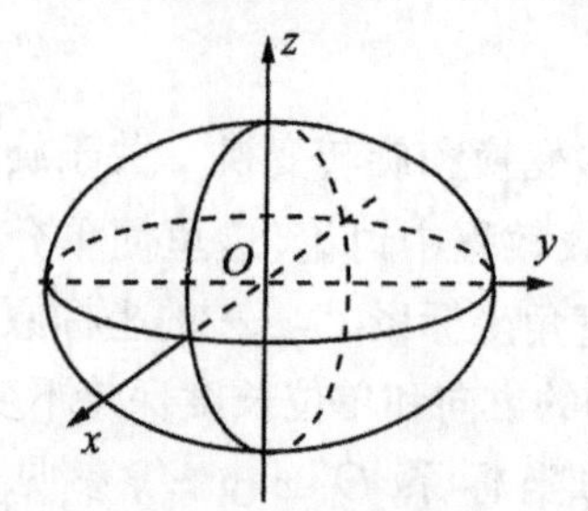

图 4.22

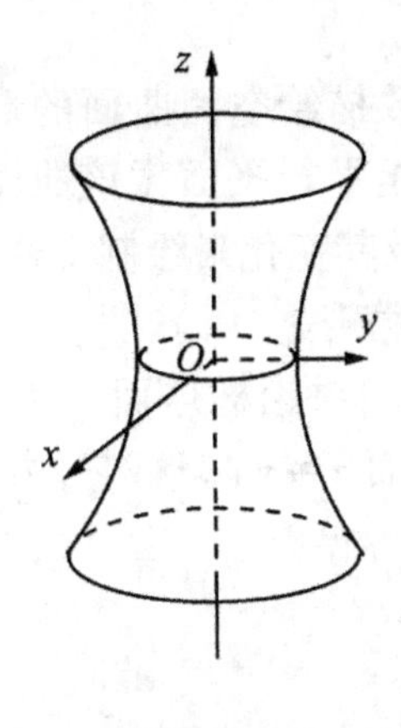


图 4.23

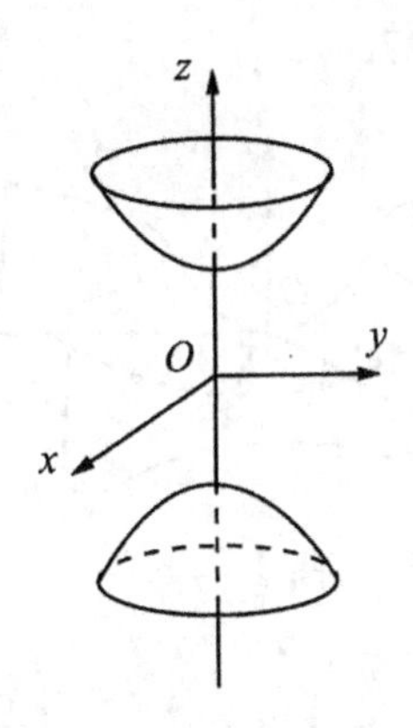


图 4.24

(11) **二次锥面**．标准方程为

$$\frac{x^2}{a^2}+\frac{y^2}{b^2}-\frac{z^2}{c^2}=0.$$

参见图 4.25.

(12) **椭圆抛物面**．标准方程为

$$z=\frac{x^2}{a^2}+\frac{y^2}{b^2}.$$

参见图 4.26.

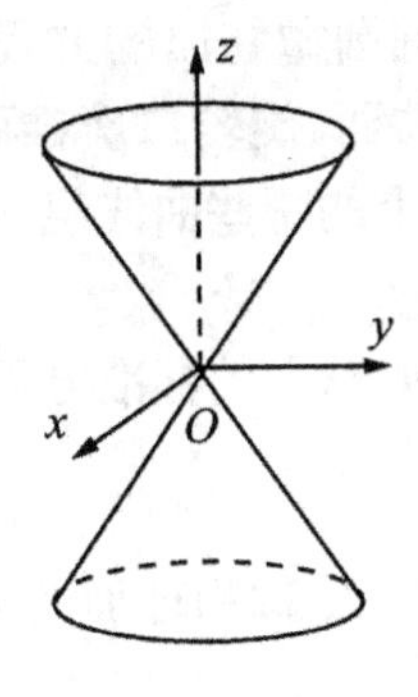


图 4.25

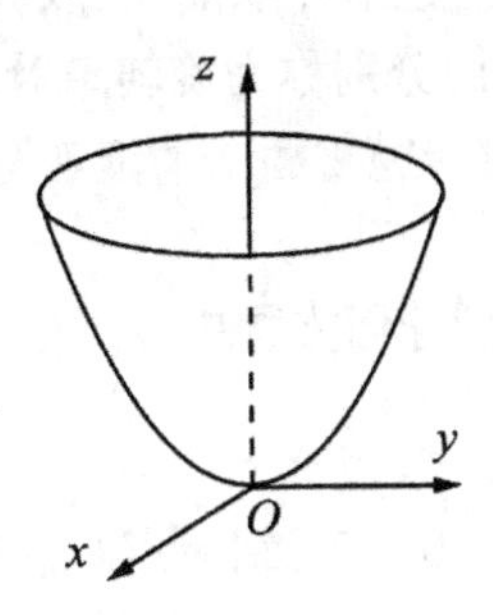


图 4.26

(13) **双曲抛物面**．标准方程为

$$z=\frac{y^2}{b^2}-\frac{x^2}{a^2}.$$

参见图 4.27.

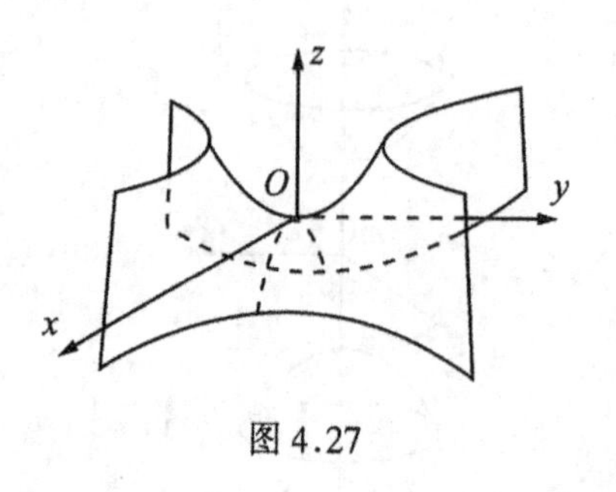

图 4.27

为了大致描绘空间曲面的形状,我们可以用一组平行平面截该曲面,根据截痕的形状及其变化来绘制．这一方法常称为**平面截痕法**．

例如,我们讨论椭球面．以平行于 $xy$ 平面的平面 $z=z_0$ 来截它,由椭球面方程,截痕的方程为

$$\begin{cases}\dfrac{x^2}{a^2}+\dfrac{y^2}{b^2}+\dfrac{z_0^2}{c^2}=1,\\[2ex] z=z_0.\end{cases}$$

当 $|z_0|<c$ 时,前一个式子可以写成

$$\frac{x^2}{a^2\left(1-\dfrac{z_0^2}{c^2}\right)}+\frac{y^2}{b^2\left(1-\dfrac{z_0^2}{c^2}\right)}=1.$$

在 $z=z_0$ 平面上这是一个椭圆的方程．当 $z_0=0$ 时它的长短轴分别为 $a$ 和 $b$. 当 $|z_0|$ 从 0 渐渐增加到 $c$ 时,该椭圆逐渐变小而缩成一点．当 $|z_0|>c$ 时,该平面与图形没有交点．若以平面 $x=x_0$ 和 $y=y_0$ 来截它,也有类似结论．其图形如图 4.22 所示．

在上述单叶双曲面、双叶双曲面、二次锥面、椭圆抛物面的方程中若 $a=b$,则它们分别称为**旋转单叶双曲面、旋转双叶双曲面、旋转二次锥面**(或**圆锥面**)及**旋转抛物面**．请读者写出它们是由 $yz$ 平面上的哪些曲线绕 $z$ 轴旋转生成的．

若椭球面方程中 $a=b=c$,称它的图形为**球面**,球面的标准方程为

$$x^2+y^2+z^2=R^2,$$

其中 $R>0$. 它是到原点距离恒等于 $R$ 的点的集合．$R$ 称为球面的**半径**,原点称为**球心**．

显然,球心在 $A(a,b,c)$,半径为 $R$ 的球面方程为

$$(x-a)^2+(y-b)^2+(z-c)^2=R^2.$$

### 5. 空间曲线

在前文中,我们用两曲面的交线给出空间曲线的方程

$$\begin{cases}F(x,y,z)=0,\\G(x,y,z)=0.\end{cases}\tag{4.24}$$

此式称为曲线的**一般式方程**．空间曲线还可用**参数方程**表示：

$$x=\varphi(t),\qquad y=\psi(t),\qquad z=\omega(t),\tag{4.25}$$

式中 $t$ 为参数，$t\in(\alpha,\beta)$，函数 $\varphi(t),\psi(t),\omega(t)$ 在区间 $(\alpha,\beta)$ 上连续．

**例 4**　参数方程

$$x=a\cos t,\qquad y=a\sin t,\qquad z=ht$$

$(a,h>0)$ 表示的空间曲线称为**螺旋线**，参见图 4.28. $t=0$ 时对应于点 $(a,0,0)$，当 $t$ 从 0 逐渐增大时，对应点沿着圆柱面 $x^2+y^2=a^2$ 绕 $z$ 轴"右旋"上升，$t$ 每增加 $2\pi$，对应点的高度上升 $2\pi h$. $2\pi h$ 称为**螺距**．

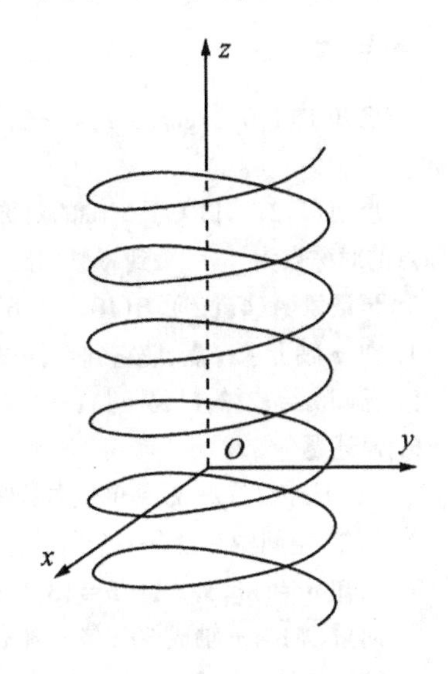

图 4.28

设 $\Gamma$ 为某一条空间曲线，$\Gamma$ 上的点在 $xy$ 平面上投影点的集合称为 $\Gamma$ 在 $xy$ 面上的**投影**．

若 $\Gamma$ 是由一般式方程(4.24)给出的，$f(x,y)=0$ 是(4.24)式中两等式消去 $z$ 而得的方程．设 $P(x_0,y_0,z_0)\in\Gamma$，将 $P$ 的坐标代入(4.24)，消去 $z_0$ 得 $f(x_0,y_0)=0$. 于是 $P$ 在 $xy$ 平面上的投影点 $P_0(x_0,y_0,0)$ 适合方程

$$\begin{cases}f(x,y)=0,\\z=0.\end{cases}$$

于是 $\Gamma$ 在 $xy$ 平面上的投影可由上式给出．而方程 $f(x,y)=0$ 的图形是一个柱面，我们把它称为 $\Gamma$ 在 $xy$ 平面上的**投影柱面**．

若 $\Gamma$ 是由参数方程(4.25)给出，只需从前两个式子

$$x=\varphi(t),\qquad y=\psi(t)$$

消去 $t$，即可求得投影柱面方程．

曲线 $\Gamma$ 在 $yz$ 平面和 $zx$ 平面上的投影及投影柱面可类似讨论．

**例 5**　求由例 4 所给的螺旋线在 $xy$ 平面上的投影和投影柱面．

**解**　由 $x=a\cos t, y=a\sin t$ 消去 $t$ 得

$$x^2 + y^2 = a^2,$$

这就是投影柱面的方程，其图形是一个圆柱面．它的投影方程为 $\begin{cases} x^2+y^2=a^2 \\ z=0, \end{cases}$ 其图形是 $xy$ 平面上的一个圆．

## 习　题　4.1

**A组**

1. 已知 $P(1,0,2)$，$Q(-1,4,-2)$，求点 $P$ 到点 $Q$ 的距离及 $P$ 与 $Q$ 两点连线的中点坐标．

2. 点 $A(1,2,-1)$ 关于 $x$ 轴的对称点为______，关于 $yz$ 平面的对称点为______，关于原点的对称点为______，到 $y$ 轴的距离为______，到 $yz$ 平面的距离为______．

3. 试证以 $A(4,1,9)$，$B(10,-1,6)$，$C(2,4,3)$ 为顶点的三角形是等腰直角三角形．

4. 在 $x$ 轴上求一点，使它到点 $(-3,2,-2)$ 的距离为 3.

5. 已知 $\boldsymbol{a}=\{2,3,1\}$，$\boldsymbol{b}=\{1,-1,4\}$，求 $\boldsymbol{a}+\boldsymbol{b}$、$\boldsymbol{a}-\boldsymbol{b}$、$3\boldsymbol{a}+2\boldsymbol{b}$、$\boldsymbol{a}-3\boldsymbol{b}$ 的坐标表示式．

6. 简述题

 (1) $\boldsymbol{a}=\boldsymbol{i}+\boldsymbol{j}+\boldsymbol{k}$ 是单位向量吗？为什么？

 (2) 空间中有没有一个向量它的方向角分别是 $60°,45°,90°$？为什么？

7. 已知 $\boldsymbol{a}=\{m,5,-1\}$，$\boldsymbol{b}=\{3,1,n\}$ 互相平行，求 $m,n$.

8. 向量 $\overrightarrow{OM}$ 与 $x$ 轴成 $60°$，与 $y$ 轴成 $45°$，且在 $z$ 轴上的投影为 $-8$，求 $M$ 点的坐标．

9. 已知向量 $\boldsymbol{a}=\{3,-6,1\}$，$\boldsymbol{b}=\{1,4,-5\}$，$\boldsymbol{c}=\{3,-4,12\}$，求 $\boldsymbol{a}+\boldsymbol{b}$ 在 $\boldsymbol{c}$ 上的投影．

10. 已知 $\overrightarrow{AB}=\{2,5,1\}$，$\overrightarrow{AC}=\{-3,2,2\}$，求三角形 $ABC$ 的三条边长及三个内角．

11. $\boldsymbol{a}=\{3,2,-1\}$，$\boldsymbol{b}=\{1,-1,2\}$，求

 (1) $\boldsymbol{a}\times\boldsymbol{b}$；　　(2) $2\boldsymbol{a}\times 7\boldsymbol{b}$；

 (3) $\boldsymbol{a}\times\boldsymbol{i}$；　　(4) $\boldsymbol{b}\times\boldsymbol{j}$.

12. 证明 $(\boldsymbol{a}\cdot\boldsymbol{c})\boldsymbol{b}-(\boldsymbol{b}\cdot\boldsymbol{c})\boldsymbol{a}$ 与 $\boldsymbol{c}$ 垂直．

13. 求到点 $A(2,1,0)$ 和点 $B(1,-3,6)$ 等距离点的轨迹方程，并问轨迹的几何图形的名称是什么？

14. 试说明下列平面的特性：

 (1) $x-y+2z=0$；　　(2) $\dfrac{x}{2}+\dfrac{y}{3}-\dfrac{z}{1}=1$；

 (3) $2x+3y=1$；　　(4) $y=-2$.

15. 指出下列平面的位置特点，并作图：

 (1) $2x-3y+2=0$；　　(2) $3x-2=0$；　　(3) $4y-7z=0$.

16. 求过点 $(1,0,2)$ 且与平面 $x+y-2z+1=0$ 平行的平面方程．

17. 已知点 $A(2,-1,2)$，$B(8,-7,5)$，求过点 $B$ 且与直线 $AB$ 垂直的平面方程．

18. 一平面过原点，并与两平面 $2x+y-3z=0$，$x-y+z=0$ 垂直，求这平面的方程．

19．求 $k$ 的值，使平面 $x+ky-2z=9$ 满足下列条件之一：

(1) 过点 $(5,-4,-6)$；

(2) 与平面 $2x+4y+3z=7$ 垂直；

(3) 与平面 $2x-3y+z=0$ 成 $45°$ 角．

20．求直线方程：

(1) 过 $(1,0,-2)$ 垂直于平面 $4x+2y-3z=0$；

(2) 过两点 $(3,2,-1)$ 与 $(2,-3,4)$；

(3) 过 $(0,-3,2)$ 且平行于直线 $\begin{cases}x-y+z+5=0\\3x-8y+4z+36=0;\end{cases}$

(4) 过点 $(0,2,4)$ 且与平面 $x+2z=1$ 及 $y-3z=2$ 都平行．

21．将下列直线的一般式方程化为标准式方程：

(1) $\begin{cases}x-y+z+5=0,\\5x-8y+4z+36=0;\end{cases}$

(2) $\begin{cases}x-5y+2z-1=0,\\z=2+5y.\end{cases}$

22．求下列两直线夹角的余弦：

(1) $\dfrac{x-1}{1}=\dfrac{y}{-2}=\dfrac{z+4}{7}$ 与 $\dfrac{x+6}{5}=\dfrac{y-2}{1}=\dfrac{z-3}{-1}$；

(2) $\begin{cases}5x-3y+3z-9=0,\\3x-2y+z-1=0\end{cases}$ 与 $\begin{cases}2x+2y-z+23=0,\\3x+8y+z-18=0.\end{cases}$

23．求点 $M(3,-1,2)$ 到直线 $\begin{cases}2x-y+z-4=0,\\x+y-z+1=0\end{cases}$ 的距离．

24．求过点 $(1,2,1)$ 而与直线 $\begin{cases}x+2y-z+1=0,\\x-y+z=1\end{cases}$ 及 $\begin{cases}2x-y+z=0,\\x-y+z=0\end{cases}$ 都平行的平面．

25．求平行于平面 $5x-14y+2z+36=0$，且与此平面的距离为 3 的平面方程．

26．画出下列方程的图形：

(1) $2x+z-1=0$；　(2) $x+y+\dfrac{z}{2}=1$；

(3) $y^2=2x$；　(4) $z=\sqrt{x^2+y^2}$；

(5) $z=x^2+y^2$；　(6) $\dfrac{x^2}{2^2}+\dfrac{y^2}{1^2}+\dfrac{z^2}{3^2}=1$.

27．方程 $x^2+y^2+z^2+2x-4y=0$ 表示什么曲面？它有什么特性？

28．求下列曲线绕指定轴旋转得到的旋转面的方程：

(1) $\begin{cases}y^2=2px,\\z=0,\end{cases}$ $x$ 轴；　(2) $\begin{cases}\dfrac{x^2}{a^2}+\dfrac{y^2}{b^2}=1,\\z=0,\end{cases}$ $y$ 轴；

(3) $\begin{cases}\dfrac{y^2}{a^2}-\dfrac{z^2}{b^2}=1,\\ x=0,\end{cases}$ $z$ 轴；　(4) $\begin{cases}y=\sin x,\\ z=0,\end{cases}$ $x$ 轴．

29．求与两个定点 $P(0,0,1)$ 和 $Q(0,0,-1)$ 距离之和为4的点的轨迹的方程，它表示什么曲面？

30．用平面截痕法讨论双曲抛物面的图形．

**B组**

1．若 $(\boldsymbol{a}+3\boldsymbol{b})\perp(7\boldsymbol{a}-5\boldsymbol{b})$，$(\boldsymbol{a}-4\boldsymbol{b})\perp(7\boldsymbol{a}-2\boldsymbol{b})$，求向量 $\boldsymbol{a},\boldsymbol{b}$ 的夹角．

2．若 $|\boldsymbol{a}|=3$，$|\boldsymbol{b}|=4$，$\boldsymbol{a}$ 与 $\boldsymbol{b}$ 的夹角为 $\dfrac{\pi}{3}$，计算 $|(\boldsymbol{a}+\boldsymbol{b})\times(\boldsymbol{a}-\boldsymbol{b})|$．

3．求点 $P(1,2,-1)$ 关于平面 $x-2y+4z=2$ 对称的点的坐标．

4．求经过两平面 $x+5y+z=0$ 与 $x-z+4=0$ 的交线，且与平面 $x-4y-8z+12=0$ 的夹角为 $\dfrac{\pi}{4}$ 的平面方程．

5．设 $P_1,P_2$ 分别是两直线 $L_1,L_2$ 上的点，$\boldsymbol{S}_1,\boldsymbol{S}_2$ 分别是 $L_1$ 与 $L_2$ 的方向向量，求证 $L_1$ 与 $L_2$ 共面的充要条件是 $\overrightarrow{P_1P_2}\cdot(\boldsymbol{S}_1\times\boldsymbol{S}_2)=0$．

6．直线 $\dfrac{x-1}{0}=\dfrac{y}{1}=\dfrac{z}{1}$ 绕 $z$ 轴旋转一周，求旋转曲面的方程．

# 第二节　多元函数微分学

## §4.2.1　多元函数的基本概念

前几章我们研究的都是一元函数，即只依赖于一个自变量的函数，但在许多实际问题中常常遇到依赖于两个变量或更多变量的函数．例如，某种商品的价格，不仅依赖于原材料的价格，而且与劳动力价格、生产技术水平、经营管理以及市场需求等因素有关．这就有必要研究多元函数．

在§1.2.1我们已引入多元函数概念，重述如下：

**定义 4.1(多元函数)**　设 $D$ 为 $\mathbf{R}^n$ 中的非空点集(即 $n$ 元有序实数组集合)，若对每一点 $P(x_1,x_2,\cdots,x_n)\in D$，按某一确定法则 $f$ 有唯一的 $z\in\mathbf{R}$ 与之对应，则称映射 $f:D\to\mathbf{R}$ 为 **$n$ 元函数**．

习惯上把 $n$ 元函数表为

$$z=f(x_1,x_2,\cdots,x_n),\qquad (x_1,x_2,\cdots,x_n)\in D$$

或

$$z=f(P),\ P\in D.$$

变量 $x_1,x_2,\cdots,x_n$ 称为**自变量**,集合 $D$ 称为函数的**定义域**,集合 $f(D)\triangleq\{z\mid z=f(x_1,\cdots,x_n),(x_1,\cdots,x_n)\in D\}$ 称为函数的**值域**.

当 $n=1$ 时,$z$ 是一元函数.$n=2$ 时,$z$ 为二元函数,这时自变量通常用 $x,y$ 表示,记为 $z=f(x,y)$.二元及二元以上的函数统称为**多元函数**.

例如,设某长方体的长、宽、高分别为 $x,y,z$,则它的体积

$$V=xyz\ (x>0,y>0,z>0).$$

对任一正实数的有序数组 $(x,y,z)$,均有唯一的 $V$ 与之对应,因此,$V$ 是 $x,y,z$ 的三元函数.其定义域可表示为

$$D=\{(x,y,z)\mid x>0,y>0,z>0\},$$

值域 $f(D)=\{V\mid V>0\}$.

如同一元函数一样,要给出一个多元函数必须指明它的定义域 $D$ 和对应法则 $f$.而值域一般不加说明,因为当 $D$ 与 $f$ 确定后,值域也就随之确定了.此外,若某函数的对应法则是由解析式给出的,而它的定义域未标明,这时它的定义域理解为使这个解析式在实数范围内有意义的自变量的有序数组的集合,这种定义域称为**自然定义域**,例如,函数

$$z=\sqrt{4-x^2-y^2}+\ln(x^2+y^2-1) \tag{4.26}$$

的定义域为 $\{(x,y)\mid 1<x^2+y^2\leqslant 4\}$.

由于自变量个数增加了,多元函数与一元函数的性质有较大差异.我们着重研究二元函数的性质,这不仅因为二元函数在多元函数中最简单,而且二元函数的很多性质及其研究方法都可以方便地推广到一般多元函数的情形.

为了严格定义二元函数的极限、连续及可微等概念,并深入研究二元函数的性质,需要对二元函数的定义域即平面点集建立下述概念.

设 $P_0(x_0,y_0)$ 为坐标平面一定点,$P(x,y)$ 为一动点,用 $\rho(P,P_0)$ 表示两点 $P,P_0$ 之间的距离,即

$$\rho(P,P_0)=\sqrt{(x-x_0)^2+(y-y_0)^2}.$$

若 $\delta>0$,称点集

$$B(P_0,\delta)\triangleq\{P\mid\rho(P,P_0)<\delta\}=\{(x,y)\mid\sqrt{(x-x_0)^2+(y-y_0)^2}<\delta\}$$

为点 $P_0$ 的 $\delta$ **邻域**.称点集

$$\{P\mid 0<\rho(P,P_0)<\delta\}=\{(x,y)\mid 0<\sqrt{(x-x_0)^2+(y-y_0)^2}<\delta\}$$

为 $P_0$ 的 $\delta$ **去心邻域**.

设 $D$ 为 $xy$ 平面的点集,$P_0 \in D$,若存在 $P_0$ 的 $\delta$ 邻域 $B(P_0,\delta) \subset D$,则称 $P_0$ 为 $D$ 的**内点**.若点 $P$($P$ 可能属于 $D$ 也可能不属于 $D$)的任一邻域中既有属于 $D$ 的点,也有不属于 $D$ 的点,则称 $P$ 为 $D$ 的**边界点**.$D$ 的边界点的全体称为 $D$ 的**边界**.若 $D$ 的所有点都是内点,则称 $D$ 为**开集**.若对 $D$ 中的任意两点 $P,Q$,总存在连接 $P,Q$ 的曲线 $\Gamma$,使 $\Gamma \subset D$,则称 $D$ 为**连通集**.若 $D$ 既是开集又是连通集,则称 $D$ 为**开域**.开域连同其边界所成的点集称为**闭域**.我们把开域、闭域、或者开域连同其一部分边界点所成的点集统称为**区域**.今后考虑的二元函数的定义域几乎都是区域.

如果点集 $D$ 可以被包含在一个以原点为中心的圆内,则称 $D$ 为**有界集**,否则称为**无界集**.

例如,$z=\sqrt{4-x^2-y^2}+\ln(x^2+y^2-1)$ 的定义域 $D=\{(x,y)\mid 1<x^2+y^2\leqslant 4\}$ 是非开非闭的有界区域(图 4.29).$z=\ln(x+y)$ 的定义域 $D=\{(x,y)\mid x+y>0\}$ 是无界开域(图 4.30).$z=\sqrt{R^2-x^2-y^2}$ 的定义域 $D=\{(x,y)\mid x^2+y^2\leqslant R^2\}$ 是有界闭域,其边界为 $x^2+y^2=R^2$(见图 4.31).

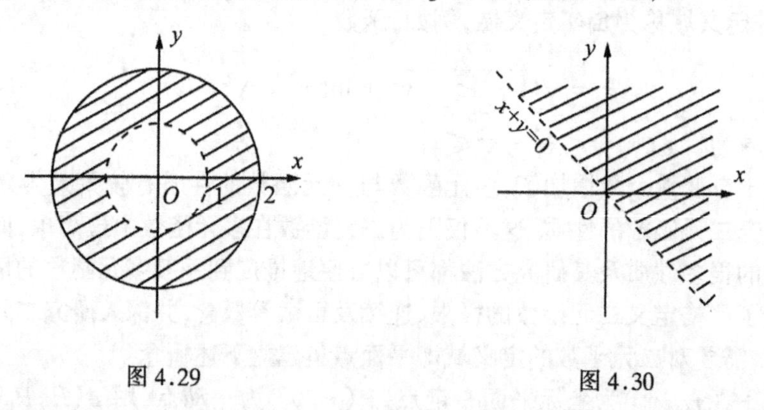


图 4.29　　　图 4.30

几何上,二元函数 $z=f(x,y)$ 的图形为空间的一个曲面,它在 $xy$ 平面上的正投影就是 $f(x,y)$ 的定义域(见图 4.32).例如 $z=\sqrt{R^2-x^2-y^2}$ 的图形是以原点为球心,$R$ 为半径的球面的上半部分,它在 $xy$ 平面的正投影 $D=\{(x,y)\mid x^2+y^2\leqslant R^2\}$ 即该函数的定义域(见图 4.33).$z=\sqrt{\dfrac{x^2}{a^2}+\dfrac{y^2}{b^2}}$ 的图形是图 4.27 椭圆锥面的上半部分(见图 4.34),由于该图形可向上无限伸展,故其在 $xy$ 平面的正投影也即 $z$ 的定义域为整个 $xy$ 平面.

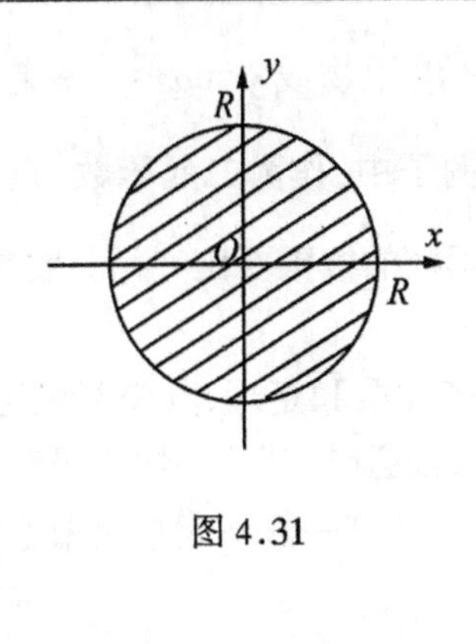


图 4.31

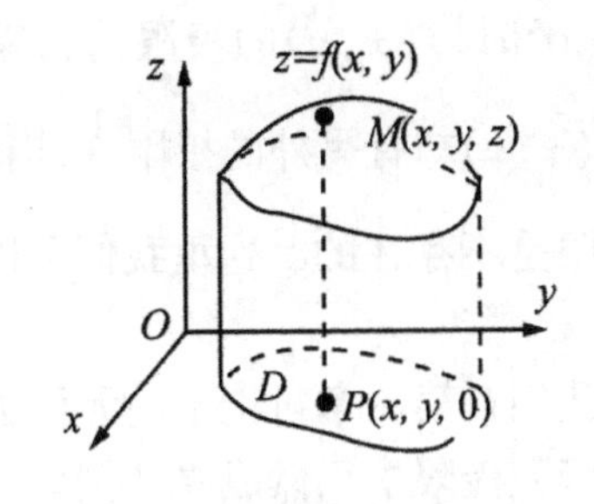


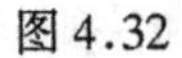
图 4.32

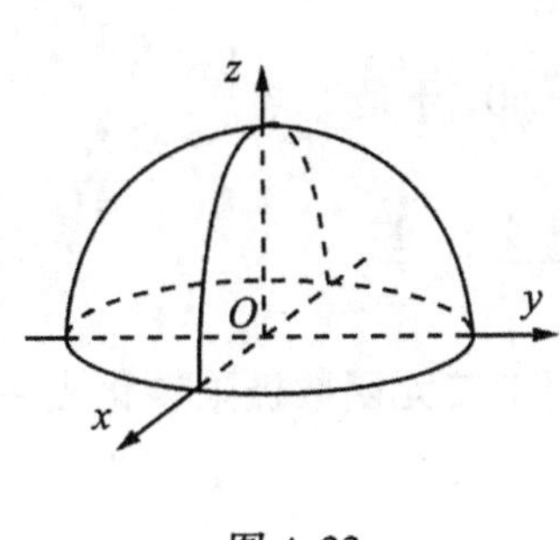


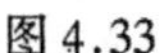
图 4.33

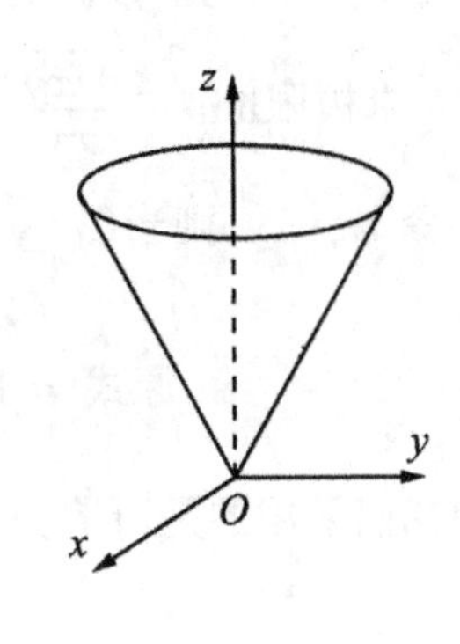


图 4.34

### §4.2.2　二元函数的极限与连续

**定义 4.2（二元函数的极限）**　设 $z=f(x,y)$的定义域为 $D$，$P_0(x_0,y_0)$为 $D$ 的内点或边界点，$A$ 是一个确定的实数，若$\forall\varepsilon>0$，$\exists\delta>0$，当$0<\rho(P,P_0)<\delta$且$P(x,y)\in D$时恒有

$$|f(P)-A|<\varepsilon,$$

则称 $P$ 趋于$P_0$时(或$(x,y)$趋于$(x_0,y_0)$时)$f(x,y)$的极限为 $A$，记作

$$\lim_{P\to P_0}f(P)=A\quad 或\quad \lim_{(x,y)\to(x_0,y_0)}f(x,y)=A\quad 或\quad \lim_{\substack{x\to x_0\\ y\to y_0}}f(x,y)=A.$$

若定义域 $D$ 就是$x$轴上的某一个区间，函数 $f(x,y)$与 $y$ 无关，上述定义就是一元函数极限的定义．

在定义 4.2 中，点 $P$ 可以沿任一路径趋于$P_0$，此时 $f(x,y)$趋于相同的极限 $A$．有兴趣读者可以研究习题 4.2B1(2)，当点 $P$ 沿任意直线方向趋向于

$P_0(0,0)$时,$f(x,y)$的极限均为零,而当点 $P$ 沿抛物线 $y=ax^2+x$ 趋于$P_0$时,$f(x,y)$却有另外的极限$\frac{1}{a}$.当然,在这个例子中,作为二元函数,$f(x,y)$的极限是不存在的.这里我们可以看到二元函数的极限要比一元函数复杂得多.

我们在第一章讨论了一元函数极限的许多性质和定理,其中某些定理在二元函数极限中仍然成立.例如"极限若存在,则必唯一"这一性质仍然正确.也有一些定理和法则就不再成立了.例如洛必达法则一般不能直接用了.我们举几个例子说明二元函数极限的求法.

**例 1** 求极限$\lim\limits_{\substack{x\to 0\\ y\to 0}}\frac{\sqrt[3]{1+xy}-1}{xy}$.

**解** 令 $u=xy$,则当$(x,y)\to(0,0)$时,$u\to 0$.于是

$$\text{原式}=\lim_{u\to 0}\frac{(1+u)^{\frac{1}{3}}-1}{u}=\frac{1}{3}.$$

在例 1 中我们采用的是所谓变量代换法,从而把二元函数极限转化成一元函数的极限.

**例 2** 求极限$\lim\limits_{\substack{x\to 0\\ y\to 0}}\frac{xy}{\sqrt{x^2+y^2}}$.

**解** 令 $x=\rho\cos\theta,y=\rho\sin\theta$,则 $\rho=\sqrt{x^2+y^2}$.当$(x,y)\to(0,0)$时,$\rho\to 0_+$.于是

$$\text{原式}=\lim_{\rho\to 0_+}\frac{\rho\cos\theta\cdot\rho\sin\theta}{\rho}=\lim_{\rho\to 0_+}\rho\cos\theta\sin\theta=0.$$

上式最后一个极限中 $\rho$ 是无穷小量,而 $\cos\theta\sin\theta$ 为有界变量,故乘积的极限等于零.

在例 2 中经过代换以后虽然仍是二元函数极限,但极限过程变为 $\rho\to 0$,问题得到简化.这是求二元函数极限常用的方法.

若将例 2 中的极限改为$\lim\limits_{\substack{x\to 0\\ y\to 0}}\frac{xy}{x^2+y^2}$,采用相同的代换,则

$$\text{原式}=\lim_{\rho\to 0_+}\frac{\rho\cos\theta\cdot\rho\sin\theta}{\rho^2}=\lim_{\rho\to 0_+}\cos\theta\sin\theta.$$

因极限值随 $\theta$ 变化而不同,因此该极限不存在.

下面我们给出二元函数连续的定义.

**定义 4.3** 设函数 $f(x,y)$至少在点 $P_0(x_0,y_0)$有定义,且

$$\lim_{(x,y)\to(x_0,y_0)} f(x,y) = f(x_0,y_0),$$

则称 $f(x,y)$在点 $P_0$ 连续．若 $f(x,y)$在定义域 $D$ 的每一点连续,则称 $f(x,y)$在 $D$ 上连续．

设 $P_0$ 为 $f(x,y)$的定义域的内点或边界点,若 $f(x,y)$在 $P_0$ 点不连续,则称 $P_0$ 为 $f(x,y)$的间断点．$f(x,y)$在其间断点上可以定义,也可以没有定义．

与一元函数类似,多元连续函数有许多重要性质,我们叙述如下,而不予证明．

(1) 连续函数的和、差、积、商均在其有定义的点上连续．

(2) 设函数 $z=f(u,v)$在点$(u_0,v_0)$连续,函数 $u=\varphi(x,y)$与 $v=\psi(x,y)$均在点$(x_0,y_0)$连续 ,且 $u_0=\varphi(x_0,y_0)$, $v_0=\psi(x_0,y_0)$,则复合函数 $z=f(\varphi(x,y),\psi(x,y))$在点$(x_0,y_0)$连续．

(3) 在有界闭区域上连续的多元函数必在该区域上取得最大与最小值．

我们在§1.2.5 中定义了关于变量 $x$ 的基本初等函数,然后给出一元初等函数的定义(见定义 1.10). 类似地,可以给出多元初等函数的定义．

由若干个变量的基本初等函数及常数经过有限次加、减、乘、除四则运算与有限次复合而得到的由一个式子表达的函数称为**多元初等函数**．

利用上述多元连续函数的性质(1)与(2),可以得到:多元初等函数在其定义区域的每个点上连续．

### §4.2.3 偏导数与全微分

偏导数是多元函数微分学中十分重要的概念 ,它是研究多元函数性质不可缺少的工具．我们主要讨论二元函数,设函数 $z=f(x,y)$在点$(x,y)$的某邻域有定义,如果让其中一个变量,例如 $y$ 保持不变,则 $z$ 就可以看成变量 $x$ 的一元函数．这时 $z$ 对 $x$ 的导数如果存在,就称为二元函数 $z=f(x,y)$关于 $x$ 的偏导数．类似可定义 $z$ 关于 $y$ 的偏导数．我们用极限形式给出它的定义.

**定义 4.4 (偏导数)** 设函数 $z=f(x,y)$在点$(x,y)$的某一邻域上有定义．若极限

$$\lim_{\Delta x\to 0}\frac{f(x+\Delta x,y)-f(x,y)}{\Delta x}$$

存在有限,则称函数 $f(x,y)$ 在点 $(x,y)$ 关于 $x$ **可偏导**,其极限值称为 $f(x,y)$ 在该点关于 $x$ 的**偏导数**,记为

$$f'_x(x,y),\ \frac{\partial f}{\partial x}(x,y),\ \frac{\partial z}{\partial x} \text{ 或 } z'_x.$$

类似地,若极限

$$\lim_{\Delta y \to 0} \frac{f(x,y+\Delta y)-f(x,y)}{\Delta y}$$

存在有限,则称 $f(x,y)$ 在点 $(x,y)$ 关于 $y$ **可偏导**,其极限值称为 $f(x,y)$ 在该点关于 $y$ 的**偏导数**,记为

$$f'_y(x,y),\ \frac{\partial f}{\partial y}(x,y),\ \frac{\partial z}{\partial y} \text{ 或 } z'_y$$

当 $x$ 有增量 $\Delta x$ 时,函数的增量 $f(x+\Delta x,y)-f(x,y)$ 称为函数 $f(x,y)$ 关于 $x$ 的**偏增量**,记为 $\Delta_x z$,或 $\Delta_x f$. 类似地, 称 $f(x,y+\Delta y)-f(x,y)$ 为关于 $y$ 的**偏增量**,记为 $\Delta_y z$ 或 $\Delta_y f$. 于是偏导数是函数的偏增量与相应自变量增量之比当自变量增量趋于零时的极限 .

当 $x=x_0,y=y_0$ 时,$f(x,y)$ 关于 $x$ 的偏导数可记为 $f'_x(x_0,y_0)$, $\frac{\partial z}{\partial x}(x_0,y_0)$, $\left.\frac{\partial z}{\partial x}\right|_{\substack{x=x_0\\y=y_0}}$ 等等;关于 $y$ 的偏导数有类似的符号 .

**例 1** 求 $f(x,y)=x^2y+3y$ 的偏导数 $f'_x(x,y)$ 和 $f'_y(x,y)$,并求 $f'_x(0,0)$, $f'_y(0,0)$, $f'_x(1,-1)$.

**解** $f'_x(x,y)=2xy$, $f'_y(x,y)=x^2+3$.

$$f'_x(0,0)=0,\ f'_y(0,0)=3,\ f'_x(1,-1)=-2.$$

**例 2** 设 $f(x,y)=x\sin y+ye^{xy}$,求 $\frac{\partial f}{\partial x}, \frac{\partial f}{\partial y}$.

**解** $\frac{\partial f}{\partial x}=\sin y+y^2e^{xy}$, $\frac{\partial f}{\partial y}=x\cos y+(1+xy)e^{xy}$.

一般说来,函数 $f(x,y)$ 的偏导数 $z'_x=\frac{\partial f}{\partial x}$, $z'_y=\frac{\partial f}{\partial y}$ 还是 $x,y$ 的二元函数. 若它们对自变量 $x,y$ 可偏导,则称这些偏导数为 $f(x,y)$ 的**二阶偏导数**. 根据对不同变量与不同求偏导的顺序有四种二阶偏导数:

$$\frac{\partial^2 z}{\partial x^2}=\frac{\partial}{\partial x}\left(\frac{\partial z}{\partial x}\right),\quad \frac{\partial^2 z}{\partial y \partial x}=\frac{\partial}{\partial y}\left(\frac{\partial z}{\partial x}\right),\quad \frac{\partial^2 z}{\partial y^2}=\frac{\partial}{\partial y}\left(\frac{\partial z}{\partial y}\right),\quad \frac{\partial^2 z}{\partial x \partial y}=\frac{\partial}{\partial x}\left(\frac{\partial z}{\partial y}\right).$$

它们也可依次记为 $f''_{xx}$, $f''_{xy}$, $f''_{yy}$, $f''_{yx}$. 其中 $f''_{xx}$ 与 $f''_{yy}$ 也可记为 $f''_{x^2}$ 与 $f''_{y^2}$.

仿此,可定义三阶甚至更高阶偏导数 . 例如

$$f'''_{x^3} = \frac{\partial^3 z}{\partial x^3} = \frac{\partial}{\partial x}\left(\frac{\partial^2 z}{\partial x^2}\right), \quad f'''_{xy^2} = \frac{\partial^3 z}{\partial y^2 \partial x} = \frac{\partial}{\partial y}\left(\frac{\partial^2 z}{\partial y \partial x}\right) \text{等}.$$

**例 3**　求 $z = ye^{xy}$ 的各二阶偏导数 .

**解**

$$\frac{\partial z}{\partial x} = y^2 e^{xy}, \quad \frac{\partial z}{\partial y} = (1 + xy)e^{xy},$$

$$\frac{\partial^2 z}{\partial x^2} = y^3 e^{xy}, \quad \frac{\partial^2 z}{\partial y \partial x} = (2y + xy^2)e^{xy},$$

$$\frac{\partial^2 z}{\partial y^2} = (2x + x^2 y)e^{xy}, \quad \frac{\partial^2 z}{\partial x \partial y} = (2y + xy^2)e^{xy}.$$

在例 3 中我们看到关于 $x, y$ 的两个所谓“混合偏导数”$\frac{\partial^2 z}{\partial y \partial x}$ 与 $\frac{\partial^2 z}{\partial x \partial y}$ 相等 . 这个结论并非对所有函数都成立 . 但可以证明当这两个混合偏导数均连续时,它们一定相等 .

作为应用,我们举一个经济学中的例子,给出所谓“偏弹性”的概念 .

设某消费品的需求量 $Q$ 是其价格 $P$ 及消费者收入 $Y$ 的函数: $Q = Q(P, Y)$. 当消费者收入 $Y$ 不变,价格 $P$ 的增量为 $\Delta P$ 时,相应需求量 $Q$ 关于价格 $P$ 的偏增量为

$$\Delta_P Q = Q(P + \Delta P, Y) - Q(P, Y).$$

而比值 $\frac{\Delta_P Q}{\Delta P}$ 是需求量当价格由 $P$ 变为 $P + \Delta P$ 时的平均变化率 . 令 $\Delta P \to 0$, 则偏导数

$$\frac{\partial Q}{\partial P} = \lim_{\Delta P \to 0} \frac{\Delta_P Q}{\Delta P}$$

是需求量 $Q$ 对价格 $P$ 的变化率 . 我们把

$$e_P = \lim_{\Delta P \to 0} \frac{\Delta_P Q}{Q} \Big/ \frac{\Delta P}{P} = \frac{P}{Q} \frac{\partial Q}{\partial P}$$

称为需求对价格的**偏弹性** .

类似地,我们把

$$\Delta_Y Q = Q(P, Y + \Delta Y) - Q(P, Y)$$

称为需求量 $Q$ 关于收入 $Y$ 的偏增量．偏导数

$$\frac{\partial Q}{\partial Y} = \lim_{\Delta Y \to 0} \frac{\Delta_Y Q}{\Delta Y}$$

是需求量 $Q$ 对收入 $Y$ 的变化率．

$$e_Y = \lim_{\Delta Y \to 0} \frac{\Delta_Y Q}{Q} \Big/ \frac{\Delta Y}{Y} = \frac{Y}{Q} \frac{\partial Q}{\partial Y}$$

是需求对收入的偏弹性．

在有了偏导数的概念以后，我们来建立多元函数的微分概念，我们就二元函数进行讨论．

偏导数反映函数在坐标轴方向的变化率，它只考虑一个自变量发生变化的情形．现在设函数 $z = f(x, y)$ 的两个自变量 $x, y$ 都在变化，他们分别有增量 $\Delta x$ 和 $\Delta y$. 我们称函数的增量

$$\Delta z = f(x + \Delta x, y + \Delta y) - f(x, y)$$

为 $f(x, y)$ 在点 $(x, y)$ 处的**全增量**．全增量是自变量增量 $\Delta x$ 与 $\Delta y$ 的函数，它可以刻画 $f(x, y)$ 在点 $(x, y)$ 附近的情况．但全增量 $\Delta z$ 与 $\Delta x, \Delta y$ 的函数关系往往比较复杂．我们引进全微分概念，在点 $(x, y)$ 附近可以近似代替全增量．

**定义 4.5（全微分）** 设函数 $z = f(x, y)$ 在点 $(x, y)$ 的某邻域上有定义．当自变量 $x$ 和 $y$ 分别有增量 $\Delta x$ 和 $\Delta y$ 时，若全增量 $\Delta z$ 可表示为

$$\Delta z = A\Delta x + B\Delta y + \alpha \Delta x + \beta \Delta y, \tag{4.27}$$

其中 $A$ 和 $B$ 是 $x, y$ 的函数，与 $\Delta x, \Delta y$ 无关；当 $\Delta x, \Delta y \to 0$ 时，$\alpha, \beta \to 0$，则称函数 $f(x, y)$ 在点 $(x, y)$ 处**可微**，并把全增量表达式中关于 $\Delta x$ 和 $\Delta y$ 的线性部分 $A\Delta x + B\Delta y$ 称为 $f(x, y)$ 在点 $(x, y)$ 处的**全微分**，记为 $dz$ 或 $df(x, y)$，即

$$dz = df(x, y) = A\Delta x + B\Delta y.$$

由定义 4.5 不难推知，若 $f(x, y)$ 在点 $(x, y)$ 可微，则必在该点连续．事实上，因 $\Delta z = f(x + \Delta x, y + \Delta y) - f(x, y)$，在 (4.27) 式两端令 $\Delta x \to 0, \Delta y \to 0$，得 $\Delta z \to 0$，即

$$\lim_{(\Delta x, \Delta y) \to (0,0)} f(x + \Delta y, y + \Delta y) = f(x, y).$$

此式表示 $f(x,y)$在点$(x,y)$处连续.

我们来证明下述定理.

**定理 4.2** 若函数 $z=f(x,y)$在点$(x,y)$可微,则 $f(x,y)$在该点可偏导,且

$$df(x,y) = f'_x(x,y)\Delta x + f'_y(x,y)\Delta y. \tag{4.28}$$

*__证__ 由可微的定义知

$$f(x+\Delta x, y+\Delta y) - f(x,y) = A\Delta x + B\Delta y + \alpha\Delta x + \beta\Delta y.$$

在上式中令 $\Delta y=0$,两边同除以 $\Delta x$,并令 $\Delta x\to 0$ 得

$$f'_x(x,y) = \lim_{\Delta x\to 0}\frac{f(x+\Delta x,y)-f(x,y)}{\Delta x} = A + \lim_{\Delta x\to 0}\alpha = A.$$

同样可得 $f'_y(x,y)=B$.故 $f(x,y)$在点$(x,y)$可偏导.

将 $A=f'_x(x,y)$与 $B=f'_y(x,y)$代入(4.27)式得

$$dz = f'_x(x,y)\Delta x + f'_y(x,y)\Delta y.$$ □

若把自变量 $x$ 当作自己的函数,将 $f(x,y)=x$ 代入上式可以得 $dx=\Delta x$.同样 $dy=\Delta y$,于是全微分公式可写成

$$dz = df(x,y) = f'_x(x,y)dx + f'_y(x,y)dy.$$

从上述讨论可知,连续与可偏导是可微分的必要条件,但它们不是可微的充分条件.可以举出这样的例子:函数在某点连续且可偏导但不可微(参见习题 4.2B.3).

下面的定理给出可微的一个充分条件.

**定理 4.3** 设函数 $z=f(x,y)$在点$(x,y)$的某邻域内可偏导,且 $f'_x(x,y)$,$f'_y(x,y)$在该点连续,则 $f(x,y)$在点$(x,y)$可微.

*__证__

$$\begin{aligned}\Delta z &= f(x+\Delta x, y+\Delta y) - f(x,y)\\ &= [f(x+\Delta x,y+\Delta y) - f(x,y+\Delta y)]\\ &\quad + [f(x,y+\Delta y) - f(x,y)].\end{aligned} \tag{4.29}$$

让 $y+\Delta y$ 固定,并设 $\varphi(x)=f(x,y+\Delta y)$,则 $\varphi'(x)=f'_x(x,y+\Delta y)$.由拉格朗日中值定理,存在 $\theta_1$,$0<\theta_1<1$,使得

$$\varphi(x+\Delta x)-\varphi(x)=\varphi'(x+\theta_1\Delta x)\Delta x.$$

将 $\varphi$ 的定义式代入上式得

$$f(x+\Delta x,y+\Delta y)-f(x,y+\Delta y)=f'_x(x+\theta_1\Delta x,y+\Delta y)\Delta x. \tag{4.30}$$

类似存在 $\theta_2$,$0<\theta_2<1$,使得

$$f(x,y+\Delta y)-f(x,y)=f'_y(x,y+\theta_2\Delta y)\Delta y. \tag{4.31}$$

由 $f'_x(x,y)$与 $f'_y(x,y)$在点$(x,y)$处的连续性知,当 $\Delta x\to 0,\Delta y\to 0$ 时,

$$f'_x(x+\theta_1\Delta x,y+\Delta y)\to f'_x(x,y),\ f'_y(x,y+\theta_2\Delta y)\to f'_y(x,y).$$

于是

$$f'_x(x+\theta_1\Delta x,y+\Delta y)=f'_x(x,y)+\alpha,$$

$$f'_y(x,y+\theta_2\Delta y)=f'_y(x,y)+\beta,$$

式中当 $\Delta x,\Delta y\to 0$ 时,$\alpha,\beta\to 0$.

将(4.30),(4.31)两式代入(4.29)得

$$\Delta z=f'_x(x,y)\Delta x+f'_y(x,y)\Delta y+\alpha\Delta x+\beta\Delta y.$$

所以函数 $z=f(x,y)$在点$(x,y)$处可微. □

若 $z=f(x,y)$在点$(x,y)$可微,则

$$\Delta z=f'_x(x,y)\Delta x+f'_y(x,y)\Delta y+\alpha\Delta x+\beta\Delta y.$$

当 $\Delta x,\Delta y\to 0$ 时,$\alpha$ 和 $\beta$ 是无穷小,于是当 $\Delta x,\Delta y$ 充分小时,有近似公式

$$\Delta z\approx \mathrm{d}z=f'_x(x,y)\Delta x+f'_y(x,y)\Delta y.$$

或写成

$$f(x+\Delta x,y+\Delta y)\approx f(x,y)+f'_x(x,y)\Delta x+f'_y(x,y)\Delta y. \tag{4.32}$$

**例 4** 设 $z=\mathrm{e}^x\sin(x+y)$.求 $\mathrm{d}z$ 及 $\mathrm{d}z|_{x=0,y=0}$.

**解**

$$\mathrm{d}z=\frac{\partial z}{\partial x}\mathrm{d}x+\frac{\partial z}{\partial y}\mathrm{d}y=\mathrm{e}^x(\sin(x+y)+\cos(x+y))\mathrm{d}x+\mathrm{e}^x\cos(x+y)\mathrm{d}y.$$

$$\mathrm{d}z\big|_{x=0,y=0}=\mathrm{e}^0(\sin 0+\cos 0)\mathrm{d}x+\mathrm{e}^0\cos 0\mathrm{d}y=\mathrm{d}x+\mathrm{d}y.$$

**例 5**　求$\sqrt{1.02^3+1.97^3}$的近似值．

**解**　设 $f(x,y)=\sqrt{x^3+y^3}$，则 $f'_x(x,y)=\dfrac{3x^2}{2\sqrt{x^3+y^3}}$，$f'_y(x,y)=\dfrac{3y^2}{2\sqrt{x^3+y^3}}$．在(4.32)式中取 $x=1,y=2,\Delta x=0.02,\Delta y=-0.03$，则

$$\begin{aligned}\sqrt{1.02^3+1.97^3}&=\sqrt{(x+\Delta x)^3+(y+\Delta y)^3}\\&\approx\sqrt{1+2^3}+\frac{3\cdot 1}{2\sqrt{1+2^3}}\cdot 0.02+\frac{3\cdot 2^2}{2\sqrt{1+2^3}}\cdot(-0.03)\\&=2.95.\end{aligned}$$

该题的精确值为2.95069…，我们的结果还是比较准确的．

### §4.2.4　复合函数与隐函数的微分法

设函数 $z=f(u,v)$是变量 $u,v$ 的函数，定义域为 $D_{uv}$．又设 $u,v$ 是变量 $x,y$ 的函数：

$$\begin{cases}u=\varphi(x,y),\\v=\psi(x,y),\end{cases}$$

定义域为 $D_{xy}$，值域包含在 $D_{uv}$内．于是

$$z=f(\varphi(x,y),\psi(x,y))$$

是 $D_{xy}$上的 $x,y$ 的复合函数．$u,v$ 是中间变量．

下面我们给出复合函数的求导法则．

**定理 4.4（链锁法则）**　设函数 $u=\varphi(x,y)$与 $v=\psi(x,y)$关于变量 $x$ 和 $y$ 在点$(x,y)$均可偏导．在相应于$(x,y)$的点$(u,v)$处，函数 $z=f(u,v)$可微．则复合函数 $z=f(\varphi(x,y),\psi(x,y))$关于变量 $x$ 和 $y$ 在点$(x,y)$处均可偏导，且

$$\frac{\partial z}{\partial x}=\frac{\partial z}{\partial u}\frac{\partial u}{\partial x}+\frac{\partial z}{\partial v}\frac{\partial v}{\partial x},\tag{4.33}$$

$$\frac{\partial z}{\partial y}=\frac{\partial z}{\partial u}\frac{\partial u}{\partial y}+\frac{\partial z}{\partial v}\frac{\partial v}{\partial y}.\tag{4.34}$$

**证** 让 $y$ 保持不变,给 $x$ 以增量 $\Delta x(\Delta x\neq 0)$,相应 $u,v$ 的偏增量为 $\Delta_x u$ 和 $\Delta_x v$. 为简便计,分别记为 $\Delta u$ 和 $\Delta v$. 从而函数 $z=f(u,v)$ 也得到偏增量 $\Delta z$. 因 $z=f(u,v)$ 可微,于是

$$\Delta z=\frac{\partial z}{\partial u}\Delta u+\frac{\partial z}{\partial v}\Delta v+\alpha\Delta u+\beta\Delta v,$$

当 $\Delta u,\Delta v\to 0$ 时,$\alpha,\beta\to 0$. 在上式两端同除以 $\Delta x$ 得

$$\frac{\Delta z}{\Delta x}=\frac{\partial z}{\partial u}\frac{\Delta u}{\Delta x}+\frac{\partial z}{\partial v}\frac{\Delta v}{\Delta x}+\alpha\frac{\Delta u}{\Delta x}+\beta\frac{\Delta v}{\Delta x}.$$

令 $\Delta x\to 0$,则 $\alpha,\beta\to 0$, $\dfrac{\Delta u}{\Delta x}\to\dfrac{\partial u}{\partial x}$, $\dfrac{\Delta v}{\Delta x}\to\dfrac{\partial v}{\partial x}$, $\dfrac{\Delta z}{\Delta x}\to\dfrac{\partial z}{\partial x}$. □

所以(4.33)式成立. 类似可证(4.34)式.

**例 1** 设 $z=(2x+y)^{xy}$,求 $\dfrac{\partial z}{\partial x}$, $\dfrac{\partial z}{\partial y}$.

**解** 令 $u=2x+y$, $v=xy$,则 $z=u^v$. 计算得

$$\frac{\partial z}{\partial u}=vu^{v-1},\quad \frac{\partial z}{\partial v}=u^v\ln u,\quad \frac{\partial u}{\partial x}=2,$$

$$\frac{\partial v}{\partial x}=y,\quad \frac{\partial u}{\partial y}=1,\quad \frac{\partial v}{\partial y}=x.$$

代入公式(4.33)与(4.34)得

$$\frac{\partial z}{\partial x}=vu^{v-1}\cdot 2+u^v\ln u\cdot y=2xy(2x+y)^{xy-1}+y(2x+y)^{xy}\ln(2x+y),$$

$$\frac{\partial z}{\partial y}=vu^{v-1}+u^v\ln u\cdot x=xy(2x+y)^{xy-1}+x(2x+y)^{xy}\ln(2x+y).$$

下面我们考虑链锁法则(4.33)与(4.34)式的某些特殊情形.

若 $z=f(u,v)$,而 $u$ 和 $v$ 均为 $x$ 的一元函数, $u=\varphi(x)$, $v=\psi(x)$,则经过函数的复合, $z$ 就是 $x$ 的一元函数 $z=f(\varphi(x),\psi(x))$. 这时 $z$ 对 $x$ 的导数称为**全导数**,(4.33)式可改写为

$$\frac{\mathrm{d}z}{\mathrm{d}x}=\frac{\partial z}{\partial u}\frac{\mathrm{d}u}{\mathrm{d}x}+\frac{\partial z}{\partial v}\frac{\mathrm{d}v}{\mathrm{d}x}.$$

上式也可写成下述形式

$$\frac{\mathrm{d}z}{\mathrm{d}x}=z'_u\varphi'(x)+z'_v\psi'(x).$$

若 $z=f(x,y)$，而 $y=\varphi(x)$，则复合函数 $z=f(x,\varphi(x))$ 的全导数为

$$\frac{\mathrm{d}z}{\mathrm{d}x}=\frac{\partial z}{\partial x}+\frac{\partial z}{\partial y}\cdot\frac{\mathrm{d}y}{\mathrm{d}x}.$$

定理 4.4 可推广到自变量与中间变量多于两个的情形．例如，若 $z=f(u,v,w)$，而 $u=\varphi(x,y)$，$v=\psi(x,y)$，$w=\omega(x,y)$，则复合函数 $z=f(\varphi(x,y),\psi(x,y),\omega(x,y))$ 就是 $x,y$ 的二元函数，此时(4.33)与(4.34)式将变成下述形式

$$\frac{\partial z}{\partial x}=\frac{\partial z}{\partial u}\frac{\partial u}{\partial x}+\frac{\partial z}{\partial v}\frac{\partial v}{\partial x}+\frac{\partial z}{\partial w}\frac{\partial w}{\partial x}. \tag{4.35}$$

$$\frac{\partial z}{\partial y}=\frac{\partial z}{\partial u}\frac{\partial u}{\partial y}+\frac{\partial z}{\partial v}\frac{\partial v}{\partial y}+\frac{\partial z}{\partial w}\frac{\partial w}{\partial y}. \tag{4.36}$$

我们在运用链锁法则求复合函数偏导数时首先要注意区分哪些是自变量，哪些是中间变量．尤其当中间变量没有明确指明或某些中间变量与自变量采用相同字母时更要注意．其次，在计算过程中，凡出现对一元函数的导数，必须把链锁法则中的偏导数改为导数．下面举例说明．

**例 2**　设 $z=f\left(x,xy,\frac{x}{y}\right)$，$f$ 可微．求 $\frac{\partial z}{\partial x},\frac{\partial z}{\partial y}$.

**解**　若令 $u=x$，$v=xy$，$w=\frac{x}{y}$，则

$$\frac{\mathrm{d}u}{\mathrm{d}x}=1,\ \frac{\partial v}{\partial x}=y,\ \frac{\partial w}{\partial x}=\frac{1}{y},$$

代入(4.35)式得

$$\frac{\partial z}{\partial x}=\frac{\partial z}{\partial u}\cdot 1+\frac{\partial z}{\partial v}\cdot y+\frac{\partial z}{\partial w}\cdot\frac{1}{y}=\frac{\partial z}{\partial u}+y\frac{\partial z}{\partial v}+\frac{1}{y}\frac{\partial z}{\partial w}.$$

在用(4.36)式计算 $\frac{\partial z}{\partial y}$ 时，因 $u$ 仅仅是 $x$ 的一元函数，故它对 $y$ 的偏导数 $\frac{\partial u}{\partial y}=0$. 而 $\frac{\partial v}{\partial y}=x$，$\frac{\partial w}{\partial y}=-\frac{x}{y^2}$. 于是

$$\frac{\partial z}{\partial y}=x\frac{\partial z}{\partial v}-\frac{x}{y^2}\frac{\partial z}{\partial w}.$$

当我们熟练掌握链锁法则以后，为方便起见，可以不把中间变量表示出来．例如，在例 2 中，若将偏导数 $\frac{\partial z}{\partial u},\frac{\partial z}{\partial v},\frac{\partial z}{\partial w}$ 分别用 $f'_1,f'_2,f'_3$ 表示，例 2 的解

答可写成:

$$\frac{\partial z}{\partial x}=f'_1+f'_2\cdot\frac{\partial}{\partial x}(xy)+f'_3\cdot\frac{\partial}{\partial x}\left(\frac{x}{y}\right)=f'_1+yf'_2+\frac{1}{y}f'_3.$$

$$\frac{\partial z}{\partial y}=f'_2\cdot\frac{\partial}{\partial y}(xy)+f'_3\cdot\frac{\partial}{\partial y}\left(\frac{x}{y}\right)=xf'_2-\frac{x}{y^2}f'_3.$$

**例 3** 设 $z=xy+xf\left(\frac{y}{x}\right)$,$f$ 可微,求证:

$$x\frac{\partial z}{\partial x}+y\frac{\partial z}{\partial y}=z+xy.$$

**证** 函数 $f\left(\frac{y}{x}\right)$可以看成由一元函数$f(u)$与二元函数 $u=\frac{y}{x}$复合而成,它对 $x$ 与 $y$ 的偏导数计算如下:

$$\frac{\partial}{\partial x}f\left(\frac{y}{x}\right)=\frac{\partial}{\partial x}f(u)=f'(u)\frac{\partial u}{\partial x}=-\frac{y}{x^2}f'\left(\frac{y}{x}\right),$$

$$\frac{\partial}{\partial y}f\left(\frac{y}{x}\right)=\frac{\partial}{\partial y}f(u)=f'(u)\frac{\partial u}{\partial y}=\frac{1}{x}f'\left(\frac{y}{x}\right).$$

因此

$$\frac{\partial z}{\partial x}=y+f\left(\frac{y}{x}\right)+x\frac{\partial}{\partial x}f\left(\frac{y}{x}\right)=y+f\left(\frac{y}{x}\right)-\frac{y}{x}f'\left(\frac{y}{x}\right),$$

$$\frac{\partial z}{\partial y}=x+x\frac{\partial}{\partial y}f\left(\frac{y}{x}\right)=x+f'\left(\frac{y}{x}\right).$$

所以

$$x\frac{\partial z}{\partial x}+y\frac{\partial z}{\partial y}=x\left[y+f\left(\frac{y}{x}\right)-\frac{y}{x}f'\left(\frac{y}{x}\right)\right]+y\left[x+f'\left(\frac{y}{x}\right)\right]$$

$$=2xy+xf\left(\frac{y}{x}\right)=z+xy.$$

在§2.12 中我们曾讨论了由方程 $F(x,y)=0$ 确定的隐函数 $y=f(x)$的求导问题 . 现在我们讨论变量多于两个的情形 . 设有方程

$$F(x,y,z)=0, \tag{4.37}$$

这里 $F$ 的偏导数均连续 . 又设 $z=f(x,y)$,$(x,y)\in D$,是由上述方程确定的隐函数,即在区域 $D$ 上 $F(x,y,f(x,y))\equiv 0$. 将 $x,y$ 作为自变量,$z$ 为 $x$

和$y$的函数,在方程(4.37)两端对$x$求偏导,利用复合函数求偏导的公式得

$$F'_x(x,y,z)+F'_z(x,y,z)\cdot\frac{\partial z}{\partial x}=0,$$

当$F'_z(x,y,z)\neq 0$,由上式解得

$$\frac{\partial z}{\partial x}=-\frac{F'_x(x,y,z)}{F'_z(x,y,z)}. \tag{4.38}$$

类似可得

$$\frac{\partial z}{\partial y}=-\frac{F'_y(x,y,z)}{F'_z(x,y,z)}. \tag{4.39}$$

(4.38)和(4.39)式就是由方程(4.37)所确定的隐函数$z=f(x,y)$关于自变量$x,y$的偏导数公式.

**例 4** 设$(x^2+y^2)z+z^3+3=0$,求由该方程确定的函数$z=f(x,y)$的偏导数.

**解** 令$F=(x^2+y^2)z+z^3+3$,则

$$F'_x=2xz,F'_y=2yz,F'_z=x^2+y^2+3z^2.$$

故当$(x,y,z)\neq(0,0,0)$时,

$$\frac{\partial z}{\partial x}=-\frac{F'_x}{F'_z}=-\frac{2xz}{x^2+y^2+3z^2},\quad \frac{\partial z}{\partial y}=-\frac{F'_y}{F'_z}=-\frac{2yz}{x^2+y^2+3z^2}.$$

**例 5** 求由方程$F(y-x,yz)=0$所确定的函数$z=f(x,y)$的偏导数,其中$F$的偏导数$F'_1,F'_2$均连续,$F'_2\neq 0$.

**解** 把$z$看做$x,y$的函数,在原方程两边对$x$求偏导,由链锁法则得

$$F'_1\cdot(-1)+F'_2\cdot y\frac{\partial z}{\partial x}=0,$$

解得$\frac{\partial z}{\partial x}=\frac{F'_1}{yF'_2}$.类似地,对$y$求偏导得

$$F'_1+F'_2\cdot\left(z+y\frac{\partial z}{\partial y}\right)=0,$$

解得$\frac{\partial z}{\partial y}=-\frac{F'_1+zF'_2}{yF'_2}$.

### * §4.2.5 高阶微分与多元泰勒公式

设函数 $z=f(x,y)$在点$(x,y)$处可微,则它的全微分

$$df = f'_x(x,y)dx + f'_y(x,y)dy$$

一般的是 $x$ 和 $y$ 的二元函数(这里暂时将 $dx$ 与 $dy$ 看作常量). 若 $df$ 可微,则称 $f(x,y)$**二阶可微**,$df$ 的全微分称为$f(x,y)$的**二阶微分**,记为 $d^2 f$.

**命题 4.11** 若函数 $f(x,y)$在点$(x,y)$处所有的二阶偏导数均连续,则 $f(x,y)$在点$(x,y)$处二阶可微,且有

$$d^2 f = f''_{xx}(x,y)dx^2 + 2f''_{xy}(x,y)dxdy + f''_{yy}(x,y)dy^2. \quad (4.40)$$

**证** 因 $f(x,y)$在点$(x,y)$处所有二阶偏导数连续,由"可偏导的必要条件"知它的一阶偏导数 $f'_x(x,y)$与 $f'_y(x,y)$均连续,于是 $f(x,y)$可微. 而

$$\frac{\partial}{\partial x}(df) = f''_{xx}(x,y)dx + f''_{yx}(x,y)dy,$$

$$\frac{\partial}{\partial y}(df) = f''_{xy}(x,y)dx + f''_{yy}(x,y)dy,$$

上两式中 $dx$ 与 $dy$ 为常数. 显然$\frac{\partial}{\partial x}(df)$与$\frac{\partial}{\partial y}(df)$均连续,于是 $df$ 可微,即 $f(x,y)$在$(x,y)$处二阶可微,且有

$$d^2 f = \frac{\partial}{\partial x}(df)dx + \frac{\partial}{\partial y}(df)dy$$

将$\frac{\partial}{\partial x}(df)$与$\frac{\partial}{\partial y}(df)$的表达式代入上式右端,化简即得(4.40)式. □

公式(4.40)通常可简记为

$$d^2 f = \left(dx\frac{\partial}{\partial x} + dy\frac{\partial}{\partial y}\right)^2 f.$$

其含义为:先将上式右端括号利用二项和的平方公式展开,并记$\left(dx\frac{\partial}{\partial x}\right)^2 = dx^2\frac{\partial^2}{\partial x^2}$,$dx\frac{\partial}{\partial x}\cdot dy\frac{\partial}{\partial y} = dxdy\frac{\partial^2}{\partial x\partial y}$等等. 再利用乘法分配律,将 $f$ 写到括号内各项分子$\partial^2$ 的右边,写成$\partial^2 f$,就得到(4.40)式. 若记

$$D = dx\frac{\partial}{\partial x} + dy\frac{\partial}{\partial y},$$

则(4.40)可有更为简便的表达式

$$d^2 f = D^2 f.$$

我们把 $D$ 称为函数 $f(x,y)$ 的**算子或算符**,算子 $D$ 并不是函数,它表示对某一函数所施行的运算过程 .$D$ 本身还适合某些初等代数的运算法则 .

关于三阶和三阶以上的微分,我们可以采用归纳方法给出定义 . 若 $n-1$ 阶微分 $d^{n-1}f$ 已被定义,若它仍然可微,则称 $f$ 是 $n$ **阶可微**的函数,它的 $n$ 阶微分 $d^n f=d(d^{n-1}f)$. 若 $f$ 的所有 $n$ 阶偏导数皆连续时,可以证明

$$d^n f = \left(dx\frac{\partial}{\partial x} + dy\frac{\partial}{\partial y}\right)^n f = D^n f. \tag{4.41}$$

这是求 $n$ 阶微分的算子公式 . 上式在形式上可按二项式定理展开,展开后的项

$$C_n^k\left(dx\frac{\partial}{\partial x}\right)^k\left(dy\frac{\partial}{\partial y}\right)^{n-k} f = C_n^k dx^k dy^{n-k}\frac{\partial^n f}{\partial x^k \partial y^{n-k}}.$$

公式(4.40)是公式(4.41)中 $n=2$ 的特殊情形 .

**例**　设 $z=\sin(x^2+y^2)$,求 $d^2 z$.

**解**

$$\frac{\partial z}{\partial x} = 2x\cos(x^2+y^2),\quad \frac{\partial z}{\partial y} = 2y\cos(x^2+y^2),$$

$$\frac{\partial^2 z}{\partial x^2} = 2\cos(x^2+y^2) - 4x^2\sin(x^2+y^2),$$

$$\frac{\partial^2 z}{\partial y^2} = 2\cos(x^2+y^2) - 4y^2\sin(x^2+y^2),$$

$$\frac{\partial^2 z}{\partial x\partial y} = -4xy\sin(x^2+y^2).$$

于是

$$d^2 f = \frac{\partial^2 z}{\partial x^2}dx^2 + 2\frac{\partial^2 z}{\partial x\partial y}dxdy + \frac{\partial^2 z}{\partial y^2}dy^2,$$

将上述三个二阶偏导数代入化简得

$$d^2 f = 2\cos(x^2+y^2)(dx^2+dy^2) - 4\sin(x^2+y^2)(xdx+ydy)^2.$$

泰勒公式在微分学中有重要的地位 . 我们也可建立多元函数的泰勒公

式.我们有下述定理:

**定理 4.5** 设函数 $f(x,y)$在点$(a,b)$的某邻域 $G$ 内的$n+1$阶偏导数均连续,则$\forall (x,y)\in G$,有

$$f(x,y)=\sum_{k=0}^{n}\frac{1}{k!}\mathrm{d}^k f(a,b)+R_n, \tag{4.42}$$

式中 $R_n=\frac{1}{(n+1)!}\mathrm{d}^{n+1}f(\xi,\eta)$,$\xi$ 与 $\eta$ 分别在$a$ 与 $x$,$b$ 与 $y$ 之间;$\mathrm{d}^k f(a,b)$表示函数 $f(x,y)$在$(a,b)$处的 $k$ 阶微分,当 $k=0$ 时 $\mathrm{d}^k f(a,b)=f(a,b)$.

**证** 令

$$\varphi(t)=f(a+t\Delta x,b+t\Delta y),\qquad |t|\leqslant 1.$$

我们来求 $\varphi(t)$的马克劳林公式.

$$\begin{aligned}\varphi(0)&=f(a,b),\\ \varphi^{(k)}(0)&=(\Delta x\frac{\partial}{\partial x}+\Delta y\frac{\partial}{\partial y})^k f(a,b)\\ &=\mathrm{d}^k f(a,b),\qquad k=1,2,\cdots,n,\\ \varphi^{(n+1)}(\theta)&=(\Delta x\frac{\partial}{\partial x}+\Delta y\frac{\partial}{\partial y})^{n+1}f(a+\theta\Delta x,b+\theta\Delta y)\\ &=\mathrm{d}^{n+1}f(\xi,\eta),\end{aligned}$$

这里$0<\theta<1$,$\xi=a+\theta\Delta x$,$\eta=b+\theta\Delta y$.

由§2.2.3的马克劳林公式,将上述关于 $\varphi(t)$的各阶导数代入即得(4.42)式. □

公式(4.42)称为函数 $f(x,y)$的 $n$ 阶**泰勒公式**,$R_n$ 为**拉格朗日型余项**.

在公式(4.42)中,我们利用了高阶微分公式从而使它在形式上较为简单,实际计算时,展开后其项数约为$2^{n+1}$,当 $n$ 比较大时,计算工作量是十分巨大的.一般说来,该公式只有理论上的价值.

### §4.2.6 偏导数在几何上的应用

#### 1. 空间曲线的切线与法平面

设有空间曲线 $\Gamma$,$P_0$ 是 $\Gamma$ 上的一定点,$P$ 是 $\Gamma$ 上的一动点.作割线 $P_0P$,当 $P$ 沿着$\Gamma$ 无限地接近$P_0$ 时,若割线 $P_0P$ 的极限位置存在,记为 $L$,

我们称直线 $L$ 为曲线 $\Gamma$ 在点 $P_0$ 的**切线**．也称曲线在 $P_0$ 处**光滑**．若 $\Gamma$ 上的每一点均光滑,则称 $\Gamma$ 是**光滑曲线**．过 $P_0$ 点与切线 $L$ 垂直的平面称为 $\Gamma$ 的**法平面**．切线 $L$ 的方向向量称为 $\Gamma$ 在 $P_0$ 处的**切向量**．

设 $\Gamma$ 的参数方程为

$$x = \varphi(t), \qquad y = \psi(t), \qquad z = \omega(t),$$

这里函数 $\varphi(t),\psi(t),\omega(t)$ 均连续且在 $t=t_0$ 处可导．当 $t=t_0$ 时, $x_0=\varphi(t_0), y_0=\psi(t_0), z_0=\omega(t_0)$. 点 $P_0$ 的坐标为 $(x_0,y_0,z_0)$. 当 $t=t_0+\Delta t$ 时,对应于曲线上的点 $P$. 于是割线 $P_0P$ 的方程为

$$\frac{x-x_0}{\Delta x}=\frac{y-y_0}{\Delta y}=\frac{z-z_0}{\Delta z},$$

式中 $\Delta x=\varphi(t)-\varphi(t_0),\Delta y=\psi(t)-\psi(t_0),\Delta z=\omega(t)-\omega(t_0)$. 用 $\Delta t$ 去除上式分母中的 $\Delta x,\Delta y,\Delta z$,再令 $\Delta t\to 0$,即 $P$ 沿着 $\Gamma$ 趋于 $P_0$,此时割线方程的极限为

$$\frac{x-x_0}{\varphi'(t_0)}=\frac{y-y_0}{\psi'(t_0)}=\frac{z-z_0}{\omega'(t_0)}.$$

这就是切线 $L$ 的方程,切向量为

$$\boldsymbol{s}=\{\varphi'(t_0),\psi'(t_0),\omega'(t_0)\}.$$

因此曲线 $\Gamma$ 在 $P_0$ 点的法平面为

$$\varphi'(t_0)(x-x_0)+\psi'(t_0)(y-y_0)+\omega'(t_0)(z-z_0)=0.$$

2. 曲面的切平面与法线

设有空间曲面 $\Sigma$, $P_0$ 是曲面 $\Sigma$ 上一定点, $\Gamma$ 是 $\Sigma$ 上通过 $P_0$ 的任意一条光滑曲线．若 $\Gamma$ 在点 $P_0$ 的切线总在某一平面 $\Pi$ 上,则称 $\Pi$ 为曲面 $\Sigma$ 在点 $P_0$ 处的**切平面**．通过 $P_0$ 且与 $\Pi$ 垂直的直线称为曲面 $\Sigma$ 在 $P_0$ 处的**法线**．切平面 $\Pi$ 的法向量称为曲面 $\Sigma$ 在 $P_0$ 处的**法向量**．

设曲面 $\Sigma$ 的一般方程为

$$F(x,y,z)=0,$$

这里 $F$ 的三个偏导数均存在、连续,且不同时为零．$P_0\in\Sigma$,在 $\Sigma$ 上过点 $P_0$ 任意作一条光滑曲线 $\Gamma$,设它的参数方程为

$$x = \varphi(t), \quad y = \psi(t), \quad z = \omega(t).$$

代入 $\Sigma$ 的一般方程得关于 $t$ 的恒等式

$$F(\varphi(t), \psi(t), \omega(t)) \equiv 0.$$

对 $t$ 求全导数得

$$F'_x \cdot \varphi'(t) + F'_y \cdot \psi'(t) + F'_z \cdot \omega(t) \equiv 0.$$

此式表明 $\Sigma$ 上过 $P_0$ 的任一光滑曲线 $\Gamma$ 的切向量 $\boldsymbol{s} = \{\varphi'(t_0), \psi'(t_0), \omega'(t_0)\}$ 总垂直于向量

$$\boldsymbol{n} = \{F'_x, F'_y, F'_z\}_{P_0}$$

(上式右端是 $\{F'_x(P_0), F'_y(P_0), F'_z(P_0)\}$ 的简便写法，表示该向量的三个分量均在点 $P_0(x_0, y_0, z_0)$ 处取值). 于是向量 $\boldsymbol{n}$ 就是 $\Sigma$ 在 $P_0$ 的法向量，法线方程为

$$\frac{x - x_0}{F'_x(P_0)} = \frac{y - y_0}{F'_y(P_0)} = \frac{z - z_0}{F'_z(P_0)},$$

切平面方程为

$$F'_x(P_0)(x - x_0) + F'_y(P_0)(y - y_0) + F'_z(P_0)(z - z_0) = 0.$$

*3. 注记

设空间曲线 $\Gamma$ 是由一般式方程

$$\begin{cases} F(x, y, z) = 0, & (\Sigma_1) \\ G(x, y, z) = 0 & (\Sigma_2) \end{cases}$$

给出的，这里 $F$ 与 $G$ 均可偏导. 若点 $P_0(x_0, y_0, z_0) \in \Gamma$，曲面 $\Sigma_1$ 与 $\Sigma_2$ 上过 $P_0$ 的法向量分别设为 $\boldsymbol{n}_1$ 与 $\boldsymbol{n}_2$，则

$$\boldsymbol{n}_1 = \{F'_x, F'_y, F'_z\}_{P_0}, \quad \boldsymbol{n}_2 = \{G'_x, G'_y, G'_z\}_{P_0}.$$

我们假定 $\boldsymbol{n}_1 \times \boldsymbol{n}_2 \neq \boldsymbol{0}$，并设 $\boldsymbol{s} = \boldsymbol{n}_1 \times \boldsymbol{n}_2 = \{l, m, n\}$，显然 $\boldsymbol{s}$ 为曲线 $\Gamma$ 在 $P_0$ 处切线的切向量. 于是 $\Gamma$ 在 $P_0$ 处切线方程为

$$\frac{x - x_0}{l} = \frac{y - y_0}{m} = \frac{z - z_0}{n},$$

$\Gamma$ 在 $P_0$ 处的法平面为

$$l(x-x_0)+m(y-y_0)+n(z-z_0)=0.$$

由向量外积公式

$$s=\boldsymbol{n}_1\times\boldsymbol{n}_2=\begin{vmatrix}\boldsymbol{i} & \boldsymbol{j} & \boldsymbol{k}\\ F'_x & F'_y & F'_z\\ G'_x & G'_y & G'_z\end{vmatrix}_{P_0},$$

于是

$$l=\begin{vmatrix}F'_y & F'_z\\ G'_y & G'_z\end{vmatrix}_{P_0},\quad m=\begin{vmatrix}F'_z & F'_x\\ G'_z & G'_x\end{vmatrix}_{P_0},\quad n=\begin{vmatrix}F'_x & F'_y\\ G'_x & G'_y\end{vmatrix}_{P_0}.$$

上述三个二阶行列式分别可简记为

$$\frac{\partial(F,G)}{\partial(y,z)},\qquad \frac{\partial(F,G)}{\partial(z,x)},\qquad \frac{\partial(F,G)}{\partial(x,y)},$$

它们都称为二阶**雅可比行列式**．这里利用雅可比行列式使外积 $\boldsymbol{n}_1\times\boldsymbol{n}_2$ 有了一个便于记忆的简便形式．

设空间曲面 $\Sigma$ 是由参数方程

$$x=x(u,v),\qquad y=y(u,v),\qquad z=z(u,v)$$

给出的，上述三个二元函数均连续且可偏导．称 $(u,v)$ 为曲面 $\Sigma$ 的**曲线坐标**．若固定 $v$，则该参数方程只含一个可变参数 $u$，它一般给出一条空间曲线，称之为一条 $u$ **曲线**．$v$ 取不同的定值，就得到不同的 $u$ 曲线．类似地，若 $u$ 取不同的定值，就得到一组 $v$ 曲线．

命 $u=u_0$, $v=v_0$，相应有 $x_0=x(u_0,v_0)$, $y_0=y(u_0,v_0)$, $z_0=z(u_0,v_0)$. $P_0$ 的坐标为 $(x_0,y_0,z_0)$，它在 $\Sigma$ 上的曲线坐标为 $(u_0,v_0)$.

记 $\boldsymbol{r}=\{x,y,z\}=\{x(u,v),y(u,v),z(u,v)\}$，当 $\boldsymbol{r}$ 的起点在原点时，则它的终点就在曲面 $\Sigma$ 上．我们称 $\boldsymbol{r}$ 为自变量 $u$ 和 $v$ 的**向量函数**，称曲面 $\Sigma$ 是向量函数 $\boldsymbol{r}$ 的图形．向量

$$\boldsymbol{r}'_u=\{x'_u(u,v),y'_u(u,v),z'_u(u,v)\}$$

称为 $\boldsymbol{r}$ 关于 $u$ 的偏导数，也可记为 $\dfrac{\partial \boldsymbol{r}}{\partial u}$. 类似地，$\boldsymbol{r}$ 关于 $v$ 的偏导数

$$\boldsymbol{r}'_v = \frac{\partial \boldsymbol{r}}{\partial v} = \{x'_v(u,v), y'_v(u,v), z'_v(u,v)\}.$$

显然 $\boldsymbol{r}|_{v=v_0}$ 是 $u$ 的向量函数,它的图形是曲面 $\Sigma$ 上过 $P_0$ 点的一条 $u$ 曲线.该曲线在 $P_0$ 处切线的切向量为

$$\begin{aligned}\boldsymbol{s}_1 = \boldsymbol{r}'_u|_{P_0} &= \{x'_u, y'_u, z'_u\}_{P_0} \\ &= \{x'_u(u_0,v_0), y'_u(u_0,v_0), z'_u(u_0,v_0)\}.\end{aligned}$$

类似地,$\Sigma$ 上过 $P_0$ 点的 $v$ 曲线在 $P_0$ 处切线的切向量为

$$\boldsymbol{s}_2 = \boldsymbol{r}'_v|_{P_0} = \{x'_v, y'_v, z'_v\}_{P_0}.$$

若 $\boldsymbol{s}_1 \times \boldsymbol{s}_2 \neq \boldsymbol{0}$,则 $\boldsymbol{s}_1 \times \boldsymbol{s}_2 = \boldsymbol{r}'_u \times \boldsymbol{r}'_v|_{P_0}$ 就是曲面 $\Sigma$ 在 $P_0$ 处的法向量.设

$$\boldsymbol{r}'_u \times \boldsymbol{r}'_v|_{P_0} = \{A, B, C\},$$

则曲面 $\Sigma$ 在点 $P_0$ 处的切平面方程为

$$A(x - x_0) + B(y - y_0) + C(z - z_0) = 0,$$

法线方程为

$$\frac{x - x_0}{A} = \frac{y - y_0}{B} = \frac{z - z_0}{C}.$$

上两式中 $A,B,C$ 称为曲面 $\Sigma$ 的**曲面系数**,由雅可比行列式表示为

$$A = \left.\frac{\partial(y,z)}{\partial(u,v)}\right|_{P_0}, \quad B = \left.\frac{\partial(z,x)}{\partial(u,v)}\right|_{P_0}, \quad C = \left.\frac{\partial(x,y)}{\partial(u,v)}\right|_{P_0}.$$

**例** 求旋转抛物面 $z = x^2 + y^2$ 在点 $P(1,2,5)$ 处的切平面与法线.

**解** 设 $F(x,y,z) = x^2 + y^2 - z$,则 $P$ 处的法向量为

$$\boldsymbol{n} = \{F'_x, F'_y, F'_z\}_P = \{2, 4, -1\}.$$

于是所求切平面方程为 $2(x-1) + 4(y-2) - (z-5) = 0$,即

$$2x + 4y - z - 5 = 0,$$

法线方程为

$$\frac{x-1}{2} = \frac{y-2}{4} = \frac{z-5}{-1}.$$

## §4.2.7　方向导数与梯度

1. 方向导数

在§4.2.3中我们引进了偏导数的概念,它是研究多元函数的重要工具之一. 偏导数$\frac{\partial f}{\partial x}, \frac{\partial f}{\partial y}$分别表示函数$f$沿$x$轴与$y$轴方向的变化率,在实际问题中,还需要研究函数沿任意给定方向的变化率,这就是所谓"方向导数".

设$\boldsymbol{l}^0=\{\cos\alpha,\cos\beta,\cos\gamma\}$是任一给定的单位向量,函数$u=f(x,y,z)$在点$P_0(x,y,z)$连续. 记$\varphi(t)=f(x+t\cos\alpha, y+t\cos\beta, z+t\cos\gamma)$,若$\varphi(t)$在$t=0$处的右导数$\varphi'_+(0)$存在,则称$\varphi'_+(0)$为函数$f(x,y,z)$在点$P_0$处沿$\boldsymbol{l}$方向的**方向导数**,记为

$$\frac{\partial f}{\partial \boldsymbol{l}}(P_0)=\frac{\partial f}{\partial \boldsymbol{l}}(x,y,z)=\varphi'_+(0).$$

设点$P$的坐标为$(x+t\cos\alpha, y+t\cos\beta, z+t\cos\gamma)$,则$\overrightarrow{P_0P}\parallel \boldsymbol{l}$,且$t=\mathrm{Prj}_{\boldsymbol{l}}\overrightarrow{P_0P}$. 于是

$$\frac{\partial f}{\partial \boldsymbol{l}}(P_0)=\lim_{t\to 0^+}\frac{\varphi(t)-\varphi(0)}{t}=\lim_{t\to 0^+}\frac{f(P)-f(P_0)}{t}.$$

因此方向导数可解释为:当$P$点沿$\boldsymbol{l}$方向趋于$P_0$时,函数增量$f(P)-f(P_0)$与$\overrightarrow{P_0P}$在$\boldsymbol{l}$方向的投影$\mathrm{Prj}_{\boldsymbol{l}}\overrightarrow{P_0P}$之比的极限就是方向导数. 由这一解释可知,单位长选定后,方向导数与坐标系的选取无关,即坐标平移或旋转方向导数不变.

**命题4.12**　设函数$f(x,y,z)$可微,$\boldsymbol{l}^0=\{\cos\alpha,\cos\beta,\cos\gamma\}$,则$f(x,y,z)$在点$(x,y,z)$处沿$\boldsymbol{l}$方向的方向导数存在,且

$$\frac{\partial f}{\partial \boldsymbol{l}}(x,y,z)=f'_x(x,y,z)\cos\alpha+f'_y(x,y,z)\cos\beta+f'_z(x,y,z)\cos\gamma. \tag{4.43}$$

**证**　由方向导数的定义及复合函数求偏导数的链锁法则,有

$$\begin{aligned}\frac{\partial f}{\partial \boldsymbol{l}}(x,y,z)&=\varphi'(0)\\&=\frac{\mathrm{d}}{\mathrm{d}t}f(x+t\cos\alpha, y+t\cos\beta, z+t\cos\gamma)\Big|_{t=0}\end{aligned}$$

$$= f'_x(x,y,z)\cos\alpha + f'_y(x,y,z)\cos\beta + f'_z(x,y,z)\cos\gamma. \qquad \square$$

为方便起见,这里我们引进哈密顿(Hamilton)算子$\nabla$(读作 Nabla):

$$\nabla \triangleq \boldsymbol{i}\frac{\partial}{\partial x} + \boldsymbol{j}\frac{\partial}{\partial y} + \boldsymbol{k}\frac{\partial}{\partial z} = \left\{\frac{\partial}{\partial x},\frac{\partial}{\partial y},\frac{\partial}{\partial z}\right\}.$$

在形式上$\nabla$可看做一个向量,它作用于某一个函数 $f$,将表示为

$$\nabla f = \left\{\frac{\partial}{\partial x},\frac{\partial}{\partial y},\frac{\partial}{\partial z}\right\}f = \left\{\frac{\partial f}{\partial x},\frac{\partial f}{\partial y},\frac{\partial f}{\partial z}\right\} = \{f'_x,f'_y,f'_z\}.$$

若 $f(x,y,z)$与 $g(x,y,z)$是可微函数,$a,b$ 为常数,则有

$$\nabla(af+bg) = a\nabla f + b\nabla g.$$

算子$\nabla$还可同某向量函数进行内积与外积运算,在此不作介绍.读者有兴趣可参阅有关参考书.但必须注意$\nabla f$与$f\nabla$含义是不相同的,$\nabla f = \left\{\frac{\partial f}{\partial x},\frac{\partial f}{\partial y},\frac{\partial f}{\partial z}\right\}$,而$f\nabla = \left\{f\frac{\partial}{\partial x},f\frac{\partial}{\partial y},f\frac{\partial}{\partial z}\right\}$仍然是一个算子.

公式(4.43)右端可表示成向量$\nabla f = \{f'_x,f'_y,f'_z\}$与单位向量 $\boldsymbol{l}^0 = \{\cos\alpha,\cos\beta,\cos\gamma\}$的内积,于是利用哈密顿算子$\nabla$,方向导数计算公式(4.43)可表示成

$$\frac{\partial f}{\partial \boldsymbol{l}} = \{f'_x,f'_y,f'_z\}\cdot\boldsymbol{l}^0 = \nabla f\cdot\boldsymbol{l}^0 \tag{4.44}$$

偏导数是方向导数的特殊情形.若向量 $\boldsymbol{l}$ 的指向与 $x$ 轴相同,$\boldsymbol{l}^0 = \boldsymbol{i} = \{1,0,0\}$,则$\frac{\partial f}{\partial x} = \frac{\partial f}{\partial \boldsymbol{l}} = \{f'_x,f'_y,f'_z\}\cdot\boldsymbol{i} = f'_x$.类似地,若 $\boldsymbol{l}^0$ 等于 $\boldsymbol{j}$(或 $\boldsymbol{k}$),则方向导数$\frac{\partial f}{\partial \boldsymbol{l}}$将等于$f'_y$(或 $f'_z$).

若 $\boldsymbol{l}$ 方向改为它的相反方向,则显然方向导数改号,即当 $\boldsymbol{s} = -\boldsymbol{l}$,则$\frac{\partial f}{\partial \boldsymbol{s}} = -\frac{\partial f}{\partial \boldsymbol{l}}$.

若 $f(x,y)$是二元函数,$\boldsymbol{l}$ 是$xy$ 平面上的二维向量,则同样可以定义方向导数$\frac{\partial f}{\partial \boldsymbol{l}}$,公式(4.43)将成为

$$\frac{\partial f}{\partial \boldsymbol{l}}(x,y) = \frac{\partial f}{\partial x}(x,y)\cos\alpha + \frac{\partial f}{\partial y}(x,y)\sin\alpha.$$

此时 $\boldsymbol{l}^0 = \{\cos\alpha,\sin\alpha\}$.

**例** 求函数 $f(x,y,z)=(x-1)^2+2(y+1)^2+3(z-2)^2-6$ 在点 $P(2,0,1)$沿向量 $\boldsymbol{l}=\boldsymbol{i}-2\boldsymbol{j}-2\boldsymbol{k}$ 方向的方向导数.

**解**

$$f'_x(P)=2(x-1)|_P=2,$$

$$f'_y(P)=4(y+1)|_P=4,$$

$$f'_z(P)=6(z-2)|_P=-6,$$

$$\boldsymbol{l}^0=\frac{1}{\sqrt{1+4+4}}\{1,-2,-2\}=\{\frac{1}{3},-\frac{2}{3},-\frac{2}{3}\},$$

所以

$$\frac{\partial f}{\partial \boldsymbol{l}}(P)=f'_x(P)\cos\alpha+f'_y(P)\cos\beta+f'_z(P)\cos\gamma$$

$$=2\cdot\frac{1}{3}+4\cdot(-\frac{2}{3})+(-6)\cdot(-\frac{2}{3})=2.$$

2. 梯度

设 $\Omega$ 为空间某一区域,函数 $f(x,y,z)$在 $\Omega$ 上定义.对给定的实数 $C$,方程

$$f(x,y,z)=C$$

所确定的曲面 $\Sigma$ 称为函数 $f(x,y,z)$的**等值面**或**等位面**.在同一个等值面上,函数 $f(x,y,z)$取相同的值 $C$.若 $C$ 取不同的值,则得到不同的等值面.若 $C_1<C_2$,由 $C_1$ 和 $C_2$ 决定的等值面分别为 $\Sigma_1$ 和 $\Sigma_2$,我们称 $\Sigma_1$ 是较 $\Sigma_2$ 为**低等值面**,$\Sigma_2$ 是较 $\Sigma_1$ 为**高等值面**.

在公式(4.44)中,若函数 $f(x,y,z)$给定,点$(x,y,z)$也给定,设 $\boldsymbol{l}$ 与 $\nabla f$ 的夹角为$\theta$,则

$$\frac{\partial f}{\partial \boldsymbol{l}}=\nabla f\cdot\boldsymbol{l}^0=|\nabla f|\cdot|\boldsymbol{l}^0|\cos\theta=|\nabla f|\cos\theta,$$

当 $\theta=0$,即 $\boldsymbol{l}$ 的方向与$\nabla f$ 方向相同时,$\frac{\partial f}{\partial \boldsymbol{l}}$取最大值$|\nabla f|$.若函数 $f(x,y,z)$可微,我们把向量函数

$$\nabla f(x,y,z)=\frac{\partial f}{\partial x}\boldsymbol{i}+\frac{\partial f}{\partial y}\boldsymbol{j}+\frac{\partial f}{\partial z}\boldsymbol{k}=\{f'_x,f'_y,f'_z\}$$

称为函数 $f(x,y,z)$ 的**梯度**,记为

$$\mathrm{grad} f = \nabla f.$$

由上述讨论我们得到下述定理.

**定理 4.6**　函数 $f(x,y,z)$ 在某点沿该点梯度 $\nabla f$ 的方向的方向导数取最大值 $|\nabla f|$,沿 $\nabla f$ 相反方向的方向导数取最小值 $-|\nabla f|$,这里 $|\nabla f|$ 是梯度的模.

公式(4.44)还可写成

$$\frac{\partial f}{\partial \boldsymbol{l}} = \nabla f \cdot \boldsymbol{l}^0 = \mathrm{Prj}_{\boldsymbol{l}}(\nabla f),$$

此式表明函数 $f(x,y,z)$ 在某点沿 $\boldsymbol{l}$ 方向的方向导数等于该点梯度 $\nabla f$ 在 $\boldsymbol{l}$ 上的投影.

上面我们讨论了梯度与方向导数的关系,梯度与等值面有什么关系呢?我们有下述定理:

**定理 4.7**　函数 $f(x,y,z)$ 在某点 $P(x_0,y_0,z_0)$ 的梯度 $\nabla f$,当 $\nabla f \neq \mathbf{0}$ 时,是 $f(x,y,z)$ 经过点 $P$ 的等值面在 $P$ 点处的法向量,且由低等值面指向高等值面.

**证**　设 $f(x_0,y_0,z_0)=C$,则点 $P$ 在等值面

$$f(x,y,z) = C$$

上,该曲面在 $P$ 点处的法向量为

$$\{f'_x, f'_y, f'_z\}_P,$$

它就是 $P$ 点处的梯度 $\nabla f$. 由定理 4.6 知,沿梯度方向函数 $f$ 的方向导数取最大值 $|\nabla f|>0$,所以梯度向量从低等值面指向高等值面的.　□

梯度概念在物理、气象、经济等学科中有广泛的应用.

### §4.2.8　多元函数的极值

在定义 2.4 中,我们给出了一元函数极值的定义,类似可给出多元函数极值的定义. 为简便起见,我们仅对二元函数进行讨论.

**定义 4.6 (二元函数极值)**　若二元函数 $z=f(x,y)$ 在点 $(x_0,y_0)$ 的某去心邻域上总有

$$f(x,y) > f(x_0,y_0) \quad (\text{或 } f(x,y) < f(x_0,y_0))$$

成立,则称 $f(x_0,y_0)$为函数 $z$ 的**极小值(或极大值)**,称$(x_0,y_0)$为**极小点**(或**极大点**).极小值与极大值统称**极值**,极小点与极大点统称**极值点**.

若上述不等式改为广义不等式

$$f(x,y)\geqslant f(x_0,y_0)\qquad(\text{或 } f(x,y)\leqslant f(x_0,y_0)),$$

则相应 $f(x_0,y_0)$称为**广义极小值(或广义极大值)**.统称为**广义极值**.

设函数 $z=f(x,y)$在点$(x_0,y_0)$可偏导,且 $f(x_0,y_0)$是广义极值,令 $y=y_0$,得到一元函数 $z=f(x,y_0)$.显然 $x=x_0$ 为 $z=f(x,y_0)$的广义极值点.由一元函数存在极值的必要条件(定理 2.18)知 $f'_x(x_0,y_0)=0$.同样可得 $f'_y(x_0,y_0)=0$.于是我们得到下述定理:

**定理 4.8(极值的必要条件)**　设函数 $f(x,y)$在点$(x_0,y_0)$取广义极值,且 $f(x,y)$在该点可偏导,则 $f'_x(x_0,y_0)=f'_y(x_0,y_0)=0$.

我们把使得函数各偏导数同为零的点称为**驻点(或稳定点)**.由上述定理知,极值点或者是不可偏导的点,或者是驻点.但驻点不一定是极值点.为了判别驻点是否是极值点,是极大还是极小点,我们给出下述极值的充分条件(不证),其证明可在理科微积分教科书中找到.

**定理 4.9(极值的充分条件)**　设函数 $z=f(x,y)$在点$(x_0,y_0)$的某邻域内有连续的二阶偏导数,且$(x_0,y_0)$为驻点.记 $A=f''_{xx}(x_0,y_0)$, $B=f''_{xy}(x_0,y_0)$, $C=f''_{yy}(x_0,y_0)$,$\Delta=B^2-AC$,则有

(1) 若 $\Delta<0,A>0$,则 $f(x_0,y_0)$为极小值;

(2) 若 $\Delta<0,A<0$,则 $f(x_0,y_0)$为极大值;

(3) 若 $\Delta>0$,则 $f(x_0,y_0)$不是极值;

(4) 若 $\Delta=0$ 则 $f(x_0,y_0)$不一定是极值.

定理 4.8 和定理 4.9 给出了求二元函数极值常用的方法.我们看下述几个例子.

**例 1**　求函数 $f(x,y)=x^2-y^3-6x+12y+5$ 的极值.

**解**　由方程组

$$\begin{cases}f'_x(x,y)=2x-6=0,\\ f'_y(x,y)=-3y^2+12=0\end{cases}$$

解得驻点(3,2)和(3,−2),求得 $f(x,y)$二阶偏导数为

$$f''_{xx}(x,y)=2,\ f''_{xy}(x,y)=0,f''_{yy}=-6y.$$

在点(3,2)处,$A=2,B=0,C=-12$.于是

$$\Delta = B^2 - AC = 24 > 0.$$

故(3,2)不是极值点.

在点(3,-2)处,$A=2,B=0,C=12$.于是

$$\Delta = B^2 - AC = -24 < 0, \quad A = 2 > 0.$$

故(3,-2)是极小点,$f(3,-2)=-20$为极小值.

**例 2** 讨论函数$f(x,y)=y^2-x^2$是否有极值.

**解** 由方程组

$$\begin{cases} f'_x = -2x = 0, \\ f'_y = 2y = 0 \end{cases}$$

解得唯一驻点(0,0).而$f''_{xx}=-2, f''_{xy}=0, f''_{yy}=2$,故

$$B^2 - AC = 4 > 0.$$

因此驻点(0,0)不是极值点,所以此函数无极值.

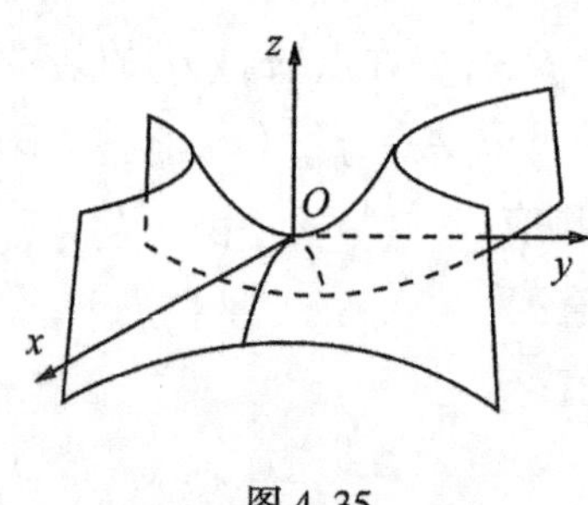


图 4.35

图4.35为曲面$z=y^2-x^2$的图形.该图在原点附近的形状如同马鞍一样,所以称之为“马鞍面”.我们在第四章第一节空间解析几何中把它称之为双曲抛物面.

在§4.2.2中,我们曾指出在有界闭区域上连续的多元函数必在该区域上取得最大值与最小值.在实际问题中,所考察的函数在其定义域上通常是可微的,而且根据问题的实际意义知其最大值或最小值确实存在,并且在定义域的“内部”取得(除了边界点).如果该函数有唯一的驻点,则该点就是最大或最小值点.若求出的驻点有两个,则它们分别是最大和最小值点.

**例 3** 制作一个无盖的长方形盒子,容积$V$为定值.问如何设计长、宽和高,可使材料最少?

**解** 设长方体的长、宽、高分别为$x,y,z$,则$V=xyz$,表面积为

$$S = xy + 2(x+y)z = xy + 2V\left(\frac{1}{x} + \frac{1}{y}\right) \ (x,y > 0).$$

$S$是$x,y$的二元函数,定义域为$x,y>0$.问题归结为求$S$的最小值点,由

$$\frac{\partial S}{\partial x}=y-\frac{2V}{x^2}=0,\quad \frac{\partial S}{\partial y}=x-\frac{2V}{y^2}=0,$$

解得唯一的驻点$(\sqrt[3]{2V},\sqrt[3]{2V})$. 根据问题的实际意义知 $S$ 必有最小值．由驻点的唯一性知,该驻点就是最小值点．计算得 $z=\frac{V}{xy}=\frac{1}{2}\sqrt[3]{2V}$. 因此当长方体的长、宽、高分别为$\sqrt[3]{2V},\sqrt[3]{2V},\frac{1}{2}\sqrt[3]{2V}$时(换言之,当长宽高之比为 2:2:1 时),所需材料最省．

**例 4**　某工厂生产两种产品甲和乙,出厂单价分别为 10 元和 9 元．已知生产 $x$ 单位甲产品和生产 $y$ 单位乙产品的总费用是

$$0.01(3x^2+xy+3y^2)+2x+3y+200.$$

试问两种产品各生产多少时可取得最大利润?

**解**　设 $L(x,y)$为产品甲与乙分别生产 $x$ 与 $y$ 单位时所获得的总利润．因总利润等于总收入减去总费用．于是

$$\begin{aligned}L(x,y)&=10x+9y-0.01(3x^2+xy+3y^2)-2x-3y-200\\&=8x+6y-0.01(3x^2+xy+3y^2)-200.\end{aligned}$$

解方程组

$$\begin{cases}L_x'(x,y)=8-0.01(6x+y)=0,\\L_y'(x,y)=6-0.01(x+6y)=0\end{cases}$$

得驻点(120,80). 又因

$$L''_{xx}=-0.06,\ L''_{xy}=-0.01,\ L''_{yy}=-0.06,$$

得 $B^2-AC=(-0.01)^2-(-0.06)(-0.06)<0$. 所以(120, 80)是 $L(x,y)$的极大点. 甲乙两种产品分别生产 120 单位和 80 单位时可获得最大利润.

**例 5 (最小二乘法)**　设两个变量 $x,y$ 之间的关系近似于线性函数关系,现测得 $x,y$ 的一组实验数据$(x_i,y_i)$, $i=1,2,\cdots,n$. 试求直线方程 $y=a+bx$

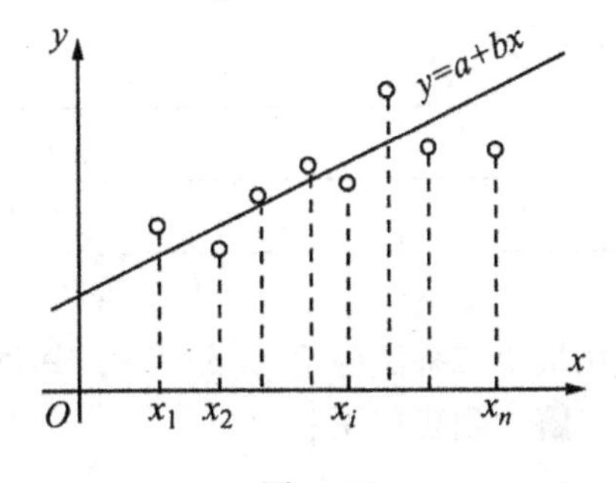


图 4.36

(见图 4.36),使得平方和

$$D(a,b)=\sum_{i=1}^{n}(a+bx_i-y_i)^2$$

取最小值.

在统计学中,称所求的直线 $y=a+bx$ 为**回归直线**,称 $a,b$ 为**回归系数**. $D(a,b)$反映了回归直线与散点$(x_i,y_i)(i=1,2,\cdots,n)$的离散程度.通过求$D(a,b)$的最小值来确定回归系数 $a,b$ 的这种方法称为**最小二乘法**.

**解** 记 $\bar{x}=\frac{1}{n}\sum_{i=1}^{n}x_i$, $\bar{y}=\frac{1}{n}\sum_{i=1}^{n}y_i$. 将方程组

$$\begin{cases}D_a'(a,b)=2\sum_{i=1}^{n}(a+bx_i-y_i)=0,\\ D_b'(a,b)=2\sum_{i=1}^{n}(a+bx_i-y_i)x_i=0\end{cases}$$

化简得

$$\begin{cases}a+b\bar{x}=\bar{y},\\ na\bar{x}+b\sum_{i=1}^{n}x_i^2=\sum_{i=1}^{n}x_iy_i.\end{cases}$$

由此解得驻点$(a_0,b_0)$,其中

$$a_0=\bar{y}-b_0\bar{x},\ b_0=\left(\frac{1}{n}\sum_{i=1}^{n}x_iy_i-\bar{x}\bar{y}\right)\Big/\left(\frac{1}{n}\sum_{i=1}^{n}x_i^2-(\bar{x})^2\right).\quad(4.45)$$

从直观上看,使 $D(a,b)$取最小的直线是存在的,而其驻点又是唯一的,故驻点$(a_0,b_0)$就是其最小值点.于是所求回归直线方程为 $y=a_0+b_0x$.

**例 6** 两个相关的量 $x$ 与 $y$,当 $x$ 确定时,$y$ 可由实验测定.经 5 次测试,得数据如下:

| $x$ | 8 | 10 | 12 | 14 | 16 |
|---|---|---|---|---|---|
| $y$ | 8.5 | 10.0 | 11.6 | 13.0 | 14.4 |

试用最小二乘法建立 $y$ 依赖 $x$ 的线性关系.

**解** 列表如下:

| 试验次数 $i$ | 1 | 2 | 3 | 4 | 5 | $\frac{1}{5}\Sigma$ |
|---|---|---|---|---|---|---|
| $x_i$ | 8 | 10 | 12 | 14 | 16 | 12 |
| $y_i$ | 8.5 | 10.0 | 11.6 | 13.0 | 14.4 | 11.5 |
| $x_i^2$ | 64 | 100 | 144 | 196 | 256 | 152 |
| $x_iy_i$ | 68 | 100 | 139.2 | 182 | 230.4 | 143.92 |

代入(4.45)中得

$$b_0 = (143.92 - 12 \times 11.5)/(152 - 12^2) = 0.74,$$

$$a_0 = 11.5 - 0.74 \times 12 = 2.62.$$

所求的线性关系(即回归直线方程)为 $y=2.62+0.74x$.

最后,我们讨论求“条件极值”问题.

上文研究的二元函数 $f(x,y)$ 极值中的两个自变量 $x$ 与 $y$ 是各自独立的,它们不受其它条件约束,有时把这样的极值称为**“无条件极值”**. 若在自变量之间还要满足一定的约束条件,这类极值问题称为**条件极值**. 下面我们介绍求条件极值一种行之有效的方法.

为方便计,我们就两个约束条件 $\varphi(x,y,u,v)=0$, $\psi(x,y,u,v)=0$,求四元函数 $f(x,y,u,v)$ 极值问题叙述解答过程. 若变量个数或约束条件数目与上不同,其方法本质上是一样的.

假设 $f,\varphi,\psi$ 均有连续的偏导数.

**第一步** 建立拉格朗日函数

$$F(x,y,u,v) = f(x,y,u,v) + \lambda\varphi(x,y,u,v) + \mu\psi(x,y,u,v),$$

其中 $\lambda,\mu$ 为待定常数,称为拉格朗日乘数.

**第二步** 对 $F$ 分别求关于 $x,y,u,v$ 的偏导数,并令其为零,再添上两个约束条件得到含六个未知量,六个方程的方程组:

$$\begin{cases} F'_x = f'_x(x,y,u,v) + \lambda\varphi_x{}'(x,y,u,v) + \mu\psi_x{}'(x,y,u,v) = 0, \\ F'_y = f'_y(x,y,u,v) + \lambda\varphi_y{}'(x,y,u,v) + \mu\psi_y{}'(x,y,u,v) = 0, \\ F'_u = f_u{}'(x,y,u,v) + \lambda\varphi_u{}'(x,y,u,v) + \mu\psi_u{}'(x,y,u,v) = 0, \\ F'_v = f_v{}'(x,y,u,v) + \lambda\varphi_v{}'(x,y,u,v) + \mu\psi_v{}'(x,y,u,v) = 0, \\ \varphi(x,y,u,v) = 0, \\ \psi(x,y,u,v) = 0; \end{cases}$$

**第三步**　解这个方程组，其解$(x_0,y_0,u_0,v_0)$称为$F$的驻点．

可以证明(从略)，在约束条件$\varphi=0,\psi=0$下，$f$的极值点必是$F$的驻点．于是，若$F$只有唯一的驻点，而根据问题的实际意义，$f$必有条件极值，则驻点就是所求的极值点，若$F$只有两个驻点，通常这两个驻点分别是最大与最小值点．

上述求条件极值的方法称为拉格朗日乘数法．

**例7**　求圆周$(x-1)^2+y^2=1$上的点与定点(0,1)距离的最小值与最大值．

**解**　问题就是在条件$(x-1)^2+y^2-1=0$下，求函数$d=\sqrt{x^2+(y-1)^2}$的最大与最小值．显然这等价于在相同约束条件下求$d^2=x^2+(y-1)^2$的最大与最小值．作拉格朗日函数(因约束条件只有一个，故只含一个拉格朗日乘数)：

$$F=x^2+(y-1)^2+\lambda((x-1)^2+y^2-1).$$

求偏导数，列出方程组

$$\begin{cases}F'_x=2x+2\lambda(x-1)=0,\\ F'_y=2(y-1)+2\lambda y=0,\\ (x-1)^2+y^2-1=0.\end{cases}$$

由前两个方程分别解得$\lambda=\dfrac{x}{1-x}$和$\lambda=\dfrac{1-y}{y}$．于是$\dfrac{x}{1-x}=\dfrac{1-y}{y}$．化简得$x-1=-y$．代入第三个方程解得$y=\pm\dfrac{\sqrt{2}}{2}$，相应$x=1\mp\dfrac{\sqrt{2}}{2}$．以两个驻点坐标$\left(1+\dfrac{\sqrt{2}}{2},-\dfrac{\sqrt{2}}{2}\right)$和$\left(1-\dfrac{\sqrt{2}}{2},\dfrac{\sqrt{2}}{2}\right)$分别代入$d$的表达式中，计算得$d$为$\sqrt{2}+1$和$\sqrt{2}-1$．从问题的几何意义知最大最小值是存在的，故所求的最大距离为$\sqrt{2}+1$，最小距离为$\sqrt{2}-1$，分别在点$\left(1+\dfrac{\sqrt{2}}{2},-\dfrac{\sqrt{2}}{2}\right)$与点$\left(1-\dfrac{\sqrt{2}}{2},\dfrac{\sqrt{2}}{2}\right)$达到．

**例8**　求空间直角坐标系内点(1,2,3)到两平面$2x-y+1=0$和$x+z=0$交线的最短距离$d$．

**解**　问题等价于函数$d^2=(x-1)^2+(y-2)^2+(z-3)^2$在条件$2x-y+1=0$与$x+z=0$下的极值．取拉格朗日函数：

$$F=(x-1)^2+(y-2)^2+(z-3)^2+\lambda(2x-y+1)+\mu(x+z).$$

由方程组

$$\begin{cases}F'_x = 2(x-1)+2\lambda+\mu = 0,\\ F'_y = 2(y-2)-\lambda = 0,\\ F'_z = 2(z-3)+\mu = 0,\\ 2x-y+1=0,\\ x+z=0\end{cases}$$

解得 $F$ 有唯一的驻点(0,1,0). 根据问题的几何意义知点(1,2,3)到直线上各点的距离存在最小值,故驻点(0,1,0)就是所求的最小值点．因此点(1,2,3)到两平面交线的最短距离

$$d=\sqrt{(0-1)^2+(1-2)^2+(0-3)^2}=\sqrt{11}.$$

## 习　题　4.2

**A 组**

1. 求下列函数的表达式:

(1) 已知 $f(x,y)=xy+\dfrac{x}{y}$,求 $f(y,x)$与 $f\left(\dfrac{1}{x},\dfrac{1}{y}\right)$;

(2) 设 $f(x+y,x-y)=xy+y^2$,求 $f(x,y)$;

(3) 设 $z=\sqrt{y}+f(\sqrt[3]{x}-1)$,且已知 $y=1$ 时 $z=x$,求 $f(x)$及 $z$ 的解析表达式.

2. 确定下列函数的定义域,并绘出定义域的图形:

(1) $z=\sqrt{1-x^2}+\sqrt{y^2-1}$;　(2) $z=\arcsin\dfrac{x}{y^2}+\arcsin(1-y)$;

(3) $z=\sqrt{x-\sqrt{y}}$;　(4) $z=\ln(y-x)+\dfrac{\sqrt{x}}{\sqrt{1-x^2-y^2}}$.

3. 求下列极限:

(1) $\lim\limits_{\substack{x\to2\\y\to0}}\dfrac{\ln(1+xy)}{y}$;　(2) $\lim\limits_{\substack{x\to0\\y\to0}}(x^2+y^2)^{x^2y^2}$;

(3) $\lim\limits_{\substack{x\to1\\y\to0}}\dfrac{x+y-1}{\sqrt{x}-\sqrt{1-y}}$;　(4) $\lim\limits_{\substack{x\to\infty\\y\to\infty}}\dfrac{x^2+y^2}{x^4+y^4}$.

4. 证明下列极限不存在:

(1) $\lim\limits_{\substack{x\to0\\y\to0}}\dfrac{\sin(xy)}{x^2+y^2}$;　(2) $\lim\limits_{\substack{x\to0\\y\to0}}\dfrac{x-y}{x+y}$;

(3) $\lim\limits_{\substack{x\to0\\y\to0}}(1+xy)^{\frac{1}{x+y}}$.

5. 讨论函数 $f(x,y)=\begin{cases}x\sin\dfrac{1}{y}, & y\neq 0,\\ 0, & y=0\end{cases}$ 的连续性.

6. 填空:

(1) 设 $f(x,y)=\begin{cases}\dfrac{x^3}{x^2+y^2}, & x^2+y^2\neq 0,\\ 0, & x^2+y^2=0,\end{cases}$ 则 $f'_x(0,0)=$_____, $f'_y(0,0)=$_____;

(2) 设 $f(x,y)=\sqrt[3]{x^2y+\dfrac{1}{x^2+1}\sqrt{y^2-1}}$, 则 $f'_x(x,1)=$____, $f'_x(1,1)=$____;

(3) 设 $f'_x(x,y)=f'_y(x,y)=0$, $\forall(x,y)\in\mathbf{R}^2$,则 $f(x,y)=$_, $\forall(x,y)\in\mathbf{R}^2$;

(4) 已知$\dfrac{\partial z}{\partial x}=\dfrac{x^2+y^2}{x}$,且 $z(1,y)=\sin y$,则 $z(x,y)=$______;

(5) 设 $f(x,y)$有连续偏导数,若 $f(x,x^2)=1$, $f_1{}'(x,x^2)=x$,则 $f_2{}'(x,x^2)=$____.

7. 求下列函数的偏导数$\dfrac{\partial z}{\partial x},\dfrac{\partial z}{\partial y}$:

(1) $z=\dfrac{x}{\sqrt{x^2+y^2}}$;　　(2) $z=\arctan\dfrac{y}{x}$;

(3) $z=\ln(x+\sqrt{x^2+y^2})$;　　(4) $z=x^{a^y}+y^{x^a}+a^{x^y}$.

8. 求下列指定的偏导数:

(1) $u=x^{\frac{z}{y}}$,求$\dfrac{\partial u}{\partial y}$;　　(2) $u=x^{y^z}$,求$\dfrac{\partial^2 u}{\partial x\partial y}$;

(3) $z=\arctan\dfrac{x+y}{x-y}$,求 $\dfrac{\partial^2 z}{\partial x^2},\dfrac{\partial^2 z}{\partial y^2}$;　　(4) $u=e^{xyz}$,求$\dfrac{\partial^3 u}{\partial x\partial y\partial z}$;

(5) $f=\sin(xy^2)$,求 $f''_{xx}(1,1)$, $f''_{yx}\left(\dfrac{\pi}{2},1\right)$.

9. 求下列全微分:

(1) $z=\ln(x^2+y^2)$,求 $dz$;　　(2) $z=x^2\arctan\dfrac{y}{x}$,求 $dz$;

(3) $f(x,y)=\dfrac{x}{y^2}$,求 $df(1,1)$;　　(4) $u=\dfrac{z}{\sqrt{x^2+y^2}}$,求 $df(3,4,5)$;

(5) 由 $xyz+\sqrt{x^2+y^2+z^2}=\sqrt{2}$确定 $z=z(x,y)$,求 $dz(1,0,-1)$.

10. 选择题:

(1) 若 $f(x,y)$在点$(x_0,y_0)$处可偏导,则在该点处 $f(x,y)=$______.

(A) 有极限;　(B) 连续;　(C) 可微;　(D) A,B,C 都不成立.

(2) 偏导数 $f'_x(x_0,y_0)$, $f'_y(x_0,y_0)$存在是 $f(x,y)$在点$(x_0,y_0)$处连续的______;

(A) 充分条件;　　(B) 必要条件;

(C) 充要条件;　　(D) 既不是充分也不是必要条件.

(3) $f(x,y)$在$(x_0,y_0)$可微的充分条件是______.

(A) $f(x,y)$在$(x_0,y_0)$处连续;

(B) $f'_x(x,y),f'_y(x,y)$在$(x_0,y_0)$的某邻域内存在;

(C) $\Delta z-f'_x(x_0,y_0)\Delta x-f'_y(x_0,y_0)\Delta y$ 当$\sqrt{\Delta x^2+\Delta y^2}\to 0$时是无穷小量;

(D) $(\Delta z-f'_x(x_0,y_0)\Delta x-f'_y(x_0,y_0)\Delta y)/\sqrt{\Delta x^2+\Delta y^2}$ 当$\sqrt{\Delta x^2+\Delta y^2}\to 0$时是无穷小量.

(4) 已知$(axy^3-y^2\cos x)\mathrm{d}x+(1+by\sin x+3x^2y^2)\mathrm{d}y$为某一函数$f(x,y)$的全微分,则$a$和$b$的值分别是______.

(A) $a=-2,b=2$;　(B) $a=2,b=-2$;　(C) $a=-3,b=3$;　(D) $a=3,b=-3$.

11. 计算下列近似值:

(1) $(10.1)^{2.03}$;

(2) 已知边长为$x=6$米与$y=8$米的矩形,求当$x$边增加5厘米,$y$边减少10厘米时,此矩形对角线变化的近似值;

(3) 用某种材料做成一个开口长方体容器,其外形长5米,宽4米,高3米,厚20厘米,求所需材料的近似值.

12. 求下列复合函数的偏导数(其中$f$可微):

(1) $z=u^v,\ u=x^2+y^2,\ v=xy$,求$\frac{\partial z}{\partial x},\ \frac{\partial z}{\partial y}$;

(2) $z=f(u,v),\ u=x^2-y^2,\ v=\mathrm{e}^{xy}$,求$\frac{\partial z}{\partial x},\ \frac{\partial z}{\partial y}$;

(3) $u=f(x,y,z),\ z=x^2\sin t,\ t=\ln(x+y)$,求$\frac{\partial u}{\partial x}$;

(4) $z=f\left(x,x\mathrm{e}^y,\frac{x}{y}\right)$,求$\frac{\partial z}{\partial x},\ \frac{\partial z}{\partial y}$.

13. 求下列全导数(涉及的函数都可微):

(1) 设$z=x^y,\ y=\varphi(x)$,求$\frac{\mathrm{d}z}{\mathrm{d}x}$;

(2) 设$z=f\left(x,\frac{x}{y}\right),\ x=y+\mathrm{e}^y$,求$\frac{\mathrm{d}z}{\mathrm{d}x}$;

(3) 设$u=\mathrm{e}^{xyz},\ y=y(x)$与$z=z(x)$分别由$\mathrm{e}^{xy}-y=0$和$\mathrm{e}^z-xz=0$确定,求$\frac{\mathrm{d}u}{\mathrm{d}x}$;

(4) 设$f(x,y,z)=0,\ \varphi(x,y)=0$确定$z=z(x)$,求$\frac{\mathrm{d}z}{\mathrm{d}x}$;

(5) 设$u=\arctan\frac{xy}{z},\ y=\mathrm{e}^{ax},\ z=(ax+1)^2$,求$\frac{\mathrm{d}u}{\mathrm{d}x}$.

14. 设$z=x^nf\left(\frac{y}{x^2}\right)$,$f$可微,证明$xz'_x+2yz_y'=nz$.

15. 设$u=f\left(\frac{x}{z},\frac{y}{z}\right)$,证明$xu_x'+yu_y'+zu_z'=0$.

16. 设$z=f[x+\varphi(y)]$,其中$f$二次可导,$\varphi$可导,证明

$$\frac{\partial z}{\partial x}\cdot\frac{\partial^2 z}{\partial x\partial y}=\frac{\partial z}{\partial y}\cdot\frac{\partial^2 z}{\partial x^2}.$$

17. 求下列隐函数的导数：

(1) $z^x=y^z$，求$\frac{\partial z}{\partial x},\frac{\partial z}{\partial y}$；　　(2) $\frac{x}{z}=\ln\frac{z}{y}$，求$\frac{\partial z}{\partial x},\frac{\partial z}{\partial y}$；

(3) $z^3-2xz+y=0$，求$\frac{\partial^2 z}{\partial x\partial y}$；　　(4) $xz=e^{y+z}$，求 $\frac{\partial^2 z}{\partial x\partial y}$；

(5) $x^2+z^2=y\varphi\left(\frac{z}{y}\right)$，求 $\frac{\partial z}{\partial y}$；

(6) $F(xy,\ y+z,\ xz)=0$，求 $\frac{\partial z}{\partial x},\frac{\partial z}{\partial y}$；

(7) $x+y^2+z^3=xy+2z$，求 $z'_x(1,1,1)$，$z_y{}'(1,1,1)$.

18. 设 $F\left(x+\frac{z}{y},\ y+\frac{z}{x}\right)=0$ 确定函数 $z=z(x,y)$，证明：

$$x\frac{\partial z}{\partial x}+y\frac{\partial z}{\partial y}=z-xy.$$

19. 求曲线 $x=a\cos\alpha\cos t$，$y=a\sin\alpha\cos t$，$z=a\sin t$ 在 $t=t_0$ 处的切线方程和法平面方程．

20. 在曲线 $x=t,y=t^2,z=t^3$ 上求出一点，使在该点的切线平行于平面 $x+2y+z-4=0$.

21. 求下列各曲面在指定处的切平面方程和法线方程：

(1) $z=x^2+y^2$，在 $P_0(1,2,5)$；

(2) $x^2+y^2+z^2=169$，在 $P_0(3,4,12)$；

(3) $z=y+\ln\frac{x}{z}$，在 $P_0(1,1,1)$.

22. 求圆 $\begin{cases}x^2+y^2+z^2-3x=0,\\2x-y-4=0\end{cases}$ 在 $P_0(2,0,\sqrt{2})$点处的切线方程和法平面方程．

23. 求与曲面 $x^2+2y^2+3z^2=21$ 相切并且平行于平面 $x+4y+6z=0$ 的切平面方程.

24. 在曲面 $x^2+2y^2+3z^2+2xy+2xz+4yz-8=0$ 上求出切平面平行于坐标平面的诸切点坐标.

25. 求函数 $z=\ln(x+2y)$在 $P_0(0,1)$点沿 $\boldsymbol{l}=\{3,4\}$的方向导数.

26. 求函数 $u=xyz$ 在点(1,1,1)处沿从点(1,1,1)到点(2,2,2)的方向导数.

27. 求函数 $u=\frac{x}{x^2+y^2+z^2}$在 $A(1,2,2)$与 $B(-3,1,0)$两点的梯度之间的夹角.

28. 求函数 $u=x^3+y^3+z^3-3xyz$ 的梯度，并问在何点处，其梯度垂直于 $z$ 轴.

29. 求下列函数的极值，并讨论是极大还是极小：

(1) $f(x,y)=x^3-12xy+8y^3$；

(2) $f(x,y)=x^4+y^4-x^2-2xy-y^2$；

(3) $f(x,y)=(1+e^y)\cos x-ye^y$;

(4) $f(x,y)=\sin x+\sin y+\sin(x+y)$, $0<x$, $y$, $x+y<2\pi$.

30. 用拉格朗日乘数法计算下列条件极值:

(1) $u=xy^2z^3$, $x+y+z=12$ $(x,y,z>0)$;

(2) $z=x^2+y^2$, $\dfrac{x}{a}+\dfrac{y}{b}=1$;

(3) $z=x^my^n$, $x+y=a$ ($m,n,x,y$ 均为正数).

31. 求点(1,2,3)到直线$\begin{cases}3x+y=0,\\2y+3z=0\end{cases}$的距离.

32. 建造一个无盖长方体水池,四周单位面积材料费为底面单位面积材料费的0.8倍.若容积$V$一定,问水池长、宽、深有怎样的比例关系时,费用最省?

33. 某工厂生产一种产品同时在两个商店销售,销售量分别为$q_1,q_2$,售价分别为$p_1$,$p_2$;需求函数分别为$q_1=24-0.2p_1$,$q_2=10-0.05p_2$;总成本函数$c=35+40(q_1+q_2)$.试问工厂应如何确定两商店的售价,才能使获得总利润最大?最大总利润是多少?

34. 某公司可通过电台及报纸两种方式做销售某种商品的广告,根据统计资料,销售收入$R$(万元)与电台广告费用$x_1$(万元)及报纸广告费用$x_2$(万元)之间有如下经验公式:

$$R=15+14x_1+32x_2-8x_1x_2-2x_1^2-10x_2^2.$$

(1) 在广告费用不限的情况下,求最优广告策略.

(2) 若提供的广告费用为1.5万元,求相应的最优广告策略.

35. 某企业上半年每月统计资料表明,产品的产值与利润之间近似呈线性关系,见下表:

| 单位(万元) | 一月 | 二月 | 三月 | 四月 | 五月 | 六月 |
|---|---|---|---|---|---|---|
| 月产值 $Q_i$ | 60 | 56 | 75 | 71 | 80 | 78 |
| 利润 $L_i$ | 5.8 | 4.8 | 9.0 | 8.2 | 10.4 | 9.8 |

试用最小二乘法,求利润$L$依赖于产值$Q$的回归直线方程.

**B组**

1. 讨论下列函数的连续性:

(1) $f(x,y)=\begin{cases}\dfrac{x^3+y^3}{x^2+y^2}, & (x,y)\neq(0,0),\\0, & (x,y)=(0,0);\end{cases}$

(2) $f(x,y)=\begin{cases}\dfrac{xy}{y-x}, & x\neq y,\\0, & x=y.\end{cases}$

2. 证明下述函数$f(x,y)$在原点不连续,但可偏导:

$$f(x,y)=\begin{cases}\dfrac{xy}{x^2+y^2}, & (x,y)\neq(0,0),\\ 0, & (x,y)=(0,0).\end{cases}$$

3. 证明下述函数 $f(x,y)$ 在原点连续,可偏导,但不可微:

$$f(x,y)=\begin{cases}\dfrac{xy}{\sqrt{x^2+y^2}}, & (x,y)\neq(0,0),\\ 0, & (x,y)=(0,0).\end{cases}$$

4. 设 $f(x,y)$ 可偏导,求下列极限:

(1) $\lim\limits_{h\to0}\dfrac{f(x+h,y)-f(x-h,y)}{2h}$;　(2) $\lim\limits_{k\to0}\dfrac{f(x,y+k)-f(x,y-k)}{2k}$.

5. 设 $u=f(x,y)$ 可偏导, $x=r\cos\theta$, $y=r\sin\theta$, 证明

$$\left(\frac{\partial u}{\partial x}\right)^2+\left(\frac{\partial u}{\partial y}\right)^2=\left(\frac{\partial u}{\partial r}\right)^2+\frac{1}{r^2}\left(\frac{\partial u}{\partial \theta}\right)^2.$$

6. 设 $u=f(x,y,z)$, $\varphi(x^2,e^y,z)=0$, $y=\sin x$, 其中 $f,\varphi$ 均一阶连续可导,且 $\dfrac{\partial\varphi}{\partial z}\neq 0$,求 $\dfrac{du}{dx}$.

7. 确定常数 $a,b$ 使 $\int_0^1(f(x)-a-bx)^2dx$ 最小.

8. 试利用拉格朗日乘数法证明 $A-G$ 不等式.

9. 求点 $(x_0,y_0,z_0)$ 到平面 $Ax+By+Cz+D=0$ 的最短距离.

10. 在旋转椭球面 $2x^2+y^2+z^2=1$ 上求距平面 $2x+y-z=6$ 的最远点和最近点.

# 第三节　二重积分

## §4.3.1　二重积分的定义和性质

重积分是一元函数定积分概念在多元函数中的推广,这里我们只介绍二重积分,即定义在某区域上的二元函数积分问题.

设 $D$ 是 $xy$ 平面上的一个有界闭区域,函数 $z=f(x,y)$ 在 $D$ 上连续.我们来考虑被称为**曲顶柱体**的立体 $\Omega$,它的底是区域 $D$,顶是曲面 $z=f(x,y)$, $f(x,y)\geqslant0$,侧面是以 $D$ 的边界曲线为准线,平行于 $z$ 轴的直线为母线的柱面.曲顶柱体 $\Omega$ 体积如何定义又如何计算呢?

将区域 $D$ 分成任意 $n$ 个子区域 $D_1,D_2,\cdots,D_n$.第 $i$ 个子区域 $D_i$ 的面积记为 $\Delta\sigma_i$, $D_i$ 的直径记为 $d_i$(所谓直径,是指 $D_i$ 中任意两点距离的上确界),并记 $\lambda=\max\{d_i\mid i=1,2,\cdots,n\}$,称 $\lambda$ 为上述**分法的模**.以 $D_i\,(i=1,2,\cdots,$

$n$)的边界曲线为准线平行于 $z$ 轴的直线为母线的柱面将曲顶柱体 $\Omega$ 分成 $n$ 个小柱体,在 $D_i$ 上任取一点$(x_i,y_i)$,以 $f(x_i,y_i)$为高作平顶柱体,它的体积为 $\Delta V_i=f(x_i,y_i)\Delta\sigma_i$,近似于第 $i$ 个小曲顶柱体体积,于是 $n$ 个平顶柱体体积之和

$$\sum_{i=1}^{n}\Delta V_i = \sum_{i=1}^{n} f(x_i,y_i)\Delta\sigma_i$$

是 $\Omega$ 的体积的近似值．当分法的模 $\lambda\to 0$ 时,若极限

$$\lim_{\lambda\to 0}\sum_{i=1}^{n} f(x_i,y_i)\Delta\sigma_i$$

存在有限,设等于 $V$,则我们定义 $V$ 是曲顶柱体$\Omega$ 的体积．

抽去上述实例的几何概念,我们有

**定义 4.7 (二重积分)** 设 $D$ 是$xy$ 平面上的有界闭域,$f(x,y)$为定义在 $D$ 上的二元函数,将 $D$ 任意地分为$n$ 个子域$D_i$ $(i=1,2,\cdots,n)$,$D_i$ 的面积记为 $\Delta\sigma_i$.在每个 $D_i$ 上任取点$(x_i,y_i)$,作和式

$$\sum_{i=1}^{n} f(x_i,y_i)\Delta\sigma_i.$$

若当分法的模 $\lambda\to 0$ 时,此和式有有限极限(极限值与 $D$ 的分法无关,与点$(x_i,y_i)$取法无关),则称函数 $f(x,y)$在 $D$ 上**可积**,称该极限值为 $f(x,y)$在 $D$ 上的**二重积分**,记为

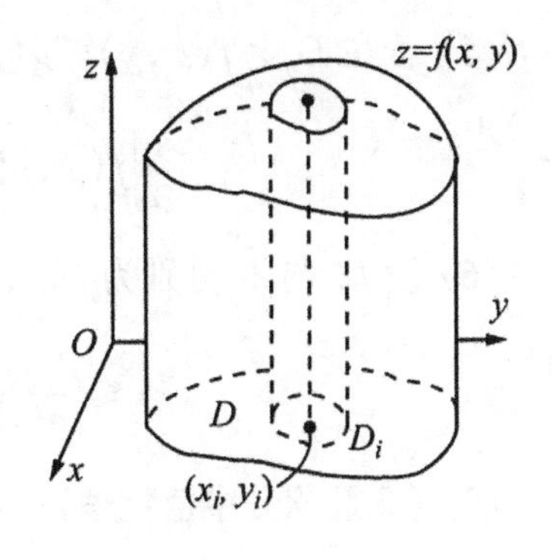

图 4.37

$$\iint_D f(x,y)\mathrm{d}\sigma = \lim_{\lambda\to 0}\sum_{i=1}^{n} f(x_i,y_i)\Delta\sigma_i.$$

其中 $\iint$ 称为**积分号**,$f(x,y)$ 称为**被积函数**,$D$ 为**积分区域**,$\mathrm{d}\sigma$ 为**面积元素**．

由二重积分定义,上述曲顶柱体体积可表示为

$$V=\iint_D f(x,y)\mathrm{d}\sigma.$$

可以证明下述两个论断(因理论性较强,故证明从略).

1. 在 $D$ 上可积的函数必在$D$ 上有界;
2. 在有界闭区域 $D$ 上连续的函数必在$D$ 上可积．

二重积分与定积分的性质有很多相似之处,其证明也类似,我们只列出这些性质,而略去证明．利用这些性质将有助于二重积分的计算,设函数 $f(x,y)$, $g(x,y)$在有界闭区域 $D$ 上可积,$D$ 的面积记为$\sigma(D)$,则有:

(1) $\iint\limits_D \mathrm{d}\sigma = \sigma(D)$.

(2) $\iint\limits_D kf(x,y)\mathrm{d}\sigma = k\iint\limits_D f(x,y)\mathrm{d}\sigma$,式中 $k$ 为常数．

(3) $\iint\limits_D (f(x,y) \pm g(x,y))\mathrm{d}\sigma = \iint\limits_D f(x,y)\mathrm{d}\sigma \pm \iint\limits_D g(x,y)\mathrm{d}\sigma$.

(4) 若某一曲线将 $D$ 分成两个子域$D_1$,$D_2$,则

$$\iint\limits_D f(x,y)\mathrm{d}\sigma = \iint\limits_{D_1} f(x,y)\mathrm{d}\sigma + \iint\limits_{D_2} f(x,y)\mathrm{d}\sigma.$$

(5) 若在 $D$ 上$f(x,y)\leqslant g(x,y)$,则

$$\iint\limits_D f(x,y)\mathrm{d}\sigma \leqslant \iint\limits_D g(x,y)\mathrm{d}\sigma.$$

(6) 设 $M$ 与$m$ 分别为$f(x,y)$在 $D$ 上的最大与最小值,则

$$m \leqslant \frac{1}{\sigma(D)}\iint\limits_D f(x,y)\mathrm{d}\sigma \leqslant M.$$

(7) (**二重积分中值定理**)　若 $f(x,y)$在 $D$ 上连续,则存在$(\xi,\eta)\in D$,使得

$$\iint\limits_D f(x,y)\mathrm{d}\sigma = f(\xi,\eta)\sigma(D).$$

### §4.3.2　直角坐标系下二重积分的计算

二重积分的计算可归结为求两次定积分,即所谓"累次积分".我们分直角坐标与极坐标系两种情况进行讨论,先讨论前一种情形．

设 $D$ 是$xy$ 平面上的有界闭域,$f(x,y)$是 $D$ 上的连续函数．则 $f(x,y)$在 $D$ 上可积,按定义,其二重积分值与 $D$ 的分法无关．在直角坐标系中,我们常用平行于 $x$ 轴与$y$ 轴的直线将$D$ 分为$n$ 个子域$D_i$ $(i=1,2,\cdots,n)$.这些子域除了分布在 $D$ 边界上的以外皆为矩形域．且当分法的模充分小时矩形域的面积之和充分接近 $D$ 的面积．因而二重积分面积元素 $\mathrm{d}\sigma$ 常记为 $\mathrm{d}x\mathrm{d}y$,称为直角坐标下的**面积元素**．于是 $f(x,y)$在 $D$ 上的二重积分可记为

$$\iint_D f(x,y)\mathrm{d}\sigma = \iint_D f(x,y)\mathrm{d}x\mathrm{d}y.$$

为推导二重积分的计算公式,我们把上述积分看做是以 $D$ 为底,以曲面 $z=f(x,y)(\geqslant 0)$ 为顶的曲顶柱体 $\Omega$ 的体积．在§3.3.2 中,我们曾用定积分微元法导出了垂直于 $x$ 轴的截面积为 $A(x)$ 的立体体积等于

$$V = \int_a^b A(x)\mathrm{d}x,$$

见(3.26)式．我们将利用这个公式求曲顶柱体 $\Omega$ 的体积 $V$.

设 $xy$ 平面上的有界闭域 $D$ 是由直线 $x=a, x=b$ 及曲线 $y=\varphi(x), y=\psi(x)$ 所围,这里 $a<b$,且 $\varphi(x)\leqslant\psi(x)$. 见图 4.38. 此时区域 $D$ 可表为

$$D = \{(x,y) \mid \varphi(x)\leqslant y\leqslant\psi(x),\ a\leqslant x\leqslant b\}.$$

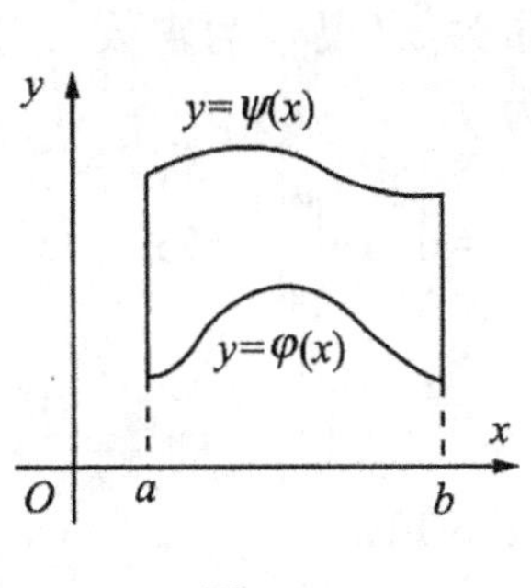


图 4.38

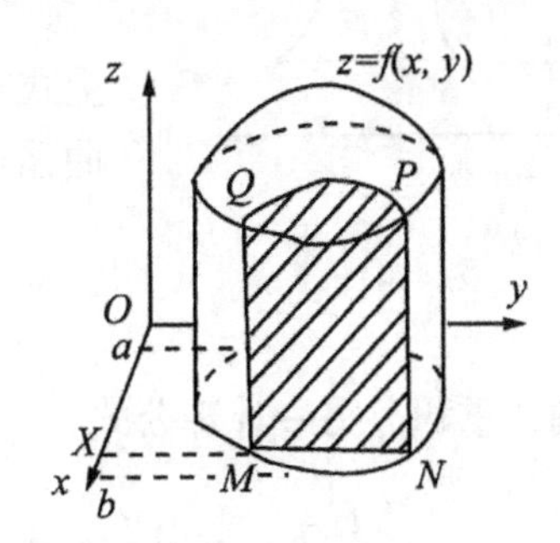


图 4.39

任取 $x\in[a,b]$,过点$(x,0,0)$作平面 $\Pi$ 垂直于 $x$ 轴,该平面截 $\Omega$ 得到的截面是 $\Pi$ 上的曲边梯形 $MNPQ$(见图 4.40),它可表示为

$$0\leqslant z\leqslant f(x,y),\qquad \varphi(x)\leqslant y\leqslant\psi(x).$$

该截面的面积(见图 4.39)为

$$A(x) = \int_{\varphi(x)}^{\psi(x)} f(x,y)\mathrm{d}y.$$

上式右端积分中 $x$ 视为常数,$y$ 是积分变量．于是曲顶柱体 $\Omega$ 的体积为

$$V = \int_a^b A(x)\mathrm{d}x = \int_a^b \left(\int_{\varphi(x)}^{\psi(x)} f(x,y)\mathrm{d}y\right)\mathrm{d}x.$$

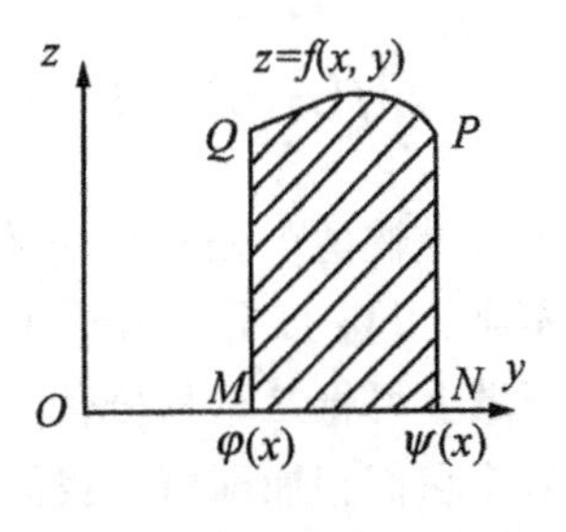


图 4.40

习惯上把上式右端 $\mathrm{d}x$ 写在两个积分号之间,由此得到二重积分计算公式:

$$\iint_D f(x,y)\mathrm{d}x\mathrm{d}y = \int_a^b \mathrm{d}x\int_{\varphi(x)}^{\psi(x)} f(x,y)\mathrm{d}y. \tag{4.46}$$

上式表明二重积分可化为先对 $y$,后对 $x$ 的**累次积分**(或称为**二次积分**).

若 $D$ 是由直线 $y=c$ 与 $y=d$ 及曲线 $x=g(y)$ 与 $x=h(y)$ 所围的平面区域,其中 $c<d,g(y)<h(y)$,见图 4.41. 此时 $D$ 可表示为

$$D = \{(x,y) \mid g(y)\leqslant x\leqslant h(y),\ c\leqslant y\leqslant d\}.$$

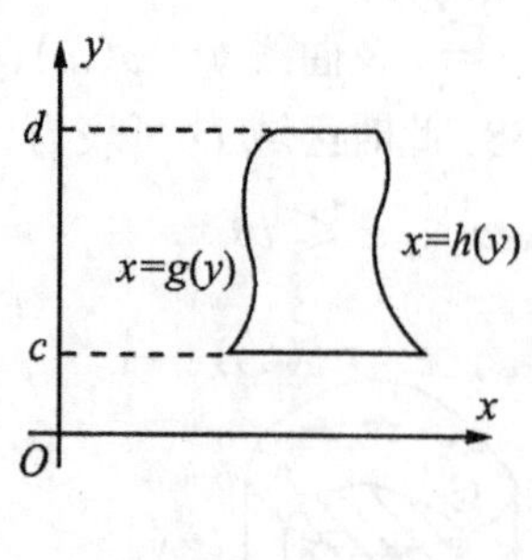


图 4.41

类似上述讨论,我们用垂直于 $y$ 轴的平面截曲顶柱体 $\Omega$,所得的截面面积为

$$A(y) = \int_{g(y)}^{h(y)} f(x,y)\mathrm{d}x.$$

上式右端积分变量为 $x$(视 $y$ 为常数). 于是曲顶柱体的体积为

$$V = \int_c^d A(y)\mathrm{d}y = \int_c^d \mathrm{d}y\int_{g(y)}^{h(y)} f(x,y)\mathrm{d}x.$$

由此得到二重积分另一计算公式:

$$\iint_D f(x,y)\mathrm{d}x\mathrm{d}y = \int_c^d \mathrm{d}y\int_{g(y)}^{h(y)} f(x,y)\mathrm{d}x. \tag{4.47}$$

上述(4.46)与(4.47)式是分别 $x$ 与 $y$ 两种不同顺序的累次积分 .

当 $D$ 是矩形域

$$D = \{(x,y) \mid a\leqslant x\leqslant b,\ c\leqslant y\leqslant d\}$$

时,上述两个公式均可适用,其中的积分上、下限皆为常数 . 此时有

$$\iint_D f(x,y)\mathrm{d}x\mathrm{d}y = \int_a^b \mathrm{d}x\int_c^d f(x,y)\mathrm{d}y = \int_c^d \mathrm{d}y\int_a^b f(x,y)\mathrm{d}x.$$

在推导上述两个公式时,我们对区域 $D$ 都作了一定的限制,如果 $D$ 的形状比较复杂,可将 $D$ 分成若干子域,使每一子域均为前两种情形之一的图形,在每一子域上可将二重积分化为累次积分,然后利用 §4.3.1 中的二重积分性质(4),将它们相加即可 . 我们在定积分应用中就采用了这种方法计算平面图形的面积,参见图 3.13.

我们是在假定 $f(x,y)\geqslant 0$,把二重积分看做曲顶柱体体积的情形下推导

了公式(4.46)与(4.47). 实际上只要 $f(x,y)$在闭区域 $D$ 上连续,这两个计算公式都能成立.

若在 $D$ 上 $f(x,y)\equiv 1$,则公式(4.46)与(4.47)均为 $D$ 的面积计算公式.

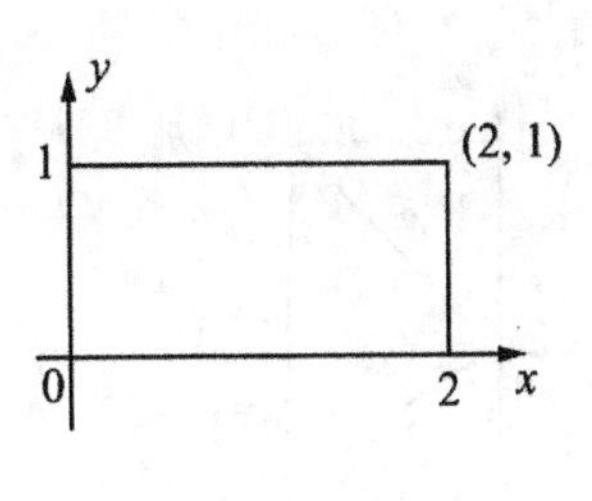


图 4.42

**例 1**　计算二重积分 $I=\iint\limits_D e^{x+y}dxdy$,其中 $D$ 是由直线$x=2,y=1$及 $x$ 轴,$y$ 轴所围的闭区域(见图 4.42).

**解**　因 $e^{x+y}=e^x e^y$,$D$ 为矩形域,由(4.46)式得

$$I=\int_0^2 e^x dx\int_0^1 e^y dy=[e^x]_0^2\cdot[e^y]_0^1=(e^2-1)(e-1).$$

**例 2**　计算二重积分 $I=\iint\limits_D (x+y)dxdy$ ,这里 $D$ 为由曲线$x=\sqrt{y}$,$x=\frac{1}{2}\sqrt{y}$及直线$y=1$所围的平面区域.

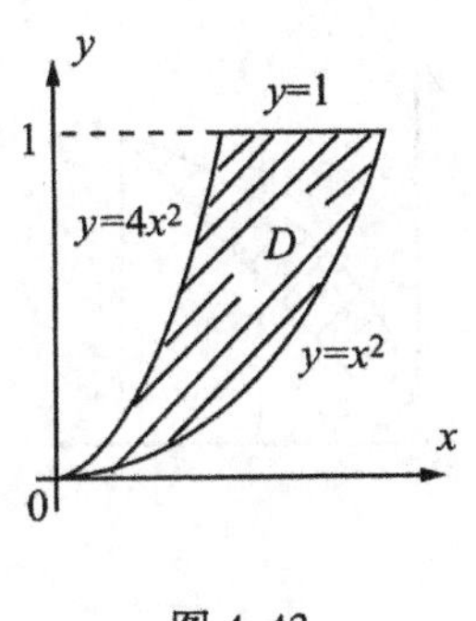


图 4.43

**解**　图 4.43 中的阴影部分为 $D$ 的图形. 采用公式(4.47),即采用先对 $x$,后对 $y$ 的积分顺序为好. 我们有

$$I=\int_0^1 dy\int_{\frac{1}{2}\sqrt{y}}^{\sqrt{y}}(x+y)dx=\int_0^1\left[\frac{x^2}{2}+yx\right]_{x=\frac{1}{2}\sqrt{y}}^{x=\sqrt{y}}dy$$

$$=\int_0^1\left(\frac{1}{2}y+y\sqrt{y}-\frac{1}{8}y-\frac{1}{2}y\sqrt{y}\right)dy=\frac{31}{80}.$$

**例 3**　改变累次积分 $I=\int_0^1 dx\int_{-x^2}^{x}f(x,y)dy$ 的顺序.

**解**　对这类问题,我们首先将累次积分还原为二次积分$\iint\limits_D f(x,y)dxdy$,其中积分区域 $D$ 可根据累次积分的四个积分上、下限确定:$D=\{(x,y)\mid -x^2\leqslant y\leqslant x,0\leqslant x\leqslant 1\}$,见图 4.44.

为了给出先对 $x$,后对 $y$ 积分顺序的累次积分,将 $D$ 分为$D_1$ 和 $D_2$ 两部分,分别在 $x$ 轴的下方与上方. $D$ 的边界为曲线$y=-x^2$,直线 $y=x$ 及$x=1$. 它们的交点坐标为(0,0),(1,1)与(1,−1). 于是

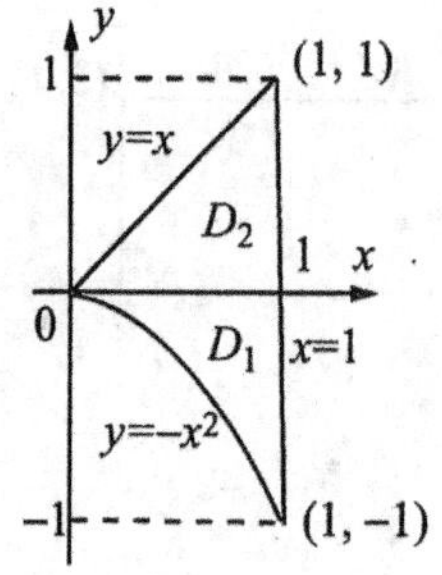

$$I=\iint_{D_1}f(x,y)\mathrm{d}x\mathrm{d}y+\iint_{D_2}f(x,y)\mathrm{d}x\mathrm{d}y$$

$$=\int_{-1}^{0}\mathrm{d}y\int_{\sqrt{-y}}^{1}f(x,y)\mathrm{d}x+\int_{0}^{1}\mathrm{d}y\int_{y}^{1}f(x,y)\mathrm{d}x.$$

图 4.44

**例 4** 计算累次积分 $I=\int_0^1\mathrm{d}x\int_x^{\sqrt[3]{x}}\mathrm{e}^{\frac{1}{2}y^2}\mathrm{d}y$.

**解** 因 $\mathrm{e}^{\frac{1}{2}y^2}$ 的原函数不是初等函数,不宜按原积分顺序计算,先交换累次积分顺序 . 积分区域 $D=\{(x,y)\mid x\leqslant y\leqslant\sqrt[3]{x},0\leqslant x\leqslant 1\}$,见图 4.45,其边界为曲线 $y=\sqrt[3]{x}$ 和直线 $y=x$. 交点坐标为(0,0)和(1,1). 于是

$$I=\int_0^1\mathrm{d}y\int_{y^3}^{y}\mathrm{e}^{\frac{1}{2}y^2}\mathrm{d}x=\int_0^1\mathrm{e}^{\frac{1}{2}y^2}(y-y^3)\mathrm{d}y.$$

令 $u=\frac{1}{2}y^2$,当 $y=0$ 时,$u=0$,当 $y=1$ 时, $u=\frac{1}{2}$,我们有

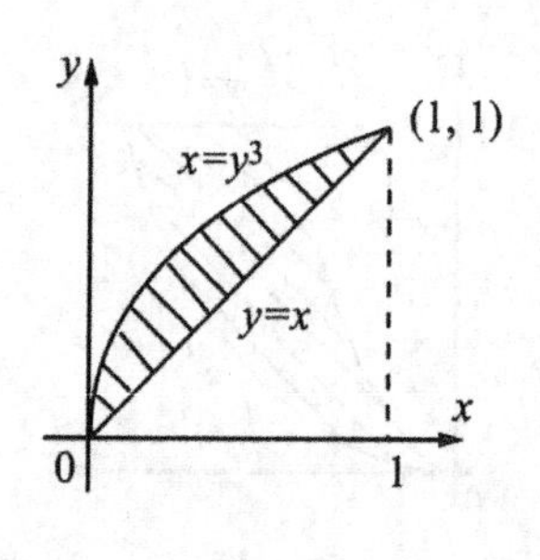

图 4.45

$$I=\int_0^{\frac{1}{2}}\mathrm{e}^u(1-2u)\mathrm{d}u$$

$$=\left[3\mathrm{e}^u-2u\mathrm{e}^u\right]_0^{\frac{1}{2}}=2\sqrt{\mathrm{e}}-3.$$

**例 5** 设 $f(x)$ 为连续函数,求证:

$$\int_0^a\mathrm{d}x\int_0^x f(x)f(y)\mathrm{d}y=\frac{1}{2}\left(\int_0^a f(x)\mathrm{d}x\right)^2.$$

**证** 令 $F(x)=\int_0^x f(t)\mathrm{d}t$,则 $F'(x)=f(x)$,$F(0)=0$. 我们有

$$\int_0^a\mathrm{d}x\int_0^x f(x)f(y)\mathrm{d}y=\int_0^a f(x)F(x)\mathrm{d}x=\int_0^a F(x)\mathrm{d}F(x)=\frac{1}{2}F^2(x)\Big|_0^a$$

$$= \frac{1}{2}F^2(a) = \frac{1}{2}\left(\int_0^a f(x)\mathrm{d}x\right)^2.$$ □

### §4.3.3　极坐标系下二重积分的计算

若二重积分 $\iint\limits_D f(x,y)\mathrm{d}\sigma$ 的积分区域 $D$ 的边界是由极坐标系下的曲线方程给出，我们来推导它的计算公式．

设 $D$ 是由曲线 $r=r_1(\theta)$，$r=r_2(\theta)$ 及矢径 $\theta=\alpha$，$\theta=\beta$ 所围，其中 $\alpha<\beta$，$r_1(\theta)\leqslant r_2(\theta)$．见图 4.46．我们以一组圆心在原点的同心圆（$r=$ 常数）和一组矢径（$\theta=$ 常数）将区域 $D$ 分成若干个小区域．极角为 $\theta$ 与 $\theta+\Delta\theta$ 的两条矢径和半径分别为 $r$ 与 $r+\Delta r$ 的两条圆弧所围的小区域记为 $\Delta\sigma$．由扇形面积公式有

$$\Delta\sigma = \frac{1}{2}(r+\Delta r)^2\Delta\theta - \frac{1}{2}r^2\Delta\theta = r\Delta r\Delta\theta + \frac{1}{2}\Delta r^2\Delta\theta.$$

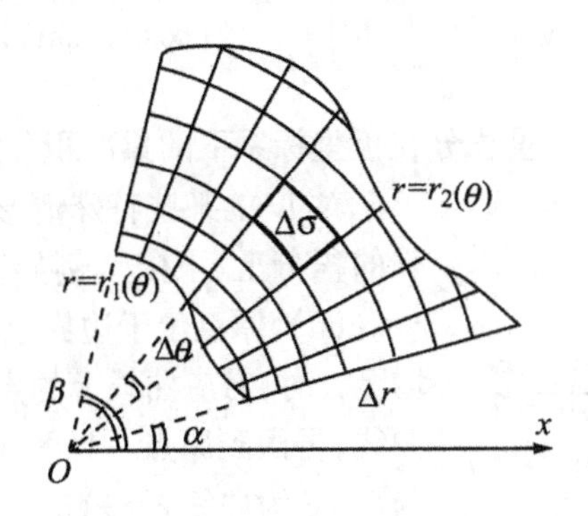


图 4.46

当 $\Delta r\to 0$ 时，上式右端第二项是第一项的高阶无穷小（这里 $r\neq 0$），于是 $\Delta\sigma\approx r\Delta r\Delta\theta$．因此，二重积分 $\iint\limits_D f(x,y)\mathrm{d}\sigma$ 中的面积元素为

$$\mathrm{d}\sigma = r\mathrm{d}r\mathrm{d}\theta,$$

而被积函数为 $f(r\cos\theta, r\sin\theta)$．所以我们有

$$\iint\limits_D f(x,y)\mathrm{d}\sigma = \iint\limits_D f(r\cos\theta, r\sin\theta)r\mathrm{d}r\mathrm{d}\theta.$$

为计算极坐标系下的二重积分,也要将它化成关于 $r$ 和 $\theta$ 的累次积分．积分上下限由 $D$ 的边界所确定．

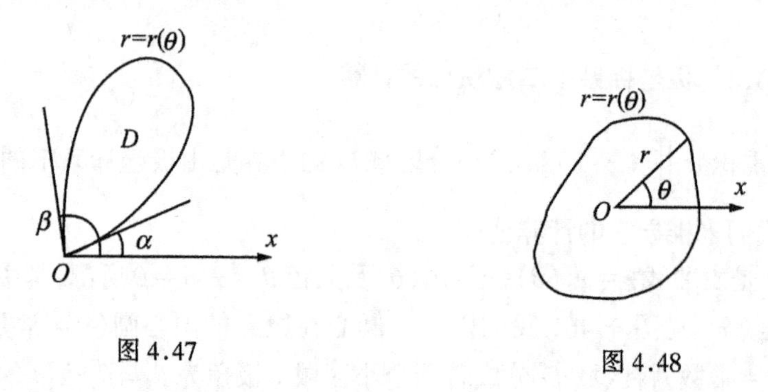


图 4.47 图 4.48

图 4.46 所示的区域可表示为

$$D = \{(r,\theta) \mid \alpha \leqslant \theta \leqslant \beta, r_1(\theta) \leqslant r \leqslant r_2(\theta)\}.$$

于是

$$\iint_D f(x,y)\mathrm{d}\sigma = \int_\alpha^\beta \mathrm{d}\theta \int_{r_1(\theta)}^{r_2(\theta)} f(r\cos\theta, r\sin\theta) r\mathrm{d}r. \tag{4.48}$$

上式是直角坐标系下二重积分在极坐标系下的累次积分的基本公式．

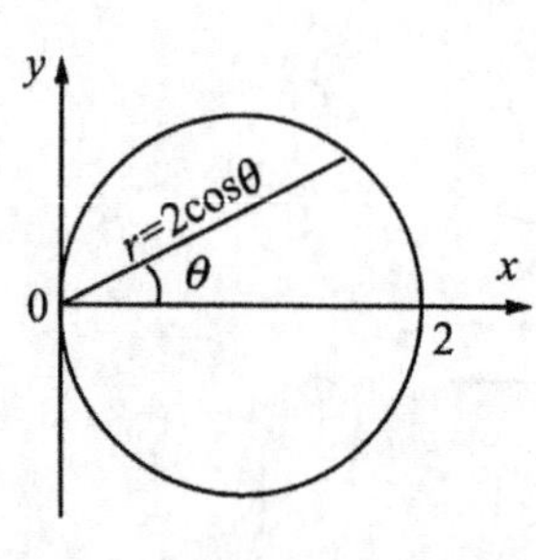


图 4.49

对 $D$ 的某些特殊情形,公式(4.48)将有特殊的积分上、下限．例如,若 $D$ 的边界曲线为 $r=r(\theta)$,原点位于边界上,$\alpha \leqslant \theta \leqslant \beta$. 当 $\theta$ 从 $\alpha$ 增至 $\beta$ 时,对应曲线上的点从原点开始,经边界曲线,再回到原点．见图 4.47. 此时矢径 $\theta=\alpha$ 与 $\theta=\beta$ 为曲线 $r=r(\theta)$ 在原点处的两条切线．区域 $D$ 可表示为

$$D = \{(r,\theta) \mid \alpha \leqslant \theta \leqslant \beta, \quad 0 \leqslant r \leqslant r(\theta)\}.$$

于是

$$\iint_D f(x,y)\mathrm{d}\sigma = \int_\alpha^\beta \mathrm{d}\theta \int_0^{r(\theta)} f(r\cos\theta, r\sin\theta) r\mathrm{d}r.$$

若原点在 $D$ 的内部,边界方程为 $r=r(\theta)$,见图 4.48,此时 $D$ 可表示为

$$D = \{(r,\theta) \mid 0 \leqslant \theta \leqslant 2\pi, 0 \leqslant r \leqslant r(\theta)\}.$$

于是

$$\iint_D f(x,y)\mathrm{d}\sigma = \int_0^{2\pi}\mathrm{d}\theta\int_0^{r(\theta)} f(r\cos\theta, r\sin\theta)r\mathrm{d}r.$$

**例 1** 计算二重积分 $I=\iint_D \sqrt{x^2+y^2}\mathrm{d}\sigma$,其中 $D$ 是由曲线 $x^2+y^2=2x$ 所围平面区域(见图 4.49).

**解** 本题若用直角坐标系下二重积分公式计算将带来复杂的计算. 今采用极坐标变换,命 $x=r\cos\theta, y=r\sin\theta$,则 $D$ 的边界方程为 $r^2\cos^2\theta+r^2\sin\theta=2r\cos\theta$,化简得 $r=2\cos\theta$. 于是积分区域

$$D=\left\{(r,\theta)\mid -\frac{\pi}{2}\leqslant\theta\leqslant\frac{\pi}{2}, 0\leqslant r\leqslant 2\cos\theta\right\}.$$

而 $\sqrt{x^2+y^2}=r$,所以我们有

$$I=\int_{-\frac{\pi}{2}}^{\frac{\pi}{2}}\mathrm{d}\theta\int_0^{2\cos\theta} r\cdot r\mathrm{d}r=\frac{16}{3}\int_0^{\frac{\pi}{2}}\cos^3\theta\mathrm{d}\theta=\frac{32}{9}.$$

**例 2** 计算二重积分 $I=\iint_D \mathrm{e}^{-x^2-y^2}\mathrm{d}\sigma$,其中 $D$ 为区域 $x^2+y^2\leqslant R^2$ 位于第一象限部分,$R$ 为正常数(见图 4.50).

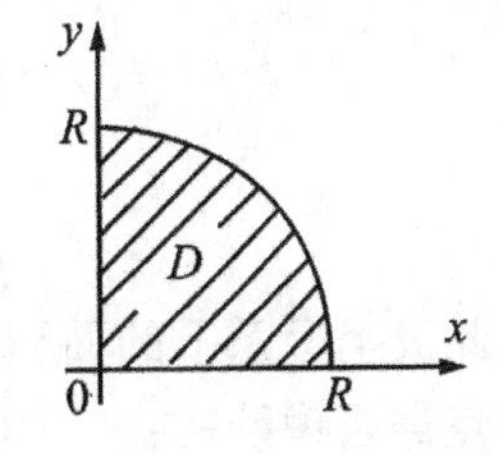

图 4.50

**解** 本题若在直角坐标系下化为累次积分,将遇到求 $\mathrm{e}^{-x^2}$ 的原函数问题. 但它的原函数不是初等函数,这就碰到困难. 现采用极坐标变换:$x=r\cos\theta, y=r\sin\theta$. 于是 $D=\left\{(r,\theta)\mid 0\leqslant\theta\leqslant\frac{\pi}{2}, 0\leqslant r\leqslant a\right\}$, $x^2+y^2=r^2$. 所以

$$I=\int_0^{\frac{\pi}{2}}\mathrm{d}\theta\int_0^R \mathrm{e}^{-r^2}r\mathrm{d}r=\frac{\pi}{2}\cdot\frac{1}{2}\int_0^R\mathrm{e}^{-r^2}\mathrm{d}(r^2)=\frac{1}{4}\pi(1-\mathrm{e}^{-R^2}).$$

从上述两个例子可以看到,为计算二重积分 $\iint_D f(x,y)\mathrm{d}\sigma$,当积分区域 $D$ 的边界是圆或圆的一部分,或被积函数可以表成 $x^2+y^2$ 的函数时,采用极坐标变换常常可以使计算简化.

我们讨论的极坐标系下二重积分的方法是一种换元积分法. 很多情况下,选择适当的换元方法可以使计算得到简化. 对于一般的二重积分换元法我们有下述定理:

**定理 4.10** 设函数 $f(x,y)$ 在 $xy$ 平面上的有界闭区域 $D$ 上连续,函数

$x=x(u,v)$与$y=y(u,v)$在$uv$平面上的有界闭区域$D'$与$D$上的点一一对应．若在$D'$上,雅可比行列式

$$J(u,v)=\frac{\partial(x,y)}{\partial(u,v)}\neq 0,$$

则有换元积分公式

$$\iint_D f(x,y)\mathrm{d}\sigma=\iint_{D'} f(x(u,v),y(u,v))\,|J(u,v)|\,\mathrm{d}u\mathrm{d}v.$$

该定理的证明从略,读者可以参阅有关参考书．上述公式左端是$f(x,y)$在区域$D$上的二重积分,右端积分区域换成$uv$平面上的区域$D'$,被积函数中$x$与$y$分别用$x(u,v)$与$y(u,v)$代换,面积元素$d\sigma$以$|J(u,v)|\mathrm{d}u\mathrm{d}v$代换．这里

$$|J(u,v)|=|x'_u y'_v-x'_v y'_u|.$$

若采用极坐标变换$x=r\cos\theta,y=r\sin\theta$,可以求得雅可比行列式

$$\begin{aligned}J(r,\theta)&=\frac{\partial(x;y)}{\partial(r,\theta)}=x'_r y'_\theta-x'_\theta y'_r\\&=\cos\theta\cdot r\cos\theta+r\sin\theta\cdot\sin\theta=r.\end{aligned}$$

因此极坐标系下的面积元素$\mathrm{d}\sigma=r\mathrm{d}r\mathrm{d}\theta$与前文所讨论的结论相符．这里有两点需要说明的:

第一,采用换元积分公式,一般说来应把积分区域$D$换成$D'$,但在很多教科书中积分区域仍以$D$表示．这也是允许的．若将$xy$平面上的区域$D$换成$uv$平面上的$D'$,此时面积元素$\mathrm{d}u\mathrm{d}v$理解为$uv$平面上宽和高分别为$\mathrm{d}u$与$\mathrm{d}v$的矩形面积．而若积分区域仍以$D$表示,说明仍在$xy$平面上讨论,被积表达式中的$\mathrm{d}u\mathrm{d}v$应理解为$xy$平面上的小扇形区域面积．但若将它们写成累次积分,应有相同的表达式．

第二,有时换元变换$x=x(u,v),y=y(u,v)$不能保证$D$与$D'$上的点的一一对应关系,此时雅可比行列式$J(u,v)$可能等于零．例如极坐标变换中$D$平面上的坐标原点对应于$r\theta$平面上$r=0,\alpha\leqslant\theta\leqslant\beta$的一条线段．此时可以从$D$中除去原点的某一充分小的$\delta$邻域$B(0,\delta)$,在区域$D-B(0,\delta)$上应用换元积分公式,再令$\delta\to 0$,将得到相同的结果．因此在实际计算时不予讨论,从而使计算过程得到简化．

### §4.3.4　无界区域上的简单二重积分的计算

设 $D$ 是 $xy$ 平面上的无界区域，$f(x,y)$ 在 $D$ 上有定义．$D_\Gamma$ 是由任意光滑闭曲线 $\Gamma$ 围成的有界闭区域，$D_\Gamma \subset D$ 且 $f(x,y)$ 在 $D_\Gamma$ 上均可积．若 $\Gamma$ 连续变动使 $D_\Gamma \to D$ 时，极限

$$\lim_{D_\Gamma \to D} \iint_{D_\Gamma} f(x,y)\mathrm{d}\sigma$$

存在有限（不依赖于 $\Gamma$ 的取法），则称此极限为 $f(x,y)$ 在无界区域 $D$ 上的**广义二重积分**，记为

$$\iint_D f(x,y)\mathrm{d}\sigma,$$

并称 $f(x,y)$ 在 $D$ 上**广义可积**，否则称 $f(x,y)$ 在 $D$ 上**广义不可积**．

可以证明：若 $f(x,y)$ 在无界区域 $D$ 上非负，且按某确定方式 $D_\Gamma$ 趋于 $D$ 时有

$$\lim_{D_\Gamma \to D} \iint_{D_\Gamma} f(x,y)\mathrm{d}\sigma = A,$$

则 $f(x,y)$ 在 $D$ 上广义可积，且

$$\iint_D f(x,y)\mathrm{d}\sigma = A.$$

**例 1**　计算广义积分 $I = \iint_D \mathrm{e}^{-(x^2+y^2)}\mathrm{d}x\mathrm{d}y,\ D = \{(x,y) \mid x \geqslant 0, y \geqslant 0\}$.

**解**　令 $D_R = \{(x,y) \mid x^2+y^2 \leqslant R^2, x \geqslant 0, y \geqslant 0\}$，则 $\lim\limits_{R \to +\infty} D_R = D$. 我们有

$$\iint_{D_R} \mathrm{e}^{-(x^2+y^2)}\mathrm{d}x\mathrm{d}y = \int_0^{\frac{\pi}{2}}\mathrm{d}\theta\int_0^R \mathrm{e}^{-r^2}r\mathrm{d}r = \frac{\pi}{2}\cdot\left(-\frac{1}{2}\mathrm{e}^{-r^2}\right)\Big|_0^R$$

$$= \frac{\pi}{4}(1-\mathrm{e}^{-R^2}).$$

由于 $\mathrm{e}^{-(x^2+y^2)}$ 在 $D$ 上是非负的，故

$$I=\iint_{D}\mathrm{e}^{-(x^2+y^2)}\mathrm{d}x\mathrm{d}y=\lim_{R\to+\infty}\iint_{D_R}\mathrm{e}^{-(x^2+y^2)}\mathrm{d}x\mathrm{d}y$$

$$=\lim_{R\to+\infty}\frac{\pi}{4}(1-\mathrm{e}^{R^2})=\frac{\pi}{4}.$$

若令 $D_a=\{(x,y)|0\leqslant x\leqslant a,0\leqslant y\leqslant a\}$,则也有 $\lim\limits_{a\to+\infty}D_a=D$,从而有

$$\iint_{D}\mathrm{e}^{-(x^2+y^2)}\mathrm{d}x\mathrm{d}y=\lim_{a\to+\infty}\iint_{D_a}\mathrm{e}^{-(x^2+y^2)}\mathrm{d}x\mathrm{d}y=\lim_{a\to+\infty}\int_0^a\mathrm{d}x\int_0^a\mathrm{e}^{-(x^2+y^2)}\mathrm{d}y$$

$$=\int_0^{+\infty}\mathrm{e}^{-x^2}\mathrm{d}x\int_0^{+\infty}\mathrm{e}^{-y^2}\mathrm{d}y=\left(\int_0^{+\infty}\mathrm{e}^{-x^2}\mathrm{d}x\right)^2=\frac{\pi}{4},$$

由此得

$$\int_0^{+\infty}\mathrm{e}^{-x^2}\mathrm{d}x=\frac{\sqrt{\pi}}{2}.$$

由对称性可知 $\int_{-\infty}^{\infty}\mathrm{e}^{-x^2}\mathrm{d}x=\sqrt{\pi}$,这个积分在概率论与数理统计中经常用到 .

**例 2**　计算广义二重积分 $I=\iint\limits_{D}x\mathrm{e}^{-y^2}\mathrm{d}x\mathrm{d}y$,其中 $D$ 是第一象限内在曲线 $y=4x^2$ 和 $y=9x^2$ 之间的区域 .

**解**　令 $D_a=\{(x,y)|0\leqslant y\leqslant a,\frac{\sqrt{y}}{3}\leqslant x\leqslant\frac{\sqrt{y}}{2}\}$,则 $\lim\limits_{a\to+\infty}D_a=D$. 由于被积函数 $x\mathrm{e}^{-y^2}$ 在 $D$ 内非负,于是

$$I=\iint_{D}x\mathrm{e}^{-y^2}\mathrm{d}x\mathrm{d}y=\lim_{a\to+\infty}\iint_{D_a}x\mathrm{e}^{-y^2}\mathrm{d}x\mathrm{d}y=\lim_{a\to+\infty}\int_0^a\mathrm{d}y\int_{\frac{\sqrt{y}}{3}}^{\frac{\sqrt{y}}{2}}x\mathrm{e}^{-y^2}\mathrm{d}x$$

$$=\int_0^{+\infty}\mathrm{e}^{-y^2}\mathrm{d}y\int_{\frac{\sqrt{y}}{3}}^{\frac{\sqrt{y}}{2}}x\mathrm{d}x=\int_0^{+\infty}\frac{1}{2}\left(\frac{y}{4}-\frac{y}{9}\right)\mathrm{e}^{-y^2}\mathrm{d}y$$

$$=\int_0^{+\infty}\frac{5}{72}y\mathrm{e}^{-y^2}\mathrm{d}y=\frac{5}{144}(-\mathrm{e}^{-y^2})\Big|_0^{+\infty}=\frac{5}{144}.$$

引进无界区域上的广义积分,主要是为概率论中的二元分布做准备工作 . 由于在概率论和数理统计中遇到的密度函数都是非负的,所以我们只介绍了无界域上的非负函数的广义积分的计算方法 .

## 习　题　4.3

**A组**

1. 计算下列累次积分：

(1) $\int_0^1 dx\int_0^1 \frac{x^2}{1+y^2}dy$；　　(2) $\int_0^1 dy\int_y^1 (x+y)dx$；

(3) $\int_{-\frac{\pi}{2}}^{\frac{\pi}{2}} d\theta\int_0^{\cos\theta} \sqrt{\cos\theta}\, r^{\frac{3}{2}}dr$；　　(4) $\int_a^{\sqrt{2}a} dr\int_{\arccos\frac{a}{r}}^{\frac{\pi}{4}} r^2\sin\theta d\theta$

2. 将二重积分$\iint\limits_D f(x,y)d\sigma$化为累次积分(写出两种积分次序)，其中：

(1) $D$由$x$轴，$y=\ln x$及$x=\mathrm{e}$围成；

(2) $D$是以$A(1,1)$，$B(-1,1)$和$C(-1,-1)$为顶点的三角形；

(3) $D$是以$O(0,0)$，$A(2,0)$，$B(3,1)$，$C(1,1)$为顶点的平行四边形；

(4) $D$的边界是圆周$x^2+\left(y-\frac{1}{2}\right)^2=\frac{1}{4}$.

3. 填空(改变累次积分的次序)：

(1) $\int_{-1}^2 dx\int_{x^2}^{x+2} f(x,y)dy=$ ________；

(2) $\int_0^1 dy\int_{1-y}^{1+y} f(x,y)dx=$ ________；

(3) $\int_0^1 dx\int_{-x}^{x^2} f(x,y)dy=$ ________；

(4) $\int_{-1}^0 dy\int_{-2\sqrt{1+y}}^{2\sqrt{1+y}} f(x,y)dx+\int_0^8 dy\int_{-2\sqrt{1+y}}^{2-y} f(x,y)dx=$ ________.

4. 计算下列二重积分：

(1) $\iint\limits_D (x^2+y)dxdy$, $D=\{(x,y)\mid y\geqslant x^2\geqslant y^4\}$；

(2) $\iint\limits_D \frac{\sin y}{y}dxdy$, $D=\{(x,y)\mid y^2\leqslant x\leqslant y\}$；

(3) $\iint\limits_D \sin x^2 dxdy$, $D$由$y=0,x=1,y=x$围成；

(4) $\iint\limits_D x^2\mathrm{e}^{-y^2}dxdy$, $D$由$x=0,y=1$及$y=x$围成；

(5) $\iint\limits_D \mathrm{e}^{\frac{x}{y}}dxdy$，$D$由$y^2=x,x=0$及$y=1$围成；

(6) $\iint\limits_D \sqrt{|y-x^2|}dxdy$，$D=\{(x,y)\mid |x|\leqslant 1,0\leqslant y\leqslant 2\}$.

5. 将二重积分$\iint\limits_D f(x,y)d\sigma$化为极坐标下累次积分，其中区域$D$分别为

(1) $x^2+y^2\leqslant ay\ (a>0)$；　　(2) $x^2+y^2\leqslant 2x,\ y\geqslant x^2$；

(3) $x^2+y^2\geqslant 4x,\ x^2+y^2\leqslant 8x, y\geqslant x,\quad y\leqslant\sqrt{3}x$；

(4) $x^2+y^2=x+y$ 所围．

*6. 填空(改变积分次序)：

(1) $\int_0^{\frac{\pi}{4}}\mathrm{d}\theta\int_0^{a\sec\theta}f(r,\theta)\mathrm{d}r=$ ____________；

(2) $\int_{-\frac{\pi}{4}}^{\frac{\pi}{2}}\mathrm{d}\theta\int_0^{2a\cos\theta}f(r,\theta)\mathrm{d}r=$ ____________.

7. 计算下列二重积分(或累次积分)：

(1) $\iint\limits_D\sin\sqrt{x^2+y^2}\,\mathrm{d}x\mathrm{d}y,\ D=\{(x,y)\mid \pi^2\leqslant x^2+y^2\leqslant 4\pi^2\}$；

(2) $\int_0^a\mathrm{d}x\int_0^{\sqrt{ax-x^2}}\sqrt{x^2+y^2}\,\mathrm{d}y$；

(3) $\iint\limits_D\sqrt{x^2+y^2}\,\mathrm{d}\sigma,\ D=\left\{(x,y)\mid x^2+y^2\leqslant a^2,\left(x-\frac{a}{2}\right)^2+y^2\geqslant\frac{a^2}{4},\right.$
$\left.x\geqslant 0,\ y\geqslant 0\right\}$；

(4) $\iint\limits_D\frac{1-x^2-y^2}{1+x^2+y^2}\mathrm{d}x\mathrm{d}y,\ D=\{(x,y)\mid x^2+y^2\leqslant 1,x\geqslant 0,y\geqslant 0\}$；

(5) $\iint\limits_D xy\,\mathrm{d}x\mathrm{d}y,\quad D=\{(x,y)\mid y\geqslant 0,x^2+y^2\geqslant 1,x^2+y^2\leqslant 2x\}$.

8. 计算下列曲面所围成立体的体积：

(1) $z=x^2+y^2,\ z=0,\ y=1,\ y=x^2$；

(2) $z=\sqrt{x^2+y^2},\ z=\sqrt{2a^2-x^2-y^2}$.

9. 计算广义二重积分 $\iint\limits_{x<y}\mathrm{e}^{-\frac{1}{2}(x^2+y^2)}\mathrm{d}x\mathrm{d}y$.

**B组**

1. 计算 $\iint\limits_D\sin\frac{\pi x}{2y}\mathrm{d}x\mathrm{d}y, D=\{(x,y)\mid 1\leqslant y\leqslant 2,y\leqslant x\leqslant y^2\}$.

2. 设 $f(x,y)$在闭区域 $D$ 上连续,证明：

(1) 若 $f(x,y)$关于 $x$ 为奇函数,即 $f(-x,y)\equiv -f(x,y)$,且 $D$ 关于 $y$ 轴对称,则 $\iint\limits_D f(x,y)\mathrm{d}\sigma=0$；

(2) 若 $f(x,y)$关于 $x$ 是偶函数,即 $f(-x,y)=f(x,y)$,且 $D$ 关于 $y$ 轴对称,则 $\iint\limits_D f(x,y)\mathrm{d}\sigma=2\iint\limits_{D_1}f(x,y)\mathrm{d}\sigma$,其中 $D_1$ 是 $D$ 的 $x\geqslant 0$ 部分；

(3) 若 $f(x,y)$关于 $y$ 是奇(或偶)函数,叙述与上述相应结论．

3. 计算$\iint\limits_D(|x|+|y|)\mathrm{d}x\mathrm{d}y$,其中 $D$ 为 $|x|+|y|\leqslant 1$.

4. 求极限$\lim\limits_{x\to 0}\left(\int_0^x \mathrm{d}t\int_t^x \mathrm{e}^{-(t-u)^2}\mathrm{d}u\right)/(1-\mathrm{e}^{-x^2})$.

5. 求球体 $x^2+y^2+z^2\leqslant a^2$ 被圆柱面 $x^2+y^2=ax$ 切下部分立体的体积 .

6. 计算 $I=\iint\limits_D \dfrac{\mathrm{d}x\mathrm{d}y}{x^4+y^2}$,$D=\{(x,y)\mid x\geqslant 1, y\geqslant x^2\}$.

# 第五章　级　　数

## 第一节　常数项级数

### §5.1.1　基本概念与性质

**定义 5.1（级数）**　设给定一数列 $a_1, a_2, \cdots, a_n, \cdots$. 我们把下述用加号依次连接它的各项而得到的式子

$$a_1 + a_2 + \cdots + a_n + \cdots$$

称为无穷级数，简称级数. 常记为

$$\sum_{n=1}^{\infty} a_n = a_1 + a_2 + \cdots + a_n + \cdots. \tag{5.1}$$

上式中 $a_n$ 是级数(5.1)的第 $n$ 项，称为一般项或通项.

级数通项 $a_n$ 的下标 $n$ 也可以从零或从大于 1 的某自然数开始. 例如级数

$$\sum_{n=k}^{\infty} a_n = a_k + a_{k+1} + \cdots + a_{k+n} + \cdots,$$

这里 $k$ 为某非负整数. 显然 $a_{k+n}$ 为上述级数的第 $n+k$ 项.

命

$$s_n = a_1 + a_2 + \cdots + a_n,$$

称 $s_n$ 为级数(5.1)的**前 $n$ 项和**，简称**部分和**. 部分和 $s_n$ 构成的数列

$$\{s_n\}: s_1, s_2, \cdots, s_n, \cdots \tag{5.2}$$

称为**部分和数列**.

**定义 5.2（收敛·发散）**　若级数(5.1)的部分和数列(5.2)当 $n \to \infty$ 时收敛于 $s$，即

$$\lim_{n\to\infty} s_n = s,$$

则称级数 $\sum\limits_{n=1}^{\infty} a_n$ **收敛，且收敛于** $s$，记成

$$\sum_{n=1}^{\infty} a_n = s.$$

$s$ 称为级数(5.1)的**和**．若数列$\{s_n\}$发散,称级数(5.1)**发散**．若

$$\lim_{n\to\infty} s_n = +\infty(\text{或} -\infty),$$

则称级数(5.1)**发散于**$+\infty$(或$-\infty$),也称级数(5.1)有和$+\infty$(或$-\infty$),记成

$$\sum_{n=1}^{\infty} a_n = +\infty(\text{或} -\infty).$$

我们把

$$r_n = a_{n+1} + a_{n+2} + \cdots = \sum_{k=n+1}^{\infty} a_k$$

称为级数(5.1)第 $n$ 项后的余项,简称**余项**．因

$$\sum_{k=1}^{\infty} a_k = s_n + r_n,$$

故若 $\sum\limits_{k=1}^{\infty} a_k$ 收敛于$s$,则 $r_n = s - s_n$. 于是

$$\lim_{n\to\infty} r_n = 0.$$

即当 $n\to\infty$时,收敛级数的余项是一个无穷小．

**例 1**　讨论几何级数(又称等比级数)

$$\sum_{n=0}^{\infty} aq^n = a + aq + aq^2 + \cdots + aq^n + \cdots \tag{5.3}$$

的敛散性,这里 $a\neq 0$.

**解**　当 $q=1$ 时,部分和 $s_n = na\to\infty$. 当 $q=-1$ 时,部分和

$$s_n = \begin{cases} a, & n\text{ 为奇数}, \\ 0, & n\text{ 为偶数}. \end{cases}$$

故$\lim\limits_{n\to\infty} s_n$ 不存在．因此,当$|q|=1$ 时级数发散．

当$|q|\neq 1$ 时,因

$$s_n = a + aq + aq^2 + \cdots + aq^{n-1} = \frac{a(1-q^n)}{1-q},$$

故当$|q|<1$ 时,$s_n\to\dfrac{a}{1-q}$,级数收敛;当$|q|>1$ 时,$s_n\to\infty$,级数发散．

综上讨论,几何级数(5.3)当且仅当$|q|<1$时收敛,收敛时其和为$\frac{a}{1-q}$.

**例 2** 讨论级数

$$\frac{1}{1\cdot 2}+\frac{1}{2\cdot 3}+\cdots+\frac{1}{n(n+1)}+\cdots$$

的敛散性.

**解** 因$\frac{1}{n(n+1)}=\frac{1}{n}-\frac{1}{n+1}$,于是部分和

$$\begin{aligned} s_n &= \frac{1}{1\cdot 2}+\frac{1}{2\cdot 3}+\cdots+\frac{1}{n(n+1)} \\ &= \left(1-\frac{1}{2}\right)+\left(\frac{1}{2}-\frac{1}{3}\right)+\cdots+\left(\frac{1}{n}-\frac{1}{n+1}\right) \\ &= 1-\frac{1}{n+1}. \end{aligned}$$

因此

$$\lim_{n\to\infty} s_n = \lim_{n\to\infty}\left(1-\frac{1}{n+1}\right)=1.$$

所以原级数收敛于1.

为书写简便,在不引起混淆时,$\sum_{n=1}^{\infty} a_n$ 常简记成$\sum_{1}^{\infty} a_n$,甚至记成$\sum a_n$.下面讨论收敛级数的基本性质.

**性质 1** 若$\sum_{1}^{\infty} a_n$收敛,则

$$\lim_{n\to\infty} a_n = 0.$$

**证** 设$s_n$为前$n$项和,则

$$a_n = s_n - s_{n-1}.$$

设$s_n\to s$,$s$为有限数.同样有$s_{n-1}\to s$.于是

$$\lim_{n\to\infty} a_n = \lim_{n\to\infty}(s_n - s_{n-1}) = s - s = 0. \qquad \square$$

因此,级数通项的极限等于零是**级数收敛的必要条件**.

**性质 2** 设$\sum_{1}^{\infty} a_n$收敛于$s$,$c$为常数,则$\sum_{1}^{\infty} ca_n$收敛于$cs$.

**证** 设级数 $\sum_{1}^{\infty} ca_n$ 的前 $n$ 项和为 $s_n{}'$，则

$$s_n{}' = ca_1 + ca_2 + \cdots + ca_n = c(a_1 + a_2 + \cdots + a_n) = cs_n.$$

于是

$$\sum_{1}^{\infty} ca_n = \lim_{n\to\infty} cs_n = c\lim_{n\to\infty} s_n = cs.$$

因此，当 $c\neq 0$ 时，级数 $\sum_{1}^{\infty} a_n$ 与 $\sum_{1}^{\infty} ca_n$ 具有相同的敛散性，当其中有一个收敛时

$$\sum_{1}^{\infty} ca_n = c\sum_{1}^{\infty} a_n.$$

**性质 3** 设 $\sum_{1}^{\infty} a_n$ 与 $\sum_{1}^{\infty} b_n$ 均收敛，则 $\sum_{1}^{\infty}(a_n \pm b_n)$ 也收敛，且

$$\sum_{1}^{\infty}(a_n \pm b_n) = \sum_{1}^{\infty} a_n \pm \sum_{1}^{\infty} b_n.$$

**证** 设 $\sum_{1}^{\infty} a_n$ 与 $\sum_{1}^{\infty} b_n$ 的前 $n$ 项和分别为 $s_n$ 与 $s'_n$，则 $\sum_{1}^{\infty}(a_n \pm b_n)$ 的前 $n$ 项之和为 $s_n \pm s'_n$. 于是

$$\sum_{1}^{\infty}(a_n \pm b_n) = \lim_{n\to\infty}(s_n \pm s_n{}') = \lim_{n\to\infty} s_n \pm \lim_{n\to\infty} s_n{}' = \sum_{1}^{\infty} a_n \pm \sum_{1}^{\infty} b_n. \quad \square$$

**性质 4** 在级数前加上或去掉有限多项，不改变级数的敛散性(在收敛的情形，级数的和一般会改变).

**证** 只要考虑去掉前有限多项就可以了. 设级数(5.1)去掉前 $k$ 项后得到级数

$$\sum_{n=k+1}^{\infty} a_n = a_{k+1} + a_{k+2} + \cdots + a_{k+n} + \cdots. \tag{5.4}$$

又设级数(5.1)与(5.4)的前 $n$ 项和分别为 $s_n$ 与 $s_n{}'$. 于是

$$s_n{}' = s_{k+n} - s_k.$$

因 $s_k$ 为常数，由上式可知，若级数(5.1)收敛于 $s$，则

$$\sum_{n=k+1}^{\infty} a_n = \lim_{n\to\infty} s_n{}' = \lim_{n\to\infty}(s_{k+n} - s_k) = s - s_k.$$

反之,若级数(5.4)收敛于 $s'$,类似地可以证明级数(5.1)收敛于

$$s' + s_k. \qquad \square$$

由性质 4 可知,改变某级数的有限多项不改变级数的敛散性.

**性质 5** 收敛级数任意"加上括号"后得到的级数仍收敛到原来的和.

例如,级数(5.1)加括号后得到级数

$$(a_1 + a_2) + a_3 + (a_4 + a_5 + a_6) + \cdots,$$

该级数第一项为 $(a_1 + a_2)$,第二项为 $a_3$,第三项为 $(a_4 + a_5 + a_6)$,$\cdots$. 显然新级数的部分和数列是原级数部分和数列的子数列. 因收敛数列的任一子数列仍收敛,并收敛到原数列的极限,故加括号得到的级数仍收敛到原级数的和.

### §5.1.2 正项级数

如何判别级数的敛散性是常数项级数这一节中要讨论的基本问题. 在§5.1.1 中我们举了两个用级数敛散性定义判别的例子. 可惜的是能用定义方便地判别级数的敛散性并求得它的和是很少见的. 因此需要建立敛散性的判别法. 当判定了某级数收敛以后,再讨论如何计算其和才有意义. 我们先讨论正项级数的情形.

**定义 5.3 (正项级数)** 若级数 $\sum\limits_{1}^{\infty} a_n$ 的各项均非负,即 $a_n \geqslant 0, \forall n \in \mathbf{N}$,则称该级数为**正项级数**.

设 $\sum\limits_{1}^{\infty} a_n$ 为正项级数,$s_n$ 为它的部分和,则

$$s_{n+1} = s_n + a_{n+1} \geqslant s_n.$$

故部分和数列 $\{s_n\}$ 为增数列. 因增数列收敛的充要条件是该数列为有界数列,于是我们有

**定理 5.1** 正项级数收敛的充要条件是它的部分和数列有界.

由定理 5.1 我们可以导出判别正项级数收敛的几种常用方法.

1. *比较判别法*

设 $\sum\limits_{1}^{\infty} a_n$ 与 $\sum\limits_{1}^{\infty} b_n$ 为两个正项级数. 若

$$a_n \leqslant b_n, \ n = 1,2,\cdots, \tag{5.5}$$

则

(i) 当$\sum_{1}^{\infty} b_n$ 收敛时$\sum_{1}^{\infty} a_n$ 也收敛;

(ii) 当$\sum_{1}^{\infty} a_n$ 发散时$\sum_{1}^{\infty} b_n$ 也发散.

**证** 设 $\sum_{1}^{\infty} a_n$ 与$\sum_{1}^{\infty} b_n$ 前 $n$ 项分别为 $s_n$ 与 $s'_n$,则由条件知

$$s_n \leqslant s'_n.$$

若 $\sum_{1}^{\infty} b_n$ 收敛,由定理 5.1 知数列$\{s'_n\}$有界.再由上式知数列$\{s_n\}$有界,所以 $\sum_{1}^{\infty} a_n$ 收敛,即(i)成立.

因(ii)是(i)的逆否命题,它们是等价的.由(i)即知(ii)成立. □

**注** 因去掉级数若干项不改变级数的敛散性,故(5.5)式只要对充分大的 $n$ 成立,就有同样的结论.

**例 1** 设 $\sum_{1}^{\infty} a_n$ 与$\sum_{1}^{\infty} b_n$ 均为收敛的正项级数.求证$\sum_{1}^{\infty} a_n^2$ 与$\sum_{1}^{\infty} \sqrt{a_n b_n}$ 也收敛.

**证** 由收敛级数的必要条件知

$$\lim_{n \to \infty} a_n = 0.$$

故当 $n$ 充分大时,$0 \leqslant a_n < 1$.于是对充分大的 $n$ 有

$$a_n^2 < a_n$$

成立.由比较判别法 I 知 $\sum_{1}^{\infty} a_n^2$ 收敛.

因

$$\sqrt{a_n b_n} \leqslant \frac{1}{2}(a_n + b_n) \leqslant a_n + b_n,$$

故由 $\sum_{1}^{\infty} a_n$ 与$\sum_{1}^{\infty} b_n$ 收敛知$\sum_{1}^{\infty} \sqrt{a_n b_n}$ 收敛.

**例 2** 设 $\sum_{1}^{\infty} a_n$ 与$\sum_{1}^{\infty} b_n$ 均为正项级数,且存在正常数 $c_1$ 与 $c_2$ 使得

$$c_1 b_n < a_n < c_2 b_n$$

对充分大的 $n$ 成立,求证级数 $\sum_1^\infty a_n$ 与 $\sum_1^\infty b_n$ 有相同的敛散性.

**证** 若 $\sum_1^\infty a_n$ 收敛,则 $\sum_1^\infty c_1 b_n$ 收敛,由 §5.1.1 收敛级数性质 2 知 $\sum_1^\infty b_n$ 收敛.

若 $\sum_1^\infty a_n$ 发散,则 $\sum_1^\infty c_2 b_n$ 发散,故 $\sum_1^\infty b_n$ 发散.证毕.

下面介绍**比较判别法的极限形式**,应用起来有时更为方便.

设 $\sum_1^\infty a_n$ 与 $\sum_1^\infty b_n$ 均为正项级数,$b_n \neq 0$.若

$$\lim_{n\to\infty}\frac{a_n}{b_n} = k \ (0 < k < +\infty),$$

则 $\sum_1^\infty a_n$ 与 $\sum_1^\infty b_n$ 有相同的敛散性.

**证** 因 $\frac{k}{2} < k < 2k$,故当 $n$ 充分大时有

$$\frac{k}{2} < a_n/b_n < 2k,$$

即

$$\frac{k}{2} b_n < a_n < 2kb_n.$$

由例 2 知 $\sum_1^\infty a_n$ 与 $\sum_1^\infty b_n$ 有相同的敛散性.

**例 3** 讨论级数 $\sum_1^\infty \sin\frac{1}{2^n}$ 的敛散性.

**解** 因

$$\lim_{n\to\infty}\frac{\sin\frac{1}{2^n}}{\frac{1}{2^n}} = 1,$$

故 $\sum_1^\infty \sin\frac{1}{2^n}$ 与 $\sum_1^\infty \frac{1}{2^n}$ 有相同的敛散性.因等比级数 $\sum_1^\infty \frac{1}{2^n}$ 收敛,故原级数收敛.

2. 积分判别法

设 $f(x)$是区间$[1,+\infty)$上正值连续的减函数 .$a_n=f(n)$,命 $F(x)$为 $f(x)$的某一个原函数, $\lim\limits_{x\to+\infty}F(x)=M$. 则当 $M$ 有限时 $\sum\limits_1^\infty a_n$ 收敛, 当 $M=+\infty$ 时$\sum\limits_1^\infty a_n$ 发散 .

*证　由 $f(x)$的单调性知,当 $n\leqslant x\leqslant n+1$ 时,

$$a_{n+1}=f(n+1)\leqslant f(x)\leqslant f(n)=a_n.$$

将上式各项从 $n$ 到$n+1$ 对 $x$ 积分得

$$a_{n+1}=\int_n^{n+1}a_{n+1}\mathrm{d}x\leqslant\int_n^{n+1}f(x)\mathrm{d}x\leqslant\int_n^{n+1}a_n\mathrm{d}x=a_n. \tag{5.6}$$

级数

$$\sum_{n=1}^\infty\int_n^{n+1}f(x)\mathrm{d}x \tag{5.7}$$

的前 $n$ 项和为$\int_1^{n+1}f(x)\mathrm{d}x=F(n+1)-F(1)$. 由条件知: $\lim\limits_{n\to\infty}F(n+1)=M$. 于是正项级数(5.7)收敛或发散依 $M$ 有限或为$+\infty$而定. 由(5.6)式及比较判别法,当级数(5.7)收敛时$\sum\limits_1^\infty a_{n+1}$收敛,即$\sum\limits_1^\infty a_n$收敛;当级数(5.7)发散时,$\sum\limits_1^\infty a_n$ 发散 . 这就是所要证明的 . □

我们称 $\sum\limits_1^\infty\frac{1}{n^p}$ **为 $p$ 级数**,这里 $p$ 为实常数 .

**例 4**　讨论 $p$ 级数的敛散性 .

**解**　当 $p\leqslant0$ 时,因$\lim\limits_{n\to\infty}\frac{1}{n^p}\neq0$ 知 $p$ 级数发散 .

当 $p>0$ 时, $\frac{1}{x^p}$为区间$[1,+\infty)$上的正值连续减函数 . 而$\frac{1}{x^p}$的原函数可取为

$$F(x)=\begin{cases}\ln x, & p=1,\\ \dfrac{1}{1-p}x^{1-p}, & p\neq1.\end{cases}$$

当$0<p\leqslant 1$时，$\lim\limits_{x\to+\infty}F(x)=+\infty$，级数发散；当$p>1$时，$\lim\limits_{x\to+\infty}F(x)=0$，级数收敛.

综上所述，$p$级数当且仅当$p>1$时收敛．

$p$级数的敛散性很重要．我们常将某一个级数与$p$级数比较，从而推知其敛散性．

$\sum\limits_{1}^{\infty}\frac{1}{n}$称为**调和级数**．由例4知调和级数发散于$+\infty$，即

$$1+\frac{1}{2}+\frac{1}{3}+\cdots+\frac{1}{n}+\cdots=+\infty.$$

**例5** 判别级数$\sum\limits_{1}^{\infty}\frac{1}{2n-1}$的敛散性．

**解** 因$\frac{1}{2n-1}>\frac{1}{2n}=\frac{1}{2}\cdot\frac{1}{n}$，由调和级数发散知$\sum\limits_{1}^{\infty}\frac{1}{2n}$发散，再由比较判别法知$\sum\limits_{1}^{\infty}\frac{1}{2n-1}$发散．

**例6** 对$\alpha$讨论级数$\sum\limits_{1}^{\infty}\frac{\sqrt{n+1}-\sqrt{n}}{n^{\alpha}}$的敛散性．

**解** 因

$$\frac{\sqrt{n+1}-\sqrt{n}}{n^{\alpha}}=\frac{1}{(\sqrt{n+1}+\sqrt{n})n^{\alpha}},$$

$$\lim_{n\to\infty}\frac{1}{(\sqrt{n+1}+\sqrt{n})n^{\alpha}}\bigg/\frac{1}{n^{\alpha+\frac{1}{2}}}=\frac{1}{2},$$

故原级数与级数$\sum\limits_{1}^{\infty}\frac{1}{n^{\alpha+\frac{1}{2}}}$的敛散性相同．由$p$级数的敛散性知当且仅当$\alpha>\frac{1}{2}$时原级数收敛．

用比较判别法判别正项级数$\Sigma a_n$的敛散性，必须将其与另一个已知其敛散性的级数$\Sigma b_n$进行比较．实质上，一个级数是否收敛是由该级数的项的内在性质决定的．由此我们自然想到能否用级数本身的项来判别其敛散性呢？循此想法，已得到许多判别法．下面介绍的就是其中一个简洁判别法．

3. 达朗贝尔比值判别法

设有正项级数$\sum\limits_{1}^{\infty}a_n$．若

$$\lim_{n\to\infty}\frac{a_{n+1}}{a_n}=r \qquad (0\leqslant r\leqslant+\infty),$$

则当 $r<1$ 时级数收敛,当 $r>1$ 时级数发散.

**证** 设 $r<1$,取 $q$ 使得 $r<q<1$.由条件知当 $n$ 充分大时有

$$\frac{a_{n+1}}{a_n}<q.$$

因改变级数有限多项不影响其敛散性,故可设上式对一切 $n$ 成立.于是

$$\begin{aligned} &a_2<a_1q,\\ &a_3<a_2q<a_1q^2,\\ &\vdots\\ &a_n<a_{n-1}q<a_1q^{n-1},\\ &\vdots \end{aligned}$$

因等比级数 $\sum\limits_1^\infty a_1q^{n-1}$ 收敛,所以 $\sum\limits_1^\infty a_n$ 收敛.

设 $r>1$,当 $n$ 充分大时 $\frac{a_{n+1}}{a_n}>1$,即数列 $\{a_n\}$ 当 $n$ 充分大时严格单调上升,故 $\lim\limits_{n\to\infty}a_n\neq0$,所以 $\sum\limits_1^\infty a_n$ 发散. □

**注** 当 $r=1$ 时,达朗贝尔判别法失效.例如,设 $a_n=\frac{1}{n^p}$,则 $\lim\limits_{n\to\infty}\frac{a_{n+1}}{a_n}=1$.而 $p$ 级数可能收敛也可能发散.

**例 7** 判别级数 $\sum\limits_1^\infty\frac{n!}{n^n}$ 的敛散性.

**解** 设 $a_n=\frac{n!}{n^n}$,则当 $n\to\infty$ 时,

$$\frac{a_{n+1}}{a_n}=\frac{(n+1)!}{(n+1)^{n+1}}\Big/\frac{n!}{n^n}=\frac{n^n}{(n+1)^n}\to\frac{1}{\mathrm{e}}.$$

因 $\frac{1}{\mathrm{e}}<1$,由达朗贝尔判别法知原级数收敛.有时我们可以通过证明数列 $\sum\limits_1^\infty a_n$ 收敛来证明极限 $\lim\limits_{n\to\infty}a_n=0$.例如,由例 7 知 $\sum\limits_1^\infty\frac{n!}{n^n}$ 收敛,故

$$\lim_{n\to\infty}\frac{n!}{n^n}=0.$$

### §5.1.3 任意项级数

现在我们讨论一般的常数项级数，即它的各项可取任意实数的级数．我们先讨论被称之为“交错级数”的特殊情形．

**定义 5.4（交错级数）** 若某级数的正负项交替出现，则称这种级数为**交错级数**．

例如，当 $a_n>0,\ \forall n\in\mathbf{N}$，

$$\sum_{n=1}^{\infty}(-1)^{n-1}a_n=a_1-a_2+a_3-a_4+\cdots+(-1)^{n-1}a_n+\cdots \tag{5.8}$$

就是交错级数．

**定理 5.2（莱布尼兹判别法）** 若交错级数(5.8)满足下述条件：

(i) $a_n\geqslant a_{n+1},\ \forall n\in\mathbf{N}$;

(ii) $\lim\limits_{n\to\infty}a_n=0$,

则级数(5.8)收敛．

**证** 设 $s_n$ 为级数(5.8)的前 $n$ 项和，因

$$s_{2n}=(a_1-a_2)+(a_3-a_4)+\cdots+(a_{2n-1}-a_{2n})\geqslant s_{2n-2}, \tag{5.9}$$

$$s_{2n}=a_1-(a_2-a_3)-\cdots-(a_{2n-2}-a_{2n-1})-a_{2n}\leqslant a_1, \tag{5.10}$$

故数列 $\{s_{2n}\}$ 为有界增数列，所以 $\{s_{2n}\}$ 收敛．设

$$\lim_{n\to\infty}s_{2n}=s. \tag{5.11}$$

由于 $s_{2n+1}=s_{2n}+a_{2n+1}$，依条件(ii)知

$$\lim_{n\to\infty}s_{2n+1}=\lim_{n\to\infty}s_{2n}+\lim_{n\to\infty}a_{2n+1}=s.$$

所以 $\lim\limits_{n\to\infty}s_n=s$，即级数(5.8)收敛． □

由(5.9)，(5.11)两式可知 $s\geqslant0$，由(5.10)，(5.11)两式可知 $s\leqslant a_1$．设交错级数(5.8)适合定理 5.2 的条件，$r_n$ 为它的余项，即

$$r_n=(-1)^n(a_{n+1}-a_{n+2}+a_{n+3}-\cdots).$$

显然上式右端括号内仍为适合定理条件的交错级数，由上述讨论知

$$|r_n| = |a_{n+1} - a_{n+2} + a_{n+3} - \cdots| \leqslant a_{n+1}.$$

此式给出了适合莱布尼兹定理条件交错级数的余项估计.

易知交错级数

$$\sum_{n=1}^{\infty}(-1)^{n-1}\frac{1}{n} = 1 - \frac{1}{2} + \frac{1}{3} - \cdots + (-1)^{n-1}\frac{1}{n} + \cdots \tag{5.12}$$

与

$$\sum_{n=1}^{\infty}(-1)^{n-1}\frac{1}{n^2} = 1 - \frac{1}{2^2} + \frac{1}{3^2} + \cdots + (-1)^{n-1}\frac{1}{n^2} + \cdots \tag{5.13}$$

均满足定理 5.2 中条件,故必收敛.若级数(5.12)与(5.13)各项均取其绝对值,分别得到级数 $\sum_{1}^{\infty}\frac{1}{n}$ 与 $\sum_{1}^{\infty}\frac{1}{n^2}$.我们知道前者是发散的,后者是收敛的.为了区别具有这两种性质的级数,我们引进绝对收敛与条件收敛的概念.

**定义 5.5(绝对收敛·条件收敛)** 设 $\sum_{1}^{\infty}a_n$ 为任意项级数.若级数 $\sum_{1}^{\infty}|a_n|$ 收敛,则称 $\sum_{1}^{\infty}a_n$ 为**绝对收敛级数**.若级数 $\sum_{1}^{\infty}|a_n|$ 发散,而 $\sum_{1}^{\infty}a_n$ 收敛,则称 $\sum_{1}^{\infty}a_n$ 为**条件收敛级数**.

例如(5.12)与(5.13)分别为条件收敛与绝对收敛级数.

**定理 5.3** 绝对收敛级数必收敛.

**证** 设级数 $\sum_{1}^{\infty}|a_n|$ 收敛,令

$$x_n = \frac{1}{2}(|a_n| + a_n),\ y_n = \frac{1}{2}(|a_n| - a_n).$$

显然 $\sum_{1}^{\infty}x_n$ 与 $\sum_{1}^{\infty}y_n$ 均为正项级数.因

$$x_n \leqslant |a_n|,\ y_n \leqslant |a_n|,$$

由正项级数收敛的比较判别法知 $\sum_{1}^{\infty}x_n$ 与 $\sum_{1}^{\infty}y_n$ 均收敛.而

$$a_n = x_n - y_n,$$

因收敛级数的差收敛,故 $\sum_{1}^{\infty}a_n = \sum_{1}^{\infty}(x_n - y_n)$ 收敛. □

绝对收敛级数与条件收敛级数虽然都是收敛级数,但它们有着本质的区别．以下我们给出绝对收敛级数所具有的一些性质,证明从略．

若数列$\{n_k\}$为自然数列的子数列,则称级数 $\sum_{k=1}^{\infty} a_{n_k}$ 为级数$\sum_{1}^{\infty} a_n$ 的子级数．

**性质 1** 设级数 $\sum_{1}^{\infty} a_n$ 绝对收敛,则它的任一子级数$\sum_{k=1}^{\infty} a_{n_k}$ 也绝对收敛．

**性质 2** 任意改变绝对收敛级数各项的次序,得到的级数仍然绝对收敛,并收敛到原来的和．

**性质 3** 若 $\sum_{n=0}^{\infty} a_n$ 与$\sum_{n=0}^{\infty} b_n$ 分别为收敛到$A$ 与$B$ 的绝对收敛级数,则级数

$$a_0 b_0+(a_0 b_1 + a_1 b_0) + (a_0 b_2 + a_1 b_1 + a_2 b_0) + \cdots$$

$$= \sum_{n=0}^{\infty} (a_0 b_n + a_1 b_{n-1} + \cdots + a_n b_0) \tag{5.14}$$

绝对收敛,且其和为 $AB$.

我们称(5.14)为级数 $\sum_{n=0}^{\infty} a_n$ 与$\sum_{n=0}^{\infty} b_n$ 的积．对条件收敛的级数来说其乘积可能是发散的级数, 见习题 5.1B4.

我们在§5.1.2 中建立的正项级数敛散性判别法对任意项级数一般不再适用了．但这些判别法均可用来判别任意项级数的绝对收敛性．今试举一例,我们有下述定理:

**定理 5.4** 若极限

$$\lim_{n\to\infty} \left| \frac{a_{n+1}}{a_n} \right| = r,$$

则当 $r < 1$ 时$\sum_{1}^{\infty} a_n$ 绝对收敛,当 $r > 1$ 时$\sum_{1}^{\infty} a_n$ 发散．

**证** 由正项级数收敛的达朗贝尔判别法知当 $r<1$ 时 $\sum_{1}^{\infty} |a_n|$ 收敛．故 $\sum_{1}^{\infty} a_n$ 绝对收敛．而当 $r > 1$ 时,由$\lim_{n\to\infty} a_n \neq 0$ 知$\sum_{1}^{\infty} a_n$ 发散． □

在第一章我们学过数列,数列与级数这两个概念之间有着紧密的联系．任给常数项级数 $\sum_{1}^{\infty} a_n$,它的前 $n$ 项之和构成了数列

$$\{s_n\}: s_1, s_2, \cdots, s_n, \cdots.$$

反之,任给数列$\{s_n\}$,若命

$$a_1 = s_1, \quad a_n = s_n - s_{n-1}, \quad n = 2,3,\cdots,$$

便得到级数 $\sum\limits_1^{\infty} a_n$,该级数的前 $n$ 项和恰为 $s_n$. 因此级数与数列之间可以建立上述一一对应关系. 互相对应的级数与数列有相同的敛散性,并且收敛级数的和等于对应的数列的极限. 正因为这样,我们可以利用级数研究数列,也可以利用数列研究级数. 我们在第一章中证明的关于数列的许多性质,都可以按照这种对应关系平行移到级数中来,而不需要重新证明.

在上述级数与数列的对应关系下,正项级数(首项允许为负)对应于增数列. 因此,“增数列收敛的充要条件为该数列有界”这一命题用“级数语言”叙述就成为:“正项级数收敛的充要条件是其部分和数列有界”.

## 习　题　5.1

**A 组**

1. 利用定义证明下列级数收敛并求其和:

(1) $\sum\limits_{n=1}^{\infty}\left(\frac{1}{2^n}+\frac{1}{3^n}\right)$;　　(2) $\sum\limits_{n=1}^{\infty}\frac{1}{(3n-2)(3n+1)}$;

(3) $\sum\limits_{n=1}^{\infty}(\sqrt{n+2}-2\sqrt{n+1}+\sqrt{n})$;　　(4) $\sum\limits_{n=1}^{\infty}\frac{n}{(n+1)!}$.

2. 判别下列正项级数的敛散性:

(1) $\sum\limits_{n=1}^{\infty}\frac{n+1}{n(n+2)}$;　　(2) $\sum\limits_{n=1}^{\infty}n(\sqrt{n^2+1}-n)$;

(3) $\sum\limits_{n=1}^{\infty}\frac{1}{2^n-n}$;　　(4) $\sum\limits_{n=1}^{\infty}\frac{1}{\sqrt[n]{n+n^2}}$;

(5) $\sum\limits_{n=2}^{\infty}\frac{1}{\sqrt{n}}\ln\frac{n+1}{n-1}$;　　(6) $\sum\limits_{n=1}^{\infty}\frac{4^n}{5^n-3^n}$;

(7) $\sum\limits_{n=1}^{\infty}\left(1-\cos\frac{\pi}{n}\right)$;　　(8) $\sum\limits_{n=2}^{\infty}n\tan\frac{\pi}{2^n}$;

(9) $\sum\limits_{n=1}^{\infty}\frac{n^n}{2^n\cdot n!}$;　　(10) $\sum\limits_{n=1}^{\infty}\frac{n^n}{3^n\cdot n!}$;

(11) $\sum\limits_{n=1}^{\infty}\left(1-\left(\frac{1}{n}\right)^{\frac{1}{n}}\right)$;　　(12) $\sum\limits_{n=1}^{\infty}\frac{n^{n-1}}{(n+1)^{n+1}}$.

3. 若$\frac{a_{n+1}}{a_n}<1$, $\forall n\in\mathbf{N}$,能否断言正项级数 $\sum\limits_1^{\infty}a_n$ 收敛?为什么?

4. 举例说明§5.1.1 性质 5 的逆命题不成立. 即若“加括号”后得到的级数收敛,原级数不一定收敛．

5. 对正项级数 $\sum_{1}^{\infty} a_n$，证明根值判别法：若 $\lim_{n\to\infty}\sqrt[n]{a_n} = r$，则当 $r<1$ 时，$\sum_{1}^{\infty} a_n$ 收敛，当 $r>1$ 时，$\sum_{1}^{\infty} a_n$ 发散．

6. 利用上题结果，判别下列级数的敛散性：

(1) $\sum_{n=1}^{\infty}\frac{2+(-1)^{n-1}}{3^n}$；　(2) $\sum_{n=1}^{\infty}2^{-n-(-1)^n}$；

(3) $\sum_{n=1}^{\infty}\left(\frac{n}{2n+1}\right)^n$；　(4) $\sum_{n=1}^{\infty}n^n\sin^n\frac{\pi}{n}$．

7. 求下列极限：

(1) $\lim_{n\to\infty}\frac{n^n}{(n!)^2}$；

(2) $\lim_{n\to\infty}\left(\frac{1}{(n+1)^p}+\frac{1}{(n+2)^p}+\cdots+\frac{1}{(n+n)^p}\right)$ $(p>1)$．

8. 讨论下列级数的敛散性：

(1) $\sum_{1}^{\infty}\frac{1}{1+a^n}$　$(a>0)$；　(2) $\sum_{1}^{\infty}n^{\alpha}\beta^n$　$(\alpha\in\mathbf{R},\ \beta>0)$；

(3) $\sum_{n=2}^{\infty}\frac{1}{n\ln^p n}$　$(p>0)$；　(4) $\sum_{n=1}^{\infty}(\sqrt{n+1}-\sqrt{n})^p\ln\frac{n+2}{n+1}$；

9. 下列级数是否收敛？若收敛，是条件收敛还是绝对收敛？

(1) $\sum_{n=2}^{\infty}(-1)^n\frac{1}{\ln n}$；　(2) $\sum_{n=1}^{\infty}(-1)^{n-1}\frac{2^{n^2}}{n!}$；

(3) $\sum_{n=1}^{\infty}(-1)^n\left(1-\cos\frac{\pi}{n}\right)$；　(4) $\sum_{n=1}^{\infty}(-1)^n(\sqrt{n+1}-\sqrt{n})$；

(5) $\sum_{n=1}^{\infty}\frac{(-1)^n}{n-\ln n}$；　(6) $\sum_{n=1}^{\infty}(-1)^n(\sqrt[n]{n}-1)$；

(7) $\sum_{n=2}^{\infty}\frac{(-1)^n}{\sqrt{n}+(-1)^n}$；　(8) $\sum_{n=2}^{\infty}\frac{(-1)^n}{n+(-1)^n}$．

10. 讨论 $\sum_{n=1}^{\infty}\frac{(-1)^n x^n}{n^p}$ 的绝对收敛性和条件收敛性．

11. 设 $a_n>0$ 且 $\lim_{n\to\infty}a_n=0$，试问交错级数 $\sum_{n=1}^{\infty}(-1)^n a_n$ 是否一定收敛？考察 $a_n=\frac{1}{\sqrt{n}}-\frac{(-1)^n}{n}$．

12. 设 $a_n$ 与 $b_n$ 恒正，且当 $n\to\infty$ 时 $a_n$ 与 $b_n$ 为等价无穷小．试问交错级数 $\sum_{1}^{\infty}(-1)^n a_n$ 与 $\sum_{1}^{\infty}(-1)^n b_n$ 是否有相同敛散性？考察 $a_n=\frac{1}{\sqrt{n}}$，$b_n=\frac{1}{\sqrt{n}}-\frac{(-1)^n}{n}$ 的情形．

13. 选择题：

(1) 设常数 $\lambda>0$ 且 $\sum_{n=1}^{\infty}a_n^2$ 收敛,则级数 $\sum_{n=1}^{\infty}(-1)^n\frac{|a_n|}{\sqrt{n^2+\lambda}}$;

(A) 发散　(B) 条件收敛　(C) 绝对收敛　(D) 是否收敛与 $\lambda$ 有关

(2) 设 $\sum_1^{\infty}a_n$ 绝对收敛,则下列级数中发散的是(　　);

(A) $\sum_1^{\infty}\frac{\sqrt{|a_n|}}{n}$ (B) $\sum_1^{\infty}\frac{1}{n+a_n}$ (C) $\sum_1^{\infty}\left(1+\frac{1}{n}\right)^n a_{2n}$ (D) $\sum_1^{\infty}\frac{a_n}{1+a_n}$

(3) 下述选项正确的是____;

(A) $\sum_1^{\infty}a_n^2,\sum_1^{\infty}b_n^2$ 均收敛 $\Rightarrow\sum_1^{\infty}(a_n+b_n)^2$ 收敛

(B) $\sum_1^{\infty}|a_nb_n|$ 收敛 $\Rightarrow\sum_1^{\infty}a_n^2,\sum_1^{\infty}b_n^2$ 均收敛

(C) 正项级数 $\sum_1^{\infty}a_n$ 收敛 $\Rightarrow a_n\geqslant\frac{1}{n}$

(D) $\sum_1^{\infty}a_n$ 收敛且 $a_n\geqslant v_n,\forall n\in\mathbf{N}\Rightarrow\sum_1^{\infty}v_n$ 收敛.

(4) 若 $\sum_1^{\infty}(-1)^{n-1}a_n=2,\ \sum_1^{\infty}a_{2n-1}=5$, 则级数 $\sum_1^{\infty}a_n=$ ____ .

(A) 9　　(B)3　　(C) 6　　(D)8.

14. 设 $\sum_1^{\infty}a_n$ 条件收敛,证明由其正项或负项构成的子级数均发散.

15. 若级数 $\sum_{n=2}^{\infty}|x_n-x_{n-1}|$ 收敛, 证明数列 $\{x_n\}$ 收敛.

**B 组**

1. 设 $\sum_1^{\infty}a_n$ 条件收敛,命 $p_n=\frac{1}{2}(|a_n|+a_n),P_n=\sum_{k=1}^{n}p_k,\quad q_n=\frac{1}{2}(|a_n|-a_n)$, $Q_n=\sum_{k=1}^{n}q_k$. 证明 $\lim_{n\to\infty}\frac{P_n}{Q_n}=1$.

2. 判别下列级数的敛散性,若收敛并判别是条件收敛还是绝对收敛:

(1) $\sum_1^{\infty}\frac{1}{n}\sin\frac{n\pi}{4}$;

(2) $\sum_{n=1}^{\infty}\frac{(-1)^n}{1+\frac{1}{2}+\frac{1}{3}+\cdots+\frac{1}{n}}$;

(3) $\sum_{n=1}^{\infty}\int_{n\pi}^{(n+1)\pi}\frac{\sin x}{x}\mathrm{d}x$;

(4) $\sum_1^{\infty}\frac{n!}{n^n}2^n\sin\frac{n\pi}{5}$;

(5) $\sum_{n=3}^{\infty}\frac{(-1)^n}{(n^2-3n+2)^x}$;

(6) $\sum_{n=2}^{\infty}\sin\left(n\pi+\frac{1}{\ln n}\right)$.

3. 设任意项级数 $\sum_1^{\infty}a_n$ 与 $\sum_1^{\infty}c_n$ 都收敛,且 $a_n\leqslant b_n\leqslant c_n$, $\forall n\in\mathbf{N}$,证明 $\sum_1^{\infty}b_n$ 收敛.

4. 证明收敛级数 $\sum_1^{\infty}\frac{(-1)^{n-1}}{\sqrt{n}}$ 的平方(依公式(5.14)相乘)是发散的级数.

5. 设 $a_n>0, b_n>0, \frac{a_{n+1}}{a_n}\leqslant\frac{b_{n+1}}{b_n}$ 且 $\sum_{1}^{\infty}b_n$ 收敛,证明 $\sum_{1}^{\infty}a_n$ 收敛 .

# 第二节 幂 级 数

## §5.2.1 幂级数概念

上一节我们研究了常数项级数．现在我们讨论函数项级数,即级数的各项都是某一个变量的函数的情形．函数项级数一般可表示成下述形式:

$$\sum_{n=1}^{\infty}u_n(x)=u_1(x)+u_2(x)+\cdots+u_n(x)+\cdots, \tag{5.15}$$

式中 $u_n(x)$ 均为定义在某区间 $I$ 上的函数．

若 $x_0\in I$,以 $x=x_0$ 代入(5.15),我们便得到常数项级数

$$\sum_{n=1}^{\infty}u_n(x_0)=u_1(x_0)+u_2(x_0)+\cdots+u_n(x_0)+\cdots. \tag{5.16}$$

若级数(5.16)收敛,则称 $x_0$ 为函数项级数(5.15)的**收敛点**,若级数(5.16)发散,则称 $x_0$ 为**发散点**．收敛点的集合称为**收敛域**．对收敛域内任一 $x$,级数(5.15)都有一个确定的和数

$$s(x)=\sum_{n=1}^{\infty}u_n(x).$$

因此 $s(x)$ 是定义在级数(5.15)的收敛域上的函数,称之为函数项级数(5.15)的**和函数**．

类似于常数项级数的讨论,我们把(5.15)的前 $n$ 项之和记作 $s_n(x)$,即

$$s_n(x)=u_1(x)+u_2(x)+\cdots+u_n(x).$$

对收敛域上每一点 $x$,

$$\lim_{n\to\infty}s_n(x)=s(x).$$

幂级数是函数项级数中最简单而又最重要的一类级数,幂级数的一般形式为

$$\sum_{n=0}^{\infty}a_n(x-x_0)^n=a_0+a_1(x-x_0)+a_2(x-x_0)^2+\cdots+a_n(x-x_0)^n+\cdots,$$

这里的系数 $a_0,a_1,\cdots,a_n,\cdots$ 及 $x_0$ 均为实常数．我们把它称为 $x-x_0$ **的幂**

**级数**．在上式中若令 $t=x-x_0$，则得

$$\sum_{n=0}^{\infty}a_nt^n = a_0+a_1t+a_2t^2+\cdots+a_nt^n+\cdots.$$

因此我们只要讨论具有较为简便形式的 $x$ 的幂级数：

$$\sum_{n=0}^{\infty}a_nx^n = a_0+a_1x+a_2x^2+\cdots+a_nx^n+\cdots. \tag{5.17}$$

下面我们讨论幂级数(5.17)的收敛性问题．显然当 $x=0$ 时(5.17)收敛于 $a_0$，因此幂级数(5.17)的收敛域中至少有一点 $x=0$.

**定理 5.5（阿贝尔定理）**　若当 $x=\alpha\neq0$ 时，幂级数(5.17)收敛，则对满足 $|x|<|\alpha|$ 的任何 $x$，级数(5.17)绝对收敛；若当 $x=\beta$ 时，幂级数(5.17)发散，则对满足 $|x|>|\beta|$ 的任何 $x$，幂级数(5.17)发散．

**证**　因 $\sum\limits_{n=0}^{\infty}a_n\alpha^n$ 收敛，必有 $a_n\alpha^n\to0$. 于是存在正数 $M$，使得

$$|a_n\alpha^n|\leqslant M,\ \forall n\in\mathbf{N}.$$

故有

$$|a_nx^n|=|a_n\alpha^n|\cdot\left|\frac{x}{\alpha}\right|^n\leqslant M\left|\frac{x}{\alpha}\right|^n.$$

当 $|x|<|\alpha|$ 时，$\left|\dfrac{x}{\alpha}\right|<1$，几何级数 $\sum\limits_{n=0}^{\infty}M\left|\dfrac{x}{\alpha}\right|^n$ 收敛，所以级数 $\sum\limits_{n=0}^{\infty}|a_nx^n|$ 收敛，即幂级数(5.17)绝对收敛．

其次，假设有一点 $x_1$，$|x_1|>|\beta|$，当 $x=x_1$ 时(5.17)收敛，则由上述证明知当 $x=\beta$ 时(5.17)必收敛，与假设矛盾．　□

现在我们来讨论幂级数(5.17)的收敛域 $X$. 显然 $0\in X$. 若 $X\neq(-\infty,+\infty)$，由定理 5.5 知 $X$ 为有界集合．设 $R$ 为 $X$ 的上确界．当 $R=0$ 时，级数(5.17)仅当 $x=0$ 时收敛．当 $R>0$ 时，由定理 5.5 及上确界定义知在 $|x|>R$ 时级数(5.17)发散，$|x|<R$ 时收敛．我们称 $R$ 为幂级数(5.17)的**收敛半径**．而当 $X=(-\infty,+\infty)$ 时，规定收敛半径为 $R=+\infty$. 因此对给定的幂级数(5.17)，必有确定的收敛半径 $R$，$R$ 或者为 $+\infty$，或者为零，或者为正实数.

下述定理是求幂级数收敛半径常用的方法．

**定理 5.6**　若极限

$$\lim_{n\to\infty}\left|\frac{a_n}{a_{n+1}}\right| = k$$

存在,为有限实数或 $+\infty$,则幂级数(5.17)的收敛半径 $R=k$.

**证** 我们利用定理 5.4 证明．分三种情形讨论．

(1) 设 $k=0$. 当 $x\neq 0$ 时,

$$\lim_{n\to\infty}\left|\frac{a_{n+1}x^{n+1}}{a_nx^n}\right| = |x|\lim_{n\to\infty}\left|\frac{a_{n+1}}{a_n}\right| = +\infty.$$

故幂级数(5.17)仅当 $x=0$ 时收敛,即收敛半径 $R=0$.

(2) 设 $k=+\infty$. 当 $x\neq 0$ 时,

$$\lim_{n\to\infty}\left|\frac{a_{n+1}x^{n+1}}{a_nx^n}\right| = |x|\lim_{n\to\infty}\left|\frac{a_{n+1}}{a_n}\right| = 0,$$

故幂级数(5.17)收敛,即 $R=+\infty$.

(3) 设 $0<k<+\infty$. 当 $x\neq 0$ 时有

$$\lim_{n\to\infty}\left|\frac{a_{n+1}x^{n+1}}{a_nx^n}\right| = \frac{|x|}{k}.$$

于是当 $|x|<k$ 时,(5.17)收敛,当 $|x|>k$ 时(5.17)发散,所以收敛半径 $R=k$.

□

上述定理并没有说明极限 $\lim\limits_{n\to\infty}\left|\dfrac{a_n}{a_{n+1}}\right|$ 不存在时收敛半径的计算方法．它超出我们大纲的要求,不在这里介绍了．

当收敛半径 $R$ 为正实数时,定理 5.6 也没有给出 $x=\pm R$ 时幂级数的敛散性．此时我们要采用其它方法去判别．

若幂级数 $\sum\limits_{0}^{\infty} a_nx^n$ 的收敛半径 $R>0$,则称开区间 $(-R,R)$ 为该级数的**收敛区间**．

**例 1** 确定幂级数 $\sum\limits_{n=1}^{\infty}\dfrac{x^n}{n!}$ 的收敛区间．

**解** 因

$$\lim_{n\to\infty}\frac{\dfrac{1}{n!}}{\dfrac{1}{(n+1)!}} = +\infty,$$

故收敛半径 $R=+\infty$,该级数的收敛区间为$(-\infty,+\infty)$.

**例 2**　确定幂级数 $\sum\limits_{n=1}^{\infty} n^n x^n$ 的收敛域.

**解**　因

$$\lim_{n\to\infty}\frac{n^n}{(n+1)^{n+1}}=\lim_{n\to\infty}\frac{1}{\left(1+\frac{1}{n}\right)^n}\cdot\frac{1}{n+1}=0,$$

故收敛半径 $R=0$. 该级数仅当 $x=0$ 时收敛.

**例 3**　确定幂级数 $\sum\limits_{n=1}^{\infty}(-1)^{n-1}\frac{x^n}{n}$ 的收敛域.

**解**　因

$$\lim_{n\to\infty}\frac{\frac{1}{n}}{\frac{1}{n+1}}=1,$$

故收敛半径 $R=1$,收敛区间为$(-1,1)$.

当 $x=1$ 时原级数变成

$$1-\frac{1}{2}+\frac{1}{3}-\frac{1}{4}+\cdots+(-1)^{n-1}\frac{1}{n}+\cdots,$$

该级数适合莱布尼兹定理条件(见定理 5.2),故收敛.

当 $x=-1$ 时原级数变成

$$-1-\frac{1}{2}-\frac{1}{3}-\cdots-\frac{1}{n}-\cdots.$$

该级数显然发散. 所以所求的收敛域为$(-1,1]$.

**例 4**　求幂级数 $\sum\limits_{n=1}^{\infty}2^n(x-1)^{2n+1}$ 的收敛域.

**解**　令 $t=(x-1)^2$,提取$(x-1)$至求和号外,得

$$\text{原级数}=(x-1)\sum_{n=1}^{\infty}2^n t^n.$$

因

$$\lim_{n\to\infty}\frac{2^n}{2^{n+1}}=\frac{1}{2},$$

故级数 $\sum_{n=1}^{\infty}2^n t^n$ 的收敛半径为$\frac{1}{2}$,而当 $|t|=\frac{1}{2}$ 时该级数发散,因此它的收敛域为$\left(-\frac{1}{2},\frac{1}{2}\right)$. 于是原级数当且仅当 $|(x-1)^2|<\frac{1}{2}$ 时收敛. 故所求的收敛域为$\left(1-\frac{\sqrt{2}}{2},1+\frac{\sqrt{2}}{2}\right)$.

### §5.2.2 幂级数的运算

我们先讨论幂级数的加、减、乘三种运算. 设有两级数

$$f(x)=\sum_{n=0}^{\infty}a_n x^n=a_0+a_1x+\cdots+a_nx^n+\cdots, \tag{5.18}$$

$$g(x)=\sum_{n=0}^{\infty}b_n x_n=b_0+b_1x+\cdots+b_nx^n+\cdots, \tag{5.19}$$

其收敛半径分别为 $R_1$ 与 $R_2$, $0\leqslant R_1\leqslant R_2$, 收敛域分别为 $I_1$ 与 $I_2$.

1. *加法与减法*

我们把幂级数

$$\sum_{n=0}^{\infty}(a_n\pm b_n)x^n=(a_0\pm b_0)+(a_1\pm b_1)x+\cdots+(a_n\pm b_n)x^n+\cdots \tag{5.20}$$

分别称为幂级数(5.18)与(5.19)的和与差. 设幂级数(5.20)的收敛域为 $I$, 显然 $I_1\cap I_2\subseteq I$.

2. *乘法*

由阿贝尔定理及§5.1.3关于绝对收敛级数的性质3知在区间$(-R_1, R_1)$内

$$f(x)g(x)=\sum_{n=0}^{\infty}\sum_{k=0}^{n}a_kb_{n-k}x^n=a_0b_0+(a_0b_1+a_1b_0)x$$
$$+\cdots+(a_0b_n+a_1b_{n-1}+\cdots+a_nb_0)x^n+\cdots.$$

对一般的函数项级数(5.15)来说,若它的每一项均在收敛域 $I$ 上连续,但其和函数$s(x)$却不一定在 $I$ 上连续. 试看下例:

**例 1**　设 $u_n(x)=x^n-x^{n-1}$.函数项级数

$$\sum_{n=1}^{\infty}u_n(x)=\sum_{n=1}^{\infty}(x^n-x^{n-1}) \tag{5.21}$$

的每一项均在 $R$ 上有定义．它的前 $n$ 项和为

$$\begin{aligned}s_n(x)&=\sum_{k=1}^{n}(x^k-x^{k-1})\\&=(x-1)+(x^2-x)+\cdots+(x^n-x^{n-1})=x^n-1.\end{aligned}$$

显然当 $x\in(-1,1]$时和函数

$$s(x)=\lim_{n\to\infty}s_n(x)=\begin{cases}0, & x=1,\\-1, & |x|<1.\end{cases}$$

而当 $x\leqslant-1$ 或 $x>1$ 时,级数(5.21)发散．故函数项级数(5.21)的收敛域为$(-1,1]$. 显然 $s(x)$在区间$(-1,1]$上不连续．

我们还可以举出这样的例子,函数项级数(5.15)的每一项在区间$[a,b]$上均可积,这里$[a,b]$包含在它的收敛域内,但其和函数在$[a,b]$上的积分不等于各项积分之和,即

$$\int_a^b s(x)\mathrm{d}x=\int_a^b\sum_{n=1}^{\infty}u_n(x)\mathrm{d}x\neq\sum_{n=1}^{\infty}\int_a^b u_n(x)\mathrm{d}x.$$

但对幂级数来说,上述情形不可能发生．我们有下述三条定理,由于它的证明涉及到的理论较多,故从略．

**定理 5.7**　幂级数的和函数在收敛域上为连续函数．

**定理 5.8**　设幂级数 $\sum\limits_{n=0}^{\infty}a_nx_n$ 的收敛域为$I$,则当 $x\in I$ 时,

$$\int_0^x\sum_{n=0}^{\infty}a_nx^n\mathrm{d}x=\sum_{n=0}^{\infty}\int_0^x a_nx^n\mathrm{d}x=a_0x+\frac{a_1}{2}x^2+\cdots+\frac{a_{n-1}}{n}x^n+\cdots, \tag{5.22}$$

且上式右端的级数与原级数有相同的收敛半径．

**定理 5.9**　设幂级数 $\sum\limits_{n=1}^{\infty}na_nx^{n-1}$ 的收敛区间为 $I$,则在 $I$ 上有

$$\frac{\mathrm{d}}{\mathrm{d}x}\sum_{n=0}^{\infty}a_nx^n=\sum_{n=1}^{\infty}na_nx^{n-1},$$

且 $\sum_{n=0}^{\infty} a_n x^n$ 与 $\sum_{n=1}^{\infty} n a_n x^{n-1}$ 有相同的收敛半径．

定理 5.8 与定理 5.9 常叙述成"幂级数在其收敛区间内**可逐项积分与逐项求导**,且不改变其收敛半径"．逐项积分与逐项求导可能改变收敛区间端点的敛散性,但前者不会使收敛域变小,后者不会使收敛域变大．

**例 2** 求幂级数

$$f(x) = \sum_{n=1}^{\infty} (-1)^{n-1} \frac{x^n}{n} = x - \frac{x^2}{2} + \cdots + (-1)^{n-1} \frac{x^n}{n} + \cdots \quad (5.23)$$

的和函数,并讨论其定义域．

**解** 将(5.23)式逐项求导得

$$f'(x) = \sum_{n=1}^{\infty} (-1)^{n-1} x^{n-1}.$$

上式右端是以 $-x$ **为公比的几何级数**,首项为 1,故

$$f'(x) = \frac{1}{1+x}, \ |x| < 1.$$

因 $f(0)=0$,于是

$$f(x) = f(0) + \int_0^x \frac{\mathrm{d}t}{1+t} = \ln(1+x). \quad (5.24)$$

(5.24)式是在 $|x|<1$ 的条件下得到的．由§5.2.1 例 3 知级数(5.23)的收敛域为 $(-1,1]$．由定理 5.7 幂级数和函数的连续性知(5.24)式当 $x \in (-1,1]$ 时成立．因此我们有

$$\ln(1+x) = x - \frac{x^2}{2} + \cdots + (-1)^{n-1} \frac{x^n}{n} + \cdots, \ -1 < x \leqslant 1.$$

在上式中若令 $x=1$,得著名的公式:

$$\ln 2 = 1 - \frac{1}{2} + \frac{1}{3} - \frac{1}{4} + \cdots + \frac{(-1)^{n-1}}{n} + \cdots.$$

**例 3** 求证:

$$\frac{\pi}{4} = 1 - \frac{1}{3} + \frac{1}{5} - \frac{1}{7} + \cdots + (-1)^n \frac{1}{2n+1} + \cdots.$$

**证** 上式右端为交错级数,满足莱布尼兹定理的条件,故必收敛．为求其和,令

$$f(x)=x-\frac{x^3}{3}+\cdots+(-1)^n\frac{x^{2n+1}}{2n+1}+\cdots.$$

易判别上述幂级数收敛域为$[-1,1]$(由读者证之). 将其逐项求导得

$$f'(x)=1-x^2+x^4-\cdots+(-1)^nx^{2n}+\cdots=\frac{1}{1+x^2}.$$

因 $f(0)=0$,故

$$f(x)=\int_0^x\frac{1}{1+t^2}\mathrm{d}t=\arctan x,$$

即

$$\arctan x=x-\frac{x^3}{3}+\cdots+(-1)^n\frac{x^{2n+1}}{2n+1}+\cdots,\ |x|\leqslant 1.$$

以 $x=1$ 代入上式得所证之式.

### §5.2.3　函数的幂级数展式

我们已讨论了确定已知幂级数收敛区间与求和函数的方法. 现在我们讨论与之相反的问题,即能否将已知函数表示成某一区间上的幂级数? 若可以表示,幂级数具有怎样的形式?

我们先证明下述定理:

**定理 5.10**　若函数 $f(x)$在 $x=x_0$ 点的某邻域 $U$ 上可用幂级数 $\sum_{n=0}^{\infty}a_n(x-x_0)^n$ 表示, 则 $f(x)$在 $U$ 上存在任意阶导数,且

$$a_0=f(x_0),\ a_n=\frac{f^{(n)}(x_0)}{n!},\ n=1,2,\cdots.$$

**证**　由定理 5.9 知 $\sum_{n=0}^{\infty}a_n(x-x_0)^n$ 在区间$I=(x_0-R,x_0+R)$内存在一阶至任意阶导数, 这里 $R$ 为收敛半径,$U\subset I$. 因此 $f(x)=\sum_{n=0}^{\infty}a_n(x-x_0)^n$ 必在$U$上存在任意阶导数. 依幂级数逐项求导法, 有

$$f'(x)=a_1+2a_2(x-x_0)+\cdots+na_n(x-x_0)^{n-1}+\cdots,$$

$$f''(x)=2!a_2+3\cdot 2a_3(x-x_0)+\cdots+n(n-1)a_n(x-x_0)^{n-2}+\cdots,$$

$$\vdots$$

$$f^{(n)}(x)=n!a_n+\frac{(n+1)!}{1!}a_{n+1}(x-x_0)+\frac{(n+2)!}{2!}a_{n+2}(x-x_0)^2+\cdots,$$

$$\vdots$$

以 $x=x_0$ 代入上列各式得到

$$a_0=f(x_0),a_1=\frac{f'(x_0)}{1!},\ a_2=\frac{f''(x_0)}{2!},\cdots,a_n=\frac{f^{(n)}(x_0)}{n!},\cdots. \quad \square$$

因此,若函数 $f(x)$在 $x_0$ 的某邻域可表示成幂级数,则在该邻域上必有

$$f(x)=f(x_0)+\frac{f'(x_0)}{1!}(x-x_0)+\cdots+\frac{f^{(n)}(x_0)}{n!}(x-x_0)^n+\cdots. \tag{5.25}$$

(5.25)式右端称为 $f(x)$在 $x=x_0$ 点的**泰勒级数**,或关于 $x-x_0$ 的**幂级数展式**. 由定理 5.10 可知,$f(x)$在 $x_0$ 点的泰勒级数若存在则是惟一的. 但在不同点的泰勒级数一般是不同的.

在(5.25)式中,若 $x_0=0$,则

$$f(x)=f(0)+\frac{f'(0)}{1!}x+\cdots+\frac{f^{(n)}(0)}{n!}x^n+\cdots. \tag{5.26}$$

(5.26)式右端称为 $f(x)$的**马克劳林级数**. 它由函数 $f(x)$惟一确定.

若在(5.25)式中令 $t=x-x_0$,$g(t)=f(t+x_0)$,$f(x)$的泰勒级数便化成 $g(t)$的马克劳林级数. 下文中为简便起见,我们一般讨论函数的马克劳林级数.

在§2.3.3 中我们学过马克劳林公式

$$f(x)=f(0)+\frac{f'(0)}{1!}x+\cdots+\frac{f^{(n)}(0)}{n!}x^n+R_n(x). \tag{5.27}$$

(5.27)式与(5.26)式是有差别的. (5.26)式右端是幂级数,有无穷多项;(5.27)式只有有限多项. 若在 $x_0$ 的某邻域 $U$ 上 $f(x)$存在任意阶导数,则(5.27)式对任意自然数 $n$ 在 $U$ 上成立. 读者有兴趣可以研究下述函数

$$f(x)=\begin{cases}\exp\left(-\dfrac{1}{x^2}\right)^{①}, & x\neq 0,\\ 0, & x=0.\end{cases}$$

---

① 这里 exp($x$)表示为以 e 为底的指数函数,即 $y=\exp(x)=e^x$.

该函数在$(-\infty,+\infty)$上存在任意阶导数，且在原点各阶导数$f^{(n)}(0)=0$. 因此对任意自然数$n$，在区间$(-\infty,+\infty)$上该函数可以按马克劳林公式(5.27)展开．它的展开式除了余项$R_n(x)$外，其余各项均为零．但该函数的马克劳林级数(5.26)仅仅当$x=0$时成立，此时(5.26)式右端各项全为零．

上述例子告诉我们，若只假定$f(x)$在原点的某邻域上存在任意阶导数还不能保证在该邻域上(5.26)式成立．但我们有下述定理：

**定理 5.11**　设函数$f(x)$在$x=0$的某邻域$U$上存在任意阶导数，则$f(x)$在$U$上可展成马克劳林级数(5.26)的充要条件是

$$\lim_{n\to\infty}R_n(x)=0,\ x\in U, \tag{5.28}$$

式中$R_n(x)$为$f(x)$的马克劳林公式(5.27)中的余项．

*__证__　因$f(x)$在$U$上存在任意阶导数，对任意自然数$n$有

$$f(x)=\sum_{k=0}^{n}\frac{f^{(k)}(0)}{k!}x^k+R_n(x),\ \forall x\in U.$$

令$n\to\infty$，则

$$f(x)=\lim_{n\to\infty}\sum_{k=0}^{n}\frac{f^{(k)}(0)}{k!}x^k+\lim_{n\to\infty}R_n(x).$$

所以在$U$上等式

$$f(x)=\lim_{n\to\infty}\sum_{k=0}^{n}\frac{f^{(k)}(0)}{k!}x^k$$

成立的充要条件是

$$\lim_{n\to\infty}R_n(x)=0.$$ □

定理5.11中若$U$为闭区间或半开区间，显然结论仍然成立．因此该定理给出了使(5.26)式成立的$x$的取值范围．由于判别余项$R_n(x)$的极限是否为零常常很困难，下述定理虽然仅仅是$f(x)$可展成$x$的幂级数的充分条件，但有时却十分有效．

**定理 5.12**　若$f(x)$的各阶导数$f^{(n)}(x),n=1,2,\cdots$，在$x=0$的某邻域$U$上一致有界，即存在常数$K$，使得$|f^{(n)}(x)|\leqslant K,\forall n\in\mathbf{N},x\in U$成立，则$f(x)$在$U$上可展成$x$的马克劳林级数．

*__证__　在(5.27)式中取拉格朗日型余项

$$R_n(x)=\frac{f^{(n+1)}(\theta x)}{(n+1)!}x^{n+1},\qquad 0<\theta<1.$$

则有

$$|R_n(x)| = |f^{(n+1)}(\theta x)\frac{x^{n+1}}{(n+1)!}| \leqslant K\frac{|x|^{n+1}}{(n+1)!}.$$

因为对任意 $x$,级数 $\sum_{n=1}^{\infty}\frac{|x|^{n+1}}{(n+1)!}$ 收敛,故

$$\lim_{n\to\infty}\frac{|x|^{n+1}}{(n+1)!} = 0.$$

于是当 $x \in U$ 时 $\lim_{n\to\infty}R_n(x)=0$,由定理 5.11 即得本定理. □

下面我们讨论某些初等函数的幂级数展式.

**例 1** 求 $f(x)=e^x$ 在 $x=0$ 点的幂级数展式.

**解** $f(x)$的任意阶导数均为 $e^x$. 以 $x=0$ 代入得 $f^{(n)}(0)=1, n=0,1,2,\cdots$. 于是有

$$e^x = 1 + x + \frac{x^2}{2!} + \cdots + \frac{x^n}{n!} + \cdots. \tag{5.29}$$

我们证明上式对任意实数 $x$ 成立. 任取正数 $M$,当$|x|\leqslant M$ 时,

$$|f^{(n)}(x)| = |e^x| \leqslant e^M.$$

由定理 5.12 知,当$|x|\leqslant M$ 时(5.29)式成立. 再由 $M$ 的任意性知当 $x \in (-\infty,+\infty)$时成立.

**例 2** 求 $f(x)=\sin x$ 在 $x=0$ 点的幂级数展式.

**解** 因 $f^{(n)}(x)=\sin\left(x+\frac{n\pi}{2}\right)$, $n=0,1,2,\cdots$,以 $x=0$ 代入得 $f^{(n)}(0)=\sin\frac{n\pi}{2}$. 于是有

$$\sin x = x - \frac{x^3}{3!} + \frac{x^5}{5!} - \cdots + (-1)^n\frac{x^{2n+1}}{(2n+1)!} + \cdots. \tag{5.30}$$

因$|f^{(n)}(x)| = \left|\sin\left(x+\frac{n\pi}{2}\right)\right| \leqslant 1$,故(5.30)式$\forall x \in (-\infty,+\infty)$成立.

上述两个例子均是利用定理 5.10 直接计算展开式的系数,然后再讨论展开式成立的范围. 在很多情况下我们还可以利用已知函数的幂级数展式,通过幂级数的加、减、乘运算、逐项微分与逐项积分等方法求出另一些函数的幂级数展式. 前一种方法称为**直接展开法**,后一种方法称为**间接展开法**. 间接展开法有时十分方便,尤其可以避免直接讨论余项的极限. 除了 $e^x$ 与 $\sin x$

外,我们已经利用等比级数逐项求积分得到 $\ln(1+x)$ 与 $\arctan x$ 的幂级数展式,见§5.2.2 例 2 与例 3.

**例 3**　求 $f(x)=\cos x$ 关于 $x$ 的幂级数展式.

**解**　将(5.30)式两边对 $x$ 求导得到

$$\cos x = 1-\frac{x^2}{2!}+\frac{x^4}{4!}-\cdots+(-1)^n\frac{x^{2n}}{(2n)!}+\cdots.$$

由定理 5.9 知上式 $\forall x\in(-\infty,+\infty)$ 成立.

**例 4**　将 $f(x)=\dfrac{x-3}{2x^2+3x}$ 展成 $x+1$ 的幂级数.

**解**　因 $\dfrac{x-3}{2x^2+3x}=-\dfrac{1}{x}+\dfrac{3}{2x+3}$,由几何级数求和公式得

$$\frac{-1}{x}=\frac{1}{1-(x+1)}=1+(x+1)+(x+1)^2+\cdots+(x+1)^n+\cdots,\ |x+1|<1;$$

$$\frac{1}{2x+3}=\frac{1}{1+2(x+1)}=1-2(x+1)+4(x+1)^2+\cdots+(-2)^n(x+1)^n+\cdots,$$

$$|x+1|<\frac{1}{2}.$$

所以

$$\frac{x-3}{2x^2+3x}=\sum_{n=0}^{\infty}(1+(-2)^n)(x+1)^n,\ |x+1|<\frac{1}{2}.$$

**例 5**　将 $\ln(4-3x-x^2)$ 展为 $x$ 的幂级数.

**解**　$\ln(4+3x-x^2)=\ln(4+x)+\ln(1-x)$,由§5.2.2 例 2 中 $\ln(1+x)$ 的幂级数展式得

$$\ln(4+x)=\ln 4+\ln\left(1+\frac{x}{4}\right)=\ln 4+\sum_{n=1}^{\infty}(-1)^{n-1}\frac{x^n}{n4^n},\ -4<x\leqslant 4;$$

$$\ln(1-x)=\sum_{n=1}^{\infty}(-1)^{n-1}\frac{(-x)^n}{n}=-\sum_{n=1}^{\infty}\frac{x^n}{n},\ -1\leqslant x<1,$$

所以

$$\ln(4-3x-x^2)=\ln4+\sum_{n=1}^{\infty}(-1)^{n-1}\frac{x^n}{n4^n}-\sum_{n=1}^{\infty}\frac{x^n}{n}$$

$$=\ln4+\sum_{n=1}^{\infty}\frac{1}{n}\left[\frac{(-1)^{n-1}}{4^n}-1\right]x^n,\ -1\leqslant x<1.$$

幂函数$(1+x)^{\alpha}$(其中 $\alpha$ 为常数)的马克劳林级数也是一个重要的幂级数. 由定理 5.10 知必有下述形式:

$$(1+x)^{\alpha}=1+\sum_{n=1}^{\infty}\frac{\alpha(\alpha-1)\cdots(\alpha-n+1)}{n!}x^n.$$

可以证明(参见习题 6.1B6),上式当$|x|<1$时对任意 $\alpha$ 成立.

当 $\alpha=n$ 为正整数时,上式右端只有有限多项不等于零,这就是我们熟悉的牛顿二项式公式:

$$(1+x)^n=1+nx+\frac{n(n-1)}{2!}x^2+\cdots+nx^{n-1}+x^n.$$

它对任何 $x$ 均成立. 当 $\alpha$ 不为正整数时,进一步讨论可以证明,当 $\alpha>0$ 时,收敛域为$[-1,1]$;当$-1<\alpha<0$ 时,收敛域为$(-1,1]$.

我们列出常用的初等函数马克劳林级数如下:

$$e^x=\sum_{n=0}^{\infty}\frac{x^n}{n!},\qquad -\infty<x<+\infty,$$

$$\sin x=\sum_{n=0}^{\infty}(-1)^n\frac{x^{2n+1}}{(2n+1)!},\qquad -\infty<x<+\infty,$$

$$\cos x=\sum_{n=0}^{\infty}(-1)^n\frac{x^{2n}}{(2n)!},\qquad -\infty<x<+\infty,$$

$$\ln(1+x)=\sum_{n=1}^{\infty}(-1)^{n-1}\frac{x^n}{n},\qquad -1<x\leqslant1,$$

$$\arctan x=\sum_{n=0}^{\infty}(-1)^n\frac{x^{2n+1}}{2n+1},\qquad -1\leqslant x\leqslant1,$$

$$(1+x)^{\alpha}=1+\sum_{n=1}^{\infty}\frac{\alpha(\alpha-1)\cdots(\alpha-n+1)}{n!}x^n,\qquad -1<x<1.$$

### * §5.2.4 幂级数的应用

这里我们主要介绍幂级数在近似计算中的应用. 在第二章,我们曾利用泰勒公式进行近似计算,并且利用余项估计误差. 下面举例说明.

**例 1** 计算 $\pi$ 值,要求准确到小数点后第六位.

**解** 如果我们利用§5.2.2 例 3 中的公式

$$\frac{\pi}{4}=1-\frac{1}{3}+\frac{1}{5}-\frac{1}{7}+\cdots+(-1)^n\frac{1}{2n+1}+\cdots$$

计算 $\pi$ 值,至少要取前一百万项才能精确到 $10^{-6}$. 这样的计算量太大了. 这是因为该级数收敛速度太慢的缘故. 我们来推导一个收敛得较快的级数. 令

$$\alpha=\arctan\frac{1}{5},\ \tan\alpha=\frac{1}{5},$$

则

$$\tan2\alpha=\frac{2\tan\alpha}{1-\tan^2\alpha}=\frac{5}{12},$$

$$\tan4\alpha=\frac{2\tan2\alpha}{1-\tan^2 2\alpha}=\frac{120}{119}\approx1,\ 4\alpha\approx\frac{\pi}{4}.$$

令 $\beta=4\alpha-\frac{\pi}{4}$,则 $\tan\beta=\left(\frac{120}{119}-1\right)\Big/\left(1+\frac{120}{119}\right)=\frac{1}{239}$,于是

$$\frac{\pi}{4}=4\alpha-\beta=4\arctan\frac{1}{5}-\arctan\frac{1}{239}$$

$$=4\left(\frac{1}{5}-\frac{1}{3\cdot5^3}+\frac{1}{5\cdot5^5}-\cdots\right)-\left(\frac{1}{239}-\frac{1}{3\cdot239^3}+\cdots\right).$$

因 $\frac{16}{11\cdot5^{11}}+\frac{4}{3\cdot239^3}<1.3\times10^{-7}$,故

$$\pi\approx16\left(\frac{1}{5}-\frac{1}{3\cdot5^3}+\frac{1}{5\cdot5^5}-\frac{1}{7\cdot5^7}+\frac{1}{9\cdot5^9}\right)-\frac{4}{239}\approx3.141593,$$

所列出的数字均是有效的.

**例 2** 计算积分 $\int_0^{0.1}e^{-x^2}\,dx$,精确到 $10^{-5}$.

**解** $e^{-x^2}$ 的原函数不能用初等函数表示,我们不能直接用牛顿-莱布尼兹公式求解. 将其展开成 $x$ 的幂级数,再逐项求积分:

$$e^{-x^2}=1-x^2+\frac{x^4}{2!}-\cdots,$$

从 0 到 0.1 积分得

$$\int_0^{0.1} e^{-x^2}dx=\int_0^{0.1}\left(1-x^2+\frac{x^4}{2!}-\cdots\right)dx=\left[x-\frac{x^3}{3}+\frac{x^5}{10}-\cdots\right]_0^{0.1}$$

$$=0.1-0.000333+0.000001-\cdots.$$

不难看出若取前两项其误差不超过 $10^{-5}$,于是

$$\int_0^{0.1} e^{-x^2}dx\approx 0.1-0.00033=0.09967.$$

迄今为止,我们都是在实数范围展开讨论的．在本节最后我们简要介绍复指数的欧拉公式.在 $e^x$ 的幂级数展式中,以 $ix$ 代换 $x$,这里 $i=\sqrt{-1}$,得

$$e^{ix}=1+ix+\frac{(ix)^2}{2!}+\frac{(ix)^3}{3!}+\frac{(ix)^4}{4!}+\frac{(ix)^5}{5!}+\cdots$$

$$=1+ix-\frac{x^2}{2!}-\frac{ix^3}{3!}+\frac{x^4}{4!}+\frac{ix^5}{5!}+\cdots$$

$$=\left(1-\frac{x^2}{2!}+\frac{x^4}{4!}-\cdots\right)+i\left(x-\frac{x^3}{3!}+\frac{x^5}{5!}-\cdots\right)=\cos x+i\sin x,$$

即

$$e^{ix}=\cos x+i\sin x \tag{5.31}$$

若以 $-x$ 换 $x$ 可得

$$e^{-ix}=\cos x-i\sin x \tag{5.32}$$

由(5.31),(5.32)两式可得

$$\cos x=\frac{1}{2}(e^{ix}+e^{-ix}) \tag{5.33}$$

$$\sin x=\frac{1}{2i}(e^{ix}-e^{-ix}) \tag{5.34}$$

上述(5.31)~(5.34)式均称为欧拉公式．这里我们仅仅在形式上推导了欧拉公式．在复变函数课程中将对它们进行深入的讨论．

## 习 题 5.2

**A 组**

1. 求下列幂级数的收敛域:

(1) $\sum_{n=1}^{\infty} n!x^n$；　(2) $\sum_{n=1}^{\infty} \frac{2^n}{n}x^n$；

(3) $\sum_{n=1}^{\infty} \frac{\ln(n+1)}{n+1}x^n$；　(4) $\sum_{n=0}^{\infty} \frac{(-1)^n}{2^n}(x+1)^n$；

(5) $\sum_{n=1}^{\infty} \frac{(x-3)^{2n}}{n\cdot 3^n}$；　(6) $\sum_{n=1}^{\infty} \frac{2^n-1}{2^n}x^{2n-1}$；

(7) $\sum_{n=1}^{\infty} \left(\frac{3^n}{n^2}+\frac{2^n}{n}\right)x^n$；　(8) $\sum_{n=1}^{\infty} \left(1+\frac{1}{2}+\frac{1}{3}+\cdots+\frac{1}{n}\right)x^n$.

2. 若幂级数 $\sum_{n=0}^{\infty} a_n x^n$ 的收敛半径为 $R$，$a_n \neq 0$，是否必有 $\lim_{n\to\infty}\left|\frac{a_n}{a_{n+1}}\right| = R$？试考察幂级数 $\sum_{n=1}^{\infty}[2+(-1)^n]x^n$，并检验你的结论．

3. 选择与填空：

(1) 设 $\sum_{n=1}^{\infty}(-1)^{n-1}\frac{(x-a)^n}{n}$ 在 $x>0$ 时发散，在 $x=0$ 处收敛，则 $a=$______；

(2) 若幂级数 $\sum_{n=1}^{\infty} a_n(x-2)^n$ 在 $x=-1$ 处收敛，则此级数在 $x=3$ 处______；

(A) 条件收敛　(B) 绝对收敛　(C) 发散　(D) 收敛性不确定

(3) 设幂级数 $\sum_{0}^{\infty} a_n(x+1)^n$ 在 $x=3$ 处条件收敛，则幂级数 $\sum_{0}^{\infty} a_n t^n$ 的收敛半径是______．

(A) 3　(B) 4　(C) 2　(D) 不能确定

4. 利用幂级数的四则运算及逐项微分、逐项积分求下列幂级数的和函数：

(1) $\sum_{n=0}^{\infty}(n+1)x^n$；　(2) $\sum_{n=1}^{\infty} n(n+1)x^n$；

(3) $\sum_{n=1}^{\infty} \frac{x^n}{n(n+1)}$；　(4) $\sum_{n=1}^{\infty} \frac{2n-1}{2^n}x^{2n-1}$；

(5) $\sum_{n=1}^{\infty}(-1)^n \frac{x^{2n+1}}{(2n-1)(2n+1)}$；　(6) $\sum_{n=1}^{\infty} \frac{2n+1}{n!}x^{2n}$；

(7) $\sum_{n=1}^{\infty} \frac{(x-2)^n}{n\cdot 3^n}$.

5. 写出 $x^2 e^x$ 的马克劳林级数，并证明

$$e = 2 + \sum_{n=0}^{\infty} \frac{1}{(n+3)\cdot n!}.$$

6. 展开 $\frac{d}{dx}\frac{e^x-1}{x}$ 为 $x$ 的幂级数，并求和 $\sum_{n=1}^{\infty} \frac{n}{(n+1)!}$．

7. 求证下列和式：

(1) $6=\sum_{n=1}^{\infty}\frac{n^2}{2^n}$;

(2) $\ln 2=\sum_{n=1}^{\infty}\frac{1}{n\cdot 2^n}$;

(3) $\frac{1}{2}=\sum_{n=1}^{\infty}\frac{1}{n!(n+2)}$;

(4) $\ln 3=\sum_{n=1}^{\infty}\frac{(-1)^{n-1}}{n}\left(1+\frac{1}{2^n}\right)$.

8. 求下列函数的马克劳林级数,并求收敛域:

(1) $\frac{x}{x^2-2x-3}$;

(2) $\sin^2 x$;

(3) $(1+x)e^{-x}$;

(4) $\ln\sqrt{1+x^2}$;

(5) $\ln(1+x+x^2+x^3)$;

(6) $\frac{1}{\sqrt{1-x^2}}$;

(7) $\arcsin x$;

(8) $\int_0^x\frac{\sin t}{t}dt$.

9. 把下列函数在指定点展成幂级数:

(1) $\ln x$,在 $x=1$;

(2) $\frac{1}{x^2+3x+2}$,在 $x=1$;

(3) $\sin x$,在 $x=a$;

(4) $\frac{1}{(1+x)^2}$,在 $x=1$;

(5) $a^x(a>0,a\neq 1)$,在 $x=b$.

10. 利用函数幂级数展式,计算下列积分之值,精确到小数点后三位:

(1) $\int_0^1\frac{\sin x}{x}dx$;  (2) $\int_0^{\frac{1}{2}}\frac{dx}{\sqrt{1+x^4}}$;  (3) $\int_0^{0.1}\cos\sqrt{x}\,dx$.

11. 利用$(1+x)^a$ 的展开式的前两项计算下列各值,并估计误差:

(1) $\sqrt{1.002}$;

(2) $4\sqrt{80}$.

**B组**

1. 求下列幂级数的收敛区间:

(1) $\sum_{1}^{\infty}na_n(x-1)^{n+1}$,已知$\sum_{n=0}^{\infty}a_nx^n$ 的收敛半径$R=3$;

(2) $\sum_{1}^{\infty}\frac{na_n}{a_{n+1}}x^n$,已知$\{a_n\}$是单调减少正数列,且级数$\sum_{1}^{\infty}(-1)^na_n$ 发散;

(3) $\sum_{n=0}^{\infty}a_n(x-2)^n$,已知$\sum_{n=0}^{\infty}2^na_nx^n$ 的收敛半径$R=3$;

(4) $\sum_{1}^{\infty}\frac{x^n}{a^n+b^n}\quad(a>0,b>0)$.

2. 求下列级数的和:

(1) $\sum_{n=0}^{\infty}\frac{(-1)^n}{2^n}(n^2-n+1)$;

(2) $\sum_{n=2}^{\infty}\frac{(-1)^n}{n^2+n-2}$.

3. 求 $\sin^4 x$ 的马克劳林级数,并求$(\sin^4 x)^{(10)}|_{x=0}$.

4. 已知两个幂级数 $\sum_{n=0}^{\infty} a_n x^n$ 与 $\sum_{n=0}^{\infty} b_n x^n$ 的系数绝对值之比的极限

$$\lim_{n \to \infty} \left| \frac{a_n}{b_n} \right| = l, \quad 0 < l < +\infty,$$

证明这两个幂级数有相同的收敛半径．

# 第六章　微分方程和差分方程简介

客观世界的各种事物(自然现象、社会现象、经济现象及工程技术过程)每时每刻都处于不断变化之中,动态系统是描述这些现象的一种数学模型．动态系统中的变量之间的关系是一个(一组)微分方程或差分方程,它们都是从未知函数的微分(导数)或差分(增量)的某种关系求未知函数本身．其区别是微分方程处理的变量是连续的,而差分方程处理的则是离散的变量,这两类方程在科学研究和经济管理中都有重要应用．

## 第一节　一阶微分方程

### §6.1.1　微分方程的一般概念

我们在研究自然现象、工程技术和经济领域中某些现象的变化过程时,往往需要寻求有关的变量之间的关系,但是有时这种关系不容易直接建立起来,却可能先建立起待求函数的导数(或微分)的关系式,这种关系式就是微分方程,通过解微分方程才能得到所要求的函数.我们来看几个例子．

**例 1**　一平面曲线上任一点的切线垂直于该点与原点的连线(即其上任一点的法线通过原点),试建立该曲线满足的方程式．

**解**　设所求曲线为 $y=y(x)$,其上任一点 $P(x,y)$处的切线斜率为 $y'$,而点 $P$ 与原点的连线斜率为$\frac{y}{x}$,据题意应有

$$y'\cdot\frac{y}{x}=-1,\ 即\ \frac{\mathrm{d}y}{\mathrm{d}x}=-\frac{x}{y}.$$

这就是欲求曲线应满足的方程,它包含自变量 $x$,未知函数 $y$ 及未知函数的导数$\frac{\mathrm{d}y}{\mathrm{d}x}$.解这个方程就得所求曲线.

**例 2(自由落体运动)**　一质量为 $m$ 的质点,在重力作用下自由下落,求其运动方程．

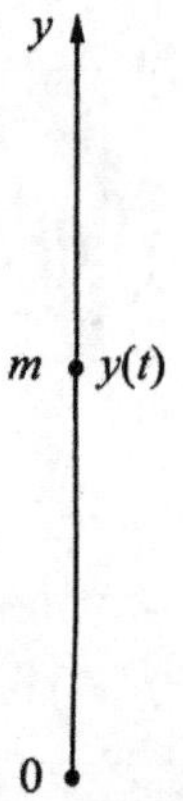

y
m　y(t)
0

图 6.1

**解**　取图 6.1 所示坐标系,坐标原点取在水平地面,$y$ 轴铅直向上,设在时刻 $t$ 质点 $m$ 的位置是 $y(t)$,由于质点

只受重力 $mg$ 的作用,且力的方向与 $y$ 轴正向相反,故由牛顿第二定律,运动方程为

$$m\frac{d^2y}{dt^2}=-mg \quad 或 \quad \frac{d^2y}{dt^2}=-g.$$

**例 3(连续复利)** 设银行实行如下计息方法:在任一时刻 $t$ 的存款总额 $P(t)$(本息和)的变化率与 $P(t)$成正比,即

$$\frac{dP(t)}{dt}=rP(t), \tag{6.1}$$

其中 $r$ 是年利率,$t$ 的计算单位是年. 这种计息方法称为**连续复利**. 解方程(6.1)可得任一时刻 $t$ 的存款总额(在§1.3.5 例 4 我们已经得知若 $t=0$ 时本金为 $A_0$,则 $t$ 年末本息总额为 $A_0e^{rt}$).

上述三个例子中建立的方程都是微分方程,一般定义如下:

**定义 6.1** 联系自变量、未知函数及未知函数的导数的方程,称为**微分方程**. 如果微分方程中的未知函数只有一个自变量,则称为**常微分方程**,如果自变量多于一个,则称为**偏微分方程**.

例 1~例 3 中建立的方程都是常微分方程. 而方程

$$\frac{\partial z}{\partial x}+\frac{\partial z}{\partial y}=0,$$

$$\frac{\partial^2 u}{\partial x^2}+\frac{\partial^2 u}{\partial y^2}+\frac{\partial^2 u}{\partial z^2}=0$$

则是偏微分方程. 本教材只考虑常微分方程,故今后谈到微分方程均指常微分方程.

**定义 6.2** 在微分方程中出现的未知函数的导数的最高阶数,称为微分方程的**阶**.

例如方程 $y'=-\frac{y}{x}$, $P'=rP$, $\frac{dy}{dx}+P(x)y=Q(x)$, $(y')^3+y^2=xyy'$都是一阶微分方程.

方程$\frac{d^2y}{dt^2}=g$, $y''+3y'-2y=e^x$, $3yy'y''=(y')^3+1$ 都是二阶微分方程.

如果自变量为 $x$,未知函数是 $y(x)$,则 $n$ 阶微分方程的一般形式是

$$F(x,y,y',\cdots,y^{(n)})=0. \tag{6.2}$$

**定义 6.3** 设函数 $y=\varphi(x)$在区间 $I$ 上连续,且有直到 $n$ 阶导数,若把

$y=\varphi(x)$及其各阶导数代入(6.2)成为恒等式,即

$$F(x,\varphi(x),\varphi'(x),\cdots,\varphi^{(n)}(x))\equiv 0,\qquad \forall x\in I,$$

则称 $y=\varphi(x)$是方程(6.2)在区间 $I$ 上的一个**解**;解 $y=\varphi(x)$的图形称为方程(6.2)的一条**积分曲线**.

最简单的一阶方程是 $y'=f(x)$,对任何固定常数 $C$, $y=\int f(x)\mathrm{d}x+C$ 都是它的解,即其解含有一个任意常数.

最简单的二阶方程是 $y''=f(x)$,容易验证对任何固定的常数 $C_1,C_2$,函数

$$y=\int\left[\int f(x)\mathrm{d}x\right]\mathrm{d}x+C_1x+C_2=\int\mathrm{d}x\int f(x)\mathrm{d}x+C_1x+C_2$$

是它的解,即其解含有两个独立变化的任意常数.

最简单的 $n$ 阶方程是$y^{(n)}=f(x)$,同理可以验证对任何固定的常数 $C_1$, $C_2,\cdots,C_n$,函数

$$y=\underbrace{\int\mathrm{d}x\int\mathrm{d}x\cdots\int}_{n\text{ 次}}f(x)\mathrm{d}x+C_1x^{n-1}+C_2x^{n-2}+\cdots+C_{n-1}x+C_n$$

都是它的解,即 $n$ 阶方程$y^{(n)}=f(x)$的解含有 $n$ 个独立变化的任意常数$C_1$, $C_2,\cdots,C_n$.这个结论对一般的 $n$ 阶方程(6.2)也是成立的.

**定义 6.4**　如果 $n$ 阶微分方程的解含有 $n$ 个独立的任意常数,则称它是该方程的**通解**,如果微分方程的一个解不包含任意常数,则称它是该方程的一个**特解**.如果 $F(x,y,C_1,C_2,\cdots,C_n)=0$ 确定的隐函数 $y=\varphi(x,C_1,C_2,\cdots,C_n)$是 $n$ 阶微分方程的通解,则称 $F(x,y,C_1,C_2,\cdots,C_n)=0$ 为该方程的**通积分**(也称**隐式通解**).如果 $F(x,y)=0$ 确定的隐函数 $y=\varphi(x)$是 $n$ 阶微分方程的特解,则称 $F(x,y)=0$ 为该方程的一个**积分**.

例如,我们前面指出的 $y'=f(x)$, $y''=f(x)$, $y^{(n)}=f(x)$的解分别是它们的通解.可以验证由 $x^2+y^2=C^2$ 确定的隐函数 $y=\sqrt{C^2-x^2}$和 $y=-\sqrt{C^2-x^2}$都是 $y'=-\dfrac{x}{y}$的通解,故 $x^2+y^2=C^2$ 是方程 $y'=-\dfrac{x}{y}$的通积分.

在求解一个微分方程时,不论求出它的通解还是求出它的通积分,我们都认为把它的解求出来了.

**定义 6.5** 给定微分方程的未知函数及其各阶导数在指定点的函数值的条件,称为**初始条件**;求微分方程满足初始条件的特解的问题,称为**初值问题**.

**初始条件的个数必须等于方程的阶数**.如一阶方程 $F(x,y,y')=0$ 的初始条件为 $y(x_0)=y_0$.二阶方程 $F(x,y,y',y'')=0$ 的初始条件为 $y(x_0)=y_0,y'(x_0)=y_1$(右端是给定的数值).对于 $n$ 阶方程(6.2),初始条件为

$$y(x_0)=y_0,\ y'(x_0)=y_1,\cdots,y^{(n-1)}(x_0)=y_{n-1}.$$

要解初值问题,通常是先求出方程的通解(或通积分),然后确定通解中的任意常数的值,使相应的特解满足给定的初始条件,我们用具体的例子说明.

**例 4** 一平面曲线过点(1,2)且其上任一点处的法线通过原点,求该曲线方程.

**解** 据例 1,本题等价于解初值问题:

$$y'=-\frac{x}{y},\qquad y(1)=2.$$

我们已知方程 $y'=-\frac{x}{y}$ 的通积分为

$$x^2+y^2=C^2.$$

将 $x=1,y=2$ 代入上式得 $1+4=C^2$,于是所求曲线为

$$x^2+y^2=5.$$

**例 5** 一质量为 $m$ 的物体,从高度为 $y_0$ 的某高楼顶层以初速 $v_0$ 自由下落,求下落过程中高度与时间 $t$ 的函数关系.

**解** 取如图 6.1 所示坐标系,坐标原点取在大楼底层边缘,设时刻 $t$ 时物体的位置为 $y(t)$,据例 2,本题等价于解初值问题:

$$\frac{\mathrm{d}^2y}{\mathrm{d}t^2}=-g,\ y|_{t=0}=y_0,\ y'|_{t=0}=v_0.$$

易知方程 $\frac{\mathrm{d}^2y}{\mathrm{d}t^2}=-g$ 的通解为

$$y=-\frac{1}{2}gt^2+C_1t+C_2.$$

将 $t=0,y=y_0$ 代入上式得 $C_2=y_0$,将 $t=0,y'=v_0$ 代入 $y'=-gt+C_1$ 中得 $C_1=v_0$,故下落过程中高度 $y$ 与时间的函数关系为

$$y = -\frac{1}{2}gt^2 + v_0 t + y_0.$$

在微分方程发展的早期(十七世纪末至十八世纪),数学家们致力于求出微分方程的全部解(通解),并且成功地求出了一些简单的方程的解,这些解都能用一些初等函数或它们的有限次积分来表示．其研究方法是尽可能把当时遇到的一些类型的微分方程的求解问题化成积分(求原函数)问题,这类方法,习惯上称为**初等积分法**．但后来人们发现绝大多数的微分方程都求不出通解.这就迫使人们寻求其它途径研究微分方程的解,从而形成了一些新的学科,如微分方程的数值解法、微分方程的定性和稳定性理论等．本教材只介绍能用初等积分法求解的几类常用的微分方程．

### §6.1.2 一阶微分方程

一阶微分方程的一般形式是

$$F(x, y, y') = 0.$$

我们只考虑能从上式解出 $y'$ 的形式:

$$y' = f(x, y). \tag{6.3}$$

为了方便,也常把(6.3)化为如下的微分形式:

$$M(x, y)\mathrm{d}x + N(x, y)\mathrm{d}y = 0. \tag{6.4}$$

对形如(6.3)或(6.4)的一阶方程,使用初等积分法求解的方程类型有许多,下面介绍其中几种常见的类型．

1. 变量可分离的方程

我们称方程

$$p(x)\mathrm{d}x + q(y)\mathrm{d}y = 0 \tag{6.5}$$

为**变量分离的微分方程**,它的通积分为

$$\int p(x)\mathrm{d}x + \int q(y)\mathrm{d}y = C \quad 或 \quad P(x) + Q(y) = C.$$

其中 $P(x)$, $Q(y)$分别是 $p(x)$和 $q(y)$的原函数．

事实上,设由 $P(x) + Q(y) = C$ 确定的隐函数为 $y = \varphi(x, C)$,代入 $P(x) + Q(y) = C$便得

$$P(x)+Q(\varphi(x,C))\equiv C,$$

两端对 $x$ 求导得

$$P'(x)+Q'(y)\frac{\mathrm{d}\varphi(x,C)}{\mathrm{d}x}\equiv 0,$$

即

$$p(x)\mathrm{d}x+q(\varphi(x,C))\mathrm{d}\varphi(x,C)\equiv 0,$$

上式表明 $y=\varphi(x,C)$是方程(6.5)的通解,也即 $P(x)+Q(y)=C$ 为其通积分.

称形如

$$\frac{\mathrm{d}y}{\mathrm{d}x}=f(x)g(y) \tag{6.6}$$

或

$$M_1(x)M_2(y)\mathrm{d}x+N_1(x)N_2(y)\mathrm{d}y=0 \tag{6.7}$$

的方程为**变量可分离的微分方程**.

对方程(6.6),两端乘以$\frac{\mathrm{d}x}{g(y)}$就可将变量分离而得变量分离的方程

$$\frac{\mathrm{d}y}{g(y)}=f(x)\mathrm{d}x,$$

其通积分为

$$\int\frac{\mathrm{d}y}{g(y)}=\int f(x)\mathrm{d}x+C.$$

对方程(6.7),两端乘以$\frac{1}{N_1(x)M_2(y)}$就将变量分离而得变量分离的方程

$$\frac{M_1(x)}{N_1(x)}\mathrm{d}x+\frac{N_2(y)}{M_2(y)}\mathrm{d}y=0,$$

其通积分为

$$\int\frac{M_1(x)}{N_1(x)}\mathrm{d}x+\int\frac{N_2(y)}{M_2(y)}\mathrm{d}y=C.$$

应注意在分离变量的过程中有可能丢失或增加个别的特解.

**例 1** 求微分方程$\frac{dy}{dx}=\frac{1+y^2}{(1+x^2)xy}$的通积分．

**解** 原方程两端乘以$\frac{y}{1+y^2}dx$并移项得

$$\frac{dx}{x(1+x^2)}-\frac{ydy}{1+y^2}=0,$$

求积分得

$$\int\frac{dx}{x}-\int\frac{x}{1+x^2}dx-\int\frac{y}{1+y^2}dy=C_1,$$

即

$$\ln|x|-\frac{1}{2}\ln(1+x^2)-\frac{1}{2}\ln(1+y^2)=C_1,$$

$$2\ln|x|-2C_1=\ln(1+x^2)(1+y^2),$$

为了使通积分的形式更为简洁,在上式中以$-\ln|C|$代$C_1$,得

$$\ln(1+x^2)(1+y^2)=\ln C^2x^2,$$

于是所求通积分为$(1+x^2)(1+y^2)=C^2x^2$.

**例 2** 求$\frac{dy}{dx}=\sqrt{1-y^2}$的通解．

**解** 若$1-y^2\neq 0$,将原方程分离变量得

$$\frac{dy}{\sqrt{1-y^2}}=dx$$

积分之得$\arcsin y=x+C$,或写成

$$y=\sin(x+C),$$

这就是原方程通解．此外,易验证$y=\pm 1$也是原方程的解,但并未包含在通解中,故应补上.

**例 3** 求方程$(xy-x)dx+(xy+x-y-1)dy=0$的通积分．

**解** 原方程可化为

$$(y-1)xdx+(x-1)(y+1)dy=0,$$

若$x\neq 1, y\neq 1$,分离变量得

$$\frac{x}{x-1}\mathrm{d}x+\frac{y+1}{y-1}\mathrm{d}y=0,$$

积分之得

$$x+\ln|x-1|+y+2\ln|y-1|=\ln|C|,$$

化简得原方程通积分为

$$(x-1)(y-1)^2=C\mathrm{e}^{-(x+y)}.$$

易验证 $x=1,y=1$ 也是原方程的解($x,y$ 的地位平等看待时，$x=1$ 也是解；若坚持 $y$ 是函数，$x$ 为自变量，则 $x=1$ 不是解)，若允许 $C=0$，则它们含于通解之中．

**例 4(生物总数的 logistic 方程)**　设某生物种群的总数 $y(t)$随时间 $t$ 而变化，变化率与 $y$ 和$(m-y)$的乘积成正比，求 $y(t)$的表达式．

**解**　由题设条件知 $y(t)$满足微分方程

$$\frac{\mathrm{d}y}{\mathrm{d}t}=ky(m-y),\tag{6.8}$$

其中 $k>0$ 为比例常数．分离变量得

$$\frac{\mathrm{d}y}{y(m-y)}=k\mathrm{d}t,$$

两端积分得

$$\frac{1}{m}\ln y-\frac{1}{m}\ln|m-y|=kt+\frac{1}{m}\ln|C|,$$

化简得

$$\frac{y}{m-y}=C\mathrm{e}^{mkt},$$

从上式可解得通解为

$$y=\frac{m}{1+C^{-1}\mathrm{e}^{-mkt}}.$$

在通解表达式的两边取极限得

$$\lim_{t\to+\infty}y(t)=m,$$

这时称 $y(t)$是**动态稳定的**，称 $m$ 为**容纳量**，$y(t)$的图形示于图 6.2.

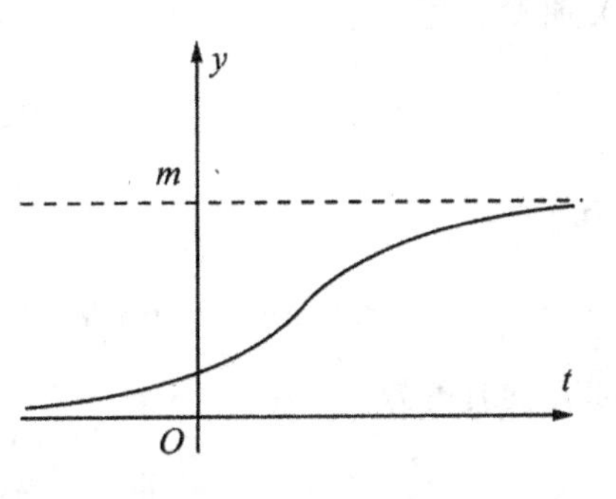

图 6.2

2. 齐次微分方程

形如

$$\frac{\mathrm{d}y}{\mathrm{d}x}=\varphi\left(\frac{y}{x}\right) \tag{6.9}$$

的微分方程称为**齐次微分方程**. 做变量代换 $u=\frac{y}{x}$,即 $y=ux$, $u=u(x)$为新的未知函数,$x$ 仍为自变量,将$\frac{\mathrm{d}y}{\mathrm{d}x}=u+x\frac{\mathrm{d}u}{\mathrm{d}x}$代入(6.9)式,(6.9)就化为变量可分离方程

$$x\frac{\mathrm{d}u}{\mathrm{d}x}=\varphi(u)-u,$$

若 $\varphi(u)-u\neq0$,分离变量并积分得

$$\int\frac{\mathrm{d}u}{\varphi(u)-u}=\ln|x|+C,$$

求出积分后再用 $u=\frac{y}{x}$代入,便得方程(6.9)的通解.

如果 $\varphi(u_0)-u_0=0$,则不难验证(6.9)还有特解 $y=u_0x$.

**例 5** 解初值问题 $y'=\frac{y}{x}\left(1+\ln\frac{y}{x}\right)$, $y(1)=\mathrm{e}$.

**解** $y'=\frac{y}{x}(1+\ln\frac{y}{x})$是齐次微分方程,令 $y=ux$,方程化为

$$u+x\frac{\mathrm{d}u}{\mathrm{d}x}=u(1+\ln u),$$

分离变量得

$$\frac{\mathrm{d}u}{u\ln u}=\frac{\mathrm{d}x}{x},$$

积分得

$$\ln|\ln u|=\ln|x|+\ln|C| \quad \text{或即} \quad u=\mathrm{e}^{Cx},$$

原方程通解为

$$y=x\mathrm{e}^{Cx}.$$

将 $x=1$, $y=\mathrm{e}$ 代入通解得 $\mathrm{e}=\mathrm{e}^{C}$, $C=1$,初值问题的解为 $y=x\mathrm{e}^{x}$.

**例 6**　求方程 $xy'+x-y+x\cos\frac{y}{x}=0$ 的通积分．

**解**　将原方程变形得

$$y'=\frac{y-x-x\cos\frac{y}{x}}{x}=\frac{y}{x}-1-\cos\frac{y}{x}=\varphi\left(\frac{y}{x}\right),$$

可见这是齐次微分方程．令 $y=ux$，上式化为

$$x\frac{\mathrm{d}u}{\mathrm{d}x}=-1-\cos u,$$

若 $1+\cos u\neq 0$，分离变量得

$$\frac{\mathrm{d}u}{1+\cos u}=-\frac{\mathrm{d}x}{x},$$

积分得

$$\ln|x|+\tan\frac{u}{2}=C,$$

原方程通积分为

$$\ln|x|+\tan\frac{y}{2x}=C.$$

此外，还有特解 $y=(2k+1)\pi x, k\in\mathbf{Z}$.

3．一阶线性微分方程

一阶线性方程的一般形式为

$$A(x)\frac{\mathrm{d}y}{\mathrm{d}x}+B(x)y+C(x)=0$$

它的特点是方程对未知函数及其导数都是一次的．通常都将它化为一阶线性方程的标准形式：

$$\frac{\mathrm{d}y}{\mathrm{d}x}+P(x)y=Q(x) \tag{6.10}$$

若 $Q(x)=0$，称(6.10)为**一阶齐次线性方程**，否则称为**一阶非齐次线性方程**.

一阶齐次线性方程$\frac{\mathrm{d}y}{\mathrm{d}x}+P(x)y=0$ 是变量可分离方程，不难得到它的通解是

$$y = Ce^{-\int P(x)\mathrm{d}x}, \tag{6.11}$$

其中$\int P(x)\mathrm{d}x$是$P(x)$的一个原函数,$C$是任意常数.

为求非齐次线性方程(6.10)的通解,我们采用**常数变易法**,就是将齐次线性方程的通解(6.11)中的常数$C$换成未知函数$u(x)$,并设

$$y = u(x)e^{-\int P(x)\mathrm{d}x} \tag{6.12}$$

是(6.10)的解,将(6.12)代入(6.10)得$u(x)$应满足方程

$$\frac{\mathrm{d}u}{\mathrm{d}x}e^{-\int P(x)\mathrm{d}x} = Q(x),$$

由此可得

$$u(x) = \int Q(x)e^{\int P(x)\mathrm{d}x}\mathrm{d}x + C,$$

将$u(x)$的表达式代入(6.12)就得一阶线性方程(6.10)的通解

$$y = e^{-\int P(x)\mathrm{d}x}\left(C + \int Q(x)e^{\int P(x)\mathrm{d}x}\mathrm{d}x\right). \tag{6.13}$$

在上式中出现的积分均只表示被积函数的一个原函数,而出现两次的积分$\int P(x)\mathrm{d}x$表示$P$的同一个原函数,这是一种习惯的写法.

**例 7** 求方程$y'\cos x + y\sin x = 1$的通解.

**解** 将原方程化为标准形式

$$y' + y\tan x = \sec x,$$

由于$\int \tan x\mathrm{d}x = -\ln\cos x + C_1, e^{-\ln\cos x} = \sec x$,由公式(6.13)求得原方程通解

$$y = e^{-\int \tan x\mathrm{d}x}\left(C + \int \sec x \cdot e^{\int \tan x\mathrm{d}x}\mathrm{d}x\right)$$

$$= \cos x(C + \int \sec^2 x\mathrm{d}x) = \cos x(C + \tan x) = C\cos x + \sin x.$$

**注** 本例中积分$\int \tan x\mathrm{d}x$应为$-\ln|\cos x| + C_1$,当$\cos x < 0$时,将有$e^{-\ln|\cos x|} = e^{-\ln(-\cos x)} = -\sec x$,于是$\cos x < 0$时通解

$$y=-\cos x\left(C_2-\int\sec^2 x\mathrm{d}x\right)=-C_2\cos x+\sin x,$$

若令 $C_2=-C$,仍得 $y=C\cos x+\sin x$.例 7 的解答是简化写法．在使用公式(6.13)时,遇到 $\mathrm{e}^{\pm\int P(x)\mathrm{d}x}=\mathrm{e}^{\pm\ln|\cdots|}$,在大多数情况下,e 的右上角对数号后绝对值符号可省去,这样得到的结果与加绝对值号是相同的．

**例 8**　求解方程 $x-\dfrac{y}{y'}=\dfrac{2}{y}$.

**解**　若将原方程就 $y'$解出,得 $y'=\dfrac{y^2}{xy-2}$,这不是关于 $y$ 的线性微分方程(也不是变量可分离方程、齐次方程).但若取 $y$ 为自变量,$x$ 为 $y$ 的函数,原方程可化为关于 $x$ 的线性方程:

$$\frac{\mathrm{d}x}{\mathrm{d}y}-\frac{1}{y}x=-\frac{2}{y^2},$$

由通解公式(6.13)(将 $x,y$ 地位交换)得

$$x=\mathrm{e}^{\int\frac{1}{y}\mathrm{d}y}\left(C-\int\frac{2}{y^2}\mathrm{e}^{-\int\frac{1}{y}\mathrm{d}y}\mathrm{d}y\right)=y\left(C-\int\frac{2}{y^3}\mathrm{d}y\right)=Cy+\frac{1}{y},$$

原方程通积分为 $x=Cy+\dfrac{1}{y}$.

***例 9**　设 $\varphi(x)=\begin{cases}2, & 若\ x<1,\\ 0, & 若\ x>1,\end{cases}$ 试求初值问题　$y'-2y=\varphi(x)$, $y(0)=0$在$(-\infty,+\infty)$内的连续解．

**解**　当 $x<1$ 时,原方程为 $y'-2y=2$,其通解为

$$y=C_1\mathrm{e}^{2x}-1,\quad x<1.$$

当 $x>1$ 时,原方程成为 $y'-2y=0$,其通解为

$$y=C_2\mathrm{e}^{2x},\qquad x>1.$$

由于解在$(-\infty,+\infty)$内连续,故在 $x=1$ 处连续,于是有

$$\lim_{x\to1-}(C_1\mathrm{e}^{2x}-1)=\lim_{x\to1+}C_2\mathrm{e}^{2x}=y(1),$$

由此得

$$C_1\mathrm{e}^2-1=C_2\mathrm{e}^2\qquad 或\qquad C_2=C_1-\mathrm{e}^{-2},$$

原方程的通解为

$$y=\begin{cases}C_1e^{2x}-1, & x\leqslant 1,\\(C_1-e^{-2})e^{2x}, & x>1.\end{cases}$$

再由初始条件 $y(0)=0$ 得 $C_1=1$,从而初值问题在$(-\infty,+\infty)$上的连续解为

$$y=\begin{cases}e^{2x}-1, & x\leqslant 1,\\(1-e^{-2})e^{2x}, & x>1.\end{cases}$$

有许多方程可通过变量代换化为线性方程,例如,对形如

$$f'(y)\frac{dy}{dx}+P(x)f(y)=Q(x)$$

的方程,令 $f(y)=z$,就化为关于 $z$ 的线性方程:

$$\frac{dz}{dx}+P(x)z=Q(x).$$

所谓**贝努利(Bernoulli)方程**就是上述类型,它的一般形式是

$$\frac{dy}{dx}+P(x)y=Q(x)y^n \qquad (n\neq 0,1).$$

在上式两端除以 $y^n$ 得

$$y^{-n}\frac{dy}{dx}+P(x)y^{1-n}=Q(x)$$

或写成

$$\frac{1}{1-n}\frac{d}{dx}y^{1-n}+P(x)y^{1-n}=Q(x),$$

于是,若令 $z=y^{1-n}$,则上式成为关于 $z$ 的线性方程:

$$\frac{dz}{dx}+(1-n)P(x)z=(1-n)Q(x).$$

应用通解公式求出 $z$ 后,再将 $z$ 换回 $y$,即得贝努利方程的通解.

**例 10**　求方程$\frac{dy}{dx}-\frac{4}{x}y=x\sqrt{y}$的通解.

**解**　原方程是贝努利方程,令 $z=y^{1-\frac{1}{2}}=\sqrt{y}$,原方程化为

$$2z\frac{dz}{dx}-\frac{4}{x}z^2=xz.$$

当 $z\neq0$ 时,得到关于 $z$ 的线性方程:

$$\frac{\mathrm{d}z}{\mathrm{d}x}-\frac{2}{x}z=\frac{x}{2}.$$

由通解公式(6.13)得

$$z=\mathrm{e}^{\int\frac{2}{x}\mathrm{d}x}\left(C+\int\frac{x}{2}\mathrm{e}^{-\int\frac{2}{x}\mathrm{d}x}\mathrm{d}x\right)=x^2\left(C+\int\frac{1}{2x}\mathrm{d}x\right)$$

$$=x^2\left(C+\frac{1}{2}\ln|x|\right),$$

原方程通解为 $y=x^4\left(C+\frac{1}{2}\ln|x|\right)^2$.此外,对应于 $z=0$,还有解 $y=0$.

## 习　题　6.1

**A 组**

1．验证下列各函数是其对应的微分方程的通解(或通积分):

(1) $y''-4y'+3y=0$, $y=C_1\mathrm{e}^x+C_2\mathrm{e}^{3x}$;

(2) $(x-y+1)y'=1$, $y=x+C\mathrm{e}^y$;

(3) $yy''=(y')^2$, $y=C_2\mathrm{e}^{C_1x}$.

2．求以下列曲线族为通解(或通积分)的微分方程:

(1) $y=xC+C^2$;

(2) $x=C\mathrm{e}^{\frac{x}{y}}$;

(3) $y=C_1\mathrm{e}^x+C_2\mathrm{e}^{-x}$;

(4) $y=C_1\ln|x|+C_2$.

3．求下列方程的通解或通积分:

(1) $(\mathrm{e}^{x+y}-\mathrm{e}^x)\mathrm{d}x+(\mathrm{e}^{x+y}+\mathrm{e}^y)\mathrm{d}y=0$;

(2) $x^2y^2y'+1=y$;

(3) $(x+1)\frac{\mathrm{d}y}{\mathrm{d}x}+1=2\mathrm{e}^{-y}$;

(4) $x\sec y\mathrm{d}x+(1+x)\mathrm{d}y=0$;

(5) $y'=\frac{y}{x}+\tan\frac{y}{x}$;

(6) $xy^2\mathrm{d}y=(x^3+y^3)\mathrm{d}x$;

(7) $xy'=y+\sqrt{x^2+y^2}$;

(8) $y'=\frac{y}{y-x}$;

(9) $x\frac{\mathrm{d}y}{\mathrm{d}x}+y=2\sqrt{xy}$;

(10) $(x^2\mathrm{e}^{\frac{y}{x}}+y^2)\mathrm{d}x-xy\mathrm{d}y=0$;

(11) $y'+y\cos x=\mathrm{e}^{-\sin x}$;

(12) $(x^2+1)y'+2xy=4x^2$;

(13) $y'+\frac{1}{x}y=x^2y^6$;

(14) $(x-2xy-y^2)\mathrm{d}y+y^2\mathrm{d}x=0$;

(15) $(x^2y^3+xy)\frac{\mathrm{d}y}{\mathrm{d}x}=1$.

4．解下列初值问题:

(1) $y=xy'+y'\ln y$, $y(1)=1$;　　(2) $xy'-2y=x^3e^x$, $y(1)=0$;

(3) $y'\sin x=y\ln y$, $y(0)=1$;

(4) $y\cos\frac{x}{y}dx+\left(y-x\cos\frac{x}{y}\right)dy=0$, $y\left(\frac{\pi}{2}\right)=1$.

5. 平面曲线过点(2,3),其每条切线在两坐标轴之间部分都被切点平分,求该曲线的方程.

6. 一平面曲线 $l$ 过原点,从 $l$ 上任一点$(x,y)$分别作平行于坐标轴的直线,$l$ 将这两条直线和两坐标轴围成的矩形分割成两部分,其中之一的面积为另一部分面积的三倍,求 $l$ 的方程.

7. 设需求函数 $Q=f(P)$的弹性 $\eta=-(5P-2P^2)/Q$,且当 $P=10$ 时,$Q=500$,求需求函数 $f(P)$.

8. 依牛顿冷却定律,一高温物体冷却的速度与它周围温度之差成正比,设周围温度保持为20℃,最初此物体温度为100℃,在20分钟时其温度降至60℃,问需多少时间此物体温度降至30℃?

9. 填空:

(1) 设 $F(x)$是 $f(x)$的一个原函数,$G(x)$是$\frac{1}{f(x)}$的一个原函数,且 $F(x)G(x)=-1$,则$f(x)=$______;

(2) 已知$\int_0^{\frac{x^2}{2}}2y(\sqrt{2t})dt=x^2+y$,则 $y(x)=$________;

(3) 设 $f(x)$在 **R** 上可导且满足 $f(x)=\int_0^x f(t)dt$,则 $f(x)=$______;

(4) 方程 $y'=1+y$ 的与直线$y=x+1$ 相切的积分曲线为______;

(5) 已知 $y=e^x$ 是$xy'+P(x)y=x$ 的一个解,则它满足 $y(\ln 2)=0$ 的解为____.

**B 组**

1. 试解下列微分方程:

(1) $y'=\frac{x}{\cos y}-\tan y$, $y(0)=\frac{\pi}{2}$;　　(2) $x(e^y-y')=2$.

2. 求初值问题$\frac{dy}{dx}+y=f(x)$, $y(0)=1$ 在$[0,+\infty)$上的连续解,其中 $f(x)=\begin{cases}e^{-x}, & 0\leqslant x<1,\\ e^{-1}, & x\geqslant 1.\end{cases}$

3. 求满足$\int_0^x\varphi(t)dt=\frac{x^2}{2}+\int_0^x t\varphi(x-t)dt$ 的可微函数$\varphi(x)$.

4. 设 $f(x)$在$[1,+\infty)$上连续,若由曲线 $y=f(x)$,直线 $x=1$,$x=t(t>0)$与 $x$ 轴所围成的平面图形绕$x$ 轴旋转一周所成的旋转体体积为

$$V(t)=\frac{\pi}{3}[t^2f(t)-f(1)].$$

试求 $y=f(x)$ 所满足的微分方程,并求该微分方程满足条件 $y(2)=\frac{2}{9}$ 的解．

5．某商品的需求量 $x$ 对价格 $p$ 的弹性为 $\eta=-3p^3$,市场对该商品的最大需求量为1(万件),求需求函数．

6．证明级数 $1+\sum\limits_{n=1}^{\infty}\frac{\alpha(\alpha-1)(\alpha-2)\cdots(\alpha-n+1)}{n!}x^n$ 的和函数 $f(x)$ 满足微分方程 $(1+x)f'(x)-\alpha f(x)=0$,并求 $f(x)$.

# 第二节　高阶微分方程

## §6.2.1　几种类型的高阶微分方程

二阶及二阶以上的微分方程称为**高阶微分方程**．这里介绍几种特殊类型的高阶方程,经过适当的变换可以将它们归结为一阶方程的求解问题．

1．$y^{(n)}=f(x)$

在§6.1.1中我们已提及这种最简单的高阶方程．经过一次积分得

$$y^{(n-1)}=\int f(x)\mathrm{d}x+C_1',$$

方程降低了一阶．再积分一次,得

$$y^{(n-2)}=\int \mathrm{d}x\int f(x)\mathrm{d}x+C_1'x+C_2',$$

方程又降低了一阶．如此继续下去,经过 $n$ 次积分得到原方程的通解:

$$y=\int \mathrm{d}x\int \mathrm{d}x\cdots\int f(x)\mathrm{d}x+C_1x^{n-1}+C_2x^{n-2}+\cdots+C_{n-1}x+C_n, \tag{6.14}$$

其中 $C_1,C_2,\cdots,C_n$ 是任意常数．

**例1**　求 $y''=xe^x$ 的通解．

**解**　对原方程两端相继积分两次得

$$y'=\int xe^x\mathrm{d}x+C_1=(x-1)e^x+C_1,$$

$$y=\int(x-1)e^x\mathrm{d}x+C_1x+C_2=(x-2)e^x+C_1x+C_2.$$

这就是所求的通解．

**例 2** 求方程 $y^{(n)}=\sin x$ 的通解.

**解** 参见§2.1.3例3,若 $f(x)=\sin x$,则 $f^{(n)}(x)=\sin\left(x+n\cdot\frac{\pi}{2}\right)$.因此,若 $f(x)=\sin\left(x-n\cdot\frac{\pi}{2}\right)$,则 $f^{(n)}(x)=\sin x$.由通解公式(6.14)即得所求的通解为

$$y=\sin\left(x-n\cdot\frac{\pi}{2}\right)+C_1x^{n-1}+C_2x^{n-2}+\cdots+C_{n-1}x+C_n.$$

2. $y''=f(x,y')$

这类二阶方程的特点是不显含未知函数 $y$.令 $v=y'$,则 $v'=y''$,于是方程降为关于函数 $v$ 的一阶方程

$$v'=f(x,v).$$

如能求出这个方程的通解 $v=\varphi(x,C_1)$,因 $v=y'$,又得到一阶方程

$$y'=\varphi(x,C_1),$$

积分之,即得原方程的通解 $y=\int\varphi(x,C_1)\mathrm{d}x+C_2$.

**例 3** 解微分方程 $y''=\frac{1}{x}y'+x\mathrm{e}^x$.

**解** 令 $y'=v$,原方程化为

$$v'-\frac{1}{x}v=x\mathrm{e}^x,$$

这是关于 $v$ 的一阶线性方程,其通解为

$$\begin{aligned}v&=\mathrm{e}^{\int\frac{1}{x}\mathrm{d}x}\left(C+\int x\mathrm{e}^x\mathrm{e}^{-\int\frac{1}{x}\mathrm{d}x}\mathrm{d}x\right)\\&=x\left(C+\int\mathrm{e}^x\mathrm{d}x\right)=x(C+\mathrm{e}^x).\end{aligned}$$

由于 $v=y'$,又得一阶方程

$$y'=x(C+\mathrm{e}^x),$$

积分之,得原方程通解为

$$y=\int x(C+\mathrm{e}^x)\mathrm{d}x+C_2=(x-1)\mathrm{e}^x+\frac{C}{2}x^2+C_2$$

$$= (x-1)e^x + C_1x^2 + C_2.$$

3. $y''=f(y,y')$

这类二阶方程的特点是不显含自变量 $x$. 取 $y$ 为新的自变量,$p=y'$为新的未知函数,则

$$y'' = \frac{d^2y}{dx^2} = \frac{dp}{dx} = \frac{dp}{dy}\cdot\frac{dy}{dx} = p\frac{dp}{dy},$$

于是原方程降为关于函数 $p$ 的一阶方程:

$$p\frac{dp}{dy} = f(y,p).$$

如能求出它的通解 $p=\varphi(y,C_1)$,因 $p=\frac{dy}{dx}$,又得一阶方程

$$\frac{dy}{dx} = \varphi(y,C_1),$$

将上式分离变量并积分得原方程通积分为

$$x = \int\frac{dy}{\varphi(y,C_1)} + C_2.$$

**例 4** 解初值问题 $y''=2y^3, y(0)=1, y'(0)=1$.

**解** 令 $y'=p$ 并取 $y$ 为自变量,原方程变成

$$p\frac{dp}{dy} = 2y^3 \quad 或即 \quad pdp = 2y^3dy,$$

积分之得 $p^2=y^4+C_1$,代入初始条件 $y=1, p=1$ 得 $C_1=0$,于是有 $p^2=y^4$ 或 $p=y^2$($p=-y^2$ 不满足初始条件,舍去),由于 $p=\frac{dy}{dx}$,又得到一阶方程

$$\frac{dy}{dx} = y^2,$$

分离变量并积分得 $-\frac{1}{y}=x+C_2$,代入初始条件 $x=0, y=1$ 得 $C_2=-1$,最后得初值问题的解为

$$y = \frac{1}{1-x}.$$

### §6.2.2 二阶常系数线性微分方程

二阶常系数线性微分方程的一般形式是

$$y'' + py' + qy = f(x), \tag{6.15}$$

其中 $p,q$ 为实常数,$f(x)$为已知的连续函数,称为方程(6.15)的**自由项**,若 $f(x)\equiv 0$,方程(6.15)称为**二阶常系数线性齐次微分方程**,否则称为**二阶常系数线性非齐次微分方程**. 把(6.15)右端换为零得到的方程

$$y'' + py' + qy = 0 \tag{6.16}$$

称为**对应于(6.15)的齐次方程**.

我们先讨论方程(6.16)的解法.

**定理 6.1** 若 $y = y_1(x)$, $y = y_2(x)$是(6.16)的两个特解,则 $y = C_1y_1(x) + C_2y_2(x)$也是(6.16)的解,其中 $C_1, C_2$ 是任意常数.

**证** 把 $y = C_1y_1 + C_2y_2$ 代入(6.16)左端得

$$\begin{aligned}
&(C_1y_1 + C_2y_2)'' + p(C_1y_1 + C_2y_2)' + q(C_1y_1 + C_2y_2)\\
&= C_1y_1'' + C_2y_2'' + pC_1y_1' + pC_2y_2' + qC_1y_1 + qC_2y_2\\
&= C_1(y_1'' + py_1' + qy_1) + C_2(y_2'' + py_2' + qy_2)\\
&\equiv C_1\cdot 0 + C_2\cdot 0 \equiv 0.
\end{aligned}$$

据解的定义,$y = C_1y_1 + C_2y_2$ 是方程(6.16)的解. □

那么 $y = C_1y_1 + C_2y_2$ 是否就是(6.16)的通解呢? 一般说来还不一定. 例如,若 $y = y_1(x)$是(6.16)的解,当然 $y = y_2(x) = ky_1(x)$也是(6.16)的解,这时 $y = C_1y_1 + C_2y_2 = C_1y_1 + C_2ky_1 = (C_1 + C_2k)y_1 = Cy_1$($C = C_1 + C_2k$ 为任意常数),因此这个解只含一个独立的任意常数,从而它不是(6.16)的通解. 之所以两个常数 $C_1$ 与 $C_2$ 能合并为一个常数 $C$,是由于$\dfrac{y_2(x)}{y_1(x)} = k$(常数)之故. 若$\dfrac{y_2(x)}{y_1(x)}\neq$常数($y_1\neq 0$ 时),则称 $y_1(x)$与 $y_2(x)$**线性无关**. 我们有如下定理(证明较难,从略):

**定理 6.2** 若 $y = y_1(x)$和 $y = y_2(x)$是(6.16)的两个线性无关解,$C_1$, $C_2$ 是两个任意常数,则 $y = C_1y_1(x) + C_2y_2(x)$就是(6.16)的通解.

据定理 6.2,求二阶线性齐次方程(6.16)的通解归结为求它的两个线性

无关解．我们来研究线性无关解的求法．由于(6.16)的左端是 $y,y'$ 和 $y''$ 线性组合，而指数函数 $e^{rx}$ 的各阶导数都是 $e^{rx}$ 的倍数，这就启发我们尝试求方程(6.16)的指数形式的解．把 $y=e^{rx}$ 及其一、二阶导数代入方程(6.16)即得

$$e^{rx}(r^2+pr+q)=0,$$

由于 $e^{rx}\neq 0$，可见 $y=e^{rx}$ 是方程(6.16)的解的充要条件是 $r$ 满足二次方程

$$r^2+pr+q=0. \tag{6.17}$$

方程(6.17)称为微分方程(6.16)的**特征方程**，特征方程(6.17)的根称为**特征根**．设特征根为 $r_1$ 和 $r_2$，以下我们分别就 $r_1$ 和 $r_2$ 是相异实根、重根和共轭复根三种情形讨论．

(1) $r_1$ 和 $r_2$ 是相异实根

此时 $p^2>4q$．取 $y_1=e^{r_1x}$，$y_2=e^{r_2x}$，则 $\dfrac{y_2}{y_1}=e^{(r_2-r_1)x}$ 不等于常数，所以方程(6.16)的通解为

$$y=C_1e^{r_1x}+C_2e^{r_2x}.$$

(2) $r_1=r_2$

此时 $p^2=4q$ 且 $r_1=-\dfrac{p}{2}$，$y_1=e^{r_1x}$ 是(6.16)的一个特解，容易验证这时 $y_2=xe^{r_1x}$ 也是(6.16)的一个特解．事实上，把 $y_2=xe^{r_1x}$，$y_2'=(r_1x+1)\cdot e^{r_1x}$，$y_2''=(r_1^2x+2r_1)e^{r_1x}$ 代入(6.16)中得

$$\begin{aligned}&[r_1^2x+2r_1+p(r_1x+1)+qx]e^{r_1x}\\&=[(r_1^2+pr_1+q)x+2r_1+p]e^{r_1x}\equiv 0,\end{aligned}$$

即 $y_2=xe^{r_1x}$ 是(6.16)的特解．因 $\dfrac{y_2}{y_1}=x$ 不为常数，故 $y_1$ 和 $y_2$ 线性无关．(6.16)的通解为

$$y=(C_1+C_2x)e^{r_1x}.$$

(3) $r_1$ 和 $r_2$ 是共轭复根

此时 $p^2<4q$．设 $r_1=\alpha+i\beta$，$r_2=\alpha-i\beta$，同(2)可验证 $y_1=e^{\alpha x}\cos\beta x$，$y_2=e^{\alpha x}\sin\beta x$ 是(6.16)的两个线性无关解．于是(6.16)的通解为

$$y=e^{\alpha x}(C_1\cos\beta x+C_2\sin\beta x).$$

现将上述讨论结果列于表6.1.

**表6.1**

| 特征方程 $r^2+pr+q=0$ 的判别式 $\Delta=p^2-4q$ | 特征方程的根 | 微分方程 $y''+py'+qy=0$ 的通解 |
|---|---|---|
| $\Delta>0$ | 相异实根 $r_1$ 与 $r_2$ | $y=C_1e^{r_1x}+C_2e^{r_2x}$ |
| $\Delta=0$ | 重根 $r_1=r_2=-p/2$ | $y=(C_1+C_2x)e^{r_1x}$ |
| $\Delta<0$ | 共轭复根 $\alpha\pm i\beta$ | $y=e^{\alpha x}(C_1\cos\beta x+C_2\sin\beta x)$ |

**例1** 求方程 $y''+y'-2y=0$ 的通解.

**解** 特征方程 $r^2+r-2=0$ 有两个相异实根 $r_1=1,r_2=-2$,故通解为

$$y=C_1e^{x}+C_2e^{-2x}.$$

**例2** 求方程 $y''+2y'+y=0$ 的通解.

**解** 特征方程 $r^2+2r+1=0$ 有相等实根 $r_1=r_2=-1$,故通解为

$$y=(C_1+C_2x)e^{-x}.$$

**例3** 求方程 $y''+2y'+2y=0$ 的通解.

**解** 特征方程 $r^2+2r+2=0$ 有共轭复根 $r=-1\pm i$,故通解为

$$y=e^{-x}(C_1\cos x+C_2\sin x).$$

下面讨论非齐次线性方程(6.15)的解.关于方程(6.15)的解的结构有下述两个定理:

**定理6.3(叠加原理)** 若 $y_1(x),y_2(x)$ 分别是方程

$$y''+py'+qy=f_1(x),$$
$$y''+py'+qy=f_2(x)$$

的解,则 $y_1+y_2$ 是方程

$$y''+py'+qy=f_1(x)+f_2(x) \tag{6.18}$$

的解.

**证** 把 $y=y_1+y_2$ 代入方程(6.18)的左端得

$$(y_1+y_2)''+p(y_1+y_2)'+q(y_1+y_2)$$

$$= (y''_1 + py_1' + qy_1) + (y_2'' + py_2' + qy_2) \equiv f_1(x) + f_2(x),$$

这说明 $y_1 + y_2$ 是方程(6.18)的解．□

**定理 6.4**　设 $y^*(x)$是非齐次线性方程(6.15)的一个特解,而 $y = C_1y_1 + C_2y_2$ 是对应的齐次线性方程(6.16)的通解,则

$$y = C_1y_1 + C_2y_2 + y^*$$

是方程(6.15)的通解．

**注**　将 $y = C_1y_1 + C_2y_2 + y^*$ 代入(6.15),易验证它是该方程的解．但要证明 $C_1, C_2$ 是相互独立的比较困难,在此不作深入的研究．

求线性齐次方程(6.16)的通解的方法已经介绍了,剩下的问题是如何求线性非齐次方程(6.15)的一个特解 $y^*$．如同求解一阶线性非齐次方程,我们采用**常数变易法**,具体过程如下:设线性齐次方程(6.16)的通解为

$$y = C_1y_1 + C_2y_2,$$

其中 $C_1, C_2$ 是两个任意常数．我们将 $C_1, C_2$ 分别换为两个可微函数 $u(x)$, $v(x)$,并设

$$y^* = u(x)y_1 + v(x)y_2 \tag{6.19}$$

是方程(6.15)的特解．要确定两个函数 $u$ 和 $v$,需要两个条件,其中一个条件是(6.19)是(6.15)的解,另一个条件是视运算的方便而选取．将(6.19)对 $x$ 求导得

$$(y^*)' = uy_1' + vy_2' + u'y_1 + v'y_2.$$

我们选取的一个条件是令 $u'y_1 + v'y_2 \equiv 0$,于是有

$$(y^*)' = uy_1' + vy_2'.$$

把上式两端再对 $x$ 求导得

$$(y^*)'' = uy_1'' + vy_2'' + u'y_1' + v'y_2'.$$

将$(y^*)'$,$(y^*)''$及$y^*$的表达式代入(6.15),整理后得

$$u(y_1'' + py_1' + qy_1) + v(y_2'' + py_2' + qy_2) + u_1'y_1' + v'y_2' = f(x).$$

因 $y_1$ 与 $y_2$ 是(6.16)的解,故上式成为

$$u'y_1' + v'y_2' = f(x).$$

因此,若函数 $u,v$ 满足方程组

$$\begin{cases} u'y_1 + v'y_2 = 0, \\ u'y_1' + v'y_2' = f(x), \end{cases} \tag{6.20}$$

则 $y^* = uy_1 + vy_2$ 就是方程(6.15)的特解 .(6.20)是关于 $u',v'$ 的线性方程组,由于 $y_1$ 和 $y_2$ 是齐次方程(6.16)的线性无关解,$\dfrac{y_1}{y_2}$不为常数,于是

$$\left(\frac{y_1}{y_2}\right)' = \frac{y_1'y_2 - y_1y_2'}{y_2^2} \not\equiv 0,$$

故方程组(6.20)有唯一解

$$u' = \frac{y_2 f(x)}{y_1'y_2 - y_1y_2'}, \qquad v' = \frac{y_1 f(x)}{y_1y_2' - y_1'y_2}. \tag{6.21}$$

积分后就可定出 $u$ 与 $v$(不含任意常数). 将 $u = u(x), v = v(x)$ 代入(6.19)就得到(6.15)的一个特解 .

**例 4** 求方程 $y'' + y = \cot x$ 的通解 .

**解** 特征方程为 $r^2 + 1 = 0$,解得特征根为 $r = \pm \mathrm{i}$,故对应的齐次方程通解为 $y = C_1\cos x + C_2\sin x$. 我们用常数变易法求特解 $y^*$. 设 $y^* = u(x)\cos x + v(x)\sin x$,则由(6.21)式应有

$$u' = \frac{\sin x \cot x}{-\sin^2 x - \cos^2 x} = -\cos x,$$

$$v' = \frac{\cos x \cot x}{\cos^2 x + \sin^2 x} = \frac{\cos^2 x}{\sin x}.$$

积分得原函数 $u = -\sin x, v = \cos x + \ln\left|\tan\dfrac{x}{2}\right|$,于是

$$y^* = -\sin x\cos x + \left(\cos x + \ln\left|\tan\frac{x}{2}\right|\right)\sin x = \sin x \ln\left|\tan\frac{x}{2}\right|,$$

原方程的通解为

$$y = C_1\cos x + C_2\sin x + \sin x\ln\left|\tan\frac{x}{2}\right|.$$

至此我们已解决了线性非齐次方程的求解问题 . 但在用常数变易法求特解 $y^*$ 时,需要求不定积分才能确定出 $u$ 与 $v$,这在计算上往往很繁琐 . 当自

由项 $f(x)$是 $P_m(x)$($m$ 次多项式),$e^{\lambda x}$,$\sin\omega x$,$\cos\omega x$ 以及它们的和与乘积时,用**待定系数法**求特解 $y^*$ 比较简便．这种方法的基本步骤是:

第一步　根据自由项 $f(x)$的形式及方程(6.16)的特征根的情况,取含有几个待定系数的适当形式的函数作为特解 $y^*$．

第二步　把选定的函数代入方程(6.15),并使两端成为关于 $x$ 的恒等式,由此得到几个待定系数应满足的方程组．

第三步　解这个方程组,确定所有的待定系数,从而求得方程(6.15)的一个特解 $y^*$．

用待定系数法能否成功的关键在于特解 $y^*$ 的形式选得是否合适．我们将不同情况下特解应取的形式(证明从略)列于表 6.2,其中 $Q_m(x)$和 $R_m(x)$是待定系数的 $m$ 次多项式．

**表 6.2**

| $f(x)$的形式 | $\lambda$ 或 $\lambda\pm i\omega$ 与方程特征根的关系 | 特解的形式 |
|---|---|---|
| $P_m(x)e^{\lambda x}$<br>$P_m(x)$是 $m$ 次多项式<br>$\lambda$ 是实数 | $\lambda$ 不是特征根 | $Q_m(x)e^{\lambda x}$ |
| | $\lambda$ 是单特征根 | $xQ_m(x)e^{\lambda x}$ |
| | $\lambda$ 是重特征根 | $x^2Q_m(x)e^{\lambda x}$ |
| $e^{\lambda x}[P_l(x)\cos\omega x+\overline{P}_n(x)\sin\omega x]$<br>$P_l(x),\overline{P}_n(x)$分别是 $l$ 次和 $n$ 次多项式,$\lambda,\omega$ 是实常数,且 $\omega>0$ | $\lambda\pm i\omega$ 不是特征根 | $e^{\lambda x}[Q_m(x)\cos\omega x+R_m(x)\sin\omega x]$<br>$m=\max\{l,n\}$ |
| | $\lambda\pm i\omega$ 是特征根 | $xe^{\lambda x}[Q_m(x)\cos\omega x+R_m(x)\sin\omega x]$<br>$m=\max\{l,n\}$ |

**例 5**　求方程 $y''+4y'+4y=e^{ax}$的通解．

**解**　特征方程是 $r^2+4r+4=0$,由此得特征根 $r_1=r_2=-2$. 自由项是 $e^{ax}$与零次多项式 $P_0(x)=1$ 的乘积,特解的形式与 $a$ 是否为特征根有关．

若 $a\neq-2$,应设特解的形式为

$$y^*=Ae^{ax},$$

其中 $A$ 为待定系数,代入原方程,得

$$A(a^2+4a+4)e^{ax}=e^{ax},$$

于是可确定

$$A = \frac{1}{(a+2)^2}.$$

由通解的结构定理 6.4,这时原方程的通解是

$$y = (C_1 + C_2 x)e^{-2x} + \frac{1}{(a+2)^2}e^{ax}.$$

若 $a=-2$,它是重特征根,应设特解的形式为

$$y^* = Ax^2 e^{-2x},$$

其中 $A$ 是待定系数,代入原方程得

$$A[(2-8x+4x^2)+4(2x-2x^2)+4x^2]e^{-2x} = e^{-2x},$$

即

$$2Ae^{-2x} = e^{-2x},$$

于是可确定

$$A = \frac{1}{2},$$

由通解结构定理知,这时原方程的通解是

$$y = \left(C_1 + C_2 x + \frac{1}{2}x^2\right)e^{-2x}.$$

**例 6** 解方程 $y''+y'-2y=3xe^x+2x^2-1$.

**解** 特征方程 $\lambda^2+\lambda-2=0$ 有特征根 $\lambda_1=1,\lambda_2=-2$. 自由项 $f(x)=3xe^x+2x^2-1=f_1(x)+f_2(x)$,其中 $f_1(x)=2x^2-1$,$f_2(x)=3xe^x$. 由于对应于 $f_1(x)$和 $f_2(x)$的特解形式不同,我们可分别求其特解,然后用叠加原理.

对方程 $y''+y'-2y=2x^2-1$,右端自由项 $2x^2-1=(2x^2-1)e^{0x}$,由于 0 不是特征根,应设特解的形式为

$$y_1^* = Ax^2 + Bx + C,$$

其中 $A,B,C$ 为待定系数,代入 $y''+y'-2y=2x^2-1$ 得

$$-2Ax^2 + (2A-2B)x + 2A + B - 2C = 2x^2 - 1,$$

令等式两端 $x$ 的同次幂系数相等,得

$$\begin{cases}-2A=2,\\ 2A-2B=0,\\ 2A+B-2C=-1,\end{cases}$$

由此解得 $A=-1,B=-1,C=-1$,于是

$$y_1^*=-x^2-x-1.$$

对方程 $y''+y'-2y=3xe^x$,右端自由项 $3xe^x$ 中 $3x$ 是一次多项式,又 1 是单特征根,应设特解的形式为

$$y_2^*=x(Ax+B)e^x,$$

其中 $A,B$ 是待定系数,代入 $y''+y'-2y=3xe^x$ 中得

$$6Axe^x+(2A+3B)e^x=3xe^x,$$

于是可确定 $A=\frac{1}{2},B=-\frac{1}{3}$,故

$$y_2^*=x\left(\frac{1}{2}x-\frac{1}{3}\right)e^x.$$

由叠加原理,原方程通解为

$$y=C_1e^x+C_2e^{-2x}+x\left(\frac{1}{2}x-\frac{1}{3}\right)e^x-x^2-x-1.$$

**例 7** 求方程 $y''-3y'+2y=5\cos2x$ 的通解 .

**解** 特征方程 $r^2-3r+2=0$ 有特征根 $r_1=1,r_2=2$. 自由项 $5\cos2x=e^{0x}P_0(x)\cos2x$,其中 $P_0(x)=5$ 是零次多项式,由于 $0\pm2i$ 不是特征根,应设特解的形式为

$$y^*=A\cos2x+B\sin2x,$$

其中 $A,B$ 是待定系数,代入原方程得

$$(6A-2B)\sin2x+(-2A-6B)\cos2x=5\cos2x,$$

于是有

$$6A-2B=0,\ -2A-6B=5,$$

由此解得 $A=-\frac{1}{4},B=-\frac{3}{4}$. 原方程通解为

$$y = C_1 e^x + C_2 e^{2x} - \frac{1}{4}\cos 2x - \frac{3}{4}\sin 2x.$$

**例 8** 求方程 $y'' - 2y' + 2y = e^x \cos x$ 的通解.

**解** 特征方程 $r^2 - 2r + 2 = 0$ 有特征根 $r = 1 \pm i$,右端自由项 $f(x) = e^x \cos x = e^x P_0(x) \cos x$,$P_0(x) = 1$ 是零次多项式,由于 $1 \pm i$ 是特征根,故特解应具有形式

$$y^* = x e^x (A\cos x + B\sin x),$$

把 $y^*$ 代入原方程并化简得

$$2Be^x \cos x - 2Ae^x \sin x = e^x \cos x,$$

比较两端得 $B = \frac{1}{2}$,$A = 0$,于是 $y^*(x) = \frac{1}{2} x e^x \sin x$,从而原方程通解为

$$y = e^x (C_1 \cos x + C_2 \sin x) + \frac{1}{2} x e^x \sin x.$$

## 习 题 6.2

**A 组**

1. 求下列微分方程的通解(或通积分):

(1) $y'' = \frac{1}{1+x^2}$; (2) $x^2 y^{(4)} + 1 = 0$;

(3) $y'' \tan x - y' + \csc x = 0$; (4) $xy'' = y' + \ln x$;

(5) $y'' = e^x y'^2$; (6) $yy'' + (y')^2 = y'$;

(7) $y'' = 1 + (y')^2$; (8) $yy'' - (y')^2 = y'$.

2. 解下列初值问题:

(1) $4\sqrt{y} y'' = 1$, $y(0) = y'(0) = 1$; (2) $y^3 y'' = -1$, $y(1) = 1$, $y'(1) = 0$;

(3) $xy'' - 4y' = x^5$, $y(1) = -1$, $y'(1) = -4$.

3. 求下列方程的通解:

(1) $y'' - 2y' + 3y = 0$; (2) $2y'' + y' - y = 0$;

(3) $y'' + 8y' + 16y = 0$; (4) $y'' + 4y = 0$;

(5) $3y'' + 2y' = 0$.

4. (填空)写出下列二阶方程的特解形式:

(1) $y'' - 2y' + y = 5xe^x$ 的特解具形式 $y^* =$ __________;

(2) $y'' - 2y' + 2y = e^x \cos x$ 的特解具形式 $y^* =$ __________;

(3) $y'' - y' = x^2 - 1$ 的特解具形式 $y^* =$ __________;

(4) $y''-y=xe^{x}\cos x$ 的特解具形式 $y^{*}=$__________.

5．求下列方程的通解：

(1) $y''+y=\csc x$；　　(2) $y''-2y'+y=\dfrac{e^{x}}{x^{2}+1}$；

(3) $y''-6y'+10y=5$；　　(4) $y''+y'=x^{2}+1$；

(5) $y''-y'-2y=e^{2x}$；　　(6) $y''-8y'+16y=x+xe^{4x}$；

(7) $y''-y=4xe^{x}$；　　(8) $y''-4y'+3y=3e^{x}\cos 2x$；

(9) $y''+a^{2}y=\sin x(a>0)$；　　(10) $y''+2y'-3y=3x+1+\cos x$.

6．选择题：

(1) 设 $y''+py'+qy=f(x)$ 有三个特解 $y=xe^{-x}$，$y=e^{x}+xe^{-x}$，$y=e^{-x}+xe^{-x}$，则该二阶方程为________；

(A) $y''+y'=-e^{-x}$　　(B) $y''-y=-2e^{-x}$

(C) $y''+y'-2y=-2xe^{-x}-e^{-x}$　　(D) $y''+3y'+2y=e^{-x}$

(2) 设 $y=x$，$y=e^{x}$，$y=e^{-x}$ 是 $y''+py'+qy=f(x)$ 的三个特解，则该方程的通解是________；

(A) $y=C_1x+C_2e^{x}$　　(B) $y=C_1x+C_2e^{x}+C_3e^{-x}$

(C) $y=C_1(e^{x}-x)+C_2(e^{-x}-x)+x$　　(D) $y=C_1x+C_2(e^{x}-e^{-x})$

(3) 设 $y_1(x)$，$y_2(x)$，$y_3(x)$ 都是 $y''+py'+qy=f(x)$ 的特解 $(q\neq 0)$，$y_1/y_2$ 不恒为常数，则该方程的通解为________；

(A) $C_1y_1+C_2y_2+y_3$　　(B) $C_1y_1+C_2y_2-(C_1+C_2)y_3$

(C) $C_1y_1+C_2y_2-(1-C_1-C_2)y_3$　　(D) $C_1y_1+C_2y_2+(1-C_1-C_2)y_3$

7．填空：

(1) 已知 $y''+py'+qy=f(x)$ 有特解 $y=\dfrac{x}{2}$，对应齐次方程有特解 $y=e^{-x}\cos x$ 和 $y=e^{-x}\sin x$，则 $p=$______，$q=$______，$f(x)=$______；

(2) 已知 $y''+py'+qy=f(x)$ 有三个特解 $y=x$，$y=e^{x}$ 和 $y=e^{2x}$，则该方程满足条件 $y(0)=1$，$y'(0)=3$ 的特解 $y=$______；

(3) 设 $y''+py'+qy=ae^{x}$ 有一个特解 $y=e^{2x}+(1+x)e^{x}$，则 $p=$______，$q=$______，$a=$______；

(4) 方程 $y''-3y'+2y=2e^{x}$ 的积分曲线在点 $(0,1)$ 与曲线 $y=x^{2}-x+1$ 有公切线，则该积分曲线为______.

8．求连续函数 $f(x)$，使它满足

$$f(x)=\int_0^x f(t)(t-x)\mathrm{d}t+\cos x.$$

**B组**

1．设 $u(x)$ 在 $\mathbf{R}$ 上二阶可导且满足 $u(x)=\int_0^x tu(x-t)\mathrm{d}t$，证明 $u(x)\equiv 0$.

2. 证明作自变量变换 $x=e^t$ 可将变系数线性方程 $x^2\frac{d^2y}{dx^2}+ax\frac{dy}{dx}+by=f(x)$ 化为常系数线性方程 $\frac{d^2y}{dt^2}+p\frac{dy}{dt}+qy=f(e^t)$，并解方程 $x^2y''+3xy'-3y=x^3$.

# 第三节　差分方程

微分方程是研究连续变量的变化规律，但在现实世界中许多现象涉及的变量是离散的，我们可用差分方程研究这些变量的变化规律．举例说，在经济领域中有许多产品，如农产品，它们从种植后一直到运至市场出售共需一年时间，故目前所提供之产品数量 $S(t)$，仍以去年之价格 $P(t-1)$ 为依据，即供给函数为 $S(t)=-\gamma+\delta P(t-1)$，而目前的需求量 $Q(t)$ 是当前价格 $P(t)$ 之函数，即 $Q(t)=\alpha-\beta P(t)$，若供需平衡则得

$$\alpha-\beta P(t)=-\gamma+\delta P(t-1)\qquad(\alpha,\beta,\gamma,\delta\text{ 为正常数}),$$

这就是关于该农产品价格的一个简单的一阶差分方程．再如绝大多数微分方程初值问题都无法求出精确解，当我们求其近似解时，需要把连续的变量离散化，这样得到的方程就是差分方程．

## §6.3.1　基本概念

设函数 $y=f(x)$，把它记为 $y_x$，则 $y_{x+1}=f(x+1)$. 称差 $y_{x+1}-y_x$ 为函数 $y_x$ 的**一阶差分**，记作 $\Delta y_x$，即

$$\Delta y_x=y_{x+1}-y_x=f(x+1)-f(x).$$

称 $\Delta(\Delta y_x)=\Delta y_{x+1}-\Delta y_x$ 为函数 $y_x$ 的**二阶差分**，记作 $\Delta^2y_x$，我们有

$$\Delta^2y_x=\Delta y_{x+1}-\Delta y_x=(y_{x+2}-y_{x+1})-(y_{x+1}-y_x)=y_{x+2}-2y_{x+1}+y_x.$$

类似可定义三阶差分 $\Delta^3y_x=\Delta(\Delta^2y_x)$，…，$n$ 阶差分 $\Delta^ny_x=\Delta(\Delta^{n-1}y_x)$，一般有

$$\Delta^ny_x=\sum_{i=0}^{n}(-1)^iC_n^iy_{x+n-i}.\qquad(6.22)$$

由定义可知差分具有以下性质：

(1) $\Delta(Cy_x)=C\Delta y_x$（$C$ 为任意常数）.

(2) $\Delta(y_x\pm z_x)=\Delta y_x\pm\Delta z_x$.

**例 1**　求 $\Delta(x^2),\Delta^2(x^2),\Delta^3(x^2)$.

**解**　设 $y_x=x^2$,我们有

$$\Delta y_x = \Delta(x^2) = (x+1)^2 - x^2 = 2x+1,$$

$$\Delta^2 y_x = \Delta(\Delta y_x) = \Delta(2x+1) = [2(x+1)+1] - (2x+1) = 2,$$

$$\Delta^3 y_x = \Delta(\Delta^2 y_x) = 2-2 = 0.$$

**定义 6.6**　联系自变量 $x$,未知函数 $f(x)$,以及未知函数的差分 $\Delta y_x$,$\Delta^2 y_x\cdots$的函数方程称为**差分方程**;出现在差分方程中的最高阶差分的阶数,称为差分方程的**阶**.

例如

$$2\Delta y_x + x - 1 = 0,$$

$$\Delta^2 y_x - 2y_x = 3^x$$

就分别是一阶和二阶差分方程.

由于 $n$ 阶差分可表示成相继 $n+1$ 个点上函数值的系数是整数的线性组合(见(6.22)式),因而差分方程又可定义为:

**定义 6.7**　含有自变量 $x$ 以及两个或两个以上未知函数值 $y_x,y_{x+1},\cdots$的函数方程,称为**差分方程**,出现在差分方程中未知函数的下标的最大值与最小值的差数称为差分方程的**阶**.

前面例举的两个差分方程可分别写成

$$2y_{x+1} - 2y_x + x - 1 = 0,$$

$$y_{x+2} - 2y_{x+1} - y_x = 3^x.$$

由于在差分方程中自变量 $x\in\mathbf{Z}$,不难看出将其中所有的 $x$ 全部换成 $x+k$($k$是一个固定整数)时,这样得到的差分方程与原来的差分方程实际上是一样的,因此,我们在解差分方程时仅限于 $x=0,1,2,\cdots$.

**定义 6.8**　如果将已知函数 $y_x=\varphi(x)$代入差分方程后,该方程成为恒等式,则称 $y_x=\varphi(x)$是该差分方程的**解**. 如果解中所含独立任意常数的个数等于差分方程的阶数,则称这样的解是该方程的**通解**;不含任意常数的解,则称为**特解**.

我们往往要根据系统在初始时刻所处的状态,对差分方程附加一定的条件,这种附加条件称之为**初始条件**. 初始条件的个数应等于差分方程阶数,差

分方程满足初始条件的特解可通过确定该方程通解中任意常数的值而得到．

本教材只介绍一阶和二阶常系数线性差分方程．

### §6.3.2　一阶常系数线性差分方程

一阶常系数线性差分方程的一般形式是

$$y_{x+1}-ay_x=f(x),\qquad x=0,1,2,\cdots,\tag{6.23}$$

其中 $a\neq0$ 为常数，$f(x)$是已知函数．若 $f(x)\equiv0$，称为**一阶常系数齐次线性差分方程**，否则称为**一阶常系数非齐次线性差分方程**．把(6.23)右端的函数 $f(x)$换为零而得到的方程

$$y_{x+1}-ay_x=0,\qquad x=0,1,2,\cdots\tag{6.24}$$

称为方程(6.23)对应的齐次方程．

如同常微分方程，一阶差分方程的通解结构有如下定理：

**定理 6.5**　设 $y_x^*$ 是方程(6.23)的一个特解，$\bar{y}_x$ 是其对应的齐次方程的通解，则方程(6.23)的通解为

$$y_x=\bar{y}_x+y_x^*.$$

据此定理，为了求出方程(6.23)的通解，应分别求出(6.23)的特解和它对应的齐次方程(6.24)的一个不恒等于零的特解．

设 $y=\lambda^x(\lambda\neq0)$是(6.24)的一个特解，代入(6.24)得

$$\lambda^{x+1}-a\lambda^x=\lambda^x(\lambda-a)=0.$$

由于 $\lambda\neq0$，故若 $\lambda-a=0$，则 $y_x=a^x$ 就是(6.24)的一个特解．称 $\lambda-a=0$ 为方程(6.24)的特征方程，其根 $\lambda=a$ 称为特征根．由于对任何常数 $C$，$\bar{y}_x=Ca^x$ 也是(6.24)的解，从而(6.24)的通解为 $\bar{y}_x=Ca^x$．

为了求非齐次方程(6.23)的一个特解，可用**迭代法**，即把方程(6.23)改写成

$$y_{x+1}=ay_x+f(x),\qquad x=0,1,2,\cdots.$$

设 $y_0=0$，则依次可得

$$y_1=f(0)$$

$$y_2=af(0)+f(1)$$

$$y_3 = a^2 f(0) + af(1) + f(2)$$

$$\vdots$$

$$y_x = a^{x-1} f(0) + a^{x-2} f(1) + \cdots + f(x-1)$$

这表明

$$\begin{cases} y_x^* = a^{x-1} f(0) + a^{x-2} f(1) + \cdots + f(x-1),\ x = 1,2,3\cdots, \\ y_0^* = 0, \end{cases}$$

就是方程(6.23)的一个特解.

再用定理6.5,就得到(6.23)的通解.

这种迭代解法,尽管对一般形状的函数 $f(x)$都适用,但对某些常见的函数反而不方便.当方程(6.23)右端的函数 $f(x)$是 $P_m(x)$($m$ 次多项式),$b^x$,$\cos\omega x$,$\sin\omega x$ 以及它们的和或乘积时,待定系数法将是更为简便有效的方法.

用待定系数法求非齐次差分方程特解的过程与用待定系数法求非齐次微分方程特解的过程是类似的,关键仍在于按照右端函数 $f(x)$的形式以及它与差分方程系数 $a$ 的关系,选取特解的适当形式.我们把有关的结果列于表6.3.

**表 6.3**

| $f(x)$的形式 | $f(x)$与方程系数 $a$ 的关系 | 特解的形式 |
|---|---|---|
| $P_m(x)$<br>($P_m(x)$是 $m$ 次多项式) | $a\neq1$ | $Q_m(x)$ |
| | $a=1$ | $xQ_m(x)$ |
| $P_m(x)b^x$<br>($b\neq1$ 是实常数) | $b-a\neq0$ | $b^xQ_m(x)$ |
| | $b-a=0$ | $xb^xQ_m(x)$ |
| $M\cos\omega x+N\sin\omega x$<br>($M,N,\omega$ 是实常数<br>$0<\omega<\pi,\pi<\omega<2\pi$) | | $A\cos\omega x+B\sin\omega x$ |

表中 $Q_m(x)$是待定系数的 $m$ 次多项式,$A$ 和$B$ 是待定系数.我们来说明表6.3中$f(x)=M\cos\omega x+N\sin\omega x$ 时,为什么规定 $0<\omega<\pi,\pi<\omega<2\pi$.这是因为在差分方程中仅考虑 $x=0,1,2,\cdots$,于是当 $\omega=\pi$ 时有

$$\cos\omega x = (-1)^x,\ \sin\omega x = 0,\ x = 0,1,2,\cdots.$$

而当 $\omega=2\pi$ 时有

$$\cos\omega x = 1,\ \sin\omega x = 0,\ x = 0,1,2,\cdots.$$

这时相应的 $f(x)$分别是

$$f(x) = M(-1)^x,\ x = 0,1,2,\cdots,$$

$$f(x) = M,\ x = 0,1,2,\cdots,$$

从而归结为前两类情况．

**例 2** 求解差分方程(1) $y_{x+1}+y_x=2x^2-x$；(2) $2y_{x+1}-2y_x-5x=0$.

**解** (1)特征方程为 $\lambda+1=0$,特征根 $\lambda=-1$,故齐次方程通解为 $\overline{y}_x=C(-1)^x$,由于 $a=-1\neq1$,故可设非齐次方程特解为

$$y_x^* = Ax^2 + Bx + C,$$

代入原方程并整理得

$$2C + B + A + (2A + 2B)x + 2Ax^2 = 2x^2 - x,$$

令两端 $x$ 的同次幂系数相等得

$$\begin{cases}2C + B + A = 0,\\ 2A + 2B = -1,\\ 2A = 2,\end{cases}$$

解得 $A=1,B=-\dfrac{3}{2},C=\dfrac{1}{4}$,于是得一特解

$$y_x^* = x^2 - \frac{3}{2}x + \frac{1}{4},$$

从而原方程的通解是

$$y_x = C(-1)^x + x^2 - \frac{3}{2}x + \frac{1}{4}.$$

(2) 将方程改写为

$$y_{x+1} - y_x = \frac{5}{2}x,$$

特征方程 $\lambda-1=0$ 有特征根 $\lambda=1$,齐次方程的通解是

$$\overline{y}_x = C(1)^x = C.$$

由于 $a=1$,故可设非齐次方程的一个特解为

$$y_x^* = x(Ax+B),$$

代入原方程后得

$$2Ax + A + B = \frac{5}{2}x.$$

由上式可得 $A=\frac{5}{4}, B=-\frac{5}{4}$,即 $y_x^*=x\left(\frac{5}{4}x-\frac{5}{4}\right)$. 于是原方程通解是

$$y_x = C + \frac{5}{4}x(x-1).$$

**例 3**　解差分方程(1) $y_{x+1}+\frac{3}{4}y_x=\left(\frac{3}{4}\right)^x$;(2) $y_{x+1}-3y_x=x\cdot 3^x$.

**解**　(1) 易见对应齐次方程的通解是

$$\bar{y}_x = C\left(-\frac{3}{4}\right)^x.$$

因为 $b=\frac{3}{4}$ 不是特征根,所以可设非齐次方程的一个特解为

$$y_x^* = A\left(\frac{3}{4}\right)^x,$$

将其代入非齐次方程后,解得 $A=\frac{2}{3}$,故得一个特解为

$$y_x^* = \frac{2}{3}\left(\frac{3}{4}\right)^x.$$

原方程的通解是

$$y_x = C\left(-\frac{3}{4}\right)^x + \frac{2}{3}\left(\frac{3}{4}\right)^x.$$

(2) 对应齐次方程的通解为 $\bar{y}_x=C\cdot 3^x$. 由于 $b=3$ 是特征根,故可设非齐次方程的特解为

$$y_x^* = x(Ax+B)\cdot 3^x,$$

代入原方程得

$$(x+1)[A(x+1)+B]\cdot 3^{x+1} - 3x[Ax+B]\cdot 3^x = x\cdot 3^x,$$

整理并比较两端同次幂的系数,得

$$3A + 3B = 0,\ 6A = 1,$$

于是 $A=\frac{1}{6}$,$B=-\frac{1}{6}$,一个特解为

$$y_x^* = x\left(\frac{1}{6}x - \frac{1}{6}\right)\cdot 3^x.$$

原方程的通解为

$$y_x = C\cdot 3^x + x\left(\frac{1}{6}x - \frac{1}{6}\right)\cdot 3^x.$$

**例 4** 求差分方程 $y_{x+1}+4y_x=3\cos\frac{\pi}{2}x$ 满足初始条件 $y_0=1$ 的特解.

**解** 对应齐次方程的通解为

$$\bar{y}_x = C(-4)^x.$$

非齐次方程特解具有形式

$$y_x^* = A\cos\frac{\pi}{2}x + B\sin\frac{\pi}{2}x,$$

代入原方程,整理后得

$$(4B - A)\sin\frac{\pi}{2}x + (4A + B)\cos\frac{\pi}{2}x = 3\cos\frac{\pi}{2}x,$$

由此得 $4B-A=0$,$4A+B=3$,解出 $A=\frac{12}{17}$,$B=\frac{3}{17}$,于是

$$y_x^* = \frac{12}{17}\cos\frac{\pi}{2}x + \frac{3}{17}\sin\frac{\pi}{2}x.$$

原方程的通解是

$$y_x = C(-4)^x + \frac{12}{17}\cos\frac{\pi}{2}x + \frac{3}{17}\sin\frac{\pi}{2}x.$$

将初始条件 $x=0$,$y=1$ 代入上式得 $C=\frac{5}{17}$,欲求特解为

$$y_x = \frac{5}{17}(-4)^x + \frac{12}{17}\cos\frac{\pi}{2}x + \frac{3}{17}\sin\frac{\pi}{2}x.$$

### * §6.3.3　二阶常系数线性差分方程

二阶常系数线性差分方程的一般形式是

$$y_{x+2}+ay_{x+1}+by_x=f(x). \tag{6.25}$$

若 $f(x)\equiv 0$,称(6.25)为二阶常系数齐次线性差分方程,否则称为二阶常系数非齐次线性差分方程．将(6.25)的右端 $f(x)$换为零而得的方程

$$y_{x+2}+ay_{x+1}+by_x=0 \tag{6.26}$$

称为对应于方程(6.25)的齐次线性差分方程．

关于非齐次线性差分方程的通解结构有如下定理:

**定理 6.6**　设 $y_x^*$ 是方程(6.25)的一个特解,$\bar{y}_x$ 是对应的齐次方程(6.26)的通解,则非齐次方程(6.25)的通解

$$y_x=\bar{y}_x+y_x^*.$$

我们先求(6.26)的通解 $\bar{y}_x$.设 $y_x=\lambda^x(\lambda\neq 0)$是方程(6.26)的一个特解,代入(6.26)得

$$\lambda^x(\lambda^2+a\lambda+b)=0,$$

可见 $y_x=\lambda^x$ 是方程(6.26)的解的充要条件是

$$\lambda^2+a\lambda+b=0. \tag{6.27}$$

称方程(6.27)为方程(6.26)的**特征方程**,其根称为**特征根**．

以下我们就特征根的不同情形讨论方程(6.26)的通解．

(1) 特征方程(6.27)有互异实根 $\lambda=\lambda_1$ 和 $\lambda=\lambda_2$,这时 $y_x=\lambda_1^x$ 和 $y_x=\lambda_2^x$ 都是方程(6.26)的解,易见它们的线性组合 $C_1\lambda_1^x+C_2\lambda_2^x$ 也是(6.26)的解,从而(6.26)的通解为

$$\bar{y}_x=C_1\lambda_1^x+C_2\lambda_2^x.$$

(2) 特征方程(6.27)有重实根 $\lambda_1=\lambda_2$,$y_x=\lambda_1^x$ 是一个特解,可以验证这时 $y_x=x\lambda_1^x$ 也是一个特解,从而在有重实根 $\lambda_1$ 的情形下,(6.26)的通解为

$$\bar{y}_x=C_1\lambda_1^x+C_2x\lambda_1^x=(C_1+C_2x)\lambda_1^x.$$

(3) 特征方程有一对共轭复根 $\lambda=\alpha\pm\mathrm{i}\beta$,这时方程(6.26)有一对复值解 $y_x=(\alpha+\mathrm{i}\beta)^x$ 和 $y_x=(\alpha-\mathrm{i}\beta)^x$,我们的目的是求实值解,注意到

$$(\alpha+\mathrm{i}\beta)^x=\left(\sqrt{\alpha^2+\beta^2}\,\mathrm{e}^{\mathrm{i}\arctan\frac{\beta}{\alpha}}\right)^x=\left(\sqrt{\alpha^2+\beta^2}\right)^x\mathrm{e}^{\mathrm{i}x\arctan\frac{\beta}{\alpha}}$$

$$=\left(\sqrt{\alpha^2+\beta^2}\right)^x\left[\cos\left(x\arctan\frac{\beta}{\alpha}\right)+\mathrm{i}\sin\left(x\arctan\frac{\beta}{\alpha}\right)\right]$$

$$(\alpha-\mathrm{i}\beta)^x=\left(\sqrt{\alpha^2+\beta^2}\right)^x\left[\cos\left(x\arctan\frac{\beta}{\alpha}\right)-\mathrm{i}\sin\left(x\arctan\frac{\beta}{\alpha}\right)\right]$$

我们可得一对实值解：

$$y_x=\frac{1}{2}[(\alpha+\mathrm{i}\beta)^x+(\alpha-\mathrm{i}\beta)^x]=\left(\sqrt{\alpha^2+\beta^2}\right)^x\cos\left(x\arctan\frac{\beta}{\alpha}\right),$$

$$y_x=\frac{1}{2i}[(\alpha+\mathrm{i}\beta)^x-(\alpha-\mathrm{i}\beta)^x]=\left(\sqrt{\alpha^2+\beta^2}\right)^x\sin\left(x\arctan\frac{\beta}{\alpha}\right).$$

方程(6.26)的通解为

$$\bar{y}_x=\left(\sqrt{\alpha^2+\beta^2}\right)^x\left[C_1\cos\left(x\arctan\frac{\beta}{\alpha}\right)+C_2\sin\left(x\arctan\frac{\beta}{\alpha}\right)\right].$$

下一步是求非齐次方程(6.25)的特解 $y_x^*$．我们只考虑一些常用的简单情形，即 $f(x)$是 $P_m(x)$($m$ 次多项式)，$q^x$，$\cos\omega x$，$\sin\omega x$ 以及它们的和或乘积，这时可用待定系数法求特解，我们把应选取的特解形式列于表 6.4.

**表 6.4**

| $f(x)$的形式 | $f(x)$与特征根的关系 | 特解的形式 |
|---|---|---|
| $P_m(x)$<br>($P_m(x)$是 $m$ 次多项式) | 1 不是特征根 | $Q_m(x)$ |
| | 1 是单特征根 | $xQ_m(x)$ |
| | 1 是重特征根 | $x^2Q_m(x)$ |
| $P_m(x)q^x$ | $q$ 不是特征根 | $q^xQ_m(x)$ |
| | $q$ 是单特征根 | $xq^{x-1}Q_m(x)$ |
| | $q$ 是重特征根 | $x^2q^{x-1}Q_m(x)$ |
| $M\cos\omega x+N\sin\omega x$<br>($M,N,\omega$ 为实常数<br>$0<\omega<\pi,\pi<\omega<2\pi$) | i$\omega$ 不是特征根 | $A\cos\omega x+B\sin\omega x$ |
| | i$\omega$ 是特征根 | $x(A\cos\omega x+B\sin\omega x)$ |

表中 $Q_m(x)$是待定系数的 $m$ 次多项式，$A$ 和$B$ 是待定系数．

顺便指出，对差分方程也有如定理 6.3 那样的叠加原理，不再赘述．

**例 1**　求差分方程 $y_{x+2}+3y_{x+1}-4y_x=x$ 的通解．

**解**　对应齐次方程的特征方程为 $\lambda^2+3\lambda-4=0$,它有特征根 $\lambda_1=1$,$\lambda_2=-4$,故齐次方程通解为

$$\bar{y}_x = C_1 + C_2(-4)^x.$$

由于 1 是单特征根,应设特解 $y_x^*$ 有形式

$$y_x^* = x(B_0 + B_1 x),$$

代入原方程并整理化简得

$$10B_1 x + 7B_1 + 5B_0 = x,$$

于是 $B_1=\frac{1}{10}$,$B_0=-\frac{7}{50}$,$y_x^*=x\left(\frac{1}{10}x-\frac{7}{50}\right)$,原方程通解为

$$y = C_1 + C_2(-4)^x + x\left(\frac{1}{10}x - \frac{7}{50}\right).$$

**例 2**　求差分方程 $y_{x+2}+2y_{x+1}+2y_x=2^x\cdot x$ 满足初始条件 $y_0=0$,$y_1=1$ 的特解.

**解**　特征方程为 $\lambda^2+2\lambda+2=0$,它有一对共轭复根 $\lambda=-1\pm\mathrm{i}$,故对应的齐次方程通解为

$$\bar{y}_x = 2^{\frac{x}{2}}\left(C_1\cos\frac{3}{4}\pi x + C_2\sin\frac{3}{4}\pi x\right).$$

由于 2 不是特征根,非齐次方程特解可设为

$$y_x^* = 2^x(Ax + B),$$

代入原方程得

$$2^x(10Ax + 12A + 10B) = 2^x \cdot x$$

从上式解得 $A=\frac{1}{10}$,$B=-\frac{3}{25}$,从而

$$y_x^* = 2^x\left(\frac{x}{10} - \frac{3}{25}\right).$$

原方程的通解

$$y_x = 2^{\frac{x}{2}}\left(C_1\cos\frac{3}{4}\pi x + C_2\sin\frac{3}{4}\pi x\right) + 2^x\left(\frac{x}{10} - \frac{3}{25}\right).$$

代入初始条件 $y_0=0,y_1=1$ 得 $C_1=\frac{3}{25},C_2=\frac{29}{25}$,满足初始条件的解为

$$y_x = 2^{\frac{x}{2}}\left(\frac{3}{25}\cos\frac{3}{4}\pi x + \frac{29}{25}\sin\frac{3}{4}\pi x\right) + 2^x\left(\frac{x}{10} - \frac{3}{25}\right).$$

## 习 题 6.3

**A 组**

1. 求下列函数的二阶差分:

(1) $y=a^x$; (2) $y=\sin ax$.

2. 求下列一阶差分方程的通解及特解:

(1) $y_{x+1}-y_x=x\cdot 2^x$, $y_0=1$; (2) $y_{x+1}+4y_x=2x^2+x-1$, $y_0=1$;

(3) $y_{x+1}-y_x=4\cos\frac{\pi}{3}x$, $y_1=0$; (4) $3y_{x+1}+y_x=\frac{2}{3}$, $y_0=\frac{2}{5}$.

(5) $y_{x+1}+2y_x-x(-2)^x=0$.

3. 求下列二阶差分方程的通解和特解:

(1) $y_{x+2}-2y_{x+1}+2y_x=\mathrm{e}^x$, $y_0=0,y_1=0$;

(2) $y_{x+2}-2y_x+y_x=x,y_0=1,y_1=\frac{5}{3}$;

(3) $y_{x+2}+3y_{x+1}-\frac{7}{4}y_x=9$, $y_0=6$, $y_1=3$;

(4) $y_{x+2}-4y_x=\sin 2x$.

4. 设某产品在时期 $t$ 的价格为$P_t$,总供给 $S_t=1+2P_t$,总需求为 $D_t=5-4P_{t-1}$($t=0,1,2,\cdots$),若 $S_t=D_t$,试导出价格 $P_t$ 满足的差分方程,并求已知 $P_0$ 时的解.

**B 组**

1. 求方程 $y_{x+1}-\alpha y_x=\mathrm{e}^{\beta x}$($\alpha\neq 0$)的通解.

2. 设 $Y_t,C_t,I_t$ 分别为$t$期国民收入、消费和投资,三者之间有如下关系:

$$\begin{cases} Y_t = C_t + I_t, \\ C_t = \alpha Y_t + \beta\ (0<\alpha<1,\ \beta\geqslant 0 \text{ 都是常数}), \\ Y_{t+1} = Y_t + \gamma I_t (\gamma>0 \text{ 为常数}), \end{cases}$$

若已知基期国民收入 $Y_0$,求 $Y_t,C_t$ 和 $I_t$.

# *第四节 微分方程和差分方程应用举例

微分方程和差分方程在自然科学和工程技术中的应用极为广泛,这里我

们举几个在经济学与社会学中应用的例子．

**例 1(生物繁殖问题)** 我们先引进几个术语：

**出生(死亡率)**——单位时间内某种群 $N$ 个成员中出生(死亡)的成员数与 $N$ 之比．

**增长率**——单位时间内某种群 $N$ 个成员中增加的成员数与 $N$ 之比(注意:包括增加一个负整数)．

自然有关系:增长率等于出生率减死亡率．

设在时刻 $t$ 某种群成员数为 $y(t)$,则从时刻 $t$ 到时刻 $t+\Delta t$ 的成员数增加 $\Delta y=y(t+\Delta t)-y(t)$,故从 $t$ 到 $t+\Delta t$ 这段时间的平均增长率为

$$\frac{\Delta y}{y}\Big/\Delta t=\frac{\Delta y}{y(t)\Delta t},$$

$y(t)$是非负整数,它不是 $t$ 的连续函数,更谈不上可微了．但如果该种群的成员数非常之大,以至它突然增加(减少)一个,这时发生的改变同总数相比是微乎其微的,故而我们可近似地认为 $y(t)$是随时间 $t$ 连续地可微地变化,这样一来,可认为在任一时刻 $t$ 的增长率为

$$r=\lim_{\Delta t\to 0}\frac{1}{y(t)}\frac{\Delta y}{\Delta t}=\frac{y'(t)}{y(t)}. \tag{6.28}$$

若某种群成员总数不过分多(以至其生存空间无法容纳),食物供应又充分且不受其它环境(如瘟疫、战争等)的威胁,则其增长率一般保持为常数 $r_0$,即该种群成员数 $y(t)$应满足微分方程

$$\frac{y'}{y}=r_0\quad 或即\quad \frac{\mathrm{d}y}{\mathrm{d}t}=r_0y(r_0>0), \tag{6.29}$$

方程(6.29)称为**马尔萨斯**(Malthus, 1766～1834,因 1798 年发表“人口论”而著名)**生物总数增长定律**．若该种群在时刻 $t_0$ 的总数为 $y_0$,则(6.29)的解为

$$y(t)=y_0\mathrm{e}^{r_0(t-t_0)}. \tag{6.30}$$

(6.30)式表明生物总数按指数规律增长．

我们用马尔萨斯生物总数增长定律来检验一下地球上人口的增长,看看与实际情况是否符合．据联合国公布资料,1979 年世界人口为 43.2 亿人,年平均增长率为 1.7%,(6.30)式成为

$$y(t)=43.2\cdot\mathrm{e}^{0.017(t-1979)}(单位:亿). \tag{6.31}$$

用(6.31)式子进行计算,可得

$$y(1987) = 43.2e^{0.017(1987-1979)} \approx 49.5(\text{亿人}),$$

$$y(2000) \approx 61.73(\text{亿人}),$$

$$y(1999) \approx 60.69(\text{亿人}).$$

可见在短期内与实际情况还是比较符合的(1987 年为世界人口 50 亿年,1999 年 10 月 12 日为世界人口 60 亿年). 让我们用(6.31)式设想一下遥远未来的情况:

$$y(2100) \approx 338(\text{亿人}),$$

$$y(2500) \approx 303410(\text{亿人}),$$

$$y(2700) \approx 9091410(\text{亿人}).$$

这是些天文数字,很难揣测它的实际含义. 地球表面的总面积为 $5.11 \times 10^{14}$ 平方米,而且其中 71% 为水面,假设遥远未来人类的后代在海上也能同在陆地上一样地生活,到 2700 年平均每人仅占有 0.56 平方米,到那时只有一个人站在另一个人肩上排成两层了! 我们不必杞人忧天,相信到那时人们生活得只会比现在更宽敞舒适. 上述荒谬的天文数字正好说明用方程(6.29)作为人口增长的数学模型是不合理的,必须进行修正.

注意,在推导方程(6.29)时,我们作了两个假设,一是生物总数不过分大(确保其生存空间可以容纳),二是有充足的营养供其生存且不受周围环境的威胁. 但当生物总数增加到非常之大时,就会产生居住拥挤,食物紧缺,瘟疫流行等现象,各种群成员之间就要互相竞争甚至互相残杀,人类为了更美好地生存下去,也势必采取各种措施(如控制人口增长率)和大自然作斗争,这些都会使增长率降低甚至变为小于零. 据上我们可假设增长率 $r$ 与生物总数 $y$ 有关,当 $y$ 超过某个数 $K$(非常大)时,增长率为负,而当 $y$ 不太大时,增长率接近常数. 因此可设

$$r = r_0\left(1 - \frac{y}{K}\right) \qquad (r_0 > 0 \text{ 为常数}).$$

反映生物总数的数学模型为

$$\frac{dy}{dt} = ry = r_0\left(1 - \frac{y}{K}\right)y = r_0 y - \frac{r_0}{K}y^2, \tag{6.32}$$

(6.32)就是 §6.1.2 中例 4 所介绍的 Logistic 方程,$K$ 称为**容纳量(或稳定种群大小)**.

方程(6.32)相当于在方程(6.29)上再加上一项 $-\frac{r_0}{K}y^2$，称之为竞争项，常数 $\frac{r_0}{K}$ 与 $r_0$ 相比是很小的，因此，如果生物总数 $y$ 不充分大，则竞争项 $-\frac{r_0}{K}y^2$ 同 $r_0 y$ 相比可以忽略，生物总数按指数方式增长．然而当 $y$ 相当大时，竞争项 $-\frac{r_0}{K}y^2$ 就不能忽略了，它会使生物总数的增长率减缓下来．

(6.32)式是可分离变量方程，它满足初始条件 $y(t_0)=y_0$ 的解为

$$y=\frac{Ky_0}{y_0+(K-y_0)\mathrm{e}^{-r_0(t-t_0)}}. \tag{6.33}$$

在(6.33)中令 $t\to+\infty$ 得 $y\to K$，就是说不管初值如何，生物总数的极限值为 $K$．

许多生态学家和研究人口的学者都曾采用过模型(6.32)，获得了较为满意的结果(与实际情况相符合)，(6.33)式中有三个未知常数 $K, r_0, y_0$，若要研究某国的人口变化，只要分别给出这个国家三年的人口总数，就可确定 $K$，$r_0, y_0$，读者不妨用模型(6.32)研究一下我国人口的发展趋势．

**注**　许多应用问题都可归结为方程(6.29)，如放射性物质的衰变，银行连续复利，固定资产的折旧，古物、地质年代的测定等等．

**例 2(环境污染问题)**　某水塘原有 50 000 吨清水(不含有害杂质)，从时间 $t=0$ 开始，含有有害杂质 5% 的浊水流入该水塘，流入的速度为 2 吨/分，在塘中充分混合(不考虑沉淀)后又以 2 吨/分的速度流出水塘，问经过多长时间后塘中有害物质的浓度达到 4%？

**解**　设在时刻 $t$ 塘中有害物质的含量为 $Q(t)$，此时塘中有害物质的浓度为 $\frac{Q(t)}{50\,000}$，于是有

$$\frac{\mathrm{d}Q}{\mathrm{d}t}=(\text{单位时间内流进塘内有害物质的量})$$
$$-(\text{单位时间内流出塘的有害物质的量})$$

即

$$\frac{\mathrm{d}Q}{\mathrm{d}t}=\frac{5}{100}\times 2-\frac{Q(t)}{50000}\times 2=\frac{1}{10}-\frac{Q(t)}{25000},$$

上式是可分离变量方程，分离变量并积分得

$$Q(t) - 2500 = Ce^{-\frac{t}{25000}},$$

由初始条件 $t=0, Q=0$ 得 $C=-2500$,故

$$Q(t) = 2500(1 - e^{-\frac{t}{25000}}).$$

塘中有害物质浓度达到4%时,应有 $Q=50000\times 4\%=2000$(吨),这时 $t$ 应满足

$$2000 = 2500(1 - e^{-\frac{t}{25000}})$$

由此解得 $t\approx 670.6$(小时),即经过 670.6 小时后,塘中有害物质浓度达到4%.由于 $\lim\limits_{t\to+\infty} Q(t)=2500$,塘中有害物质的最终浓度为5%.

**例 3(市场经济中的蛛网模型)** 设 $Q_k, S_k, P_k$ 分别是某商品 $k$ 期的需求量、供给量和价格,它们满足关系式

$$\begin{cases} Q_k = \alpha - \beta P_k, \\ S_k = -r + \delta P_{k-1}, \qquad k = 1,2,\cdots, \\ Q_k = S_k, \end{cases} \tag{6.34}$$

其中 $\alpha, \beta, \gamma, \delta$ 都是正常数.若初始价格 $P_0$ 已知,试确定 $P_k$,并讨论其变化趋势.

**解** 由 $Q_k=S_k$ 得

$$\alpha - \beta P_k = -\gamma + \delta P_{k-1}, \qquad k = 1,2,3,\cdots,$$

改写成一阶常系数差分方程的标准形式,即

$$P_{k+1} + \frac{\delta}{\beta}P_k = \frac{\alpha+\gamma}{\beta}, \ k = 0,1,2,\cdots, \tag{6.35}$$

因为$\frac{\delta}{\beta}\neq -1$,可设(6.35)的一个特解为

$$y_k^* = A,$$

代入方程得 $A=\frac{\alpha+\gamma}{\beta+\delta}$.

对应的齐次方程的通解为 $\overline{P}_k = C\left(-\frac{\delta}{\beta}\right)^k$,差分方程(6.35)的通解为

$$P_k = C\left(-\frac{\delta}{\beta}\right)^k + \frac{\alpha+\gamma}{\beta+\delta}, \ k = 0,1,2,\cdots.$$

由初始价格 $P_0$ 可确定出 $C=P_0-\frac{\alpha+\gamma}{\beta+\delta}$,于是

$$P_k = \left(P_0 - \frac{\alpha+\gamma}{\beta+\delta}\right)\left(-\frac{\delta}{\beta}\right)^k + \frac{\alpha+\gamma}{\beta+\delta},\ k = 0,1,2,\cdots. \qquad (6.36)$$

下面对解 $P_k$ 进行分析:

若 $\delta<\beta$,由于 $\lim\limits_{k\to+\infty}\left(-\frac{\delta}{\beta}\right)^k=0$,可得

$$\lim_{k\to+\infty} P_k = \frac{\alpha+\beta}{\beta+\delta},$$

这表示随着时间的推移,价格 $P_k$ 将趋于稳定,极限值 $P_e=\frac{\alpha+\beta}{\beta+\delta}$就是所谓**均衡价格**(令(6.33)式中的 $P_k=P_{k-1}$,即得 $P_k=P_e$),当 $P_k=P_e$ 时,$Q_k=S_k=\frac{\alpha\delta-\beta\gamma}{\beta+\delta}$就是所谓**均衡商品量**,记为 $S_e$.

我们对上述现象进行几何解释．为此,先将(6.33)中的需求函数和供给函数就价格解出,由于在我们的模型中需求量 $Q_k$ 等于供给量 $S_k$,故可将需求量 $Q_k$ 都换成 $S_k$,且都称为商品量,于是得如下两个方程:

$$P_k = \frac{\alpha}{\beta} - \frac{1}{\beta}S_k = f(S_k),\ k = 0,1,2,\cdots, \qquad (6.37)$$

$$P_k = \frac{\gamma}{\delta} + \frac{1}{\delta}S_{k+1} = \varphi(S_{k+1}),\ k = 0,1,2,\cdots. \qquad (6.38)$$

当 $\delta<\beta$ 时,$\frac{1}{\beta}<\frac{1}{\delta}$,即(需求)曲线(6.37)的斜率的绝对值小于(供给)曲线(6.38)的斜率,如图 6.3 所示.

图(6.3)中两条直线交于点 $A_0(S_e,P_e)$,其中 $P_e=\frac{\alpha+\beta}{\beta+\delta}$是均衡价格,$S_e=\frac{\alpha\delta-\beta\gamma}{\beta+\delta}$是均衡商品量．

若初始价格 $P_0=P_e$,则由(6.37)和(6.38)知 $S_k=\frac{\alpha\delta-\beta\gamma}{\beta+\delta}=S_e$,$k=1,2,3,\cdots$,即商品的数量 $S_k$ 和价格 $P_k$ 永远保持为常数 $S_e$ 和 $P_e$,我们称点 $A_0(S_e,P_e)$为**平衡点**．但在实际生活中的种种干扰使得 $S_k$,$P_k$ 不可能停止在平衡点.不妨设商品量 $S_1$ 偏离 $S_e$(见图 6.3),我们来分析随着 $k$ 的增加 $P_k$,$S_k$ 的变化．

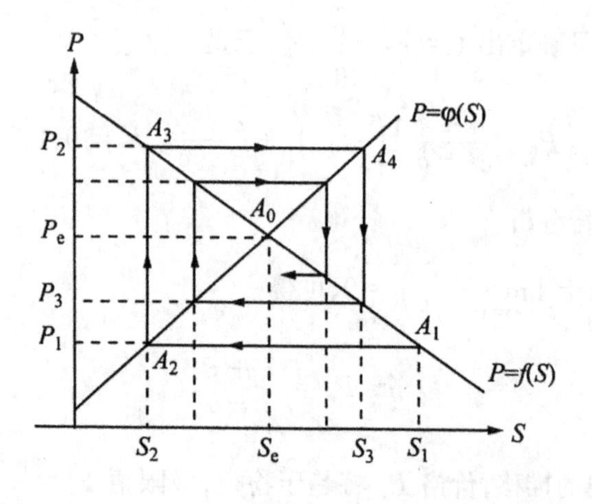


图 6.3

商品量 $S_1$ 给定后,价格 $P_1$ 由直线 $f(S)$上的点 $A_1(S_1,P_1)$决定,下一阶段的商品量 $S_2$ 由直线 $\varphi(S)$上的点 $A_2(S_2,P_1)$决定,再下一阶段的商品价格 $P_2$ 由直线 $f(S)$上的点 $A_3(S_2,P_2)$决定,再下下一阶段的商品量 $S_3$ 由直线 $\varphi(S)$上的点 $A_4(S_3,P_2)$决定,……,如此继续下去,我们得一系列的点:

$$A_1(S_1,P_1),A_2(S_2,P_1),A_3(S_2,P_2),A_4(S_3,P_2),\cdots,$$

其中

$$S_1 > S_e, P_1 < P_e, S_2 < S_1, P_2 > P_1, S_3 > S_2, P_3 < P_2, \cdots.$$

在图 6.3 上这些点按箭头所示方向趋向于平衡点 $A_0$,这意味着市场经济(商品的数量和价格)将趋向稳定.

当 $\delta>\beta$ 时,由于 $\lim\limits_{k\to+\infty}\left(-\dfrac{\delta}{\beta}\right)^k=\pm\infty$,由(6.36)式可见这时物价 $P_k$ 将在均衡物价 $P_e$ 的上下摆动,而且摆幅越来越大.我们对这种现象作几何解释,由于 $\dfrac{1}{\delta}<\dfrac{1}{\beta}$,(需求)曲线(6.37)的斜率绝对值大于(供给)曲线(6.38)的斜率,如图 6.4 所示.设给定商品量 $S_1$,类似于 $\delta<\beta$ 时的分析,随着 $k$ 的增加,商品量 $S_k$ 和物价 $P_k$ 将按照 $A_1,A_2,A_3,A_4\cdots$的坐标的规律变化,这些点越来越远离平衡点 $A_0$(见图 6.4),市场经济趋向不稳定.

当 $\beta=\delta$ 时,由(6.36)式得

$$P_k=(P_0-\frac{\alpha+\beta}{\beta+\delta})(-1)^k+\frac{\alpha+\beta}{\beta+\delta},$$

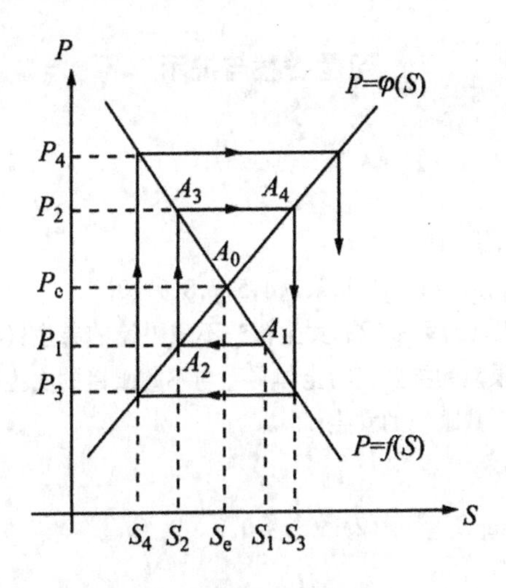


图 6.4

这时 $P_k$ 在两个值之间单方摆动,详情从略．

图 6.3 和图 6.4 中的折线 $A_1,A_2,A_3,A_4,\cdots$形似蛛网,因此这种用需求曲线和供给曲线分析市场经济稳定性的图示法在经济学中称**蛛网模型**.我们的例子是最简单的情形,即需求曲线和供给曲线都是直线,若需求函数和供给函数是非线性的,这种分析方法同样适用．

## 习题答案与提示

### 习题 1.1

**A 组**

1. 错,对,对,错,错,错,对 .

2. (1)$\{3,9\}$; (2)$\{1,5,7\}$; (3)$\{1,2,3,4,5,7,8,9,10\}$.

3. (1)戴眼镜的男生;(2)戴眼镜的女生;(3)不戴眼镜的男生;(4)全体男生与戴眼镜女生;(5)全体女生与戴眼镜的男生;(6)全体男生与不戴眼镜的女生;(7)除去戴眼镜的男生以外的全体学生;(8)不戴眼镜的女生 .

5. $a=-2,\ b=-3$.

11. (1)$\inf S_1=\frac{1}{2},\sup S_1=1$; (2)$\inf S_2=0$.

**B 组**

2. 利用数学归纳法(或 $A$-$G$ 不等式)及伯努利不等式 .

3. (2) $\sum_{i=1}^{n}(x_i t+y_i)^2\geqslant 0,\ \forall\, t\in \mathbf{R}$.

### 习题 1.2

**A 组**

1. (1)~(3)不同,(4)相同 .

2. (1)$x\neq -1$; $y\leqslant -4$ 或 $y\geqslant 0$; (2)$[-1,2]$,$\left[0,\frac{3}{2}\right]$;

(3) $\left(2k\pi+\frac{\pi}{3},2k\pi+\frac{5}{3}\pi\right),k\in\mathbf{Z},(-\infty,\ln 3]$; (4)$[-2,4]$;$[0,\pi]$.

3. $2,x^2+3x+2,(1-3x+2x^2)/x^2,x^2-x$.

6. (1)$x^2-2$;(2)$x^2-2$;$|x|\geqslant 2$;(3)$-4x\sqrt{1-x^2}$;(4)$2(1-x^2)$,$|x|\leqslant 1$.

7. $f(-1)=1,f(0)=0,f\left(\frac{1}{2}\right)=\frac{1}{2},f(1)=1,f(2)=0$;定义域为$(-\infty,4)$.

8. (1)$y=\begin{cases}x+1, & -1\leqslant x\leqslant 0,\\ -x+1, & 0<x\leqslant 1;\end{cases}$ (2)$y=\begin{cases}x, & 0\leqslant x\leqslant 1,\\ -x+2, & 1<x\leqslant 2;\end{cases}$

(3) $y=\begin{cases}2x, & 0\leqslant x\leqslant 1,\\ 2, & 1<x<3,\\ -2x+8, & 3\leqslant x\leqslant 4.\end{cases}$

10. $S=\frac{px(p-x)}{2p-x},\ 0<x<p$.

11. $y=a\sqrt{x^2+h^2}+b(l-x),\ 0\leqslant x\leqslant l$.

12. $C=\begin{cases}30+450x, 0\leqslant x\leqslant 0.5,\\ 55+400x, 0.5<x\leqslant 1.5;\end{cases}$ $\overline{C}=\begin{cases}30/x+450, 0\leqslant x\leqslant 0.5;\\ 55/x+400, 0.5<x\leqslant 1.5.\end{cases}$（单位：万元，万吨.）

13. $R=4x-\dfrac{1}{2}x^2$.

14. $L=-0.2x^2+(4-t)x-1$.

15. $T=\begin{cases}5-x, & 0\leqslant x\leqslant 5,\\ 25-x, & 5<x\leqslant 25,\\ 55-x, & 25<x\leqslant 55,\\ 65-x, & 55<x\leqslant 60.\end{cases}$

16. (1) $y=\dfrac{dx-b}{a-cx}, x\neq\dfrac{a}{c}$, (2) $y=\begin{cases}\tan\dfrac{\pi x}{4}, 1<|x|<2,\\ \dfrac{2}{\pi}\arcsin x, |x|\leqslant 1.\end{cases}$

(3) $y=\begin{cases}\sqrt{4x-x^2}, & 0\leqslant x\leqslant 2,\\ \dfrac{1}{2}x+1, & 2<x\leqslant 4.\end{cases}$

17. (1) $\sqrt{1+4\sin^2\log_a x}$; (2) $y=2^{\sin^2\frac{1}{x}}$; (3) $f(f(x))=\begin{cases}x+2, & x<-1,\\ 1, & x\geqslant -1.\end{cases}$

18. $\varphi(\varphi(x))=x, x\neq 1$; $\varphi(\varphi(\varphi(x)))=\dfrac{x}{x-1}, x\neq 1$; $\varphi\left(\dfrac{1}{\varphi(x)}\right)=1-x, x\neq 0,1$.

19. (1) $y=\dfrac{\ln u}{\ln a}, u=\sin v, v=\sqrt{x}$; (2) $y=\cos u, u=\sqrt{v}, v=1+x^2$;

(3) $y=e^u, u=1+v, v=\dfrac{\ln w}{\ln 3}, w=x^2+1$.

21. (1)严格上升；(2)严格下降．

22. $\mu>0$ 时严格上升，$\mu<0$ 时严格下降．

23. (1)有界、偶、非周期，(2)有界、奇、非周期，(3)无界、偶、非周期，(4)有界、偶、非周期，(5)无界、奇、非周期，(6)有界、偶(当 $A=0$)、奇(当 $B=0$)、非奇偶(当 $AB\neq 0$)，最小周期$\dfrac{2\pi}{\omega}$，(7)无界，奇，非周期．

**B组**

1. 当$|a|>\dfrac{1}{2}$时为$\varnothing$，当$|a|=\dfrac{1}{2}$时为$\left\{\dfrac{1}{2}\right\}$；当$|a|<\dfrac{1}{2}$时为$[|a|, 1-|a|]$.

2. $f(g(x))=\begin{cases}0, & x<0,\\ x^2, & x\geqslant 0,\end{cases}$ $g(g(x))=\begin{cases}x, & x<0,\\ x^4, & x\geqslant 0.\end{cases}$

3. $f(x+a)=\begin{cases}(x+a)^2+x+a, & \text{当 } x\leqslant 1-a,\\ (x+a)+5, & \text{当 } x>1-a.\end{cases}$

4. (1) $f(x)=f(2a-x)$, (2) $f(x)=2b-f(2a-x)$.

5. 提示：证明 $f(x+2a)\equiv f(x)$.

6. 提示:证明 $f(x+2b-2a)\equiv f(x)$.

**习题 1.3**

**A 组**

4. (1)$\frac{1}{3}$;(2)1;(3)$\frac{2}{3}$;(4)0($|a|<1$),$\frac{1}{2}$($a=1$),1($|a|>1$).(5)$\frac{1-b}{1-a}$.

7.(1)对,(2)错,(3)对.

8.(1)错,(2)错,(3)对.

10.$\frac{4}{3}\pi$,$\sqrt{3}$.

11.(1)0$\left(\text{提示:证明}\{x_n\}=\left\{\frac{a^n}{n!}\right\}\text{单调下降有下界}\right)$,
(2)3(提示:$\sqrt[n]{3^n}<\sqrt[n]{n^3+3^n}<\sqrt[n]{2\cdot 3^n}$),(3)1,(4)2(提示:证明$\{x_n\}$单调上升且有上界).

13.$\sqrt{a}$.

14.(1)2,(2)0.

15. $x_{2n}=0$,$x_{2n+1}=(-1)^n$,$x_{4n+1}=1$,$\{x_n\}$发散.

17.(1)0;(2)$\frac{1}{\mathrm{e}}$;(3)$\frac{1}{4}$;(4)$\frac{m}{n}$;(5)$\left(\frac{3}{2}\right)^{30}$;(6)1;(7)$(-1)^{m+n}\frac{m}{n}$;(8)$\frac{n^2-m^2}{2}$;
(9)0;(10)e.

18.$a=-1$,$b=-4$.

19.(1)均不是,(2)当$|q|<1$时为无穷小量,当$|q|>1$时为无穷大量,当$|q|=1$时均不是,(3)均不是,(4)无穷小量,(5)无穷小量,(6)均不是,(7)无穷小量,(8)无穷大量.

20.(1)3 阶,(2)$\frac{3}{2}$阶,(3)$\frac{1}{8}$阶,(4)1 阶,(5)4 阶,(6)1 阶.

21.(1)$\frac{3}{2}x^2$,(2)$x^2$,(3)$x^{\frac{2}{3}}$,(4)$\frac{\sqrt{3}}{2}x$,(5)$2\sqrt{3}x$,(6)$\frac{1}{2}x^4$.

**B 组**

1. 提示:证明$\{x_{2n}\}$单调上升,$\{x_{2n-1}\}$单调下降且均有界.

2. 提示:$\forall\varepsilon>0$,$\exists N$,当$n>N$时,$|x_n-A|<\frac{\varepsilon}{2}$,又因$\frac{1}{n}(x_1+x_2+\cdots+x_n)-A=\frac{1}{n}(x_1+x_2+\cdots+x_N-NA)+\frac{1}{n}[(x_{N+1}-A)+(x_{N+2}-A)+\cdots+(x_n-A)]$.余下证明上式右端两项当$n$充分大时,其绝对值均小于$\frac{\varepsilon}{2}$.

3. 提示:考虑$\ln\sqrt[n]{a_1a_2\cdots a_n}$,并利用上题.

4. 提示:利用 3 题结果.

5. 提示:考虑 $f(x)=\frac{1}{x}\sin\frac{1}{x}$在$x=0$附近.

6. 1$\left(\text{提示:}\frac{1}{x}-1<\left[\frac{1}{x}\right]\leqslant\frac{1}{x},x\neq 0\right)$.

7. 提示:对 1 与 $n-1$ 个 $\frac{n}{n-1}$ 这 $n$ 个正数应用 $A$-$G$ 不等式可证单调性,对 $\frac{1}{\sqrt{y_{2n}}}=(1-\frac{1}{2n+1})^n$ 应用伯努利不等式可证有界性.

**习题 1.4**

**A 组**

1. (1)$b=2$,$a$ 任意;(2)$a=8$,$b=4$.

2. (1)1;(2)0;(3)$e^a$;(4)0.

3. (1)2,$-1$(无穷);(2)0(可去),$k\pi$($k\in Z$,$k\neq 0$,无穷);(3)0(跳跃);(4)0(可去);(5)1(无穷),0(跳跃);(6)0(可去),$\pm 1$(无穷).

4. (1)$-\frac{1}{2}$;(2)$\frac{1}{\ln a}$;(3)1;(4)$\frac{2}{3}$;(5)$\frac{\alpha^2}{\beta^2}$;(6)1;(7)$a-b$;(8)$e^{-\frac{1}{2}x^2}$;(9)1;(10)1;(11)$-1$;(12)$e^2$;(13)$\frac{\alpha}{m}-\frac{\beta}{n}$.

7. (1)$-\frac{3}{2}$;(2)ln2;(3)$a=5$;(4)$a=-1$,$b=0$;(5)$a=0$,$b=e$.

**B 组**

2. 提示:不妨设 $f(a)\leqslant f(b)$,证明不等式 $f(a)\leqslant(\alpha f(a)+\beta f(b))/(\alpha+\beta)\leqslant f(b)$,再利用介值定理.

3. 提示:(1)用定义证明;(2)对函数 $f(x)-x$ 在区间$[a,b]$上运用零点定理;(3)由不等式$|x_{n+1}-\xi|=|f(x_n)-f(\xi)|\leqslant k|x_n-\xi|$推得$|x_{n+1}-\xi|\leqslant k^n|x_1-\xi|$,再令 $n\to\infty$.

4. $a=0$,$b=1$(提示:分$|x|<1$和$|x|>1$两种情形求极限).

5. $k=2000$,$A=\frac{1}{2000}$.

**习题 2.1**

**A 组**

1. (1)34.3, 24.5;29.89, 28.91;29.405,29.395(米/秒),(2)29.4(米/秒).

2. (1)$f'(x_0)$;(2)$3f'(x_0)$;(3)$-f'(x_0)$;(4)$-f'(x_0)$.

3. (1)可导,$f'(0)=0$;(2)不可导.

4. (1)$a=6$,$b=-9$. (2)$a=-1$,$b=-1$. (3)$k=\frac{1}{e}$.

5. (1)$1+\frac{1}{\sqrt{x}}+\frac{4}{3}\sqrt[3]{2x}$;(2)$\frac{-1}{x^2}-\frac{3}{x^4}-\frac{2}{3\sqrt[3]{x^5}}$;(3)$e^x(\arccos x-\frac{1}{\sqrt{1-x^2}})$;(4)$a^x x^{a-1}(x\ln a+a)$;(5)$\frac{1-\cos x-x\sin x}{(1-\cos x)^2}$;(6)$\frac{2}{x(1-\ln x)^2}$;(7)$3x^2\log_3 x+\frac{x^2}{\ln 3}$;

(8)$\dfrac{x\sec^2 x-\tan x}{x^2}$;(9)$2\mathrm{e}^{2x+1}$;(10)$3\sin^2 x\cos x$.

6. (1)$(2x\cos x^2\sin x-2\sin x^2\cos x)/\sin^3 x$;(2)$-3\tan 3x$;(3)$\dfrac{1}{2\sqrt{x+\sqrt{x}}}+\dfrac{1}{4\sqrt{x}\sqrt{x+\sqrt{x}}}$;(4)$(\ln a)a^{\tan x}\sec^2 x$;(5)$\dfrac{3(1+x^2)^2(1+2x-x^2)}{(1-x)^4}$;(6)$\dfrac{1}{\sqrt{x^2+1}}$;(7)$\ln^2 a\cdot a^x a^{a^x}+a^a x^{a^a-1}+a\ln a\cdot x^{a-1}a^{x^a}$;(8)$-3\tan^2 x\sec^2 x\sin 2(\tan^3 x)$;(9)$-2^{\sin^2\frac{1}{x}}\sin\dfrac{2}{x}\ln 2/x^2$;(10)$\dfrac{6x^2\arctan x^3}{1+x^6}$;(11)$\dfrac{-1}{1+x^2}$;(12)$(1-\ln x)\sqrt[x]{x}/x^2$;(13)$2\operatorname{sgn}[x]$;$x\neq 0,1$;(14)$x^{a^x}a^x\left(\ln a\ln x+\dfrac{1}{x}\right)+a^{x^x}(\ln x+1)x^x\ln a+x^{x^a}x^{a-1}(a\ln x+1)$.

7. (1)$n>0$;(2)$n>1$;(3)$n>2$.

8. $f'(a)=na^{n-1}g(a)$.

9. (1)$\mu x^{\mu-1}f'(x^\mu)$;(2)$f'(f(f(x)))f'(f(x))f'(x)$;

(3)$f'(\mathrm{e}^x)\mathrm{e}^{f(x)+x}+f(\mathrm{e}^x)\mathrm{e}^{f(x)}f'(x)$;(4)$\dfrac{n}{x}f^{n-1}(\ln x)f'(\ln x)$.

10. 1.

11. (1)$(2\sqrt{xy}+y)/(2\sqrt{xy}-x)$;(2)$(3x^2+6xy-y^2)/(3y^2+2xy-3x^2)$;(3)$[\sin(x-y)+y\cos x]/[\sin(x-y)-\sin x]$;(4)$(yx^{y-1}-y^x\ln y)/(xy^{x-1}-x^y\ln x)$.

12. (1)$x+2y-3=0,2x-y-1=0$;(2)$4x-\mathrm{e}^2y=0,\mathrm{e}^2x+4y-8-\dfrac{1}{2}\mathrm{e}^4=0$;(3)$3x-y-7=0,x+3y-29=0$;(4)$x+y-a\mathrm{e}^{\frac{\pi}{2}}=0,-x+y-a\mathrm{e}^{\frac{\pi}{2}}=0$.

13. (1)$\left(\dfrac{1}{x}-\dfrac{1}{x-1}+\dfrac{1}{3(x+1)}-\dfrac{2x+1}{3(x^2+x+1)}\right)y$;(2)$\dfrac{-y}{x^2}\left(\ln\dfrac{1-x}{1+x}-\dfrac{2x}{1-x^2}\right)$;(3)$y\sum\limits_{i=1}^{n}\dfrac{\alpha_i}{x-\beta_i}$;(4)$\left(\dfrac{1}{2x}-\dfrac{2x}{x^2+1}-\dfrac{1}{3(x+2)}-\tan x\right)y$;(5)$\left[\dfrac{1}{4x}+\dfrac{1}{12}-\dfrac{1}{24x^2}\cot\dfrac{1}{x}\right]y$.

14. 100!.

15. (1)$-\tan t$;(2)$\dfrac{\sin t}{1-\cos t}$;(3)$\dfrac{(y^2-\mathrm{e}^t)(1+t^2)}{2(1-ty)}$;(4)$-\cot 2\theta$.

16. (1)$\dfrac{1}{x}$;(2)$(2+10x^2+4x^4)\mathrm{e}^{x^2}$;(3)$\dfrac{2(x^2+y^2)}{(x-y)^3}$;(4)$y/(\cos(x+y)-1)^3$;(5)$(1+t^2)/4t$;(6)$\dfrac{1}{f''(t)}$.

17. (1)$a^x\ln^n a$;(2)$(x+n)\mathrm{e}^x$;(3)$\dfrac{3}{4}\sin\left(x+\dfrac{n\pi}{2}\right)-\dfrac{3^n}{4}\sin\left(3x+\dfrac{n\pi}{2}\right)$;(4)$(-1)^n n!\cdot\left[\dfrac{1}{(x-2)^{n+1}}-\dfrac{1}{(x-1)^{n+1}}\right]$;(5)$(-1)^n a^n n!/(ax+b)^{n+1}$.

18. (A).

**B组**

1. $(\alpha-\beta)f'(x_0)$.

2. 提示：$\dfrac{f(x_0+a_n)-f(x_0-b_n)}{a_n+b_n}=\dfrac{f(x_0+a_n)-f(x_0)}{a_n}\dfrac{a_n}{a_n+b_n}+$
$\dfrac{f(x_0-b_n)-f(x_0)}{-b_n}\dfrac{b_n}{a_n+b_n}$.

3. 用 $h$ 表池内水面的高度，$\dfrac{\mathrm{d}h}{\mathrm{d}t}=\dfrac{0.001Q}{\pi h(2R-h)}$(米/秒)，$\left.\dfrac{\mathrm{d}h}{\mathrm{d}t}\right|_{h=0.5R}=\dfrac{0.004Q}{3\pi R^2}$(米/秒).
提示：池内水的体积 $V$ 与 $h$ 之间有函数关系 $V=\pi h^2\left(R-\dfrac{1}{3}h\right)$，已知$\dfrac{\mathrm{d}V}{\mathrm{d}t}=0.001Q$(米$^3$/秒).

4. $\exp\left(\dfrac{f'(a)}{f(a)}\right)$.

5. (1) $-1$；(2) 0；(3) 3.

8. $[f''(y)-(1-f'(y))^2]/x^2(1-f'(y))^3$.

9. $y+4x+4=0$.

**习题 2.2**

**A组**

1. $\Delta x=1$ 时，$\Delta f(1)=5$，$\mathrm{d}f(1)=1$；$\Delta x=0.1$ 时，$\Delta f(1)=0.131$，$\mathrm{d}f(1)=0.1$；
   $\Delta x=0.01$ 时，$\Delta f(1)=0.010301$，$\mathrm{d}f(1)=0.01$.

2. (1) $(x^2+a^2)^{-\frac{1}{2}}\mathrm{d}x$；(2) $\mathrm{e}^{ax}(a\sin bx+b\cos bx)\mathrm{d}x$；(3) $\dfrac{1+x^2}{(1-x^2)^2}\mathrm{d}x$；(4) $\dfrac{\mathrm{d}x}{1+x^2}$.

3. (1) $\mathrm{d}x$；(2) $\dfrac{\sqrt{2}}{4a}\mathrm{d}x$；(3) $\dfrac{1}{2}\mathrm{d}x$；(4) $\mathrm{d}y=-\mathrm{d}x$.

4. (1) $-\dfrac{\tan\sqrt{x}}{2\sqrt{x}}\mathrm{d}x$；(2) $f'\left(\arctan\dfrac{1}{x}\right)\cdot\dfrac{-1}{x^2+1}\mathrm{d}x$；(3) $-\dfrac{\ln 2}{2\sqrt{x}}2^{\cos^2\sqrt{x}}\sin 2\sqrt{x}\,\mathrm{d}x$.

5. (1) $\dfrac{v\mathrm{d}u-2u\mathrm{d}v}{v^3}$；(2) $\dfrac{v\mathrm{d}u-u\mathrm{d}v}{u^2+v^2}$；(3) $u^{v-1}(v\mathrm{d}u+u\ln u\mathrm{d}v)$.

6. (1) $3x^4-2x+1$；(2) $-\cot x$；(3) $\dfrac{4}{3}x-\dfrac{2}{3}x^{-2}+\dfrac{1}{6}x^{-\frac{5}{2}}$.

8. (1) 2.083；(2) 1.16；(3) 0.4849.

9. (1) $\delta\lg\mathrm{e}$，$\delta/\ln x$；(2) $\Delta\lg\mathrm{e}/x$，$\Delta/x\ln x$.

10. 9%.

**B组**

1. 1.9953.

2. $\{2[f(x^2)]^{\frac{1}{x}-1}f'(x^2)-\dfrac{1}{x^2}[f(x^2)]^{\frac{1}{x}}\ln f(x^2)\}\mathrm{d}x$.

**习题 2.3**

**A 组**

1. 均不存在．

2. 三个根，分别属于区间(0,1)，(1,2)，(2,3)．

5. (1) $\pm\sqrt{3}/3$；(2) $e-1$．

6. $\xi=\dfrac{a+b}{2}$，曲线 $y=px^2+qx+r$ 在区间$[a,b]$的中点$\dfrac{1}{2}(a+b)$处的切线平行于连接两端点$(a,f(a))$和$(b,f(b))$的直线．

7. (D)．

9. 提示：(1)在区间$[x,y]$或$[y,x]$上对 $\sin t$ 应用拉格朗日中值定理；(2)在区间$[x,1]$或$[1,x]$上对 $e^t$ 应用拉格朗日中值定理；(3)在区间$[1,x]$或$[x,1]$上对 $t^p$ 应用拉格朗日中值定理．

11. (1) $-\dfrac{1}{6}$；(2) $\dfrac{1}{3}$；(3)0；(4)0；(5)1；(6)1；(7)1；(8)e；(9) $-\dfrac{1}{2}$；(10) $-\infty$，(11)0；(12)0.

12. (1) $\dfrac{1}{2}$，不可；(2)0，不可．

13. (1) $a=-3, b=\dfrac{9}{2}$；(2) $a=\dfrac{1}{2}, b=1$.

14. $1+7(x+1)-9(x+1)^2+2(x+1)^3$.

15. $x+\dfrac{x^2}{1!}+\dfrac{x^3}{2!}+\cdots+\dfrac{x^n}{(n-1)!}+\dfrac{n+1+\theta x}{(n+1)!}e^{\theta x}x^{n+1}$，$0<\theta<1$.

16. (1) $\displaystyle\sum_{k=0}^{n}\frac{e}{k!}(x-1)^k+e^{1+\theta(x-1)}\frac{(x-1)^{n+1}}{(n+1)!}$，$0<\theta<1$；

(2) $\displaystyle\sum_{k=1}^{n}\frac{(-1)^{k-1}}{k}(x-1)^k+\frac{(-1)^n(x-1)^{n+1}}{(n+1)[1+\theta(x-1)]^{n+1}}$，$0<\theta<1$.

17. $e\approx2.7182815$(提示：$R_n(1)=\dfrac{e^\theta}{(n+1)!}<\dfrac{3}{(n+1)!}$，$R_9(1)<\dfrac{3}{10!}<10^{-6}$)．

**B 组**

2. (1) $-2$；(2)0；(3) $\dfrac{1}{6}$，(4) $\sqrt[n]{a_1a_2\cdots a_n}$．

3. 证明 $f'(x)\equiv0$.

4. 提示：对函数 $F(x)=e^{-\alpha x}f(x)$应用罗尔定理．

8. 提示：对函数 $F(x)=e^x f(x)$在$[a,b]$上应用拉格朗日中值定理．

**习题 2.4**

**A 组**

1. (1) $\left(-\infty,\dfrac{1}{3}\right]$升，$\left[\dfrac{1}{3},1\right]$降，$[1,+\infty)$升，(2) $(-\infty,-1]$降，$[-1,1]$升，$[1,+$

$\infty$) 降. (3) $(-\infty, 0)$ 降, $(0, 1]$ 降, $[1, +\infty)$ 升, (4) $\left[2k\pi-\frac{\pi}{3}, 2k\pi+\frac{\pi}{3}\right]$降, $\left[2k\pi+\frac{\pi}{3}, 2k\pi+\frac{5}{3}\pi\right]$升,(5)$(0,+\infty)$升.

2. (1)(D);(2)(B).

5. (1)$f(1)=3$极大,$f(3)=-1$极小,(2)$f(1)=\frac{4}{e}$极大,$f(-1)=0$极小,(3)$f(1)=0$极小,$f(e^2)=4/e^2$极大,(4)$f\left(2k\pi+\frac{\pi}{4}\right)=\sqrt{2}$极大,$f\left(2k\pi+\frac{5}{4}\pi\right)=-\sqrt{2}$极小.

6. $k\geqslant 2$时,$x=0$为极大值点,$k<2$时为极小值点.

7. (1)极小值 $y(1)=1$,(2)极大值 $y(e)=e^{-1}$.

8. (1)(C);(2)(C);(3)(D).

9. $A\leqslant 0$时有一个实根,$0<A<\frac{1}{e}$时有两个实根,$A=\frac{1}{e}$时有一个实根,$A>\frac{1}{e}$时无实根.

11. (1)$a=-3, b=0, c=1$;(2)$a=-\frac{2}{3}, b=-\frac{1}{6}$.

12. (1)$f(-1)=3$最大,$f(1)=1$最小,(2)$f\left(\frac{\pi}{4}\right)=1$最大,$f(0)=0$最小,(3)$f(3)=5$最大,$f(1)=1$最小.

13. (1)$x>1$凹,$x<1$凸,点$(1,-2)$为拐点;(2)$((2k-1)\pi, 2k\pi)$凹,$(2k\pi,(2k+1)\pi)$凸,点$(k\pi, k\pi)$为拐点,$k\in Z$;(3)$(-\infty,-1)$与$(1,+\infty)$凸,$(-1,1)$凹,点$(\pm 1, \ln 2)$为拐点;(4)$(-\infty,-1)$和$(0,+\infty)$凹,$(-1,0)$凸,$(-1,0)$为拐点.

14. (1)$x=0, y=1$;(2)$x=0, y=x$;(3)$x=-1, y=1$;(4)$x=1, y=x+2$;(5)$x=1$, $x=2, y=0$.

16. 1.

17. $\frac{1}{n}(a_1+a_2+\cdots+a_n)$.

18. $0<p<\sqrt{\frac{b}{c}}(\sqrt{a}-\sqrt{bc})$时,销售额增加,$p>\sqrt{\frac{b}{c}}(\sqrt{a}-\sqrt{bc})$时,销售额减少,$p=\sqrt{\frac{b}{c}}(\sqrt{a}-\sqrt{bc})$时,销售额最大,$R_{max}=(\sqrt{a}-\sqrt{bc})^2$.

19. $x=\frac{5}{2}(4-t)$时,获最大利润,$t=2$时,政府税收总额最大.

20. $L(x)=18x-3x^2-4x^3$,边际收入 $R'=26-4x-12x^2$,边际成本 $C'=8+2x$,$x=1$时,企业获最大利润 $L=11$.

21. $7P2^p\ln 2/Q$, $4\ln 2$.

22. (1)$-6, -10, -0.5, 0.5, -2.5$;(2)增加0.5%,减少1.5%;(3)$\sqrt{15}$.

**B组**

1. $e^{\pi}>\pi^{e}$.

2. $\alpha=\frac{1}{e}$.

3. 提示：注意 $f(0)=0, f'(0)=1$ 并考虑 $F(x)=f(x)-x$ 的极值 .

4. $C(-1,3), S_{max}=8$.

5. (1)1.075；(2)−0.567.

**习题 3.1**

**A 组**

1. (1)$3\ln|x|+4\arcsin x+C$,(2)$\frac{3}{5}x^{\frac{5}{3}}+\frac{3}{\sqrt[3]{x}}+C$,(3)$-\frac{1}{2}x^{-2}+\frac{3}{x}+3\ln|x|-x+C$,(4)$\frac{4^x}{\ln 4}-2\frac{6^x}{\ln 6}+\frac{9^x}{\ln 9}+C$.(5)$\tan x-x+C$,(6)$\tan x-\cot x+C$.

2. (C).

3. (1)$-\frac{1}{3}(1-x^2)^{\frac{3}{2}}+C$,(2)$x+C_1$,(3)$\frac{1}{2}\ln^2 x+C$,(4)$\frac{2\sin x^2}{x}\mathrm{d}x$,(5)$\frac{1}{a}F(ax+b)+C$.

4. (1)$\frac{1}{6}(2u^2-1)^{\frac{3}{2}}+C$；　(2)$\frac{1}{2}\sqrt{1+2u^2}+C$；

(3)$\frac{1}{48}(3x-2)^{16}+C$；　(4)$-\frac{2}{5}\left(\frac{x}{2}+1\right)^{-5}+C$；

(5)$2\arctan\sqrt{x}+C$；　(6)$\frac{1}{2}(e^{x^2}+e^{-2x})+C$；

(7)$\arctan e^x+C$；　(8)$\frac{1}{a-b}\ln\left|\frac{x-a}{x-b}\right|+C$；

(9)$2\sqrt{1+\ln x}+C$；　(10)$\sin x-\frac{2}{3}\sin^3 x+\frac{1}{5}\sin^5 x+C$；

(11)$\frac{x}{2}-\frac{1}{4}\sin 2x+C$；　(12)$\frac{3}{8}x+\frac{1}{4}\sin 2x+\frac{1}{32}\sin 4x+C$；

(13)$\frac{1}{4}\sin 2x-\frac{1}{16}\sin 8x+C$；　(14)$\frac{1}{\sqrt{2}}\arcsin\left(\sqrt{\frac{2}{3}}\sin x\right)+C$；

(15)$\frac{1}{\sqrt{2}}\arctan\left(\frac{1}{\sqrt{2}}\tan x\right)+C$；　(16)$\frac{1}{\cos x}-\tan x+x+C$；

(17)$\ln|x|-\frac{1}{n}\ln|1+x^n|+C$；　(18)$\frac{1}{3}x^3+\frac{1}{3}(x^2-1)^{\frac{3}{2}}+C$；

(19)$-\frac{1}{\arcsin x}+C$；　(20)$\frac{1}{4}\arctan\frac{x^2+1}{2}+C$.

5. (1)$-\frac{1}{2\sqrt{2}}\ln\left|\frac{\sqrt{2}+\sqrt{1-x^2}}{\sqrt{2}-\sqrt{1-x^2}}\right|+C$；　(2)$\frac{1}{3a^2}\left(\frac{\sqrt{x^2-a^2}}{x}\right)^3+C$；

(3)$\frac{1}{\sqrt{1+x^2}}+\sqrt{1+x^2}+C$；　(4)$\frac{2}{3}\frac{2x+1}{\sqrt{1+x+x^2}}+C$；

(5) $-2(1+2\sqrt[4]{x})/(1+\sqrt[4]{x})^2+C$；　(6) $-\frac{3}{2}\sqrt[3]{\frac{x+1}{x-1}}+C$；

(7) $\frac{1}{2}\ln(1+\cos^2 x)-\frac{1}{2}\cos^2 x+C$；　(8) $\frac{2}{\sqrt{3}\ln 2}\arctan\frac{2^{x+1}+1}{\sqrt{3}}+C$；

(9) $-\mathrm{e}^{-x}-\arctan \mathrm{e}^{x}+C$；

(10) $-\frac{1}{33(x-1)^{99}}-\frac{3}{49(x-1)^{98}}-\frac{6}{97(x-1)^{97}}-\frac{1}{48(x-1)^{96}}+C$.

6. (1) $x\sin x+\cos x+C$；

(2) $\frac{x}{4}(2-x)+\frac{1}{2}(x^2-1)\ln(1+x)+C$；

(3) $\frac{1}{3}x^3\arctan x-\frac{1}{6}x^2+\frac{1}{6}\ln(1+x^2)+C$；

(4) $x(\ln^2 x-2\ln x+2)+C$；

(5) $\frac{1}{3}(x^3-1)\mathrm{e}^{x^3}+C$；　(6) $-\frac{x}{2\sin^2 x}-\frac{1}{2}\cot x+C$；

(7) $-x\cot\frac{x}{2}+2\ln\left|\sin\frac{x}{2}\right|+C$；　(8) $(\arctan\sqrt{x})^2+C$.

7. (1) $-\sin x-\frac{2\cos x}{x}+C$；　(2) $\frac{(x-1)\mathrm{e}^{2x}}{4x}+C$.

8. (1) $2\sin\sqrt{x}-2\sqrt{x}\cos\sqrt{x}+C$；

(2) $2x\sqrt{1+\mathrm{e}^x}-4\sqrt{1+\mathrm{e}^x}-2\ln\frac{\sqrt{1+\mathrm{e}^x}-1}{\sqrt{1+\mathrm{e}^x}+1}+C$；

(3) $\frac{x}{\sqrt{1-x^2}}\arccos x-\frac{1}{2}\ln|1-x^2|+C$；

(4) $\frac{1}{2}\ln|\csc x-\cot x|-\frac{1}{2}\cot x\csc x+C$.

**B 组**

1. (1) $\frac{x}{2}-\ln\left|\sin\frac{x}{2}+\cos\frac{x}{2}\right|+C$；　(2) $\frac{x}{x-\ln x}+C$；

(3) $-2\sqrt{1-\sin x}+C$；　(4) $\mathrm{e}^x\tan x+C$；

(5) $-\frac{4}{3}\sqrt{1-x\sqrt{x}}+C$；　(6) $-\frac{1}{2}\ln^2\frac{x}{1+x}+C$.

2. (1) $\ln|(x+1)^3/x(x+2)^2|+C$；

(2) $\frac{1}{4}x^4+\frac{1}{4}\ln(1+x^4)-\ln(2+x^4)+C$；

(3) $\frac{1}{2\sqrt{2}}\ln\left|\frac{x+\frac{1}{x}-\sqrt{2}}{x+\frac{1}{x}+\sqrt{2}}\right|+C$；　(4) $\frac{1}{x}-\frac{1}{3x^3}+\arctan x+C$.

## 习题 3.2

**A 组**

1. (1)$\frac{1}{2}$;(2)$\frac{a-1}{\ln a}$.

3. (1)>;(2)<.

4. (1)0;(2)0.

5. (1)$2x\sin|x|$;(2)$\sin^2(x-y)$;(3)$\cos x/2\sqrt{x}-\cos x^2$;(4)$e^{-y^2}(2x-\cos x^2)$.

6. (1)$\frac{4}{5}(2^{\frac{5}{4}}-1)$;(2)$1-\frac{\pi}{2}$;(3)$\frac{2}{3}$;(4)$\frac{4}{3}$;(5)$\frac{17}{3}$;(6)$\frac{4}{3}$;(7)$\frac{\pi}{8}-\frac{1}{4}\ln 2$;(8)$\frac{1}{3}\ln 2$;(9)$\ln 3$;(10)$\frac{1}{2}-\frac{3}{8}\ln 3$.

7. (1)不能;(2)不能;(3)不能;(4)可以.

8. (1)$\frac{\pi}{16}a^4$;(2)$\frac{4}{9}(2e^3+1)$;(3)$2-\frac{\pi}{2}$;(4)$2-\frac{\pi}{2}$;(5)$\frac{1}{2}$;(6)$\frac{5}{144}\pi^2$.

10. $200\sqrt{2}$.

11. (1)12;(2)1;(3)$\frac{1}{4}\pi^2$;(4)$\frac{1}{p+1}$;(5)$\frac{\pi}{4}$.

12. (1)$\frac{a^2}{2(1-a)}$;(2)$\frac{1}{2}[f(2x)-f(2a)]$;(3)$\frac{7}{3}-\frac{1}{e}$;(4)$e^{-1}-1$.

**B 组**

1. (1)$\frac{\pi}{4}$;(2)$\frac{\pi}{8}\ln 2$;(3)1;(4)$\frac{1}{2}\pi^2-\pi$.

2. 提示:对 $x$ 求导可证充分性.

4. $F'(x)$不可积,这说明存在原函数不能推出可积.

5. (1)0.69702,0.69325;(2)0.22070,0.20052.

6. 提示:对任何实数 $t$ 考虑不等式$\int_a^b\left[t\sqrt{f(x)}+\frac{1}{\sqrt{f(x)}}\right]^2dx\geqslant 0$.

## 习题 3.3

**A 组**

1. (1)$\frac{1}{3ab}$;(2)$2\ln 2-1$;(3)$\frac{\pi}{2}$;(4)$\pi ab$;(5)$\frac{9}{4}$.

2. $2\pi+\frac{4}{3},6\pi-\frac{4}{3}$.

3. (1)1;(2)$\frac{1}{12}\pi a^2$;(3)$\frac{1}{2}a^2$;(4)$\frac{3}{16}\pi+\frac{7}{8}-\frac{\sqrt{2}}{2}$.

4. $\frac{5}{4}\pi-2,2-\frac{\pi}{4}$.

5. $a=\sqrt[4]{2}$, $\min s=\frac{2}{3}(\sqrt[4]{2}-1)$.

6. (1)$\frac{\pi}{7}$, $\frac{2}{5}\pi$;(2)$\frac{\pi}{15}$.

7. $4\sqrt{3}$.

9. (1)(2,2);(2)$y=2x-2$;(3) $V_x=\frac{4}{15}\pi$.

10. (1)9987.5,(2)9962.5.

11. $200+50x+0.1x^2$, $100x-0.1x^2-200$, 500.

**B组**

2. $\frac{5}{9}\pi-\frac{\sqrt{3}}{3}$, $\frac{19}{9}\pi+\frac{\sqrt{3}}{3}$.

4. $2\pi^2$.

5. $5\pi^2a^3$, $6\pi^3a^3$.

6. $2\pi^2ar^2$.

## 习题 3.4

**A组**

1. (1)1;(2)$\frac{\sqrt{5}}{5}\pi$;(3)$\frac{3}{2}(e^2-1)^{\frac{2}{3}}$;(4)$\pi$;(5)$\pi$;(6)$\pi$;(7)$-\frac{\pi}{3}$;(8)$\frac{\pi}{2}-1$.

2. $k>1$ 时收敛,$k\leqslant 1$ 时发散.

3. $C=\frac{5}{2}$.

4. (1)120;(2)$\frac{3}{4}\sqrt{\pi}$;(3)$\frac{\sqrt{\pi}}{4}$.

**B组**

1. (1)ln2;(2)$-\frac{1}{2}$.

2. (1)$(-1)^n n!$(提示:作变换 $\ln x=-t$);(2)$\frac{6}{(a-1)^4}$(提示:作变换 $\ln x=t$);

   (3)$\frac{\sqrt{\pi}}{2\sqrt{3\ln 4}}$(提示:原式$=\int_0^{+\infty}e^{-3x^2\ln 4}dx$,令$(3\ln 4)x^2=t$).

## 习题 4.1

**A组**

1. 6, (0,2,0).

2. (1,-2,1),(-1,2,-1),(-1,-2,1),$\sqrt{2}$,1.

4. (-2,0,0)或(-4,0,0)。

5. $\{3,2,5\},\{1,4,-3\},\{8,7,11\},\{-1,6,-11\}$.

7. $m=15,\ n=-\frac{1}{5}$.

8. $(8,8\sqrt{2},-8)$.

9. $-\frac{28}{13}$.

10. $|\overrightarrow{AB}|=\sqrt{30},\ |\overrightarrow{AC}|=\sqrt{17},|\overrightarrow{BC}|=\sqrt{35}$;
$\angle A\approx 74°35', \angle B\approx 42°12', \angle C\approx 63°12'$.

11. (1) $\{3,-7,-5\}$; (2) $\{42,-98,-70\}$; (3) $\{0,-1,-2\}$; (4) $\{-2,0,1\}$.

13. $2x+8y-12z+41=0$,平面 .

16. $x+y-2z+3=0$.

17. $2x-2y+z-35=0$.

18. $2x+5y+3z=0$.

19. $k=2;k=1;k=\pm\sqrt{70}/2$.

20. (1) $\frac{x-1}{4}=\frac{y}{2}=\frac{z+2}{-3}$; (2) $\frac{x-3}{-1}=\frac{y-2}{-5}=\frac{z+1}{5}$;

(3) $\frac{x}{4}=\frac{y+3}{-1}=\frac{z-2}{-5}$; (4) $\frac{x}{-2}=\frac{y-2}{3}=\frac{z-4}{1}$.

21. (1) $\frac{x}{4}=\frac{y-4}{1}=\frac{z+1}{-3}$; (2) $\frac{x+3}{-5}=\frac{y}{1}=\frac{z-2}{5}$.

22. (1) $2\sqrt{2}/27$; (2) 0.

23. $\frac{3}{2}\sqrt{2}$.

24. $x-y+z=0$.

25. $5x-14y+2z+81=0$; $5x-14y+2z-9=0$.

28. (1) $y^2+z^2=2px$; (2) $\frac{x^2+z^2}{a^2}+\frac{y^2}{b^2}=1$; (3) $\frac{x^2+y^2}{a^2}-\frac{z^2}{b^2}=1$; (4) $y^2+z^2=\sin x$.

29. $4x^2+4y^2+3z^2-12=0$,旋转椭球面.

**B组**

1. $\frac{\pi}{3}$.

2. $12\sqrt{3}$.

3. $\left(\frac{13}{7},\frac{2}{7},\frac{17}{7}\right)$.

4. $x-z+4=0,\ x+20y+7z=12$.

6. $x^2+y^2-z^2=1$.

**习题 4.2**

**A 组**

1. (1) $f(y,x)=xy+\frac{y}{x}, f\left(\frac{1}{x},\frac{1}{y}\right)=\frac{1+y^2}{xy}$;　　(2) $\frac{1}{2}x(x-y)$;

   (3) $f(x)=x^3+3x^2+3x, z=\sqrt{y}+x-1$.

2. (1) $|x|\leqslant 1\leqslant |y|$;　　(2) $-y^2\leqslant x\leqslant y^2, 0<y\leqslant 2$;

   (3) $x\geqslant\sqrt{y}, y\geqslant 0$;　　(4) $x\geqslant 0, y>x, x^2+y^2<1$.

3. (1)2;(2)1;(3)2;(4)0.

5. 不连续点集为$\{(x,0)\mid x\neq 0\}$.

6. (1)1,0;(2) $\frac{2}{3\sqrt[3]{x}},\frac{2}{3}$;(3) $f(x,y)\equiv C$;(4) $\frac{x^2}{2}+y^2\ln|x|+\sin y-\frac{1}{2}$;(5) $-\frac{1}{2}$.

7. (1) $z_x'=y^2/(x^2+y^2)^{\frac{3}{2}}, z_y'=-xy/(x^2+y^2)^{3/2}$;

   (2) $z_x'=-y/(x^2+y^2), z_y'=x/(x^2+y^2)$;

   (3) $z_x'=(x^2+y^2)^{-\frac{1}{2}},\ z_y'=y/\sqrt{x^2+y^2}(x+\sqrt{x^2+y^2})$;

   (4) $z_x'=a^yx^{(a^y-1)}+ax^{a-1}y^{x^a}\ln y+yx^{y-1}a^{x^y}\ln a, z_y'=a^yx^{a^y}\ln x\cdot\ln a+x^ay^{(x^a-1)}+$

$x^ya^{x^y}\ln a\cdot\ln x$.

8. (1) $x^{\frac{z}{y}}\cdot(-z\ln x)/y^2$;　(2) $\frac{zy^{z-1}u}{x}(1+y^z\ln x)$;　(3) $\frac{2xy}{(x^2+y^2)^2},\frac{-2xy}{(x^2+y^2)^2}$;

(4) $(1+3xyz+x^2y^2z^2)e^{xyz}$,　(5) $-\sin 1, -\pi$.

9. (1) $\frac{2(x\mathrm{d}x+y\mathrm{d}y)}{x^2+y^2}$;　(2) $\left(2x\arctan\frac{y}{x}-\frac{x^2y}{x^2+y^2}\right)\mathrm{d}x+\frac{x^3}{x^2+y^2}\mathrm{d}y$;　(3) $\mathrm{d}x-2\mathrm{d}y$;

   (4) $\frac{1}{25}(-3\mathrm{d}x-4\mathrm{d}y+5\mathrm{d}z)$;(5) $\mathrm{d}x-\sqrt{2}\mathrm{d}y$.

10. (1)(D);(2)(D);(3)(D);(4)(B).

11. (1)108.9;(2)减少约 5 厘米;(3)约 14.8 米$^3$.

12. (1) $xz\left(2v/u+\frac{y}{x}\ln u\right), yz\left(2v/u+\frac{x}{y}\ln u\right)$;

   (2) $2xf_u'+ye^{xy}f_v', -2yf_u'+xe^{xy}f_v'$;

   (3) $f_1'+f_3'\left[2x\sin\ln(x+y)+x^2\cos\ln(x+y)\cdot\frac{1}{x+y}\right]$;

   (4) $f_1'+f_2'e^y+f_3'\frac{1}{y}, f_2'xe^y+f_3'\frac{-x}{y^2}$.

13. (1) $z[\varphi'(x)\ln x+\frac{y}{x}]$;　(2) $f_1'+f_2'\frac{e^y(y-1)}{(1+e^y)y^2}$;

   (3) $uyz\left(\frac{1}{1-xy}+\frac{1}{z-1}\right)$;　(4) $\frac{f_y'\varphi_x'-f_x'\varphi_y'}{f_z'\varphi_y'}$;

(5) $\left[1+\left(\frac{xy}{z}\right)^2\right]^{-1}\left(\frac{y}{z}+\frac{axe^{ax}}{z}-\frac{2a(ax+1)xy}{z^2}\right)$.

17. (1) $\frac{z\ln z}{x(\ln z-1)}$, $\frac{-z^2}{xy(\ln z-1)}$; (2) $\frac{z}{x+z}$, $\frac{z^2}{y(x+z)}$; (3) $\frac{4x+6z^2}{(3z^2-2x)^3}$; (4) $-\frac{z}{x(1-z)^3}$; (5) $\frac{\varphi\left(\frac{z}{y}\right)-\frac{z}{y}\varphi'\left(\frac{z}{y}\right)}{2z-\varphi'\left(\frac{z}{y}\right)}$; (6) $-\frac{yF_1'+zF_3'}{F_2'+xF_3'}$, $-\frac{xF_1'+F_2'}{F_2'+xF_3'}$; (7) 0, $-1$.

19. 切线方程: $\frac{x-x_0}{-\cos\alpha\sin t_0}=\frac{y-y_0}{-\sin\alpha\sin t_0}=\frac{z-z_0}{\cos t_0}$, 法平面方程: $z-z_0=(x-x_0)\cos\alpha\tan t_0+(y-y_0)\sin\alpha\tan t_0$, 其中 $x_0=a\cos\alpha\cos t_0$, $y_0=a\sin\alpha\cos t_0$, $z_0=a\sin t_0$.

20. $(-1,1,-1)$或$\left(-\frac{1}{3},\frac{1}{9},-\frac{1}{27}\right)$.

21. (1) $2x+4y-z-5=0$, $\frac{x-1}{2}=\frac{y-2}{4}=\frac{z-5}{-1}$;

(2) $3x+4y+12z=169$, $\frac{x}{3}=\frac{y}{4}=\frac{z}{12}$;

(3) $x+y-2z=0$, $\frac{x-1}{1}=\frac{y-1}{1}=\frac{z-1}{-2}$.

22. $\frac{x-2}{1}=\frac{y-0}{2}=\frac{z-\sqrt{2}}{-\frac{\sqrt{2}}{4}}$, $4x+8y-\sqrt{2}z-6=0$.

23. $x+4y+6z=21$ 和 $x+4y+6z=-21$.

24. $A(0,\pm 2\sqrt{2},\mp 2\sqrt{2})$, $B(\pm 2,\mp 4,\pm 2)$, $C(\pm 4,\mp 2,0)$.

25. $\frac{11}{10}$.

26. $\sqrt{3}$.

27. $\theta=\arccos\left(-\frac{8}{9}\right)$.

28. 在曲面 $z^2=xy$ 上.

29. (1)极小值 $f(2,1)=-8$, (2)极小值 $f(1,1)=f(-1,-1)=-2$, 对驻点$(0,0)$, 将 $x=\varepsilon, y=-\varepsilon$ 和 $x=y=\varepsilon$($\varepsilon$ 为充分小正数)代入 $f(x,y)$可证$(0,0)$不是极值点; (3) 极大值 $f(2n\pi,0)=2(n\in\mathbf{Z})$; (评注:本题驻点$((2n+1)\pi,-2)$不是极值点,这说明对多元函数,即使有无穷多个极大值,也不一定有极小值,这与一元函数的情形大不相同); (4)极大值$f\left(\frac{\pi}{3},\frac{\pi}{3}\right)=\frac{3}{2}\sqrt{3}$.

30. (1)极大值 $u(2,4,6)=6912$; (2)极小值 $z\left(\frac{ab^2}{a^2+b^2},\frac{a^2b}{a^2+b^2}\right)=\frac{a^2b^2}{a^2+b^2}$; (3)极大值$z\left(\frac{ma}{m+n},\frac{na}{m+n}\right)=m^m n^n a^{m+n}/(m+n)^{m+n}$.

31. $\sqrt{2730}/14$, 驻点$\left(\frac{1}{14},-\frac{3}{14},\frac{2}{14}\right)$.

32. 8:8:5.

33. $p_1=80, p_2=120, \max L=605$.

34. (1)$x_1=0.75, x_2=1.25$;(2)$x_1=0, x_2=1.5$(提示:利润 $L=R-x_1-x_2$).

35. $L=0.227Q-7.9$.

**B 组**

1. (1)连续;(2)在直线 $y=x$ 上间断.

4. $f_x'(x,y), f_y'(x,y)$.

6. $f_1'+f_2'\cos x-f_3'\dfrac{2x\varphi_1'+e^y\cos x\varphi_2'}{\varphi_3'}$.

7. $a=\int_0^1(4-6x)f(x)dx, b=\int_0^1(12x-6)f(x)dx$.

8. 提示:在约束条件 $a_1+a_2+\cdots+a_n=s$ 下,求函数 $\ln(a_1a_2\cdots a_n)$的最大值.

9. $|Ax_0+By_0+Cz_0+D|/\sqrt{A^2+B^2+C^2}$.

10. $\left(-\frac{1}{2},-\frac{1}{2},\frac{1}{2}\right)$, $\left(\frac{1}{2},\frac{1}{2},-\frac{1}{2}\right)$(提示:用上题结果和拉格朗日乘数法).

## 习题 4.3

**A 组**

1. (1)$\frac{\pi}{12}$;(2)$\frac{1}{2}$;(3)$\frac{8}{15}$;(4)$\left(\frac{1}{3\sqrt{2}}-\frac{1}{6}\right)a^3$.

2. (1)$\int_1^e dx\int_0^{\ln x}f dy, \int_0^1 dy\int_{e^y}^e f dx$; (2)$\int_{-1}^1 dx\int_x^1 f dy, \int_{-1}^1 dy\int_{-1}^y f dx$;

(3) $\int_0^1 dx\int_0^x f dy+\int_1^2 dx\int_0^1 f dy+\int_2^3 dx\int_{x-2}^1 f dy, \int_0^1 dy\int_y^{y+2} f dx$;

(4) $\int_{-\frac{1}{2}}^{\frac{1}{2}} dx\int_{\frac{1}{2}-\sqrt{\frac{1}{4}-x^2}}^{\frac{1}{2}+\sqrt{\frac{1}{4}-x^2}} f dy, \int_0^1 dy\int_{-\sqrt{y-y^2}}^{\sqrt{y-y^2}} f dx$.

3. (1)$\int_0^1 dy\int_{-\sqrt{y}}^{\sqrt{y}} f dx+\int_1^4 dy\int_{y-2}^{\sqrt{y}} f dx$; (2)$\int_0^1 dx\int_{1-x}^1 f dy+\int_1^2 dx\int_{x-1}^1 f dy$;

(3) $\int_{-1}^0 dy\int_{-y}^1 f dx+\int_0^1 dy\int_{\sqrt{y}}^1 f dx$; (4)$\int_{-6}^2 dx\int_{\frac{x^2}{4}-1}^{2-x} f dy$.

4. (1)$\frac{33}{70}$;(2)$1-\sin 1$;(3)$\frac{1}{2}(1-\cos 1)$;(4)$\frac{1}{6}-\frac{1}{3e}$;(5)$\frac{1}{2}$;(6)$\frac{5}{3}+\frac{\pi}{2}$.

5. (1)$\int_0^{\pi} d\theta\int_0^{a\sin\theta} f(r\cos\theta, r\sin\theta)r dr$;

(2) $\int_0^{\frac{\pi}{4}} d\theta\int_0^{\frac{\sin\theta}{\cos^2\theta}} f(r\cos\theta, r\sin\theta)r dr+\int_{\frac{\pi}{4}}^{\frac{\pi}{2}} d\theta\int_0^{2\cos\theta} f(r\cos\theta, r\sin\theta)r dr$;

(3) $\int_{\frac{\pi}{4}}^{\frac{\pi}{3}} d\theta\int_{4\cos\theta}^{8\cos\theta} f(r\cos\theta, r\sin\theta)r dr$;

(4) $\int_{-\frac{\pi}{4}}^{\frac{3}{4}\pi} d\theta \int_0^{\cos\theta+\sin\theta} f(r\cos\theta, r\sin\theta) r dr$.

6. (1) $\int_0^a dr \int_0^{\frac{\pi}{4}} f(r,\theta) d\theta + \int_a^{\sqrt{2}a} dr \int_{\arccos\frac{a}{r}}^{\frac{\pi}{4}} f(r,\theta) d\theta$;

(2) $\int_0^{\sqrt{2}a} dr \int_{-\frac{\pi}{4}}^{\arccos\frac{r}{2a}} f(r,\theta) d\theta + \int_{\sqrt{2}a}^{2a} dr \int_{-\arccos\frac{r}{2a}}^{\arccos\frac{r}{2a}} f(r,\theta) d\theta$.

7. (1) $-6\pi^2$; (2) $\frac{2}{9}a^3$; (3) $a^3\left(\frac{\pi}{6}-\frac{2}{9}\right)$; (4) $\frac{\pi}{2}\ln 2-\frac{\pi}{4}$; (5) $\frac{9}{16}$.

8. (1) $\frac{88}{105}$; (2) $\frac{4}{3}\pi a^3(\sqrt{2}-1)$.

9. $\pi$.

**B 组**

1. $\frac{4}{\pi^3}(\pi+2)$.

3. $\frac{4}{3}$.

4. $\frac{1}{2}$(提示:利用二重积分的中值定理).

5. $\frac{2}{9}(3\pi-4)a^3$.

6. $\frac{\pi}{4}\left(提示: I=\int_1^{+\infty} dx \int_{x^2}^{+\infty} \frac{dy}{x^4+y^2}\right)$.

**习题 5.1**

**A 组**

1. (1) $\frac{3}{2}$; (2) $\frac{1}{3}$; (3) $1-\sqrt{2}$; (4) 1.

2. (1)发散;(2)发散;(3)收敛;(4)发散;(5)收敛;(6)收敛;(7)收敛;(8)收敛;(9)发散;(10)收敛;(11)发散;(12)收敛.

3. 不能,考虑 $p$ 级数.

6. (1)收敛;(2)收敛;(3)收敛;(4)发散.

7. (1)提示:证明 $\sum_{n=1}^{\infty}\frac{n^n}{(n!)^2}$ 收敛;(2) 提示:考虑收敛级数 $\sum_1^{\infty}\frac{1}{n^p}$ 的余项.

8. (1) $0<a\leqslant 1$ 时发散, $a>1$ 时收敛;

(2) $\beta<1$ 时收敛, $\beta>1$ 时发散,当 $\beta=1$ 时,若 $\alpha<-1$ 收敛;若 $\alpha\geqslant -1$ 发散;

(3) $p>1$ 时收敛, $0<p\leqslant 1$ 时发散;(4) $p>0$ 时收敛, $p\leqslant 0$ 时发散.

9. (1)条件收敛;(2)发散;(3)绝对收敛;(4)条件收敛;(5)条件收敛;(6)条件收敛;(7)发散(提示:分母有理化);(8)条件收敛.

10. $|x|>1$ 时发散, $|x|<1$ 时绝对收敛; $|x|=1$ 且 $p>1$ 时绝对收敛; $x=1$ 且 $0<p$

$\leqslant 1$ 时条件收敛；$x=-1$ 且 $0<p\leqslant 1$ 及 $|x|=1$ 且 $p\leqslant 0$ 时发散.

13. (1)(C)；(2)(B)；(3)(A)；(4)(D).

**B组**

2. (1)条件收敛；(2)条件收敛；(3)条件收敛；(4)绝对收敛；(5)$x\leqslant 0$ 时发散，$0<x\leqslant\frac{1}{2}$ 时条件收敛，$x>\frac{1}{2}$ 时绝对收敛；(6)条件收敛 .

3. 提示：$b_n-a_n\leqslant c_n-a_n$ 及 $b_n=a_n+(b_n-a_n)$.

4. 提示：设 $\left(\sum_1^{\infty}\frac{(-1)^{n-1}}{\sqrt{n}}\right)^2=\sum_1^{\infty}C_n$，则 $|C_n|=|(-1)^{n-1}\left[1\cdot\frac{1}{\sqrt{n}}+\frac{1}{\sqrt{2}}\cdot\frac{1}{\sqrt{n-1}}+\cdots+\frac{1}{\sqrt{n}}\cdot 1\right]\geqslant\frac{2n}{n+1}$.

5. 提示：$\frac{a_{n+1}}{b_{n+1}}\leqslant\frac{a_n}{b_n}$.

## 习题 5.2

**A组**

1. (1)$\{0\}$；(2)$\left[-\frac{1}{2},\frac{1}{2}\right)$；(3)$[-1,1)$；(4)$(-3,1)$；(5)$(3-\sqrt{3},3+\sqrt{3})$；(6)$(-1,1)$；(7)$\left[-\frac{1}{3},\frac{1}{3}\right]$；(8)$(-1,1)$.

3. (1)$-1$；(2)B；(3)B.

4. (1)$\frac{1}{(1-x)^2}$，$|x|<1$；(2)$\frac{2x}{(1-x)^3}$，$|x|<1$；(3)$S(x)=\frac{1-x}{x}\ln(1-x)+1$，当 $x\in[-1,0)\cup(0,1)$，$S(1)=1$，$S(0)=0$，(4)$(2x+x^3)/(2-x^2)^2$，$|x|<\sqrt{2}$；(5)$\frac{1}{2}x-\frac{1}{2}(x^2+1)\arctan x$，$|x|\leqslant 1$，(6)$e^{x^2}+2x^2e^{x^2}-1$，$x\in\mathbf{R}$，(7)$-\ln(5-x)+\ln 3$，$-1\leqslant x<5$.

5. 提示：对 $x^2e^x$ 的马克劳林级数逐项积分 .

6. $\sum_{n=1}^{\infty}\frac{nx^{n-1}}{(n+1)!}$，1.

8. (1) $\sum_1^{\infty}\frac{1}{4}[(-1)^n-3^{-n}]x^n$，$|x|<1$；

(2)$\sum_1^{\infty}(-1)^{n+1}2^{2n-1}\frac{x^{2n}}{(2n)!}$，$x\in\mathbf{R}$；

(3) $1+\sum_{n=2}^{\infty}(-1)^{n+1}\frac{n-1}{n!}x^n$，$x\in\mathbf{R}$；

(4) $\frac{1}{2}\sum_1^{\infty}(-1)^{n-1}\frac{x^{2n}}{n}$，$|x|\leqslant 1$；

(5) $\sum_{n=1}^{\infty}\left[\frac{(-1)^{n-1}}{n}+(-1)^{[\frac{n}{2}]-1}\frac{1+(-1)^n}{n}\right]x^n$，$-1<x\leqslant 1$；

(6) $1+\sum\limits_{n=1}^{\infty}\frac{(2n-1)!!}{(2n)!!}x^{2n}$, $|x|<1$,

(7) $x+\sum\limits_{n=1}^{\infty}\frac{(2n-1)!!}{(2n)!!(2n+1)}x^{2n+1}$, $|x|\leqslant 1$;

(8) $\sum\limits_{n=0}^{\infty}\frac{(-1)^n x^{2n+1}}{(2n+1)!(2n+1)}, x\in \mathrm{R}$.

9. (1) $\sum\limits_{n=1}^{\infty}(-1)^{n-1}\frac{(x-1)^n}{n}, 0<x\leqslant 2$;

(2) $\sum\limits_{n=0}^{\infty}(-1)^n\left(\frac{1}{2^{n+1}}-\frac{1}{3^{n+1}}\right)(x-1)^n$, $-1<x<3$;

(3) $\sum\limits_{n=0}^{\infty}\frac{1}{n!}\sin\left(a+\frac{n\pi}{2}\right)(x-a)^n, x\in\mathbf{R}$,

(4) $\sum\limits_{n=0}^{\infty}\frac{(-1)^n(n+1)}{4\cdot 2^n}(x-1)^n$, $-1<x<3$; (5) $\sum\limits_{n=0}^{\infty}\frac{a^b(\ln a)^n}{n!}(x-b)^n, x\in\mathbf{R}$.

10. (1) 0.946; (2) 0.497; (3) 0.098.

11. (1) 1.001, $5\times 10^{-7}$; (2) 2.99074, $5\times 10^{-5}$.

**B组**

1. (1) $(-2,4)$; (2) $(-1,1)$; (3) $(-4,8)$; (4) $a\leqslant b$ 时, $(-b,b)$, $a>b$ 时 $(-a,a)$.

2. (1) $\frac{22}{27}$ $\left(\text{提示:求} \sum\limits_{n=0}^{\infty}(n^2-n+1)x^n=\sum\limits_{n=0}^{\infty}n^2x^n-\sum\limits_{n=0}^{\infty}nx^n+\sum\limits_{n=0}^{\infty}x^n \text{ 的和}\right)$, (2) $\frac{2}{3}\ln 2-\frac{5}{18}$ $\left(\text{提示:} \sum\limits_{n=2}^{\infty}\frac{(-1)^n}{n^2+n-2}=\frac{1}{3}\sum\limits_{n=2}^{\infty}\left(\frac{(-1)^n}{n-1}-\frac{(-1)^{n+2}}{n+2}\right)\text{, 再求 } s_1(x)=\sum\limits_{n=2}^{\infty}\frac{1}{n-1}x^n=x\sum\limits_{n=1}^{\infty}\frac{x^n}{n} \text{ 与 } s_2(x)=\sum\limits_{n=2}^{\infty}\frac{x^{n+2}}{n+2}=\sum\limits_{n=4}^{\infty}\frac{x^n}{n} \text{ 之和}\right)$.

3. $\frac{3}{8}+\sum\limits_{n=0}^{\infty}(-1)^n[2^{4n-3}-2^{2n-1}]\frac{x^{2n}}{(2n)!}, x\in R$, $(2^9-2^{17})$ $\left(\text{提示:} \sin^4 x=\frac{3}{8}-\frac{1}{2}\cos 2x+\frac{1}{8}\cos 4x\right)$.

**习题 6.1**

**A组**

2. 提示:对 $x$ 求导,消去任意常数.

(1) $y=(x+y')y'$; (2) $(y^2-xy)\mathrm{d}x+x^2\mathrm{d}y=0$; (3) $y''-y=0$; (4) $y'+xy''=0$.

3. (1) $(\mathrm{e}^x+1)(\mathrm{e}^y-1)=C$;  (2) $y^2+2y+\ln(y-1)^2+\frac{2}{x}=C, y=1$;

(3) $2-\frac{C}{x+1}=\mathrm{e}^y$;  (4) $\sin y=\ln|x+1|-x+C$;

(5) $y=x\arcsin(Cx)$;  (6) $y^3=3x^3\ln(Cx), x=0$;

(7) $y=\frac{C}{2}x^2-\frac{1}{2C}$;　　(8) $2xy=y^2+C$;

(9) $x=\sqrt{xy}+C$;　　(10) $\ln|x|+\left(\frac{y}{x}+1\right)e^{-\frac{y}{x}}=C$;

(11) $y=(x+C)e^{-\sin x}$;　　(12) $y=\frac{1}{x^2+1}\left(C+\frac{4}{3}x^3\right)$;

(13) $y=\left(Cx^5+\frac{5}{2}x^3\right)^{-\frac{1}{5}}$;　　(14) $x=y^2(1+Ce^{\frac{1}{y}})$;

(15) $x(Ce^{-\frac{1}{2}y^2}-y^2+2)=1$.

4\. (1) $x=2y-\ln y-1$; (2) $y=x^2(e^x-e)$;

(3) $\ln y=C\tan\frac{x}{2}$($C$任意); (4) $y=\exp\left(1-\sin\frac{x}{y}\right)$.

5\. $xy=6$, $x>0$.

6\. $y=Cx^3$ 或 $y^3=Cx$.

7\. $Q=650+5P-P^2$.

8\. 60分.

9\. (1) $f(x)=Ce^{\pm x}$, $c\neq0$; (2) $y=1-e^{x^2}$; (3) $f(x)=Ce^x$; (4) $y=e^{x+1}-1$;

(5) $P(x)=xe^{-x}-x$, $y=e^x-\exp\left(x+e^{-x}-\frac{1}{2}\right)$.

**B组**

1\. (1) $\sin y=2e^{-x}+x-1$$\left(提示:方程可化为\frac{d\sin y}{dx}+\sin y=x\right)$; (2) $e^{-y}=Cx^2+x$(提示:将方程写为$\frac{de^{-y}}{dx}-\frac{2}{x}e^{-y}=-1$).

2\. $y=\begin{cases}e^{-x}(x+1), & 0\leqslant x<1,\\ e^{-x}+e^{-1}, & x\geqslant1.\end{cases}$

3\. $\varphi(x)=1-e^{-x}$(提示:在右端积分中令 $z=x-t$).

4\. $x^2y'=3y^2-2xy$, $y=\frac{x}{1+x^3}$.

5\. $x=\exp(-p^3)$(提示:初始条件为 $x(0)=1$(万件).)

**习题 6.2**

**A组**

1\. (1) $y=x\arctan x-\frac{1}{2}\ln(1+x^2)+C_1x+C_2$; (2) $y=\frac{x^2}{2}\ln x+C_1x^3+C_2x^2+C_3x+C_4$;

(3) $y=\frac{1}{2}\ln|\csc x-\cot x|+C_1\cos x+C_2$; (4) $y=Ax^2-x\ln x+B$;

(5) $y=\frac{x}{C_1}-\frac{1}{C_1}\ln|C_1-e^x|+C_2$, $y=C$; (6) $y=C_1\ln|y+C_1|=x+C_2$;

(7) $y=-\ln|\cos(x+C_1)|+C_2$; (8) $C_1y=1+C_2e^{C_1x}$, $y=C$, $y=C-x$.

2. (1) $y=\left(\frac{3}{4}x+1\right)^{\frac{4}{3}}$; (2) $y=\sqrt{2x-x^2}$; (3) $y=\frac{1}{6}x^6-x^5-\frac{1}{6}$.

3. (1) $y=(C_1\cos\sqrt{2}x+C_2\sin\sqrt{2}x)e^x$; (2) $y=C_1e^{-x}+C_2e^{\frac{x}{2}}$; (3) $y=(C_1+C_2x)e^{-4x}$; (4) $y=C_1\cos2x+C_2\sin2x$; (5) $y=C_1+C_2e^{-\frac{2}{3}x}$.

4. (1) $x^2(Ax+B)e^x$; (2) $xe^x(A\cos x+B\sin x)$; (3) $x(Ax^2+Bx+C)$; (4) $e^x[(Ax+B)\cos x+(Cx+D)\sin x]$.

5. (1) $y=C_1\cos x+C_2\sin x+\sin x\ln|\sin x|-x\cos x$;

(2) $y=(C_1+C_2x)e^x-\frac{1}{2}e^x\ln(x^2+1)+xe^x\arctan x$;

(3) $y=e^{3x}(C_1\cos x+C_2\sin x)+\frac{1}{2}$;

(4) $y=C_1+C_2e^{-x}+3x-x^2+\frac{1}{3}x^3$;

(5) $y=C_1e^{-x}+C_2e^{2x}+\frac{1}{3}xe^{2x}$;

(6) $y=(C_1+C_2x)e^{4x}+\frac{x}{16}+\frac{1}{32}+\frac{x^3}{6}e^{4x}$;

(7) $y=C_1e^x+C_2e^{-x}+e^x(x^2-x)$;

(8) $y=C_1e^x+C_2e^{3x}-\frac{3}{8}e^x(\cos2x+\sin2x)$;

(9) $a\neq1$ 时，$y=C_1\cos ax+C_2\sin ax+\frac{1}{a^2-1}\sin x$;

$a=1$ 时，$y=C_1\cos x+C_2\sin x-\frac{1}{2}x\cos x$;

(10) $y=C_1e^x+C_2e^{-3x}-x-1-\frac{1}{10}(2\cos x-\sin x)$.

6. (1)(B); (2)(C); (3)(D).

7. (1) $p=2, q=2, f(x)=x+1$; (2) $y=2e^{2x}-e^x$;

(3) $p=-3, q=2, a=-1$; (4) $y=(1-2x)e^x$.

8. $\cos x-\frac{1}{2}x\sin x$.

**B组**

1. 提示：$u(x)$是初值问题 $u''-u=0, u(0)=u'(0)=0$ 的解．

2. $y=C_1\frac{1}{x^3}+C_2x+\frac{1}{12}x^3$.

### 习题 6.3

**A组**

1. (1) $(a-1)^2a^x$; (2) $-4\sin\frac{1}{2}a\sin\frac{x+1}{2}\sin\left(\frac{x}{2}+1\right)$.

2. (1) $y_x = C + (x-2)2^x, C=3$; (2) $y_x = -\frac{36}{125} + \frac{x}{25} + \frac{2}{5}x^2 + C(-4)^x, C=\frac{161}{125}$; (3) $y_x = C - 2\cos\frac{\pi}{3}x + 2\sqrt{3}\sin\frac{\pi}{3}x, C=-2$; (4) $y_x = \frac{1}{6} + C\cdot(-\frac{1}{3})^x, C=\frac{7}{30}$, (5) $y_x = C(-2)^x + x\left(\frac{1}{4} - \frac{1}{4}x\right)(-2)^x$.

3. (1) $y_x = 2^{\frac{x}{2}}\left(C_1\cos\frac{\pi}{4}x + C_2\sin\frac{\pi}{4}x\right) + \frac{e^x}{e^2-2e+2}$, $C_1 = \frac{-1}{e^2-2e+2}$, $C_2 = \frac{1-e}{e^2-2e+2}$;

(2) $y_x = C_1 + C_2x + \frac{1}{6}x^3 - \frac{1}{2}x^2, C_1=1, C_2=1$;

(3) $y_x = C_1\left(\frac{1}{2}\right)^x + C_2\left(-\frac{7}{2}\right)^x + 4, C_1=\frac{3}{2}, C_2=\frac{1}{2}$;

(4) $y_x = C_1 2^x + C_2(-2)^x + \frac{\sin(2x-4) - 4\sin 2x}{17 - 8\cos 4}$.

4. $p_{t+1} + 2p_t = 2, p_t = \frac{2}{3} + \left(p_0 - \frac{2}{3}\right)(-2)^t$.

**B组**

1. 当 $\alpha \neq e^\beta$ 时, $y_x = C\alpha^x + \frac{1}{e^\beta - \alpha}e^{\beta x}$; 当 $\alpha = e^\beta$ 时, $y_x = \left(C + \frac{x}{\alpha}\right)\alpha^x$.

2. $Y_t = \left(Y_0 - \frac{\beta}{1-\alpha}\right)a^t + \frac{\beta}{1-\alpha}$, $C_t = \alpha\left(Y_0 - \frac{\beta}{1-\alpha}\right)a^t + \frac{\beta}{1-\alpha}$, $I_t = (1-\alpha)\left(Y_0 - \frac{\beta}{1-\alpha}\right)a^t$, 其中 $a = 1 + r(1-\alpha)$ (提示: $Y_t$ 满足差分方程 $Y_{t+1} = [1 + r(1-\alpha)]Y_t - \beta\gamma$).

# 参 考 书 目

大学数学(上、下册).陈仲,栗熙.南京大学出版社,1998
微积分学引论(上、下册).姚天行,陈仲.南京大学出版社,1991